普通高等教育农业部“十二五”规划教材
普通高等教育农业部“十三五”规划教材
河南省“十四五”普通高等教育规划教材
高等学校香料香精技术与工程专业教材

卷烟调香学

（第三版）

Gigarette Perfumery（Third Edition）

赵铭钦　主编

中国轻工业出版社

图书在版编目（CIP）数据

卷烟调香学 / 赵铭钦主编 .—3 版 .—北京：中国轻工业出版社，2024. 8

高等学校香料香精技术与工程专业教材　普通高等教育农业部“十二五”规划教材　普通高等教育农业部“十三五”规划教材　河南省“十四五”普通高等教育规划教材

ISBN 978-7-5184-2789-5

Ⅰ. ①卷…　Ⅱ. ①赵…　Ⅲ. ①卷烟—调香—高等学校—教材　Ⅳ. ①TS452

中国国家版本馆 CIP 数据核字（2024）第 094139 号

责任编辑：伊双双　邹婉羽
策划编辑：伊双双　　责任终审：李建华　　封面设计：锋尚设计
版式设计：砚祥志远　　责任校对：吴大朋　　责任监印：张　可

出版发行：中国轻工业出版社（北京鲁谷东街 5 号，邮编：100040）
印　　刷：三河市国英印务有限公司
经　　销：各地新华书店
版　　次：2024 年 8 月第 3 版第 1 次印刷
开　　本：787×1092　1/16　印张：22. 75
字　　数：542 千字
书　　号：ISBN 978-7-5184-2789-5　定价：68. 00 元
邮购电话：010-85119873
发行电话：010-85119832　010-85119912
网　　址：http://www. chlip. com. cn
Email：club@ chlip. com. cn

232154J1X301ZBW

第三版编写人员

主　编　赵铭钦（河南农业大学）

副主编　姬小明（河南农业大学）

张峻松（郑州轻工业大学）

张　红（河南农业大学）

参　编（按姓氏笔画排序）

刘鹏飞（河南农业大学）

闫学斌（郑州大学）

来　苗（河南农业大学）

张渤海（河南农业大学）

陈红丽（河南农业大学）

第二版编写人员

主　编　赵铭钦（河南农业大学）

副主编　李元实（吉林烟草工业有限责任公司）

姬小明（河南农业大学）

马　林（郑州轻工业学院）

参　编（按姓氏笔画排序）

史宏志（河南农业大学）

刘鹏飞（河南农业大学）

闫学斌（郑州大学）

张峻松（郑州轻工业学院）

陈红丽（河南农业大学）

第一版编写人员

主　编　赵铭钦（河南农业大学）

副主编　李元实（吉林烟草工业有限责任公司）

姬小明（河南农业大学）

于建军（河南农业大学）

曾晓鹰［红云烟草（集团）有限责任公司］

参　编（按姓氏笔画排序）

马　林（郑州轻工业学院）

史宏志（河南农业大学）

闫学斌（郑州大学）

闫洪洋（中国烟草总公司职工培训中心）

张峻松（郑州轻工业学院）

陈红丽（河南农业大学）

邵惠芳（河南农业大学）

第三版前言 *Preface*

卷烟作为一种特殊的消费品，其质量与吸食者的健康密切相关。烟草行业卷烟增香保润与减害降焦重大工程的实施，在降低卷烟有害成分的同时，也造成大量香味物质的损失。如何进行卷烟的增香补香已成为行业关注的热点。因此，为了更进一步适应当前卷烟调香技术的发展和烟草行业高端人才培养的需要，卷烟调香学课程的教学内容也必须与时俱进，紧跟时代发展。

《卷烟调香学》作为一本专业课程教材，除了供烟草、烟草科学与工程、香料香精技术与工程专业学生使用外，还为烟草工商业相关从业人员与科研人员提供专业指导。本书作为面向 21 世纪高等院校教材曾于 2008 年在科学出版社首次出版，作为全国高等农林院校“十二五”规划教材和普通高等教育农业部“十二五”规划教材也曾于 2013 年修订后在中国农业出版社再次出版。本书自 2008 年出版以来，深受广大读者喜爱，但是，卷烟调香学作为一门新兴学科，在过去的 10 年间迅猛发展，其知识体系与内容亟待更新和完善。因此，为了适应烟草行业和香料产业高质量发展的需求，不断强化科教融合与产教融合，编者在参考国内外相关书籍、文献以及研究成果的基础上，结合团队成员的科研成果以及教学过程中的体会，对全书进行了全面修订和内容扩充，力图使本教材内容覆盖卷烟调香的基础理论、关键技术以及香精香料领域的最新研究成果。

本教材在编写过程中，始终坚持立德树人根本任务，牢记为党育人、为国育才初心使命，以习近平新时代中国特色社会主义思想和党的二十大精神为指导，以国家战略和行业需求为导向，按照普通高等教育农业部“十三五”规划教材、河南省“十四五”普通高等教育规划教材的编写要求，突出教材的原创性、系统性和引领性。因此，本次修订在第二版的基础上，删除了“烟草香味化学”内容，增加了“智能化卷烟调香技术”章节，并对其他章节内容进行了修订和补充。

本版教材由河南农业大学、郑州轻工业大学、郑州大学联合编写。全书共 11 章，第一章由河南农业大学赵铭钦修编；第二章、

第七章由河南农业大学张红修编；第三章、第五章由河南农业大学姬小明修编；第四章由郑州大学闫学斌修编；第六章由河南农业大学来苗修编；第八章由河南农业大学刘鹏飞修编；第九章由河南农业大学陈红丽修编；第十章由郑州轻工业大学张峻松修编；第十一章由河南农业大学张渤海编写。全书由赵铭钦统稿和修改。

本书在撰写和修订过程中参阅了许多专家、学者的研究成果，同时得到了河南农业大学烟草学院部分师生的大力支持和帮助，在此深表谢忱。

由于卷烟调香学是一门新兴学科，其体系、内容尚在完善之中，加之作者水平有限，书中疏漏之处在所难免，敬请读者批评指正。

编　者

2023 年 9 月于郑州

第二版前言 Preface

卷烟调香学是研究卷烟调香技术、品控技术和香原料制备的一门科学，是烟草学的一个重要组成部分。卷烟作为一种特殊的消费品，其质量与吸食者的健康密切相关，故卷烟质量与安全性是评价烟草可用性的核心。随着烟草行业卷烟减害降焦工程的实施，在降低卷烟有害成分的同时，也造成了大量香味物质的损失，如何进行卷烟的增香补香已成为行业关注和需要解决的重大理论和技术问题。

自 21 世纪以来，烟草行业审时度势，提出了发展“中式卷烟”这一重要命题，把卷烟调香工程作为行业四大战略性课题进行协同攻关，并取得了关键技术上的重大突破，有力地促进了低害低焦卷烟品类的构建和中式卷烟的快速发展。一大批“双低”卷烟品牌的面市，在关注吸烟与健康的同时，也有效地满足了广大消费者的多样化需求。目前，卷烟调香技术作为中式卷烟的核心技术已成为烟草行业研究的热点和重点。因此，加强卷烟调香技术的研究开发对于提高行业自主创新能力，培养和造就高层次高水平的实用型调香人才队伍；对于构建中式卷烟核心技术体系，充分发挥调香技术的作用，提高香料香精科研、生产和应用水平；对于稳固卷烟企业调香技术的主体地位，增强对卷烟产品的控制能力；对于中国烟草总体竞争实力的提升，促进中式卷烟发展，提高中式卷烟的国际地位具有重大的现实意义和科技创新价值。

为了进一步适应当前卷烟调香技术的发展和烟草行业高端人才培养的需要，作者在系统总结 20 多年的教学经验、消化吸收前人重要研究成果的基础上编写了本教材，目的是为了满足高等院校烟草类专业人才培养对卷烟调香学教材的迫切需要，力求使读者既能掌握较多的专业基础知识和现代的技术方法，又能较全面地了解香料香精领域的发展方向。

本教材由河南农业大学、吉林烟草工业有限责任公司、郑州轻工业学院、郑州大学联合编写。全书共分 11 章，第一章、第二章由河南农业大学烟草学院赵铭钦编写；第三章、第六章由河南农业大学姬小明编写；第四章由河南农业大学史宏志编写；第五章由郑州大学闫学斌编写；第七章由吉林烟草工业有限责任公司李元实编写；第八章、第九章由郑州轻工业学院马林、河南农业大学刘鹏飞编写；第十章由河南农业大学陈红丽编写；第十一章由郑州轻工业学院张峻松编写。全书由赵铭钦统稿和修改。

本教材在编写过程中参考了许多国内外相关书籍和近期发表的文献，同时得到了河南农业大学有关领导、烟草学院部分师生的大力支持和帮助，在此一并感谢。卷烟调香学是一门新兴学科，其体系、内容尚在完善之中，目前尚无同类书籍借鉴，加之作者水平有限，书中错误和疏漏之处在所难免，敬请读者批评指正。

编 者

2012 年 10 月于郑州

第一版前言 *Preface*

随着中式卷烟发展战略的提出和烟草行业卷烟调香工程的实施，调香技术作为卷烟的核心技术已引起了全行业的高度关注，并形成了广泛的共识。卷烟调香技术的研究开发对于提高行业自主创新能力，培养和造就高层次、高水平的实用型调香人才队伍；对于构建中式卷烟核心技术体系，充分发挥调香技术的作用，提高香料香精科研、生产和应用水平；对于稳固卷烟企业调香技术的主体地位，增强对卷烟产品的控制能力；对于中国烟草总体竞争实力的提升，促进中式卷烟发展，提高中式卷烟的国际地位具有重大的现实意义和科技创新价值。

卷烟调香学是研究卷烟调香原理、香料制备和品控技术的一门科学，与当前的卷烟工业生产密切相关。为了进一步适应卷烟调香技术的发展和烟草行业高端人才培养的需要，作者在系统总结近 20 年教学科研经验，消化吸收前人重要研究成果的基础上，编写了这本《卷烟调香学》，目的是为了满足高等院校烟草类专业人才培养对卷烟调香学教材的需求。本书在编写过程中力求反映当前卷烟调香工艺现状和近期发展目标，在系统和深入浅出讲述基本原理和关键技术的基础上，还介绍了国内外一些新开发香料的性质、功能以及最新的理论研究成果，力求使学生既具有较强的专业基础知识和现代的技术方法，又能较全面地了解香料香精领域的发展方向。

本书由河南农业大学、郑州轻工业学院、郑州大学、中国烟草总公司职工培训中心以及有关烟草工业企业联合编写。全书共 11 章，第一章、第二章由河南农业大学赵铭钦编写；第三章由红云烟草（集团）有限责任公司曾晓鹰编写；第四章由河南农业大学史宏志编写；第五章由郑州大学闫学斌编写；第六章由河南农业大学姬小明编写；第七章由吉林烟草工业有限责任公司李元实编写；第八章由郑州轻工业学院马林编写；第九章由河南农业大学于建军、中国烟草总公司职工培训中心闫洪洋编写；第十章由河南农业大学邵惠芳、陈红丽编写；第十一章由郑州轻工业学院张峻松编写。全书由赵铭钦统稿和修改。本书既可作为高等院校烟草类专业的教材，又可作为烟草行业、香料香精行业生产、管理、科研人员的参考用书。

本书在编写过程中参考和引用了国内外相关书籍和近期发表的文献，同时得到河南农业大学有关领导、烟草学科部分师生的大力支持和帮助，在此一并感谢。由于作者水平有限，书中错误和疏漏之处在所难免，敬请读者批评指正。

编　者

2008 年 6 月于郑州

目录 Contents

第一章　绪 论

第二章　评香的生理学基础

第三章 香味物质的构效关系

第四章 烟用天然香料

第五章 烟用合成香料

第六章 香料的制备

第七章 调香技术原理

第八章 烟用香精及其调配

第九章 香料香精质量的感官评价

第十章 香料香精质量的检测分析

第十一章 智能化卷烟调香技术

第一章
绪论

课程思政点

【本章简介】

本章主要介绍了香料的起源、国内外的发展及现状；进而分析了我国和世界烟用香料香精的发展方向；最后，介绍了卷烟调香学的主要研究内容以及我国卷烟调香技术研究开发的意义。

第一节　香料的起源与发展

一、香料的起源

关于香料的起源有很多种说法，据史料记载，香料起源于古代帕米尔高原的游牧民族，与宗教发祥地有密切关系。但大部分学者认为香料起源于中国。

根据科学考证，香料的起源可追溯到25000年以前的旧石器时代，我国被认为是最早使用香料的国家之一。1971年在长沙马王堆出土的汉墓葬品中就有多种天然香料，我国又于1974年在福建省泉州湾发掘出的宋代沉船船舱内发现了香料木等。中国人自古以来就十分喜爱香料，很早就发现了麝香、白檀、广藿香以及各种香树脂等。中国也是开展香料对外贸易最早的国家之一，早在公元前100多年的汉武帝时期，我国就已经开始有对外香料贸易往来，古代丝绸之路是香料的重要贸易通道。我国香料主要随丝绸之路远销印度、埃及、以色列、沙特阿拉伯、希腊、罗马和其他欧洲国家。

二、香料的发展

（一）世界香料发展概述

1. 世界香料的发展历史

香料在国外已有悠久的历史。古希腊也是最早使用香料的国家之一，公元前370年的希腊著作中记载了至今仍在使用的香料植物，还提出了“吸附”“浸提”等方法。当希腊文化发展到鼎盛时期后，香料已成为日常生活中不可缺少的东西，人们用香料敬奉神灵和有名望的死者，宴会时佩戴蔷薇花，对食品加香，用浸过香料的衣橱收藏衣物等。

古罗马时期，香料在社交场合中扮演着重要的角色。罗马人使用的香料，主要以各种脂肪为基质，把香料溶化在脂肪中制成香脂，从形态上分为固体和液体两种，此外也有用粉状香料的。罗马人特别喜爱蔷薇香气，蔷薇香水受到广泛欢迎。

古印度人在宗教仪式和个人生活中广泛使用由各种树脂和香木制成的熏香。熏香使用的香料主要是安息香、广藿香等。

日本推古天皇时代，香料用量大幅增加。但由于当时香料全部源自进口，价格高昂，只有贵族阶层才能使用。平安时代以后，香料开始脱离宗教而用于“美”。进入13世纪以后，人们开始偏爱适应当时“武家”精神的熏香，直到后来演变成按一定方式的“闻香”风格。

1370年，第一种用乙醇提取的香水——匈牙利水出现了。开始只是从迷迭香一个品种中蒸馏而制得，后来使用了薰衣草和甘牛至等。自1420年出现用蛇形冷凝器蒸馏的技术后，精油发展得很快。早期，法国格拉斯生产花油和香水，自从其成为世界著名的天然香料生产地以后，各地也相继开展了香料蒸馏技术，实现了将香料从固体产品转变为液体产品，这是一个划时代的进步。

1670年，马里谢尔都蒙创制了含香的粉末，闻名两个世纪之久。1709年，著名的古龙香水问世，这是一种极为成功的调香创作。18世纪起，由于有机化学的发展，人们开始对天然香料成分与结构的关系进行探索和用人工化学合成方法来仿制香料。19世纪，在单离香料之后，人们进入了一个有合成香料的新时期，极大丰富了调香用的香料来源，并且相应地降低了香精价格，促进了香料的普及和发展。随着天然香料和合成香料品种的日益增加及调香技艺的提高，作为香料产品的香精也得到了快速发展。

2. 世界现代香料工业的发展

现代香料工业起源于欧洲，法国的巴黎和格拉斯生产的香料、荷兰生产的食用香精、英国生产的调味香精声誉都很高。近20年来，国外香料工业发展迅速，世界香料工业发达的国家主要有美国、英国、瑞士、法国、日本等。目前，欧洲、美国、日本已成为世界上最先进的香料香精工业中心，并且以香精为龙头产品来带动天然香料和合成香料的发展。随着发展中国家人均收入的增加，人们对消费品质量要求也有所提高，这促使了各种芳香油、芳香提取物和合成香料香精需求的增加。

美国的国际香料香精（IFF）公司是全球最大的香料香精公司。奇华顿（Givaudan）公司是瑞士最大的香料香精公司之一，仅次于美国 IFF 公司。另一家瑞士公司芬美意（Eirmenich）开展用于合成香料的电子贸易，它提供了一种动态有效的程序布置系统及方便的在线产品和样品管理形式。

德国是香料香精工业发展较为迅速的国家之一，年销售额约占世界总额的 10%。德国的哈门·莱默（Haarman Reimer）公司经营香料香精已有 120 年的历史，德之馨（Symrise）公司是世界十大香料公司之一。

英国是以松节油为原料合成萜类香料最发达的国家，香料香精年销售额在 6 亿美元左右。英国的主要香料企业是布希·波克·阿兰（Bush Boake Allen）公司，它在世界四大洲 24 个国家设有办事机构，主要研究中心设在英国和美国。

法国是天然香料生产代表国家，主要集中在法国东部地中海岸的山区城市格拉斯。该地区有 20 多家天然香料企业，著名的有罗伯特（P. Robertet）公司、马氏（V. Mahe Fils）公司、劳氏（Lautiev Fils）公司和夏拉波（Charabot）公司。

日本香料香精工业发展迅速，高砂香料公司是日本最大的香料工业企业。此外，长谷川香料株式会社也是世界十大香料公司之一。日本香料公司以生产合成香料为主，天然香料仅占 1%，每年需要从国外进口大量的天然香料。

自 20 世纪 90 年代以来，全球香料工业逐步实现了高度垄断。从销售情况来看，世界十大香料公司 1997 年总销售额达 76. 11 亿美元，几乎占全球总销售额的 76%；2005 年达到 103. 84 亿美元，约占全球总销售额的 65%。尤其是奇华顿、IFF 和芬美意三家公司，其市场份额就占了 35%以上。由于欧洲、北美地区的香料香精消费市场基本趋于饱和状态，主要竞销的地区是亚洲和南美洲等的发展中国家和地区。

安全、环保和天然的食用、烟用香料已得到更高重视。国际上有食品香料工业国际组织、国际日用香精工业协会等机构，对推进世界香料工业安全起到了很重要的作用。2003 年 5 月，经美国食用香料与提取物制造者协会（FEMA）审定后认为安全的食用香料已达 2068 种，欧盟以肯定形式列出的食用香料有 2800 多种。香料产品对环境的污染问题也得到更多重视，安全、环保的食用、烟用香料越来越受到青睐。营养食品、保健食品、绿色食品等，已成为食品消费市场的热点，这些食品与天然食品（包括食用、烟用）添加剂密切相关。因此各大香料公司也开始更多地注重更“天然”的食品配料、化学品和挥发油，即从植物提取物中提取的化合物，而非“天然等同”的合成产物。

（二）我国香料发展概述

1. 我国香料的发展历史

我国香料应用历史悠久，早在 5000 年前的黄帝神农时代，就知道将香料用于医药来驱疫辟秽。《天香传》《诗经·周颂》的《有食必其香》和屈原的《离骚》《九歌》中都有使用香料的记载。而且，在唐代以前就有龙脑和郁金香等配方，主要用于墨、金箔、蜜蜡等的加香，说明我国古代调香技术已达到较高水平。古人使用的香料，基本上是从动植物分泌物中得到的天然香料。当时香料主要用于敬神、祭祀、丧葬、医药等，后来逐渐用于饮食、装饰。

我国在夏、商、周三代时对香粉胭脂就有使用。最初是将树皮草根采集后作药用，驱疫辟秽；花卉类芳香植物被用于祭神、敬天、丧葬仪式中。从发掘出的古墓葬中看到有焚香和熏香用的造型奇特的香炉和熏炉。《博物志》中记载有“纣烧铅锡作粉”，《中华古今注》中也提及“燕脂起自纣”等。

春秋战国时代，兰花曾受到人们普遍的喜爱。最早的国别史《国语》中写有“入芝兰之室，久而不闻其香”。《齐民要术》中记载有胭脂、面粉、兰膏和磨膏的配制方法，用白米黄粉以代铅华，是春秋以后的一大进步。最早的编年史《左传》中能看到“兰有国香”的记载。

汉代《礼记·内则》中记载了用熏香把官服沾上香气。西安唐墓出土文物中有银制精巧香炉、银制熏香球，可在祭祀时焚香或作医疗用。那时香料除了用于焚熏外，还可煮汤沐浴或食用。

在宋代，进士洪刍曾写有专门的论著《香品》《香事》《香法》，详细记载了龙脑、麝香、白檀、苏合香、郁金香、丁香、兰香、芸香、甘松、迷迭香等 81 种香料的产地、性质和应用，还有与化妆品和食品有关的 21 种应用处方和简单的加工方法，这些资料极其珍贵，对以后香料的生产和普及起到了重要作用。

明代线香已有广泛使用，并且形成了成熟的制作技术。各类典籍都有很多关于香的记载，尤以周嘉胄所撰《香乘》最为丰富。《香乘》全书共二十八卷，崇祯辛巳年（1641 年）刊成。作者赏鉴诸法，旁征博引，累累记载，凡有关香药的名品以及各种香疗方法一应俱全，可谓集明代以前中国香文化之大成，为后世索据香事提供了极好的参照。医药学家李时珍的《本草纲目》中也专门写了“芳香篇”，系统地叙述 60 多种香料的来源、加工和应用情况；记载了制作线香的技术（挤压成条）：用白芷、甘松、独活、丁香、藿香、角茴香、大黄、黄芩、柏木等为香末，加入榆皮面作糊和剂，可以做香“成条如线”。

清代后期，香料的使用已十分普及，18 世纪初期出现了专业化妆品作坊，上海有妙香宝香粉局、戴春林香粉局和流传至今的扬州谢馥春香粉局及杭州孔凤春香粉局，主要生产百姓用的香粉和宫廷用的宫粉。

2. 我国香料工业的发展

在 20 世纪 20 年代以前，我国日用化妆品的加香是用香料植物或对香料植物提取后加用的。“一战”后，欧洲香精倾销我国，逐渐改变了我国化妆品的加香传统。

虽然我国自然条件比较优越，但在 1949 年以前，我国香料的研究与开发十分落后。天然香料只有茴香、橘皮油、薄荷油、薄荷脑、樟脑等少数几种，出口的天然香料也只有麝香、大茴香、肉桂和薄荷脑 4 种，合成香料几乎全部进口。到了 1954 年，仅上海就加工生产香料 303t、香精 435t。当时加工生产的天然香料有香茅油、山鸡椒（山苍子）

油等。生产的主要工序有蒸馏、分馏、冷冻、结晶、氧化、还原、酯化等。

1956年，全国第一届香料工业会议召开，会议提出了“以发展天然香料为主，在有条件的地区积极发展合成香料”。到1963年，天然香料的产量较1956年增加了3倍，生产的天然香料品种已达100多种，出口产品金额突破1000万美元。为了更好地开发利用天然香料，1964年，我国建立了16个大品种的面积约2700hm^{2}的生产基地。

改革开放以来，我国香料工业得到了飞速发展，相继经历了快速发展期（1977—1985年）、高速发展期（1986—1995年）、飞速发展期（1995年以后）3个阶段。伴随着加香产品工业的发展和出口贸易的不断扩大，我国香料工业也从完全依靠进口到大量出口，从作坊式生产到现代工业化生产，从香料质量的感官评价到先进仪器检测，从学艺拜师到高校专业人才培养，从野生资源采集到引种栽培建立基地，已使这个新兴工业发展成为国民经济的一个完整工业体系。

三、香料的研究开发与调香技术的演变

调香由来已久，古代用香料植物调香，主要用于熏香或香囊。后来随着天然精油的出现，就用精油来调香，直到合成香料陆续问世，才有近代的调香。它是用天然香料和合成香料两类为原料（两体），运用调香技艺来调配各式各样的香料以供加香应用（一用），即“两体一用”。由于天然香料，特别是香花香料物稀价贵，而合成香料的“单一体”香气又相对比较单调，所以香料的使用，就要经过调配才能符合要求。

在各国香料发展的基础上，世界香料的研究开发与调香技术发展越来越快。天然植物香料的提取，主要是在出现了用蛇形冷凝器进行蒸馏后发展起来的，从而由使用固体香料转变为液体香料。调香技术也由以前仅用香料植物进行调香改为用液体精油、香膏进行调香，创造了较为丰富的香气、香韵类型。在18世纪之前，调香原料均来自大自然的天然植物，因此称为“自然派”调香，其代表产品是1710年诞生的著名法国古龙香水。

随着1834年第一种合成香料硝基苯的问世，合成香料开始进入商品市场，促进了香料香精的普及。同时调香技术也改变了以前“自然派”的陈旧方法，把天然香料、合成香料等放入乙醇中进行调制，尽量使所配香精具有真实性，调香从“自然派”转变到了“真实派”。“真实派”的典型代表是1902年法国的Vera Violehe香水。随着合成香料品种的不断增加，“印象派”诞生。“印象派”就是以个人的印象为灵感来创香，如“我家的香豌豆”香气。第一次世界大战后，调香开始从“印象派”转变到“表现派”，调香师更强调香水的香气主题及感情，“表现派”的代表产品是“香奈儿五号”。近期的调香创拟偏于“表现派”和“真实派”的融合，如“惊奇”“销魂”等都是“表现派”与“真实派”的结合。

四、香料香精的分析技术与发展趋势

随着气相色谱（GC）、高效液相色谱（HPLC）、质谱（MS）、多维气相色谱（GC/

GC）、核磁共振谱（NMR）和红外光谱（IR）等在有机分子结构分析中的应用，人们加快了对天然香料和食品成分的研究进展，使得浓度低于 10^{-9} 级，含量在 1pg 以下的天然香气成分能够被快速鉴定出来。此外，为了克服人工感官评价的主观性影响，出现了电子鼻、电子舌，使得香味评价的快速、高通量成为可能，并具有客观性、重现性好的优点。

近年来，生物工程技术、计算机技术、超临界萃取技术、分子蒸馏技术、微波技术等在香料工业中的应用越来越广泛，给古老的香料工业注入了新的生机和活力。

当今世界科学技术的飞速发展，也使香料香精工业的发展日新月异，未来香料香精行业发展趋势大致有如下几点。

（1）各大公司不断联合兼并，香料香精工业已经历并将继续经历一个公司并购的时代。

（2）各大公司均视香精为龙头及市场的最终产品，靠香精走向市场，创造效益，回过头来提供科研经费，扩大生产，形成良性循环。

（3）顺应“回归大自然”的时代潮流。

（4）充分利用计算机技术和现代分析技术等各种先进技术手段配合调香。

（5）分离提取技术不断更新进步，如膜分离技术等。

（6）应用领域不断加深扩大，如利用微囊化技术将香料加入纺织品中，使其长期保香。

（7）产品系列化。

（8）广泛应用生物技术合成香料，如微生物突变技术、基因重组技术、植物组织培养和发酵技术等。

第二节　烟用香料香精的开发与利用

烟用香料香精在卷烟产品中可修饰或掩盖烟叶的缺陷，弥补、增强、调节及改善卷烟的理化特性，圆润香气，减轻烟气的刺激性，改善吸味，增加令人愉悦的烟香，抑制和抵消不良气味，从而达到满足消费者各种不同需求的目的。

向烟草中施加香料最早可追溯到 1492 年哥伦布发现美洲新大陆以后，人们在塔巴斯科目睹印第安人往烟草中加柑橘皮油。但是，烟草香料真正的快速发展始于 20 世纪 60 年代。发展初期，香烟开发商将一些基本的调味料用于烟草中，香料工业由此开始向烟草业供应越来越多的复合香料配方和特制配方发展，用于烟草产品的香料配料也出现爆发式增长。人们在使用这些香料的过程中对其致香成分产生了兴趣，近几十年来，研究人员在对朗姆酒、甘草、咖啡等物质的天然致香化学成分进行深入分析研究的基础上，弄清了许多种化学成分对构成特殊香味的贡献，大量的人工合成香料被用作烟草香料，使加香加料更具针对性。

一、世界烟用香料香精的发展

近几年来，由于法律法规约束的不断增强，相当一部分的香料配料已在烟草产品中禁止使用。烟草行业必须尊重这一现实，并采取积极措施研发出更好的香料产品。从毒理学的观点来说，对配料的限制将促使香料产品朝无害方向发展。大多数国家对烟草香料的法律法规很不一致。美国要求符合美国食用香料与提取物制造者协会（FEMA）的“一般公认安全”（GRAS）名单和美国食品药品监督管理局（FDA）关于食品添加剂和食品安全方面的数据库和文件，欧洲理事会对允许进口的产品列出了名单。除此之外，大多数著名的烟草公司也都有各自的内部配料表，这些都是香料工业所必须接受和面对的现实。面对如此众多的要求，当务之急是对烟草香料进行协调一致的立法，目前欧盟正朝着这一方向努力。香料制造商必须根据消费市场的具体法律法规来调整它们的香料产品。随着对吸烟与健康问题的讨论和国际吸烟浪潮的冲击，发展低焦油卷烟已成为烟草工业发展的方向。农业方面，可以通过研究培育低焦油烟草品种，利用遗传工程等手段发展降焦措施。工业方面，可以通过调整叶组配方，发展混合型卷烟；使用烟草薄片，膨胀烟丝，增强烟支燃烧性；采用接装滤嘴和滤嘴打孔等技术，发展滤嘴烟等措施，使卷烟的焦油含量大幅下降。降低焦油量的同时会造成烟气的香味损失，这就必须通过增香、补香等手段，恢复和提高卷烟的香气。

从20世纪50年代中期开始，世界各大烟草公司和科研机构都把提高烟气香味作为重点研究对象。从对各个类型烟草香味成分的分析，烟气的物理、化学性质及其变化机制的研究，到单体化合物和香料的合成都做了大量工作。随着消费需求的不断增加，烟草香料的用量也在不断扩大。

当前的世界卷烟市场，有两个发展趋势。一个是“美式混合型卷烟”的成功发展，另一个是消费者开始转向偏好焦油含量低的香烟。这两个趋势的发展都增加了香料的用量。目前，国际上对烟用香料香精的研究和开发重点表现在：①继续深入研究不同类型烟草的致香成分和致香特点，通过香料的分离和合成，创造新的香料；②研究烟草陈化、发酵和加工过程中烟草香味的形成机制和释放机制，并通过模拟封闭或半封闭条件下美拉德（Maillard）反应的条件，产生许多新的香味物质；③利用化学、物理等手段，提取烟草的香味物质，制取烟草原型香味添加剂；④深入研究低焦油安全型卷烟新的加香方法，努力提高卷烟的加香效果；⑤加强香味学基础理论研究，尤其是分子构型与香味关系的研究。

二、我国烟用香料香精的发展

（一）我国烟用香料香精发展概述

我国烟用香料香精的应用是随着烟草制品的传入而发展起来的。从1902年英美烟草公司在上海开办第一家卷烟厂起，到1949年前，我国拥有的1000多家卷烟企业，多数是受外国垄断资本控制的，所用香料香精大多依赖进口。我国自主的烟用香精生产，大致出现在20世纪30年代前后。开始时生产规模小，品种少，生产的香料香精多是一些香蕉等的果香香精、植物的浸剂等，也有将进口的香精加以稀释后再添加一些其他香料。中华人民共和国成立初期，我国十几家私营生产烟用香料香精的香料厂多集中在上海。随着国民经济和卷烟工业的发展，烟用香精也不断增加新品种，开发新香料，探索生产新工艺，设计新配方。特别是从1987年起，国家烟草专卖局对烟用香料香精的研制开发实施管理以来，烟用香料香精这个新兴产业已发展成为国民经济的一个重要产业，目前已形成“分析—合成—生产—应用—研究开发”的一个完整研发生产体系，年产量达到20000t左右。

（二）我国烟用香料香精的发展方向

今后我国烟用香料香精的发展，应着重抓好以下几方面的工作：①进一步加大科技创新和科技投入的力度，围绕“中式卷烟”的战略需求和国家烟草专卖局提出的“四大科技工程”，积极研究开发白肋烟处理料液、烟草薄片香精、膨胀烟丝香精、烟用滤嘴香精的新品种和外香型高质量香精，开发有特色的天然香料和合成香料；②不断加强基础理论和基础应用研究，尤其要加强香味化学，特别是香味成分分析、鉴定、分离和合成，以及烟草中化学成分在高温下的裂解机制研究；③充分利用中国地理、气候和资源优势，加大对天然香料的开发利用力度，注重品种选育和资源保护及再生，特别是中国独有的优势香料品种资源；④要建立快速的烟用香料香精行业信息网络，便于业内企业直接快速地获取和交流各种信息，同时促进烟用香料香精与国际市场接轨。

第三节　卷烟调香学的研究内容

调香是根据一定的要求，选择适当的香料品种并确定适当比例，按照一定的调配工艺将其调制成香精的技术。卷烟调香学就是研究香料制备与创新、香精调配技艺与卷烟加香应用的一门学科。

卷烟调香学包括将香料品种调制成香精并应用到卷烟的各个环节，涉及生物、化学、食品等众多学科，其内容归纳起来大致可分为卷烟调香技术、香料香精品控技术及特色烟用香原料制备3个方面。

一、卷烟调香技术

卷烟调香技术重点研究中式卷烟香气风格和口味特征，卷烟品质特征成因、香味学基础理论、卷烟烟气香味成分及其前体物的分析检测、热裂解机制、转移规律与致香机制，烟用香料香精的调配、施加、适配性等应用技术，卷烟创香、补香、增香和保润、去杂、减刺、提高舒适度等方面的特色技术等。

1. 应用技术研究

准确把握香料香精特性，深入开展香料香精调配技术、施加技术以及香料香精与烟叶原料、工艺、材料等之间的适配性研究，提高香料香精的调配技能和技巧，解决目前国内卷烟产品存在的不同程度烟气干燥、辛辣、涩口等质量缺陷，提升卷烟产品品质。

2. 特色技术研究

结合企业品牌特色，重点开展利用调香技术赋予卷烟产品香气风格与口味特征的研究，并通过研究卷烟补香、增香、创香等方面的技术，弥补卷烟降焦后造成的香味不足，提扬香韵，突出自然烟香，强化卷烟产品特色。

3. 基础理论研究

开展热裂解机制、香味学基础研究；探索卷烟化学成分、理化指标与感官指标之间的相关性；指导卷烟补香、增香、创香等方面的技术实践，科学把握香料香精配方设计的理论和技术。

4. 功能性评价研究

深入研究香料香精稳定性、有效成分、转移率、作用阈值等理化评价指标，以及香气、谐调、刺激、余味等感官评价指标；建立并完善烟草化学与感官评价相结合的功能性评价方法，形成系统的评价指标、评价方法以及相关系列标准；系统地进行各类香原料的功能性评价。

5. 构建香原料信息库

了解、收集国内外单体香原料、功能性香基，构建香原料信息库。香原料信息库分为行业中心库和企业特色库：行业中心库包含实物样品层、数据信息层和网络服务层，由行业共建共享；企业特色库由卷烟企业自主建设。

二、香料香精品控技术

香料香精品控技术重点研究表征香料香精品质特性的品控技术；烟用香料香精及添加剂安全性评价，香料香精品控评价指标、评价方法和评价标准，标准化、程序化、规范化的香料香精品控管理。结合现代仪器分析检测技术，开展模式识别、模糊数学、指纹分析等先进的香料香精品质控制方法的研究与应用；加强香料香精的化学成分及香味成分研究，深化表征香料香精品质特性的有效成分检测研究，建立并完善香料香精品质评价指标体系；建立香料香精分类检测方法，形成品控系列相关标准；更新、升级香料香精品质检测手段。其次是香料香精品控管理，树立现代品质管理理念，引入标准化模式，建立、健全香料香精品质管理体系；形成包括从物理、化学指标到嗅香、功能验证、安全许可等方面的香料香精品质检测程序，以及涵盖检验入库、存储、配制成品、卷烟产品跟踪、市场反馈等全过程的香料香精品控程序，实现对香料香精全质量的有效监控，促进香料香精品控标准化、程序化、规范化。最后是安全性研究，结合国内外研究进展和行业发展要求，研究香料香精安全性技术评价方法和标准，建立并完善香料香精许可、限制和禁用的分级目录。

三、特色烟用香原料制备

特色烟用香原料制备重点研究特色烟用香原料资源开发与应用，烟用香原料功能性评价，现代生物和美拉德反应等产香创香技术，分子蒸馏、膜分离与超临界流体萃取等先进香原料加工技术，重要单体香料及其衍生物、特色香原料、烟草特有香味成分及其前体物的合成、提取、纯化技术，香原料信息库构建。

归根结底，卷烟调香学就是围绕卷烟产品消费者的需求，研究如何在最小经济成本的基础上，通过科学的设计，调配出适合卷烟性质，使卷烟在使用过程中具有一定香气或香味效果的香精，其目的就是生产出能满足消费者嗅觉和味觉感官感受以及心理享受需要的卷烟产品，并在相当长的一段时间内稳定这一产品的独特香气风格。目前，我国卷烟领域在如何科学地、准确地了解消费者感官感受和心理享受，如何在降低焦油水平的基础上最大限度地满足消费者的感官需求和心理需求等方面仍存在不足，有待卷烟调香人员投入更大的力量加强此方面的研究。

第四节　我国卷烟调香技术研究开发概况

近些年来，随着烟草行业科技进步和技术创新工作的持续向前推进，尤其是随着卷烟加工工艺技术的不断进步和烟草化学的不断发展，烟草行业在卷烟调香方面做了大量工作，取得了一定成效。香料香精与烟叶原料品质和加工工艺技术的有机结合得到进一步加强，加香加料控制水平明显提高；卷烟品质的整体协调性有所提高，卷烟的香吃味有所改善，卷烟调香技术应用水平有所提升；针对卷烟产品发展需求，在香原料研发和评价方面做了一些有益的探索，初步建立了一些香原料分析方法，积累了一些香原料评价经验；部分中草药提取液的开发与应用取得显著成效。这些工作，推动了高香气、低焦油、低危害卷烟产品的研发，提高了卷烟产品质量，对形成中式卷烟风格特征做出了积极贡献。

一、我国卷烟调香技术研究开发背景

我国烟草行业为了应对世界贸易组织（WTO）和世界卫生组织（WHO）的双重压力与挑战，继实施“大品牌、大市场、大企业”的发展战略后，提出了“中式卷烟”的概念。卷烟调香技术在打造“中式卷烟”产品特色过程中肩负着重要的历史使命，是构建中式卷烟的核心技术，是形成卷烟产品特色的关键技术。卷烟调香技术作为烟草行业的核心技术已经在全行业形成了广泛共识，也引起了国际烟草业的高度关注。为进一步提高中式卷烟的核心竞争力，保障卷烟品牌的技术安全，国家烟草专卖局将卷烟调香工程列为重大战略课题进行重点研究。

二、我国卷烟调香技术研究开发现状

我国烟草行业改革与发展不断向前推进，卷烟品牌整合扩张步伐逐步加快，卷烟市场国际化水平不断提高，但在卷烟调香技术领域，还存在一些与行业发展不协调的因素

和问题，与世界先进水平相比，我国卷烟调香技术水平还存在着较大差距。一是烟草行业和卷烟企业对卷烟调香的重要性还存在着认识不足、重视不够的现象，行业用于卷烟调香相关科技开发的投入不足，拥有自主知识产权的成果积累较少；二是卷烟调香技术行业人才相对匮乏，在相应技术人才的使用上，部分卷烟企业还存在“用不上、提不高、留不住”的现象；三是卷烟企业调香技术水平不高，对烟叶、香料香精缺乏理性、科学和完整的把握，自如地应用香原料进行香精调配、卷烟产品开发的技术能力不强，一定程度上还存在过度依赖香料香精企业提供调香服务甚至卷烟产品开发服务的现象，不能在调香技术方面处于主导地位；四是卷烟企业香料香精品控能力不强，不能客观真实地反映香料香精的内在质量，导致所使用的香料香精组成成分和品质波动不可知、不可控；五是烟草行业和卷烟企业在烟用香料香精供应管理方面有待进一步加强和规范。这些现象和问题将直接影响我国卷烟品牌的技术安全和行业“大企业、大品牌、大市场”战略的实施，影响我国烟草核心技术水平的提升，以及我国烟草整体竞争力的进一步提高。

三、我国卷烟调香技术研究开发意义及目标

卷烟调香技术的研究开发具有重要的理论应用和现实意义，有利于提高行业自主创新能力，培养和造就高层次、高水平的实用型调香技术人才队伍；有利于构建中式卷烟核心技术体系，充分发挥调香技术的作用，提高香料香精科研、生产和应用水平；有利于实现卷烟企业调香技术主体地位，增强对卷烟产品的控制能力，为行业发展、品牌整合扩张提供技术保障；有利于我国烟草总体竞争实力的提升，促进中式卷烟发展，提高中式卷烟的国际地位。

卷烟调香技术是构建中式卷烟的核心技术，也是形成烟草产品特色的关键技术。为进一步提高中式卷烟的核心竞争力，保障卷烟品牌的技术安全，我们必须将卷烟调香工程列为重大战略课题进行重点研究，以掌控卷烟调香核心技术，稳定和提升卷烟产品品质，创新和发展中式卷烟风格特色为目标，坚持“以我为主、由我掌控”的卷烟调香原则，加强调香技术研究，重视卷烟香原料研究，强化香料香精品质控制。目前我国自主研发、维护卷烟产品的调香技术水平显著提升，形成了一批拥有自主知识产权并满足中式卷烟发展要求的关键技术、特色香原料和香料香精系列品控技术标准，使卷烟调香对外技术依存度显著降低。

重点与难点

1. 香料的研究开发与调香技术演变。
2. 烟用香精香料的开发与利用。
3. 卷烟调香技术的研究内容。
4. 我国烟用香精的发展方向。

思考题

1. 简述调香技术的演变历程。
2. 世界烟用香料香精研究与开发的重点表现在哪些方面?
3. 简述我国烟用香料香精的发展方向。
4. 卷烟调香学的主要研究内容包括哪些?
5. 我国卷烟调香技术研究现状如何?
6. 学习卷烟调香学有什么意义?

第二章
评香的生理学基础

课程思政点

【本章简介】

本章主要介绍了嗅觉与味觉系统的组成，阈值、嗅觉疲劳、嗅盲、味觉敏感性等基本概念，嗅觉与味觉的产生机制、特性及其影响因素。

第一节 嗅觉与味觉的生理学效应

嗅觉和味觉同视觉、听觉、触觉一样，是人类感知自然界最有效的工具。视觉、听觉、触觉是物理感觉，而嗅觉和味觉是化学感觉。舌头的味蕾识别味，鼻子的神经闻气息，二者之间密切联合，化学分子与感觉器官相接触产生电信号，传给大脑形成感觉。20 世纪 50 年代以前，学术界往往将味觉和嗅觉混为一谈，有时还将味道和香味错误地划分为一类。现在，由于生理学和生物学的广泛研究，我们认识了味觉和嗅觉在解剖学、生理学以及心理学上的差异。因此，我们不再将这两种感觉混淆在一起。需要指出的是，目前香料主要还是通过人的嗅觉和味觉等感官进行检验。感官检验香味的产生主要是由鼻腔的嗅觉器官所引起，而味道则主要是由位于口腔内的味觉器官（主要分布在舌部）所产生。嗅觉的感受物是鼻液（非鼻涕），味觉的感受物是唾液，二者都是蛋白质和水的混合物，鼻液是免疫蛋白和水的混合物，唾液是消化酶和水的混合物。在对烟草等进行感官评价时，最容易被忽视的嗅觉在评价中占主导地位。

一、嗅觉系统的组成与产生机制

（一）嗅觉系统的组成

从仿生学角度考虑，人体嗅觉感受器的构成可概括为3个部分：①鼻腔上皮组织，是接收气体并产生信号的第一个地方；②嗅球，气体的种类通过“镜像”在这里形成；③大脑皮层，信息之间的联系在这里形成并存储。气味物质就是通过这些感受器把信号传递给大脑的（图2-1）。与其他感觉相比，嗅觉系统组成的特点是其所属的神经直接进入大脑，而不需要经过传导先到达中枢神经再传至大脑。

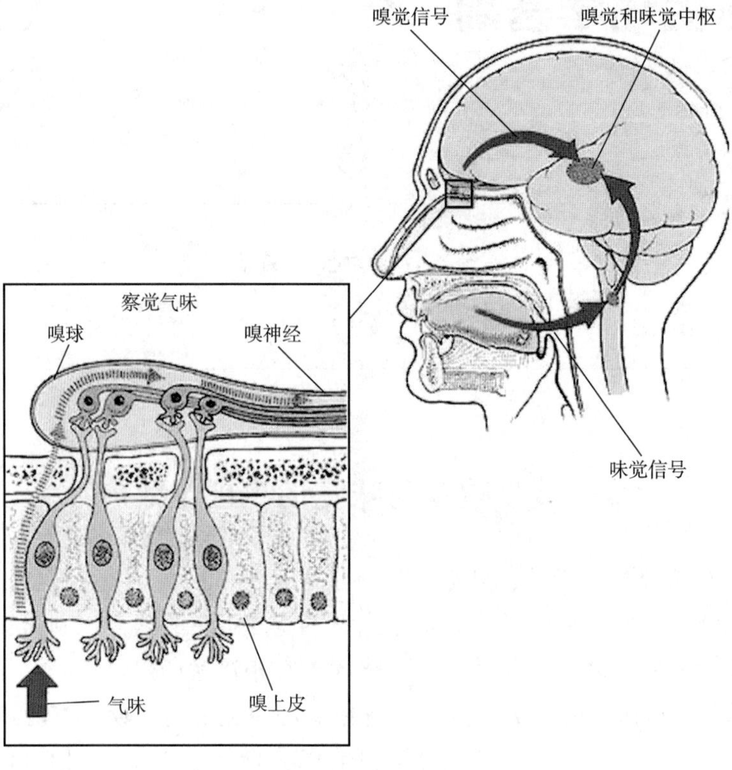

图2-1 嗅觉系统的组成

人体嗅觉感受器位于鼻腔内一个相当小的区域，即嗅上皮（图2-2）。嗅上皮由3种主要类型的细胞组成，即嗅觉感受器细胞、支持细胞和基细胞。在嗅上皮表面有一层10~50μm厚的黏膜层，覆盖着整个嗅觉系统，气味分子必须穿过黏膜层才能与嗅觉感受器细胞作用。

嗅觉感受器细胞是初始的双极神经元，呈圆瓶状，其树突位于嗅上皮的核心区，细胞顶端有5~6条短的纤毛，底端有长突，组成嗅丝，进入嗅球。

支持细胞可能具有3种功能：①机械支撑功能，即保持末梢上皮表面的结构整体性；②分离功能，使上皮表面的黏液与细胞周围的细胞外液分开；③障碍功能，阻止初始非脂溶性分子透过嗅上皮。相邻支持细胞的顶部还具有缝隙连接，这种连接使支持细胞侧向联系成网。

基细胞的作用并未被完全定论，有人认为它是在正常细胞更新及嗅上皮复厚期间起干细胞群的作用，更新感觉上皮和恢复嗅觉功能。此外，嗅上皮内还有一种巨型多细胞体，称为鲍曼氏腺。以上所述几种细胞单元在嗅上皮中所处层次，如果简单进行划分，依次为：黏膜层→感受器细胞结及轴突（由支持细胞包围）→感受器细胞核区→基细胞，鲍曼氏腺贯穿整个层次。

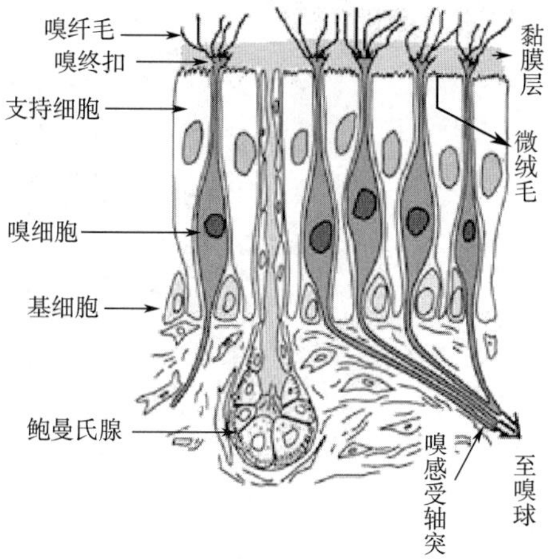

图 2-2 嗅上皮的主要结构

（二）嗅觉产生的机制

通过上述介绍，我们对人类嗅觉系统有了初步的解剖学认识。嗅觉一般认为是刺激物渗透进入鼻黏膜，经嗅上皮嗅觉感受器细胞传导进入大脑而产生，但目前尚未完全研究清楚。目前已证明，能对特别的味道产生感觉是因为人的鼻子里有大量的受体蛋白质，这些蛋白质就在鼻子的细胞里，这些细胞与人的大脑相连。这是由 2004 年诺贝尔生理学或医学奖的获奖者理查德·阿克塞尔和琳达·巴克发现的。他们独立地发现了两种其他类型的 G 蛋白质连接状受体，这两种受体位于鼻上皮上端，可以探测到信息素。舌味蕾上还有另一种类型的 G 蛋白质受体，与味觉有关。

两位科学家发现了一个大型的嗅觉受体基因群。这一基因家族由 1000 种不同的基因组成（约占人类基因总数的 3%），这些基因构成了相当数量的嗅觉受体种类，这些受体位于嗅觉受体细胞之内，可以探测到气味分子。人的嗅觉系统具有高度“专业化”的特征。如每个气味受体细胞仅表达一种气味受体基因，气味受体细胞的种类与气味受体完全相同。气味受体细胞会将神经信号传递至大脑中被称为“嗅小球”的微小物质中。携带相同受体的气味受体细胞会将信号传递到相应的嗅小球中，来自相同受体的细胞信息会集中在相同的嗅小球中。嗅小球随后又会激活被称为僧帽细胞的神经细胞，每个嗅小球只激活一个僧帽细胞，使人的嗅觉系统中信息传输的“专业性”仍得到保持。不同类型气味受体的信息组合成与特定气味相对应的模式，大脑最终有意识地感知到特定的气味（图 2-3）。

研究发现，每个气味受体蛋白能识别多种气味分子，每种气味也能被多个气味受体蛋白识别。因此，气味感受器是通过一种复杂的合作方式一起识别气味。每个嗅觉受体细胞只含有一种嗅觉受体，而且每个嗅觉受体细胞都只表达某一种特定气味受体基因，每个受体可以探测到数量有限的气味。尽管气味受体只有约 1000 种，但它们可以产生大量的组合，形成大量的气味模式，这就是人们能够辨别和记忆约 10000 种不同气味的原因。

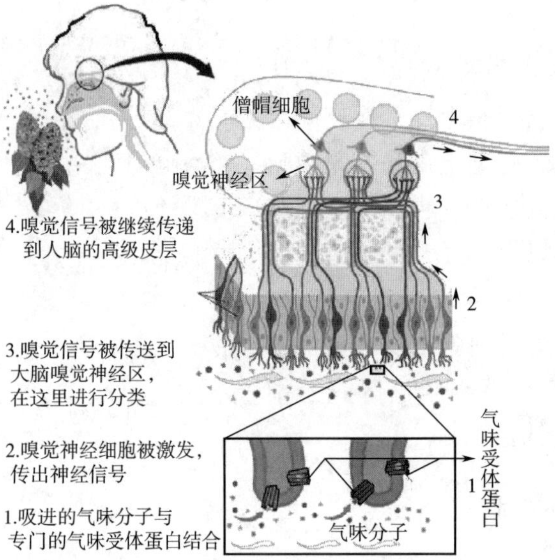

图 2-3 嗅觉的形成

二、味觉系统的组成与产生机制

味觉是指食物在人的口腔内对味觉器官化学感受系统刺激并产生的一种感觉。在 5 种感觉当中，人们对味觉的了解最少。我们把味觉分为广义的味觉和狭义的味觉。广义的味觉是指食物从口腔进入消化道过程中的感觉，包括心理的、物理的和化学的 3 种味觉；狭义的味觉即化学味觉，是口腔内舌面上的味蕾所感受到的味觉。本书主要阐述化学味觉。

（一）味觉系统的组成

舌由表面的黏膜和深部的舌肌组成。黏膜由复层扁平上皮与固有层组成。舌肌由纵行、横行及垂直走行的骨骼肌纤维束交织构成。舌根部黏膜内有许多淋巴小结，构成舌扁桃体。舌背部黏膜形成许多乳头状隆起，称为舌乳头，可分为以下 4 种（图 2-4）。

（1）丝状乳头　丝状乳头数目最多，体积最小，遍布于舌背各处。乳头呈圆锥形，尖端略向咽部倾斜，浅层上皮细胞角化脱落，外观呈白色，称为舌苔（图 2-5）。

（2）菌状乳头　菌状乳头体积稍大于丝状乳头，数目较少，多位于舌尖与舌缘部，散在丝状乳头之间。乳头呈蘑菇状，上皮不角化，含有味蕾。固有层中有丰富的毛细血管，使乳头外观呈红色（图 2-5）。

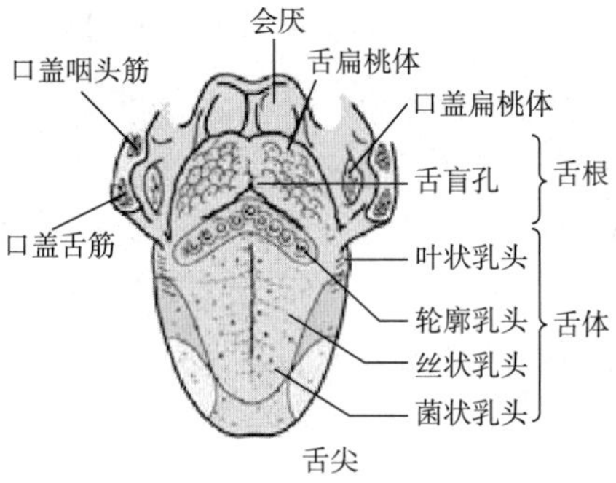

图 2-4 舌部结构

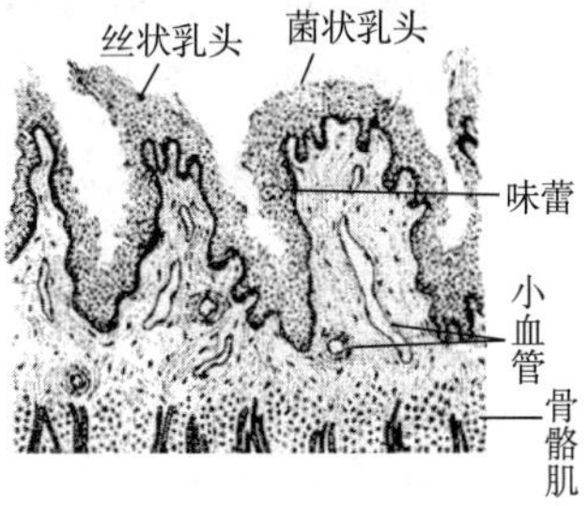

图 2-5 丝状乳头和菌状乳头结构

（3）叶状乳头　叶状乳头位于舌体后方侧缘，形如叶片整齐排列，乳头间沟的两侧上皮中富有味蕾，沟底也有味腺开口。兔的叶状乳头很发达，人的叶状乳头已近退化。

（4）轮廓乳头　轮廓乳头有 10 余个，位于舌界沟前方。形体较大，顶端平坦，乳头周围的黏膜凹陷形成环沟，沟两侧的上皮内有较多味蕾（图 2-6）。

味觉系统可以认为由下面三部分组成：一是用于转导化学信号的受体元素；二是用于收集和传送化学神经信息的末端感觉神经系统；三是用于分析传导过来的感觉神经信息的一种复杂中枢神经系统。

转导化学信号的受体元素有两种，分别是味蕾和自由神经末梢。

（1）味蕾　味蕾为卵圆形小体，主要分布于舌侧缘和舌尖部，多位于轮廓乳头、菌状乳头、叶状乳头中，少部分分布在软腭、会厌等处的黏膜中。味觉细胞表面有许多味蕾感受分子，不同物质与不同的味觉感受分子结合而呈现不同的味道。在显微镜下观察染色的舌部，可在菌状乳头上看到许多小蓝点，即味蕾管。口腔和咽部黏膜的表面也有散布的味蕾存在。儿童的味蕾较成人多，老年人的味蕾因萎缩而减少。每一个味蕾由味觉细胞和支持细胞组成。味蕾的顶端有许多长约 2μm 的纤毛，称为味毛，从味蕾表面的味孔伸出，是味觉感受的关键部位（图 2-7）。

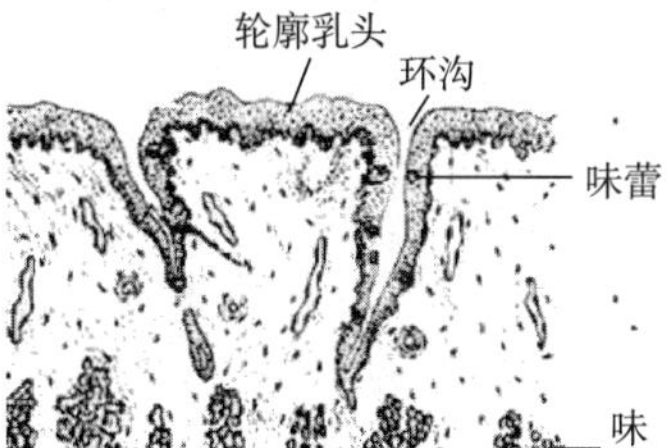

图 2-6 轮廓乳头结构

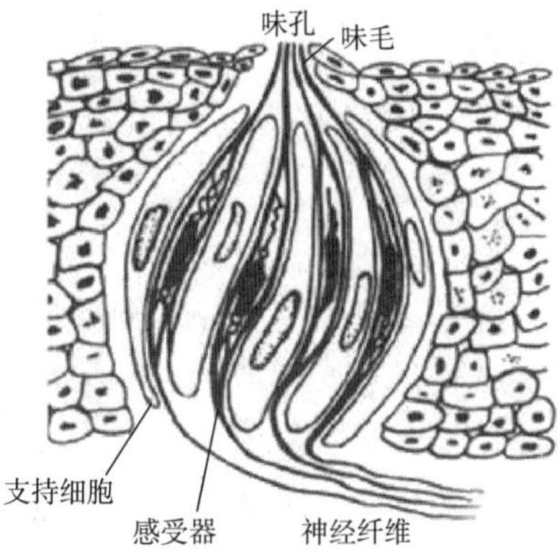

图 2-7 味蕾结构

口腔中不同部位的味蕾受不同神经支配（图2-8），舌前部味蕾由面神经（Ⅶ）鼓索支刺激支配；腭部味蕾由第Ⅶ对神经的最浅表的硬腭支刺激支配；轮廓乳头味蕾由舌咽神经（Ⅸ）刺激支配；叶状乳头味蕾由舌咽神经刺激支配，不过至少有一部分是由第Ⅶ对与第Ⅸ对神经共同刺激支配；喉部味蕾由迷走神经（Ⅹ）刺激支配。除了味觉刺激外，舌前部味蕾是由三叉神经刺激支配，在舌后部味觉由舌咽神经（Ⅸ）传递。菌状乳头上以及前软腭上的味蕾受位于面部膝状神经节内的感觉神经刺激支配。

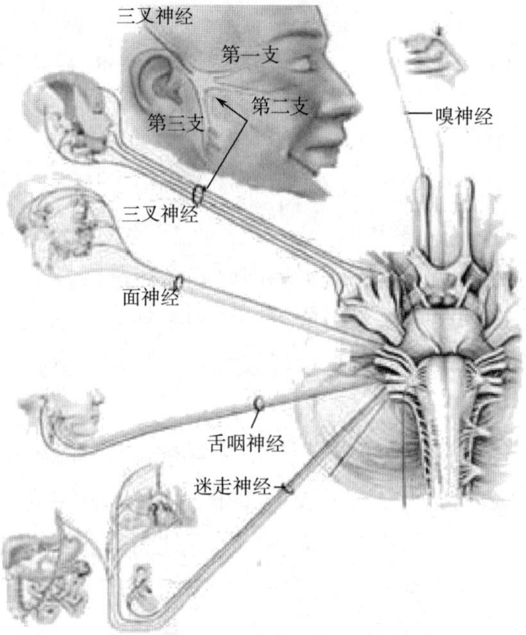

图2-8 支配味蕾的神经

（2）自由神经末梢 指可以在光学显微镜下区分出来，且不具有辨别受体或囊状物包着的神经末端。这些自口腔内提供化学受体的末梢感觉神经系统位于3种不同的头部神经节，分别为三叉神经节、面部膝状神经节、颞骨岩部神经节（图2-9）。

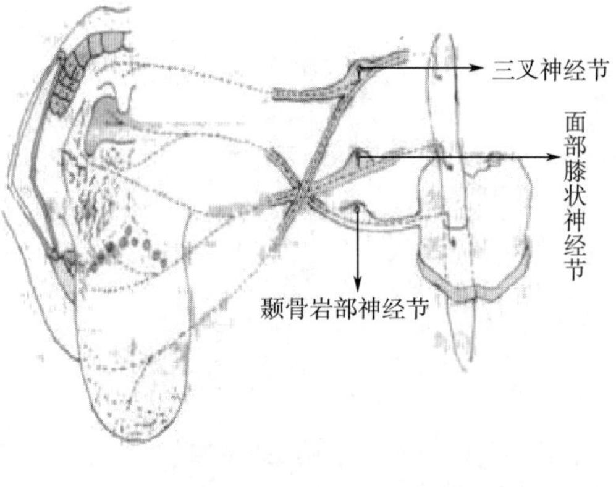

图2-9 三种不同类型的神经节

（二）味觉产生的机制

舌前2/3味觉感受器所接受的刺激经面神经的鼓索传递；舌后1/3的味觉由舌咽神经传递。味觉经面神经、舌神经和迷走神经的轴突进入脑干后终于孤束核，更换神经元，再经丘脑到达岛盖部的味觉区。

可溶性呈味物质刺激受体元素

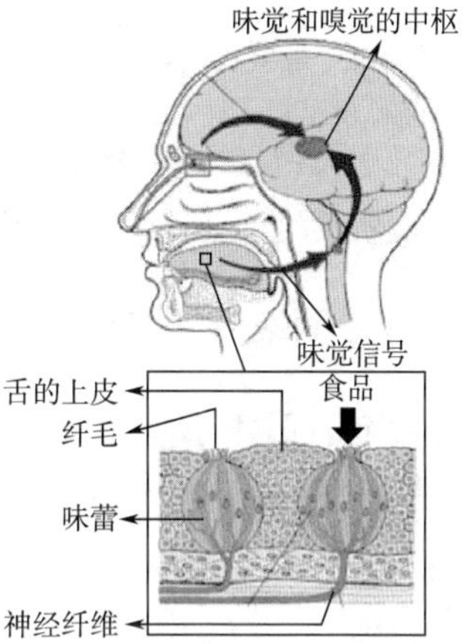

图 2-10 味蕾传递味觉信号示意图

（味蕾及自由神经末梢），由末端感觉神经系统传导至中枢神经系统。传至大脑的信息经分析、判别便产生了味的概念，这可认为是味觉产生的基本机制（图 2-10）。

1974 年以前，人们一直将舌头味觉分成甜、酸、苦和咸 4 个，直到 1974 年，人们发现这是错误的。现在舌头能品尝出 5 种基本味道（甜、苦、咸、酸、鲜）已经得到确认，舌头的任何部分都具备几乎一样的品尝出这些味道的能力。味觉究竟怎样产生（即从化学信息变成感觉信息）的呢？这个问题主要趋向两种理论解释。

1965 年，埃瑞克逊等从神经生理学和心理学的观点出发，对用类似描述视觉中三原色的方法去假定仅有 4 种基本味觉的观点提出了质疑。他们使用某种溶液刺激整个舌部，并通过对解剖的个体神经元进行记录，报道了许多所谓的个体神经元对多种味呈现敏感性。有些神经元对糖和盐起反应，另一些神经元则对苦味物质起反应，还有一些对 4 种基本味觉的刺激均有反应。

1974 年，卡尔·帕夫曼研究小组提出味通道理论，认为人类存在一套 4 种味觉通道，与 4 种基本味觉相对应，无论分子具有什么样的化学构型，分子都以不同的强度刺激不同的通道。占主导地位或具最强刺激作用的基本味觉将决定味觉的品质，即决定是哪种味觉，所有其他的各种味觉都起源于基本味觉的结合。

第二节 气味理论及其应用

“气味”是物质最重要的特征之一。它从概念发展到范畴以至形成学说，已成为调香理论体系中重要的组成部分。但它的理论实质是什么？王充《论衡·自然》记载“太虚不能无气，气不能不聚而为万物”。他认为“气”作为本原范畴，是宇宙万物的起源。不过，有时还将“气”和“味”纠缠在一起。此外，中医药中认为气味是具体的物质。如李东垣的“凡药之所用，皆以气味为主”，即说气味是具体的物质。根据现代科学研究，气味是挥发性物质在人嗅觉和味觉系统的反应，这也印证了我国古代关于气味的科学判断。

鉴于气味物质在化学工业、食品工业、香料工业、医药卫生等方面发挥着重要作用，因此研究和探讨气味物质的物理化学基础，对揭示天然气味物质的结构以及人工合成香味物质具有重要意义。本节旨在分析气味物质与有机体，特别是与嗅觉器官相互作用的各种因素。

一、气味物质的化学基础

空气中飞散的气味物质所呈现的气味并非一成不变。它随着温度、浓度以及环境的变化而有所改变，不但呈味强度有所变化，而且香臭也有所差异。

（一）气味物质应具备的条件

1959 年，日本小幡弥太朗在总结前人理论的基础上，概括了有气味的有机化合物必须具备的条件。

（1）挥发性　只有可挥发的物质才能飘散到空气中，从而被鼻黏膜捕获，它的气味才能被识别。

（2）低相对分子质量　一般地，相对分子质量为 29~300［现在认为是 17（氨）~340（苯乙酸柏木酯）］的有机物具有气味。

（3）脂水双溶性　水溶性保证了气味物质容易被鼻黏液吸收，脂溶性保证了气味物质更能够穿透细胞膜从而被识别。

（4）发臭基团　发臭基团是气味物质的特异性官能团，不同的官能团一般表现出不同的气味。常见的发臭基团主要有羰基、醛基、甲醇基、酯基、氨基、醚基、羧基、碳酸基等。

（5）折光率　折光率（n_D^{25}）大约在 1.5。

（6）拉曼效应　拉曼效应测定的波数为 1400~3500cm^{-1}。

（二）气相中的气味物质

1. 气味物质的蒸气压

一般认为，没有绝对不挥发的物质，因此任何物质都有气味产生。由于物质的挥发性，在物体表面存在着该物质的蒸气，这些蒸气会对物体表面产生一定压强，即蒸气压。蒸气压不仅与物质的性质有关，还会随着温度的变化而变化。蒸气压单位为 Pa 或 kPa。一般地，蒸气压越小的物质越容易挥发。气味物质在 25℃的蒸气压见表 2-1。

表 2-1　气味物质在 25℃的蒸气压

气味物质	蒸气压（25℃）/Pa	相对分子质量	气味物质	蒸气压（25℃）/Pa	相对分子质量
三甲胺	2.3×10^5	59	苯	1.3×10^4	78.11
吡啶	2.7×10^3	79	甲苯	3.8×10^3	92.14
异丁酸异丁酯	558.6	144	1,2-二甲苯	877.8	106.16
l-香芹酮	15.96	150	1,3-二甲苯	1102.57	106.17
d-氯乙酰苯	0.998	155	1,4-苯二甲酸	1.22×10^{-3}	166.13
ω-十五烷内酯	5.99×10^{-2}	240	溴甲烷	2.2×10^5	94.94
麝香酮	2.79×10^{-4}	294	1-戊烯	8.4×10^4	70.13
2-氯-1,3-丁二烯	2.86×10^4	88.54	1-辛烯	2.3×10^3	122.21

2. 浓度单位

如果25℃时气味物质的蒸气压是p，相对分子质量为M，则在25℃时处于平衡的气相中的气味物质浓度c可用式（2-1）计算：

$$c = \frac{p}{760} \times \frac{273}{298} \times \frac{M}{22.4} = p \times M \times 5.38 \times 10^{-5} \tag{2-1}$$

气相中的气味物质浓度单位有g/L、mg/m^3等。

（三）液相中的气味物质

1. 气味物质的溶液

气味物质常以溶液的形式存在或被使用，如溶解于水、植物油、乙醇等中。因此溶解度s也被用来描述气味物质的浓度。一般地，固体和液体的溶解度会随着温度的升高而增大，气体则相反。

2. 浓度单位

液相中的气味物质浓度单位有g/L、mg/m^3等。

（四）相间气味物质分布

1. 空气-水分配系数

分配系数指在气味物质-水两相体系达平衡状态时，气味物质在空气和水中的浓度比值。分配系数反映了气味物质在空气和水相间的迁移能力，是描述气味物质在水环境中行为的重要物理化学特征参数。分配系数与组分、流动相和固定相的热力学性质有关，也与温度、压力有关。如果气味物质仅微溶于水（溶解度小于10g/L），则下面的计算就很适用。将过量的液态气味物质加到含有水与空气的带塞烧瓶中，振摇、静置，这时在水相和气相之间形成第三相，该相与水相和空气相平衡（即饱和）。气相中的气味物质的浓度除以溶液中气味物质的浓度，得该气味物质的空气-水分配系数K_{AW}：

$$K_{AW} = \frac{p}{s} \times M \times 5.38 \times 10^{-5} \tag{2-2}$$

空气相与水相中的浓度应在相同温度，如25℃时测定。由于平衡时空气相中的浓度可根据蒸气压估计，水相中的浓度可由其溶解度估计，因此此计算是可用的。表2-2列出若干不同官能团的直链戊碳化合物的数据。显然官能团对分配系数有重大影响，其K_{AW}的计算值与试验值一般是相符的。

表2-2 不同官能团的直链戊碳化合物的蒸气压、溶解度、相对分子质量、分配系数

化合物	蒸气压/Pa	在水中的溶解度/(g/L)	相对分子质量	分配系数（K_{AW}）
戊烷	6.9×10^4	0.038	72	52
戊硫醇	1995	0.16	104	0.55
甲酸甲酯	4256	15	102	0.011

续表

化合物	蒸气压/Pa	在水中的溶解度/(g/L)	相对分子质量	分配系数（K_{AW}）
戊醛	2128	12	86	0.0063
2-戊酮	2128	54	86	0.0013
戊胺	3724	∞	87	0.0013
戊醇	332.5	23	88	0.00052
戊酸	38.57	50	102	0.000031

2. 油-水和空气-油分配系数

分配系数与气味物质在不同溶剂中的溶解度有关。在以水为其中的一相时，测得的分配系数称为油-水（O/W）分配系数（K_{OW}）。一般而言，具有较大油-水分配系数的气味物质更容易穿透细胞膜转运和吸收。因此对于分配系数较小（即水溶性较大）的气味物质而言，影响气味物质向体内转运的限速过程主要是从水性体液向细胞膜分配的过程。相反，对于分配系数较大即难溶性的气味物质，影响其转运的限速过程主要是在水性体液中的溶解。

气味分子在空气、水和油间的分布必定对其穿透细胞膜的能力有某些影响。各种气味物质的 K_{OW} 也在一个相当大范围内变动，这取决于油的极性大小。一给定的气味物质，其 K_{AW} 和 K_{OW} 已知，则其空气-油分配系数可由式（2-3）进行计算：

$$K_{AO}=\frac{K_{AW}}{K_{OW}} \tag{2-3}$$

将香精配方溶解在不同溶剂中时，其改变了的各成分的分配系数必将变更与溶液平衡的气相中气味物质比例，导致改变气味的素质。已知分配律与亨利法则可应用于稀的（≤10g/L）气味物质的水溶液或油溶液。

（五）气味物质的稳定性

1. 能离子化的气味物质

物质成为离子或“离子化”的现象，多是在水溶液中发生，这也是电解在阳极上发生的现象之一。假设一种弱酸（或弱碱）的气味物质溶于水，则该气味物质会在一定程度上解离或离子化，此解离程度与该酸的解离常数（pK_a）及溶液的 pH 有关。若调节溶液的 pH 使之有 50%离子化，与空气相中气味分子的蒸气相平衡的只有溶液中的未离子化部分。

溶液的 pH 和气味物质的 pK_a 以及气味物质溶解度之间的这种关系可用亨德森-哈塞尔巴尔赫（Henderson-Hasselbalch）方程表示。Henderson-Hasselbalch 方程指出了气味物质溶解度与溶液 pH 及气味物质解离常数三者之间的关系，又称溶解度方程：

$$\text{弱碱性药物：}pH=pK_a+\lg[B]/[BH^+] \tag{2-4}$$

$$\text{弱酸性药物：}pH=pK_a+\lg[A^-]/[HA] \tag{2-5}$$

式中 $[B]$、$[BH^+]$ ——弱碱性气味物质分子型和离子型的浓度；

$[HA]$、$[A^-]$ ——弱酸性气味物质分子型和离子型的浓度。

通过该方程可知，将乙酸一类弱酸溶液的 pH 增加一个单位，pH 由 4.8 变至 5.8，则溶液中未离子化酸及其在蒸气中的浓度将减至原浓度的 20%左右。pH 每增加 1 个 pH 单位，蒸气浓度下降至原来的 1/10。这就可以解释：如果适当地调节溶液的 pH，则弱酸和弱碱类气味物质能低强度地在溶液中保持很长时间。

若令溶液中气味物质的总浓度为 s，分子型气味物质的浓度为 s_0，则离子型气味物质的浓度为 $s-s_0$，所以 Henderson-Hasselbalch 方程可以写作：

$$弱碱性药物：pH=pK_a+\lg[s_0/(s-s_0)] \tag{2-6}$$

$$弱酸性药物：pH=pK_a+\lg[(s-s_0)/s_0] \tag{2-7}$$

2. 吸附作用

吸附作用是指气体、蒸气以及溶液里的溶质被吸附在固体或液体物质表面上的过程，分为物理吸附和化学吸附两种。具有吸附性的物质叫做吸附剂，被吸附的物质叫作吸附质。物理吸附一般以范德瓦耳斯力（范德华力）为作用力，作用力较弱，可以通过洗脱的方式洗脱吸附质，吸附能力与吸附剂的表面积呈正相关，且以单层吸附为主；化学吸附一般以化学键的形式相互反应而吸附，吸附力较强，以单层吸附为主。以下如无特殊说明均指物理吸附。某些固体表面对有机化合物（包括许多气味物质）有很强的亲和力，挥发性分子既可以在气相中也可以在水相中被这些固体表面吸附。卷烟的过滤嘴，特别是添加有活性炭的复合滤嘴有较强的吸附能力，从而降低吸入的焦油量。由于吸附剂以单层吸附为主，且有效吸附面积小于总表面积，因此气味物质被表面吸附的量 Q 总是按比例地低于气相或溶液中的浓度 c。

对于图 2-11（1）曲线的第Ⅱ段，即非直线区段中的吸附规律，实际工作中常用弗伦德利希（Freundlich）吸附等温式来表示，即：

$$Q = Kc^{\frac{1}{n}} \tag{2-8}$$

式中，K 及 n 都是在一定范围内表示吸附过程的经验系数，若取对数，式（2-8）可表示为：

$$\lg Q = \lg K + \frac{1}{n}\lg c \tag{2-9}$$

固体吸附等温线如图 2-11（1）所示。

以 $\lg Q$ 及 $\lg c$ 为坐标绘图［图 2-12（2）］，得到一条直线，它在纵坐标上的截距即为 $\lg K$。因此 K 是浓度 $c=1$ 时，即 $\lg c=0$ 时的吸附量，它可以大致表示吸附能力的大小。直线的斜率即 $\tan\alpha=1/n$，它可以表示吸附量随浓度上升而增长的强度。

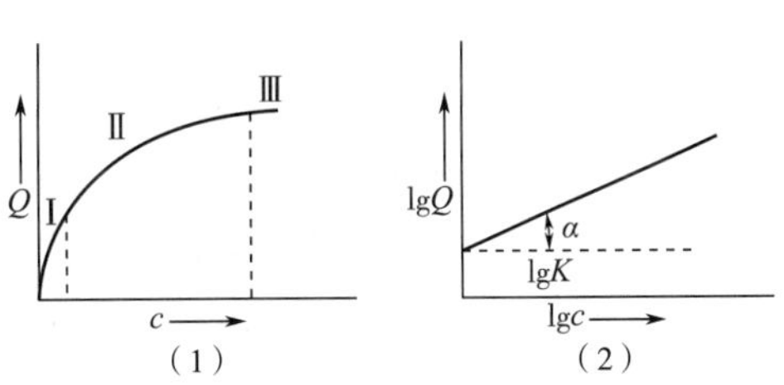

（1）固体吸附等温线 （2）等温线对数图

图 2-11 Freundlich 吸附等温线

3. 固定剂

固定剂是香水中的一种成分，可以让香水的香味持久，通常是树脂、树胶或香脂。卷烟加香后，希望香气常驻，固定剂就起到重要作用。固定剂通常是具有一定溶解性且难以挥发的物质。例如香水中，将香味物质和固定剂溶于乙醇，当乙醇逸散后，能使大部分芳香化合物驻留。固定剂有人工合成固定剂和天然固定剂。天然固定剂包括麝香、灵猫香、海狸香和龙涎香等，以及与麝香和龙涎香有关的合成化合物。

（六）气味的怪脾性

1. 温度对气味的影响

气味物质多有挥发性，而挥发性与温度密切相关。温度偏高时香味物质较易挥发，散入空气中的气味分子多，所以其呈味也浓，温度低时则相反。温度对食品气味的影响尤为重要，例如“黄酒烫着喝才够味，啤酒冰镇喝才过瘾”就是这个道理。

2. 浓度对气味的影响

浓度对物质的气味也有重要影响，如香精浓时是臭的，而将它稀释几千倍乃至几万倍就变成了香的；丁醇具有臭味，但在极稀薄浓度下却呈水果香。

3. 气味易位现象

有的气味物质在某种食品中是不可缺少的重要香气组分，但在另一种食品中竟成为难以接受的臭味。如双乙酰，它是干酪的主体香气，又是白酒、威士忌酒、卷烟、茶的香气成分，但它却是啤酒、黄酒的大敌。

此外，气味的表现评值还会因人而异，而且气味的阈值根据不同物质而有较大差异，所以想定量地表示出香气试验的结果很困难。

二、气味阈值与气味强度

（一）气味阈值

阈值又称临界值，是指一个效应能够产生的最低值或最高值。此名词广泛用于各方面，包括生物学、化学、心理学等。味的阈值一般包括嗅觉和味觉两个方面。气味阈值是指在一定的温度和压力条件下，把该物质与纯空气分开的最低质量浓度，单位有 mg/m^3、mg/cm^3 等。只有在阈值以上才能闻到该气味，气味强度与物质浓度不同。味觉阈值是指在一定条件下被味觉系统所感受到的某刺激物的最低浓度值，单位有%、mol/L 等。

1. 组阈

组阈是指对一组辨嗅员来说，一定比例的辨嗅员能感觉气味物质存在的最低浓度。一般由 15 位试验者组成的小组中，75%的试验者能对气味浓度做出正确选择作为起始。当使用气味测量计时，空气流中气味物质的浓度会连续降低，直到试验者再不能嗅到该气味为止，这种能阳性地检测出的最低浓度即代表了嗅阈。通过穿插做一些空白刺激试验（无味），以确保试验者不会由于习惯而做出错误的阳性反应。用带塞烧瓶存放气味刺激物的稀释液时，可给每个试验瓶配一个空白瓶，空白瓶外观上与试验瓶相同，瓶内只含有溶剂，试验者必须决定哪个瓶有气味。此外，还应考虑待测气味物质浓度的科学稀释安排及需要有若干位试验者做平行检测，使每天在不同的试验者小组之间所测的组平均阈值都具有高重复性。

味觉阈值的浓度范围很广，一般认为甜味的物质有较高的阈值，如蔗糖的阈值为0.01mol/L，苦味物质表现出低的阈值（表2-3）。

表2-3 **不同化合物的阈值** 单位：mol/L

甜味剂	阈值	酸味剂	阈值	咸味剂	阈值	苦味剂	阈值
蔗糖	0.01	盐酸	0.0009	氯化锂	0.025	硫酸喹啉	8×10^{-6}
葡萄糖	0.08	硝酸	0.0011	氯化钠	0.01	盐酸喹啉	3×10^{-5}
糖精钠	0.00023	硫酸	0.0010	氯化钾	0.015	烟碱	1.9×10^{-5}
		甲酸	0.0018	氯化镁	0.015	咖啡碱	7×10^{-4}
		丁酸	0.0020	氯化钙	0.01	硫酸镁	4×10^{-3}
		草酸	0.0032	单盐酸	1.6×10^{-6}		
		乳酸	0.0016	麻蛇碱	1.6×10^{-6}		
		马来酸	0.0016				
		柠檬酸	0.0023				

2. 个体阈

为了基础研究与判断目的，经常需要测定每个试验者对每种化合物的个体阈。辨嗅员个体能感觉气味物质存在的最低浓度即为个体阈。一个简便的方法是用一套5个带塞的烧瓶，其中3个为空白，2个含气味物质（稀释度相同）。将烧瓶随机排列，试验者必须辨出有气味的2个烧瓶。给每位试验者一系列这种2/5试验，每次试验所试浓度为前一步试验浓度的一半，试验时，试验者在这种连续步骤中能正确挑选出2个有气味烧瓶所需的最低浓度，即试验者对该化合物的个体阈。

（二）气味强度

1. 韦伯法则

在阈值以上，气味强度与物质浓度之间有什么样的关系？同一物质浓度相差多大才能使人感觉出强度差异呢？1895年，有人提出用韦伯比率来衡量嗅觉的差别阈，由此计算出嗅觉的相对差别阈只有1/4~1/3：

$$W = \frac{\Delta c}{c} \tag{2-10}$$

式中 Δc——能明显感觉到的气味物质差异浓度差；

c——参考物浓度；

W——韦伯比率，如果在试验中测出的$W=0.28$，说明当浓度改变28%，才能明显感觉到气味强度的差异。

2. 麦杰登生等强度比较法

关于味觉强度的研究，早期使用“等强度比较”法。1923 年，麦杰登生等报道了糖精和蔗糖的甜度比较，并导出了一个方程式：

$$\lg[浓度]_{糖精}=\lg K+1.7\lg[浓度]_{蔗糖} \quad (2-11)$$

$$或\ [浓度]_{糖精}=K[浓度]_{蔗糖}^{1.7} \quad (2-12)$$

1947 年，卡莫龙总结了一些有代表性物质的等甜度比较（表 2-4），至今仍有人使用。

表 2-4　一些物质的等甜度比较

比较标准（混合物）	等甜度于	比较标准（混合物）	等甜度于
10%蔗糖+5.5%葡萄糖	15%蔗糖	2%蔗糖+5%葡萄糖+10%乳糖	10.1%蔗糖
5%蔗糖+11.8%葡萄糖	15%蔗糖	6%甘氨酸+3.9%蔗糖	12%甘氨酸
10%蔗糖+10.15%葡萄糖	20%蔗糖	5%甘氨酸+5.3%蔗糖	10%甘氨酸
5%蔗糖+10.8%乳糖	10%蔗糖	1%蔗糖+2%果糖	4.8%蔗糖
5%葡萄糖+9.0%乳糖	10%葡萄糖		

注：表中百分数为质量分数。

3. 斯蒂文斯幂法则

1969 年，斯蒂文斯根据几项研究结果，提出了不同味觉物质的味觉强度与浓度之间的关系式，并认为该式也适用于其他感觉：

$$I=K[浓度]^{n} \quad (2-13)$$

$$或\ \lg I=\lg K+n\lg[浓度] \quad (2-14)$$

式中　I——味觉强度，对于糖和盐而言，它等于众多味觉评定员的平均值；

K、n——某一物质的条件常数。

幂数 n 的含义是味觉强度随物理强度变化的快慢（表 2-5）。蔗糖和食盐 $n>1.0$，这意味着较小的浓度变化可以产生较大的味觉强度变化；酸味的柠檬酸和苦味的硫酸喹啉 $n<1.0$，则含义相反。

表 2-5　某些味觉物质的幂数 n 及增加一倍味觉强度所需增大的浓度倍数

味觉物质	n	增大的浓度倍数
蔗糖	1.3	1.69
糖精	0.6	3.16
氯化钠	1.3（呷咽）	1.69
氯化钠	0.4（舌背恒流）	5.66
柠檬酸	0.7	2.66

续表

味觉物质	n	增大的浓度倍数
硫酸喹啉	0.6~1.0	2.00~3.16
L-天冬氨酸-L-苯丙氨酸甲酯	1.0	2.0
1-氨基环己烷-1-羧酸	0.8	2.38

阈值和味觉强度是两个不同的概念。阈值代表了某物质开始感觉强度的总零值，即刚开始产生味觉强度时的物质浓度。在阈值点，各物质的浓度有差异，但味觉强度是相等的。

斯蒂文斯还提出嗅觉与味觉一样，也遵循下列关系式：

$$I=K\,[\text{浓度}]^n \tag{2-15}$$

$$\text{或 } \lg I=n\lg\,[\text{浓度}]\,+\lg K \tag{2-16}$$

式中 I——气味浓度；

K、n——某一物质的条件常数。

可见，气味强度的对数与气味物质浓度对数呈线性关系，n 表示强度随浓度变化快慢的量，表 2-6 列出了一些物质的 n。

表 2-6　一些气味物质的 *n*

气味物质	n	稀释剂	气味物质	n	稀释剂
乙酸戊酯	0.13	液体	香叶醇	0.20	空气
大茴香脑	0.16	液体	愈创木酚	0.20	空气
丁醇	0.31	液体	辛醇	0.16	液体
丁醇	0.64	空气	己醇	0.15	空气
乙酸丁酯	0.58	空气	*d*-薄荷醇	0.24	液体
香豆素	0.33	空气	癸醇	0.24	液体
乙酸乙酯	0.21	液体	苯乙醇	0.12	液体
丁香酚	0.27	液体	丙醇	0.52	空气
丁香酚	0.64	空气	异戊酸	0.21	液体

三、气味物质的质量相关性

（一）相似程度

一组试验者对一些物质的性质作比较之前，需尽可能控制使气味强度不变。如果气味物质的浓度提高到组阈浓度的一定倍数，例如 32 倍，并在此浓度上进行气味比较，即可粗略达到这一要求。一个可以补偿幂法则中指数 n 的偏差的方法是，有一组试验者将试验气味物质的气味强度与一参考标准配对，用水和矿物油在 125mL 带磨砂口玻璃塞的烧瓶中稀释某种气味物质，提供一套能代表所研究气味物质的标准气味物质，然后试验者可一次将试验气味与每一标准气味物质作比较，这就是标准配对法。应要求试验者在 0（不像）~8（非常像）之间，比较出试验气味物质与已知标准气味相似的程度，然后用所提供的每一其他标准气味物质重复这种相似性的评级。

（二）辨别试验

当气味的相似性达到相当程度时，这种相似性质可借助三角试验评级。给试验者一套 3 个烧瓶，两个装有相同的气味物质，第三个装有不同的气味物质。要求试验者选择两个相似的样品。只要所提供的气味物质是预先在强度上调节到相匹配的程度，则试验者经常就只能根据气味品质的某种差异来加以选择。当气味极相像时，许多试验者就会选错，错判比例用百分数表示。将此百分数除以 10，即得气味混淆程度。混淆程度的范围为 0（没有错判）~6.67（不能区别）。三角试验在检验不同来源或用不同方法纯化的芳香成分的可互换性上也是有效的。

（三）嗅觉疲劳

嗅觉疲劳，即嗅觉预适应性现象。嗅觉疲劳是气味技术学中的重要现象之一。因为长期接触一种气味，都会使所感受气味的嗅觉强度不断减弱。一旦远离该适应气味，则对所适应气味的敏感性就会相应地得到恢复。

四、嗅觉刺激理论

近百年来，科学家孜孜不倦地从不同角度对人类的嗅觉进行探究，发现人类的嗅觉能够在非常低的浓度下区分出数目极多的化合物，许多学者各自在不同的方向进行研究，先后提出了几十种嗅觉刺激理论，如立体化学理论、振动理论、酶理论等，以期寻找一种对气味和嗅觉的合理解释。其中有几种理论值得关注。

（一）立体化学理论

1949 年，苏格兰科学家蒙克里夫首次提出“气味立体化学理论”，并由阿莫发展和倡导。该理论较为合理地解释了气体分子与气味受体之间相互作用机制，被世人广泛接受。他认为当气味分子适合于嗅神经的某些辅助性受体部位时就会被嗅出（图 2-12、图 2-13），并从几百种有气味的物质中总结出 7 种原气味：醚味、樟脑味、麝香味、花香味、薄荷味、刺激味和腐烂味。把这 7 种气味的物质分子制成模型，发现具有相同气味的分子其外形非常相似。他把气味分子比作“键”，把接受气味分子的嗅觉细胞凹形感受部位比作“键孔”。当气味分子像键一样插入形状适合的凹形感受部位时，就会刺激感受部位产生嗅觉（图 2-13）。2004 年诺贝尔生理学或医学奖关于嗅觉系统分子水平的发现从根本上说符合该理论。

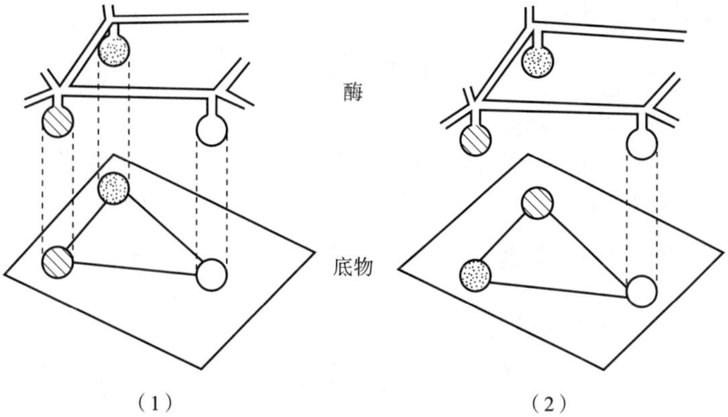

（1）互相匹配　（2）不匹配

图 2-12　气味的立体化学理论示意图（1）

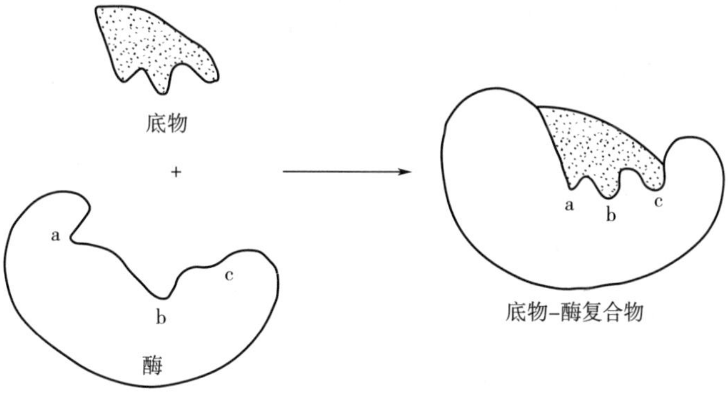

图 2-13　气味的立体化学理论示意图（2）

（二）振动理论

振动理论由戴森于 1938 年首次提出，认为气味可能与物质的红外共振有关。沃恩特（R. H. Wnont）推广了这一理论，他利用分光镜测量了气味分子的光谱。但到了 20 世纪 60 年代和 70 年代初，有两位科学家分别发现，有些光学对映异构体闻起来彼此不同，但其红外光谱却极为相似。

1996 年，伦敦的一位生物物理学家卢克·图林（Luca Turin）编写了《气味的秘密》。他主要是以受体蛋白的“生物分光镜”来代替上一理论中的机械振动分光镜，并把这一振动过程称为“非弹性的电子隧道”，即振动理论。该理论认为，每一种物质的分子都有其自身特定的振动频率，而我们的鼻子正是因为接收了这种频率才感知到了它们独一无二的气味。

（三）形状理论

1952 年，牛津大学的科学家约翰·摩尔解释，分子的形状决定了它们闻起来是什么气味。换句话说，玫瑰花的分子闻起来有玫瑰花香。是因为它们的分子形状能使鼻子感知成玫瑰花香，这就好比锁和钥匙，某种特定形状的分子好比是钥匙，而我们鼻腔细胞中感知气味的蛋白质相当于锁。

约翰·摩尔对气味原理的解释具有很大的影响，人们称之为形状理论。“形状科学家”始终无法有力地反击这样一个现象，那就是并非所有相同形状的分子闻起来气味都一样，并且研究发现，有些不同形状的分子倒是散发着相同的气味。

（四）毕兹的轮廓-官能团理论

1957 年，毕兹（M. G. J. Beets）根据鲁齐卡（Ruzicka）等早期理论家的思想发展并提出了该理论。该理论认为，气味除了与分子的形状和大小有关外，还与所含官能团的性质及在分子中的位置有关。当气味分子接近嗅觉感受体时，形成相当于化学反应中的过渡状态，气味分子在嗅觉感受体上的排列既有混乱的，也有有序的，只有有序的状态才能够产生气味刺激。仅含一个官能团的气味分子在嗅觉感受体表面的定向作用很强。缺乏官能团或虽有多个官能团但存在空间阻碍，气味会大幅减弱。

（五）渗透与穿透理论

该理论是 1953 年戴威斯在有关神经冲动传导理论的基础上发展起来的。他认为，嗅觉神经细胞可被大的、活动性差的以及刚性的气味分子穿透并失去定向。构成神经纤维（轴突）膜双脂层可能是暂时被穿透，但通过时所形成的洞穴可以传递到大脑的神经冲动，从而产生嗅觉。该理论的贡献是，假定嗅觉神经细胞膜可被大的、活动性差的以及相当刚性的气味分子穿透并失去定向。双层膜可能是暂时被穿透，但在气味分子通过时所形成的洞穴中可能会发生离子交换，由此启动了一个可传递到脑中的神经冲动。

五、嗅觉失常

嗅觉的好坏和变化关系着人的身心健康。即使是一个健康的人，由于种种原因，一生中也会出现嗅觉障碍，产生“嗅觉异常”现象。人类随着年龄的增长，嗅觉敏感性会逐渐减退。在 70~79 岁的人群中，中度嗅觉减退者达 53%。对所有气味都不敏感称为嗅觉丧失；对某些气味不敏感或辨别不清称为嗅盲。

（一）嗅觉敏感性减退

人的嗅觉非常灵敏，可以敏锐地觉察出各种物质发出的气味。对于正常人来说，嗅觉敏感性基本是恒定的，对周围的衣、食、住、行等各方面经常出现的气味都能有正常反应。居住在具有特殊气味的化工区的居民们对周围的化学气体反应并不强烈，说明人们已经适应那里的环境，而一旦改变居住环境，嗅觉又会恢复。还有一种具有特殊敏感性嗅觉的人，他们能嗅到别人嗅不到的特殊气味。

（二）嗅觉缺失

1. 一般嗅觉缺失

人们对气味的感觉完全丧失或缺乏的现象称为一般（单纯）嗅觉缺失，嗅神经或第一对颅神经完全失去作用，这种情况可存在于多种病症中。有嗅觉缺失的人往往不能感受任何物质的气味。但在浓度很高的情况下，如果该化合物能够刺激鼻腔的三叉神经末梢，患者就可以觉察到气味物质。嗅觉缺失程度取决于嗅神经和三叉神经对某一气味物质的阈值之比。

2. 特异嗅觉缺失

这是一种普遍存在和发生的病症，不过患者很少意识到它。一个在其他方面具备正常嗅觉敏感性的人，可能遇到某些化合物或某类化合物对他来说似乎是没有气味的情况，但对别人却是一种强烈的气味。该症状显然是多种多样的嗅觉衰退或嗅觉缺失，但是其他化学敏感性缺陷是相当局限的。

特异嗅觉缺失现象有力地支持了现有的嗅觉理论。它意味着正常嗅觉神经系统必定含有某些高选择性的组成或高选择性的机制，而当这些组成或机制有缺陷时，就会使化学敏感性发生显著而特异的丧失。

3. 完全嗅觉缺失

完全嗅觉缺失是罕见的综合征。患者不仅缺乏嗅觉（第一对颅神经）敏感性，而且不能对刺激性的化学药品的蒸气显示响应，而在正常情况下，这些化学药品的蒸气却能使鼻子与喉咙中的其他神经兴奋。

（三）幻嗅

幻嗅指根本不存在的某种气味像梦幻一样地被嗅到。例如，有的人说嗅到烧猪皮味、腐味或者有特别难闻的气味，而在一起生活的其他人闻不到这种气味，这时就应该注意其很可能是患有幻嗅症。幻嗅是一种病症，应加强治疗。

（四）嗅盲

嗅盲不是嗅觉完全缺失，而是某些人对某种或者某些气味无嗅感。阿莫发现 8 种嗅盲气味（表 2-7），他对气味像类似颜色中三原色那样进行分类，并推测基本气味（原臭）有 20~30 种。

表 2-7 阿莫发现的嗅盲气味

气味	化合物	气味	化合物
汗臭	异戊酸	麦芽臭	异丁醛
精液臭	*l*-吡咯啉	麝香臭	环十五内酯
鱼腥臭	三甲胺	薄荷臭	*l*-香芹酮
尿臭	5-雄甾-16-烯-3-酮	樟脑臭	*l*-桉叶油素

第三节 嗅觉、味觉特性及其影响因素

一、嗅觉特性及其影响因素

（一）嗅觉特性

1. 敏锐性

人的嗅觉有一定的敏锐性，有些气味物质即使每升只有几毫克，也能被觉察到。某些动物的嗅觉比人的嗅觉更灵敏，例如犬类的嗅觉比人的嗅觉要灵敏 100 万倍。

2. 疲劳性、适应性和习惯性

嗅觉疲劳是嗅觉的重要特征之一，它是嗅觉长期作用于同一种气味刺激而产生的适应现象。香水虽然气味芬芳，但洒在室内久闻却不觉其香，这说明嗅觉是比较容易疲劳的。由于疲劳造成的结果，使我们对某些气味产生适应性。嗅觉疲劳具有 3 个特征：①从施加刺激到嗅觉疲劳式嗅感消失有一定的时间间隔；②在产生嗅觉疲劳的过程中，嗅觉阈值逐渐增加；③嗅觉对一种刺激疲劳后，嗅感灵敏度再恢复需要一定时间。在嗅觉疲劳期间，有时所感受的气味本质也会发生改变，这种现象是不同的气味组分在嗅感黏膜上适应速率不同而造成的。除此之外，还存在交叉疲劳现象，即对某一气味物质的疲劳会影响到嗅觉对其他气味刺激的敏感性。

3. 个人差异性

嗅觉的个人差异性相当大，存在嗅觉敏锐和嗅觉迟钝的人。即使是嗅觉敏锐的人也会出现因气味不同而嗅觉异常的现象，即并非对所有的气味均敏锐。有的人对许多气味敏锐但对某一种气味却非常迟钝。对气味不敏感的极端情况便形成嗅盲。

4. 嗅盲

据推测，有 14%的人有嗅盲，它是一种先天性症状，似乎是一种单纯的劣伴性遗传所造成的。

5. 阈值的变动

身体疲倦、营养不良或患有各种疾病会使嗅觉对气味的敏感度下降，阈值变动。例

如，生病时会觉得食物味道平淡不香。

6. 气味的相互作用——掩蔽和变调

用一种气味去掩蔽另一种气味，或使某种气味和其他气味混合时气味发生变化（变调），变成人们能接受或喜爱的气味，这是调香中常用的一种技术。

（二）影响嗅觉的因素

1. 流速

以阵阵有间隔的方式给鼻腔提供气流，速率越快则气味强度越强。原因是增大流速会相应增强单位时间内气味物质通过嗅上皮的量，也就相应增加了气味物质浓度。

2. 温度

气味物质的温度升高会使气味强度加强，温度降低使强度降低。原因是气味物质的挥发性随温度升高而升高，随温度降低而降低，其结果是改变了到达嗅上皮的气味物质浓度从而改变了气味强度。

3. 嗅觉疲劳

长期接触某种气味，无论该气味是令人愉快的香味还是令人憎恶的气味，都会引起人们对所感受气味强度的不断减弱，一旦脱离该气味，使其暴露于新鲜空气中，则所感受气味的敏感性会相应地恢复。试验气味与适应气味如果近似，那么鼻子对试验气味的敏感性也会降低一些，而对与试验无关的气味敏感性则一般不受影响。利用这种效应，人们可以鉴别香精众多成分中的次要成分或异香。

4. 双鼻孔刺激

人们发现，一次用一个鼻孔感觉气味比用双鼻孔感觉气味的强度稍有减少，这说明双鼻孔的嗅感有某种加和性。

二、味觉特性及其影响因素

（一）味觉特性

味觉是某些溶解于水或唾液的化学物质作用于舌面和口腔黏膜上的味蕾所引起的感觉。味觉一般具有灵敏性、适应性、可融性、变异性、关联性等性质。

1. 灵敏性

味觉的灵敏性指味觉的灵敏程度，由感味速率、呈味阈值和味分辨力 3 个方面综合反映。

（1）感味速率　呈味物质一进入口腔，很快就会产生味觉。一般从刺激到感觉仅需要 $1.5\times10^{-3}\sim4.0\times10^{-3}$s，比视觉反应还要快一个数量级，接近神经传导的极限速率。

（2）呈味阈值　阈值越低，其敏感程度越高。呈味物质的阈值一般较低，并因阈值种类的不同而有一定差异。根据阈值测定方法的不同，又可将阈值分为绝对阈值、差别阈值、最终阈值。

（3）味分辨力　人类对味具有很强的分辨力，可以觉察各种味感之间非常细微的差异。试验表明，通常人的味觉能分辨出5000余种不同的味觉信息。

2. 适应性

味觉的适应性是指由于某一种味的持续作用而产生的对该味的适应，如常吃辣椒而不觉辣，常吃酸而不觉酸等。味觉的适应性有短暂和永久两种形式。

（1）短暂适应性　在较短时间内多次受某一种味刺激，所产生的味瞬时对比现象，是味觉的短暂适应。它只会在一定的时间内存在，交替品尝不同的味可防止其发生。

（2）永久适应性　是长期经受某一种过浓味的刺激所引起的。在特定水土环境中长期生活的人，由于经常接受某一种过重味的刺激，便会逐渐养成特定的口味习惯。例如，四川人喜食辣椒的辣味。

3. 可融性

味觉的可融性是指数种不同味可以相互融合而形成一种新的味觉。经融合而成的味觉绝非几种其他味的简单叠加，而是有机融合。在融合中会出现味的对比、相乘、消杀、变调、疲劳作用。

（1）对比作用　指两种或两种以上的呈味物质适当调配，可使某种呈味物质的味觉更加突出的作用。如在100g/L的蔗糖中添加1.5g/L氯化钠，蔗糖的甜味更加突出。

（2）相乘作用　指两种具有相同味感的物质进入口腔时，其味觉强度超过两者单独使用的味觉强度之和，又称味的协同效应。甘草酸铵本身的甜度是蔗糖的50倍，但与蔗糖共同使用时，末期甜度可达到蔗糖的100倍。

（3）消杀作用　指一种呈味物质能够减弱另一种呈味物质味觉强度的作用，又称味的拮抗作用。如蔗糖与硫酸奎宁之间的相互作用。

（4）变调作用　指两种呈味物质相互影响而导致其味感发生改变的作用，特别是先感受的味对后感受的味会产生质的影响，这就是味的变调作用，也称为味的阻碍作用。刚吃过苦味的东西，喝一口水就觉得水是甜的；刷过牙后吃酸的东西就有苦味产生。

（5）疲劳作用　指当长期受到某种呈味物质的刺激后，就感觉刺激量或刺激强度减小的作用。不同的味感疲劳所需要的时间不同，酸味1.5~3min，甜味1~5min，苦味1.5~2.5min，咸味0.3~2min。

4. 变异性

味觉的变异性是指在某种因素的影响下，味觉感度发生变化的性质。味觉感度的变异有多种形式，分别由生理条件、温度、浓度、季节等因素引起。

5. 关联性

味觉的关联性是指味觉与其他感觉相互作用的特性。人们的各种感觉都必须在大脑中反映，当多种感觉一起产生时，就必然发生关联。与味觉关联的其他感觉主要有嗅觉、触觉、视觉等。

（1）味觉与嗅觉的关联　在所有的其他感觉中，嗅觉与味觉的关系最密切。通常我们感到的各种滋味都是嗅觉和味觉协同作用的结果。

(2) 味觉与触觉的关联 触觉是一种肤觉，如软硬、粗细等，一般通过与嗅觉的关联而与味觉发生关系，如焦酥则味浓，鲜嫩则味淡；也可以直接与味觉相关联，从而影响味的浓淡。

(3) 味觉与视觉的关联 物质的视觉与味觉有一定关联，其媒介是一种心理作用下产生的联觉，如菜肴的色泽和造型对人的食欲刺激很大，对味觉也有刺激作用。

以上这 3 种感觉与味觉关系密切，所以在味的广义概念中把它们包括进去。

(二) 影响味觉的因素

1. 人体的生理机能情况

引起人们对味觉感度改变的生理条件主要有年龄、性别及某些生理状况等。

(1) 健康状况 健康状况不同的人，味觉的感应程度有很大区别。健康人感应味觉的灵敏度高，非健康的人感应味觉的灵敏度低。

(2) 年龄状况 健康状况相同的人，幼年的味觉灵敏度最高，感应味觉的程度也最高；青年人的味觉灵敏度较高，感应味觉的程度较高；老年人感应味觉的程度最低。

(3) 性别差异 同等健康状况、年龄相同的人，女性的味觉灵敏度较高，感应味觉的程度高，男性相对较低。

(4) 劳动强度 劳动强度不同的人对味觉的感受不一样。劳动强度大的人，对味觉感受能力较强，吃东西都感觉到味道很好；而劳动强度小的人，肠胃机能比较差，其神经系统对食物具有一定的排斥作用，吃东西都觉得味道一般。

(5) 饥饿状况 处于饥饿状态的人对味觉的灵敏度高，也会产生什么都很想吃而且很好吃的情况；并不饥饿的人味觉灵敏度较差，所以对味道的要求就比较高。

2. 呈味物质本身的情况

(1) 温度 温度是影响味觉的一大因素。温度引起的味感度改变比较明显，尤其是化学物质的味，受温度影响很大。人最适宜的味觉产生温度是 10~40℃，其中以 30℃左右最为敏感，低于 10℃或高于 50℃时各种味觉大多变得迟钝。从表 2-8 可以看出，温度对不同味感的影响是不同，其中对食盐的咸味影响最大，对柠檬酸的酸味影响最小。一般随温度的升高，味觉加强，阈值降低。

表 2-8 在不同温度条件下呈味物质的阈值（质量分数）

温度/℃	蔗糖/%	食盐/%	柠檬酸/%	硫酸奎宁/%
25	0.1	0.05	0.0025	0.0001
0	0.4	0.25	0.003	0.0003

(2) 溶解度 溶解度的高低直接影响到呈化学物质的味在味觉器官的感应程度。通常，溶解越快的物质，味觉产生得越快，消失得也越快，一般呈现酸味、甜味、咸味的物质有较高的溶解度，而呈现苦味的物质溶解度较低。

（3）浓度 呈味物质的浓度对人们味觉感度的影响更加直接。浓度越大，味感越强；浓度越小，味感越弱。只有在最适浓度时，才能获得满意的效果。

3. 介质的影响

呈味物质只有在溶解状态下才能扩散至味觉器官进而产生味觉，因此味觉也会受呈味物质所处介质的影响。介质的黏度会影响可溶性呈味物质向味觉器官的扩散，降低呈味物质的可溶性或抑制呈味物质有效成分的释放。

4. 其他的因素

（1）以往经历 味觉在人的记忆中很强。人们在幼年时吃到的家乡菜风味，常常到了老年后仍记忆犹新，因此再重新见到该菜肴的时候，虽然会感到很亲切，但是吃到口里，又觉得不是那个味。

（2）有无不良嗜好 味觉的敏感性与饮酒有关，喝了白酒后嘴辣舌麻，味觉变差，对品尝佳肴有所妨碍；在宴席中途吸烟，也会影响味觉的敏感性。

（3）季节的不同 季节的不同也会造成人们味觉感度的差异，从而改变其口味要求。一般说来，在夏季人们喜欢口味清淡的菜肴，在严冬人们则喜欢口味浓重的菜肴。

（4）饮食的价格、饮食的期望值与实现值、环境等引起的感觉也可以影响味觉。

重点与难点

1. 嗅觉系统的组成及嗅觉产生的机制。
2. 味觉系统的组成及味觉产生的机制。
3. 嗅觉、味觉特性及其影响因素。

思考题

1. 人体嗅觉感受器的构成包括哪几个部分？
2. 味觉系统由哪几个部分组成？
3. 气味的怪脾性包括哪几个方面？
4. 什么是气味阈值？
5. 什么是嗅盲？
6. 什么是味觉阈值？
7. 什么是嗅觉疲劳？
8. 嗅觉特性包括哪几个方面？
9. 影响嗅觉的因素有哪些？
10. 味觉特性及其影响因素有哪些？
11. 影响味觉的因素有哪些？

第三章
香味物质的构效关系

课程思政点

【本章简介】

本章先介绍了从气味预测分子官能团、分子部分结构、分子骨架，进而介绍了碳原子个数、不饱和性、取代基、异构体和气味的关系，最后介绍了多种重要香型的分子结构特征。

第一节　香味与分子结构之间的关系

200 年前，随着有机化学的诞生和发展，人们开始合成各种有气味的化合物，使分子结构与香气关系的研究应运而生。1888 年，德国化学家鲍尔（Baur）发现某些硝基苯衍生物具有麝香香气。1926 年，瑞士生物化学家鲁齐克（Ruzicka）成功地阐明了大环麝香的结构并合成了麝香酮，使他获得了 1939 年诺贝尔化学奖，从此彻底结束了香水、香精制造全部使用天然原料的历史，开创了一个合成香料的新时代。此后，各种新合成香料不断涌现，同时也促进了分子结构与香气关系的研究。但是由于分子结构和香气之间的关系是香料工业和生物学中最复杂的课题之一，受气味物质分子结构本身的复杂性、鉴定方法的局限性和鉴定器官主观性的影响，到目前为止，关于这方面的研究进展缓慢。尚未找到分子结构与气味之间相互影响的定量关系，不能确定一种准确地预测某类或某种新化合物香气特征的理论。因此，本章只简单分析有机化合物分子的结构，例如碳链中碳原子个数、不饱和性、官能团、取代基、同分异构体等因素对香料化合物气味产生的影响，以期对香味化合物的合成及利用有一定指导作用。了解这些知识对调香师在创拟香精配方时正确选择香料也很有帮助。

一、从气味探讨分子结构

（一）从气味预测官能团

含有相同官能团的同系物一般都具有相似的气味，例如：含有醇羟基（—OH）的化合物具有醇气味；含有醚基（—O—）的化合物具有醚气味；含有酯基（—COOR）的化合物具有酯气味等。因此人们一般可以通过香气来判别化合物的结构。

气味分子通常含有某些原子或原子团，这些官能团也称为发香基团。发香原子在周期表上常位于第Ⅳ～Ⅶ族，其中 P、As、Sb、S、F 是发恶臭基团的原子。常见的发香团有：羟基（—OH）、羧基（—COOH）、醛基（—CHO）、苯基（C_6H_5—）、硝基（—NO_2）、酰胺基（—$CONH_2$）、氰基（—CN）、巯基（—SH）、硫醚基（—S—）、氨基（—NH_2—）、羰基（$>C=O$）等。

低级酯类（碳原子数≤6）一般有轻微的果实香，从表 3-1 可以看出这些酯类均有共同的香气特征，表现出共同联想气味。分子内酯基位置对化合物气味影响不大。

表 3-1　　　　酯类（C_6）的气味

化合物	香气特征	联想气味
$CH_3COOCH_2CH_2CH_2CH_3$	轻快果实香	成熟梨子
$CH_3COOCH_2CH(CH_3)_2$	果实香	朗姆酒
$CH_3CH_2COOCH_2CH_2CH_3$	轻快果实香	菠萝或香蕉
$CH_3CH_2COOCH(CH_3)_2$	甜的果实香	菠萝或香蕉
$CH_3CH_2CH_2COOCH_2CH_2CH_3$	花样果实香	菠萝或苹果
$CH(CH_3)_2COOCH_2CH_3$	轻快果实香	朗姆酒
$CH_3CH_2CH_2CH_2COOCH_3$	青的果实香	苹果
$CH_3CH(CH_3)_2COOCH_3$	青的果实香	苹果

由于不同的发香基团形状大小和性质不同，对嗅觉细胞凹形感受部位插入的位置和刺激强度也不同，因而产生不同的气味。上述观点仅适用于分子质量较小，发香基团在分子中所占比例较大的情况。随着碳链的加长和发香基团在分子中所占比例的减小，发香基团对气味的影响逐渐减小，分子的形状和大小对气味的影响逐渐增大。需要指出的是，分子最终的气味表现并非官能团气味的简单相加。

（二）从气味预测分子的部分结构

当官能团不是单纯的置换基，而是和分子整体结构有关时，根据一定的气味预测出共同的部分结构的例子有很多。

焦糖的香气使人联想到砂糖那种带有甜味的芳香，具有这种香味的化合物分子具有环状 α–二酮体的烯醇式结构（图 3–1）。

例如图 3–2 所示化合物都有焦糖香气，可以用作食品香料。

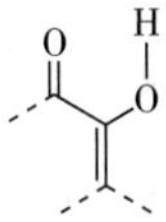

图 3–1 环状 α–二酮体的烯醇式结构

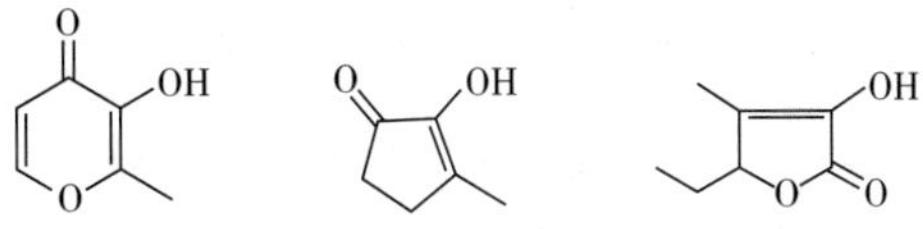

麦芽酚　　甲基环戊烯醇酮　　羟基呋喃酮

图 3–2 具有焦糖香气的化合物

（三）从气味研究分子骨架结构

具有相同或相似香型的化合物并不一定都具有相同的官能团或相同的局部结构，有时分子整体骨架相同，也会具有相似的香气，如图 3–3 所示。

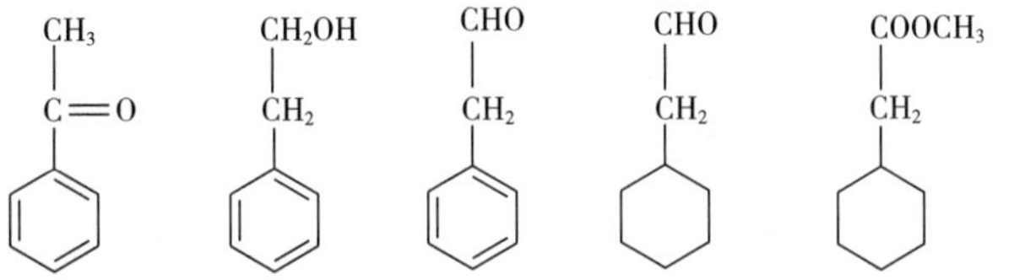

苯乙酮　　β–苯乙醇　　苯乙醛　　环己基乙醛　　环己基乙酸甲酯

图 3–3 相同/相似香型的化合物

上述化合物都具有强烈的相似花香气味，它们所含的官能团不同。假定苯环是花香香气的共同局部结构，则无法揭示化合物环己基乙醛和环己基乙酸甲酯也具有相似花香气味的事实。因此，只能认为环状 C_6 加侧链 C_2 的分子骨架是它们具有共同类型香气的决定因素（图 3–4）。

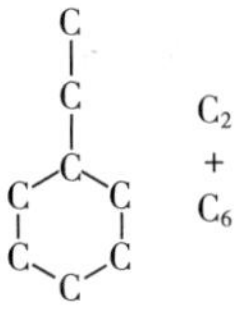

图 3–4 环状 C_6 加侧链 C_2 的分子骨架结构

二、从化学结构研究气味

（一）碳原子个数和气味的关系

香料化合物的相对分子质量一般为 50~300，相当于含有 4~20 个碳原子。在有机化合物中，碳原子数太少，则沸点太低，挥发过快，不宜作为香料使用。如果碳原子数太多，由于蒸气压降低而难以挥发，香气强度太弱，也不宜作为香料使用。

碳原子个数对香气的影响，在醇、醛、酮、酸等化合物中，均有明显的表现。

1. 脂肪族醇类

这类物质的气味随着碳原子个数的增加而变化。C_1 ~ C_3 的醇具有酒香香气，碳原子数增加，香气变强。C_6 ~ C_9 的醇开始具有油脂气味，碳原子数进一步增加会出现花香香气。碳原子数在 14 以上的高碳醇，气味几乎消失。

2. 脂肪醛类

低碳醛具有强烈的刺激性气味，碳原子数增到 8 ~ 12 时，开始具有花香、果香、油脂气味，其中以 C_{10} 醛气味最强，常用作香精的头香剂或日用香精。碳原子数在 16 以上的高碳醛几乎没有气味。

3. 脂肪族酮类

酮类化合物大多具有较强的气味。如丁二酮有强烈的奶油香，香芹酮有留兰香的特征香味，面包酮有新鲜面包香，β-大马酮有玫瑰花香等。

4. 脂肪族羧酸类

小分子酸气味显著，C_6 以上的酸一般无香味。如甲酸、乙酸具有强烈刺激性香气，丁酸有腐败气味，异戊酸有恶臭味等。

5. 大环类物质

碳原子个数对这类物质气味的影响很有趣，它们不仅影响气味强度，还可以导致香气性质的改变。

对环酮来说，成环碳原子数在 5~8 时具有薄荷香味，9 ~ 12 时转为樟脑香气，13 时具有木香香气。在麝香酮、灵猫酮及所有的大环酮中，以成环碳原子个数在 14 ~ 18 时香气最强，具有麝香香气（图 3-5）。碳原子数在此之外时，香气就会变成别的类型并且较弱。

若改变环状结构中官能团，用 >NH 代替 >C=O （图 3-6），则成环碳原子数在 5~6 时具有氨气味（官能占主导地位），9 ~ 10 时转为樟脑香气，15 时具有麝香气味，n>16 时气味迅速减弱。

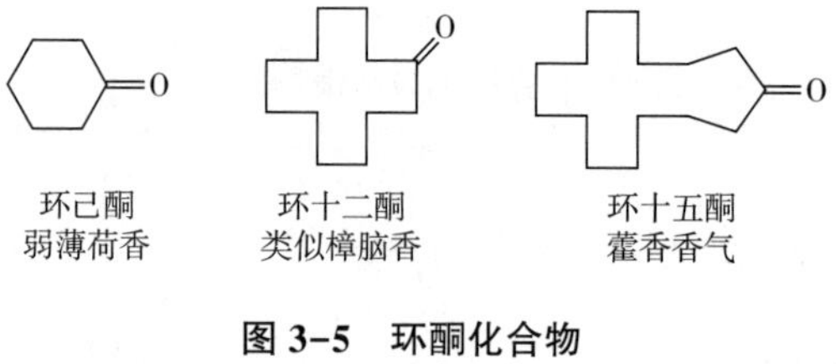

图 3-5 环酮化合物

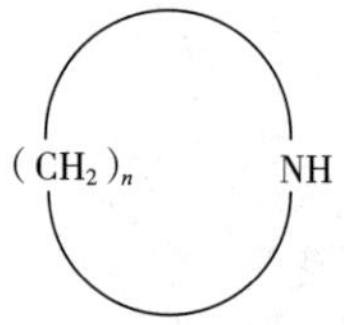

图 3-6 用 >NH 代替 >C=O

当碳环保持在 15 个碳原子，以—O—、—S—、—COO—代替 >C=O 时，这些化合物都有麝香气味。即用—OCOO—，—COOCO—和— OCH_2O —替代 $\rangle C{=}O$ ，15~17 个碳原子的环状化合物仍表现为麝香气味。

通过以上不难看出：分子质量较小时（C_6 以下）气味由官能团决定，随着碳原子数的增加，分子体积越来越大，气味趋向由整体结构来决定，C_8~C_9 时表现出樟脑气味，C_{15}~C_{16} 表现出共同的麝香香味。

（二）不饱和性和香气的关系

不饱和键也与香气有关系。在同样的碳原子数下，相似的分子排列，分子中有不饱和键的化合物气味较强，如果引入双键或三键的官能团，则香气增强，如图 3-7 所示。

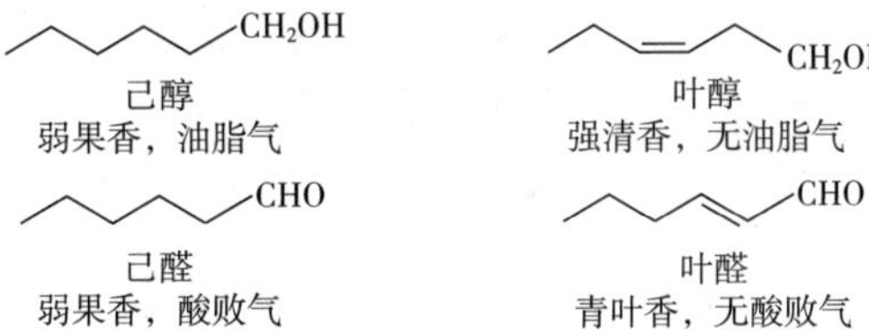

图 3-7 不饱和性与香气的关系

有些化合物由于不饱和度的增加，香气变得优美。芳烃有侧链时，气味加强，侧链有不饱和键时气味进一步加强。例如，丙烯醛的气味强度大于丙醛；苯乙烯的气味强度大于乙苯，乙苯大于甲苯又大于苯。

图 3-8 所示叔醇的饱和度不同，虽然香型没变，但香气特征发生了变化。

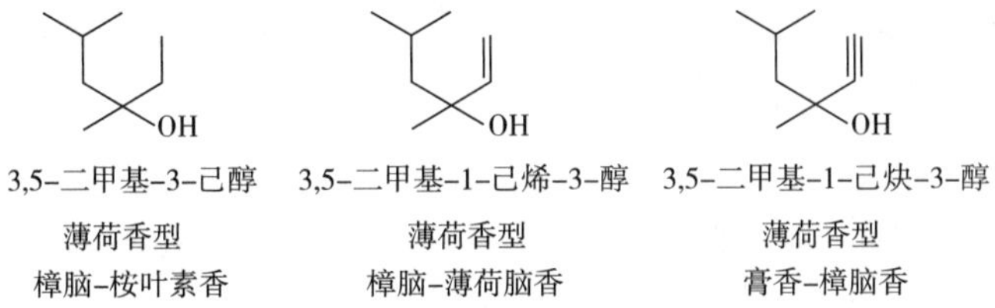

图 3-8 不同饱和度叔醇的香气特征

（三）取代基和气味的关系

在苯的衍生物中，有相同类型的基团存在时，有相似的气味。在苯环上引入吸电子基（—CHO、—NO_2、—CN 等），一般产生相似的气味。例如：当 R=NO_2、CHO、CN 或 CH_3CO 时，有苦杏仁气味（图 3-9）；当 R=NO_2、CHO、CN 时，有大茴香气味（图 3-10）。

但在其他一些化合物中，取代基对香气的影响是显而易见的。取代基的类型、数量及位置对香气都有影响。

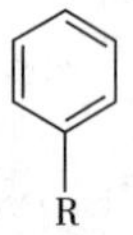

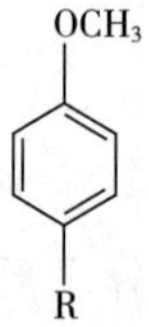

图 3-9 苯衍生物（苦杏仁气味）　图 3-10 苯衍生物（大茴香气味）

在吡嗪类化合物中，随着取代基的增加，香气的强度和特征都有所变化（图 3-11）。

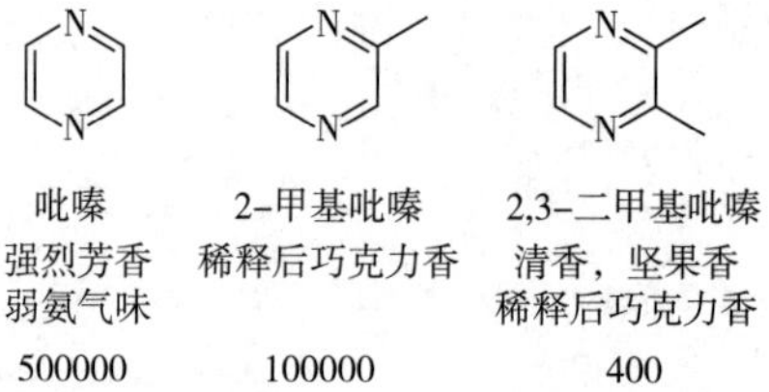

图 3-11 吡嗪类化合物的香气特征

数字为香气阈值，单位 mg/kg。

（四）异构体和香味的关系

异构现象包括碳干异构、位置异构、几何异构和光学异构，光学异构又有对映异构和非对映异构之分。下面分别对这几种异构体与气味之间的关系进行介绍。

1. 碳干异构体的气味

通常，有侧链的异构体比无侧链的异构体香味强且悦人（表 3-2）。但脂肪族酯类化合物中，碳干异构体之间的气味无显著差异（表 3-3）。

表 3-2　碳干异构体气味

直链异构体	气味	支链异构体	气味
正壬醛	似玫瑰香气	2,6-二甲基庚醛	较正壬醛悦人
正十二醛	令人不愉快的油脂气	α-甲基十一醛	强的橘橙果香
正十四醛	几乎无气味	2,6,10-三甲基十一醛	清新的花香气息，并有强烈的蜡质气味
正丁醇	汗臭酒气	α-甲基丙醇	略似丁醇，但轻快，臭气较前者轻
正癸醇	蔷薇香气	3,7-二甲基辛醇	显著的蔷薇香气
己酸	腐臭气	α-甲基戊酸	甜香气
丁酸苯乙酯	玫瑰香	异丁酸苯乙酯	优雅玫瑰香

表 3-3 脂肪族酯类碳干异构体的气味

正构体	气味	异构体	气味
乙酸丁酯	稍强醚香-鲜果香	乙酸异丁酯	稍强醚香-鲜果香
乙酸戊酯	强的梨香	乙酸异戊酯	强的梨香
乙酸癸酯	微弱的柠檬香	乙酸异癸酯	微弱的柠檬香
异戊酸丁酯	苹果香气	异戊酸异丁酯	苹果香气

2. 位置异构体的气味

大多数化合物与它相应的位置异构体有类似香味（表 3-4），也有少数例外，例如图 3-12。

表 3-4 位置异构体的气味

化合物	气味	异构体	气味
小茴香酮	似樟脑气味	异小茴香酮	似樟脑气味
丁香酚	丁香气味	异丁香酚	弱的优雅丁香气
黄樟油素	似黄樟气味	异黄樟油索	弱的黄樟气味
α-水芹烯	柑橘、胡椒的清凉香气	β-水芹烯	柑橘、胡椒的清凉香气
β-紫罗兰酮	木香，紫罗兰香气	α-紫罗兰酮	更令人喜爱的紫罗兰香
α-甜橙醛	甜橙香气	β-甜橙醛	甜橙香气
3-新铃兰醛	铃兰花香	4-新铃兰醛	铃兰花香

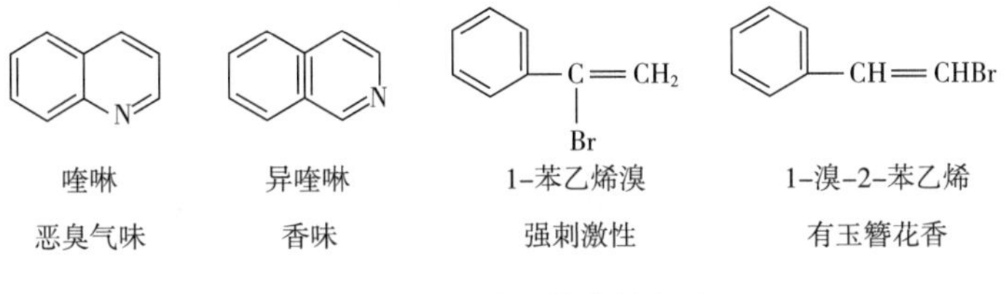

图 3-12 位置异构体的气味

3. 顺反异构体的气味

由天然植物中分离出来的链状不饱和醇或醛一般是顺式结构，因为它们是由生物合成的全顺式天然脂肪酸衍生而来的。研究发现，顺反异构体的香气本质上相似，只是顺式较反式的气味更加优雅（表 3-5）。

表 3-5 顺反异构体的气味比较

反式	气味	顺式	气味
香叶醇	玫瑰香	橙花醇	玫瑰香气，比香叶醇更加细腻

续表

反式	气味	顺式	气味
反-茉莉酮	茉莉花香气	顺-茉莉酮	茉莉花香气较反式更有吸引力
反-灵猫酮	似灵猫香	顺-灵猫酮	优雅的灵猫香
反-2-甲基丁烯酸	刺鼻的食品香气	顺-2-甲基丁烯酸	食品香气
反-3-己烯醛	油脂青气	顺-3-己烯醛	青气
反-叶醇	青草香	顺-叶醇	更优雅的青草香

4. 差向异构体的气味

差向异构体之间的气味本质相同，但香气强度有差异。例如，在分子中具有竖键的醇类比具有平伏键的异构体有更强的气味，尤其在檀香和麝香类香料中表现更为突出（表 3-6）。

表 3-6　　差向异构体的气味

竖键异构体	气味	平伏键异构体	气味
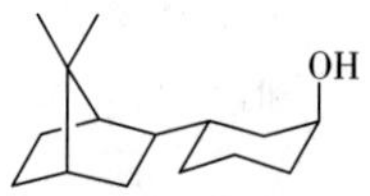	强檀香香气		檀香香气
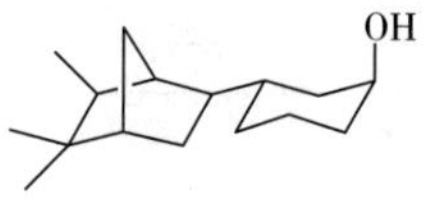	很强檀香香气	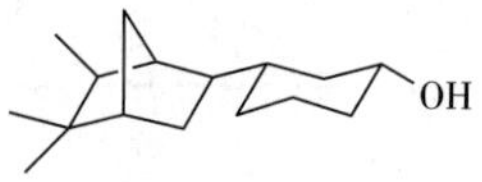	檀香香气
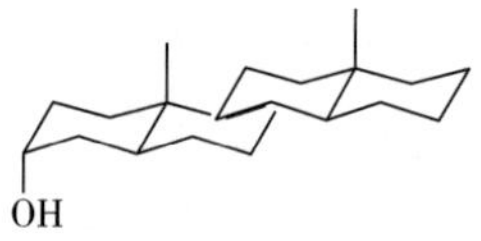	强麝香香气		弱麝香香气
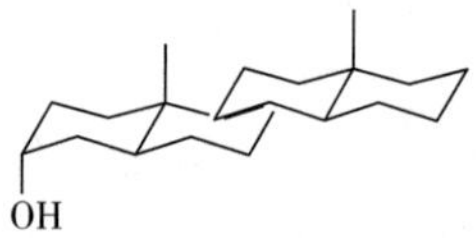	麝香香气		无麝香香气

5. 光学异构体的气味

对于光学异构体之间的气味，目前尚未总结出明显的规律性，有些对映体之间呈现的香气相同，但气味强度上有差异，有些对映体之间呈现明显不同的香气特征（表 3-7）。到目前为止，没有报道发现在光学异构体中一种有气味而另一种没有气味。

表 3-7 光学异构体的气味

化合物	(-) 异构体的气味	(+) 异构体的气味
薄荷醇	清凉感	很弱清凉感
圆柚酮	柚子香气	强的柚子香气
岩兰酮	木香香气	强的木香香气
柠檬烯	石油样香	橙油香气
香芹酮	留兰香样香	黄蒿样气味
芳樟醇	木香兼薰衣草香	橙叶兼薰衣草香

第二节 香型与分子结构特征的关系

香型即香气类型，人们把具有相同香气的物质归类在一起就构成了某种香型，关于香型（香气）的分类方法有许多种，有些分类方法与分子结构相联系。本节不对众多香气分类方法进行讲述，只将几种在香味化学中有意义的香型和与之对应的分子结构特征予以介绍。

一、麝香及其分子结构特征

麝香是一种昂贵的香料，是调配高级香精不可缺少的原料，但由于天然麝香来源稀少，不易获得，近年来均采用合成法以获得具有麝香香气的香料。麝香类香料在合成香料中一直占有重要地位，据不完全统计，全世界合成麝香的产量达到 8000t/a，我国从 20 世纪 70 年代开始研制合成麝香，目前已经是世界上合成麝香的生产大国之一。合成麝香不仅用在日化用品上，还用作烟草添加剂和定香剂。

常见的合成麝香根据其化学结构分为 4 类：硝基麝香、多环麝香、大环麝香和脂环麝香。4 类麝香中以多环和硝基麝香的使用最为普遍。硝基麝香的应用历史最长，其中用量最大的为酮麝香和二甲苯麝香。

（一）硝基麝香化合物

自从 1888 年鲍尔（Baur）首次合成硝基麝香后，人们开辟了苯系麝香的研究新领域，合成出了众多的硝基麝香化合物（图 3-13），这是一系列高度烷基取代的硝基苯类化合物。

以上所列结构似乎给人一种印象，即芳香族硝基化合物具备麝香的条件为至少具备二个硝基、一个甲基和一个叔丁基。但是满足上述要求的下列各结构化合物却没有麝香香气（图 3-14）

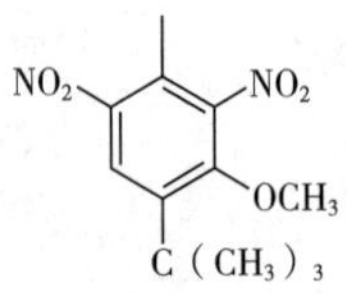
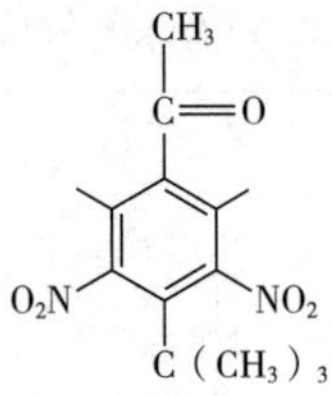
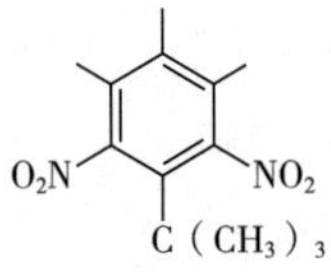

葵子麝香　　酮麝香　　三甲苯麝香（西藏麝香）

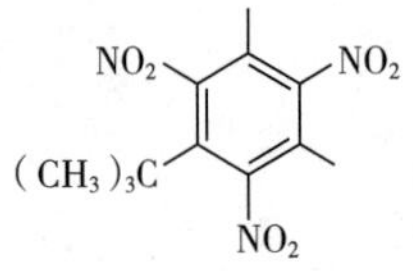
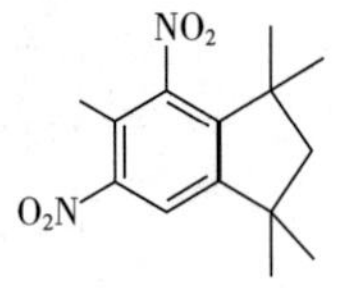

二甲苯麝香　　伞花麝香

图 3-13　常见硝基麝香化合物

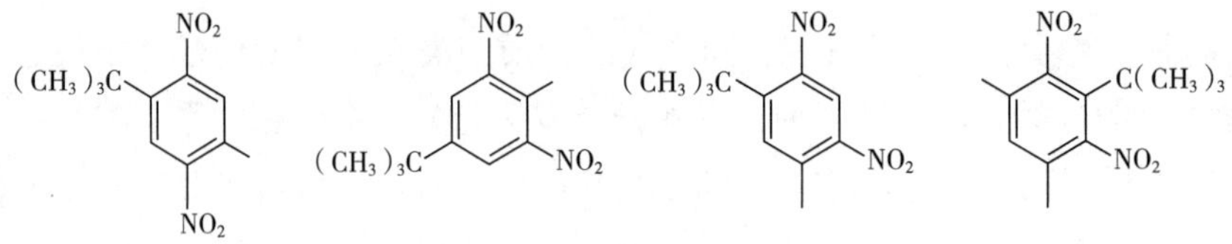

图 3-14　无麝香香气的硝基化合物

显然，只具备上述条件是不够的，还必须有另外的基团存在，这个基团是与苯环直接相连的带有孤电子对的结构，或重键结合的结构。如果没有这样的基团，芳环上必须有第三个硝基存在。这虽然能解释一些问题，但对没有麝香气味且与葵子麝香结构类似的化合物（图 3-15）却无法解释。

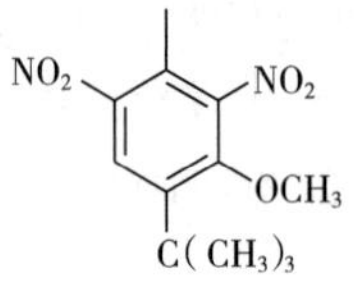
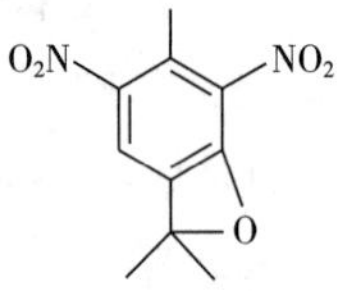

葵子麝香　　结构类似物

图 3-15　葵子麝香及其结构类似物

毕特在总结前人经验的基础上，从分子的整体结构上考虑，对上述现象予以解释。他认为，在苯环上置换的硝基有两种不同类型：①能自由旋转并与苯环共平面，此时，将该硝基作为极性官能团对待，可视为与置换的酰基是等价的；②当邻位有体积庞大的取代基（如叔丁基、烷氧基）时，硝基与苯环不共平面，硝基不能自由旋转，此时，硝基只作为体积庞大的取代基对待，和叔丁基等价。酮麝香的两个硝基均属第二种情况，则它和茚满麝香的结构等价，两者均有强烈的麝香香气，二甲苯麝香中的三个硝基有两个为第二种情况，一个为第一种情况，仍和上述两个化合物等价。葵子麝香中由于甲氧基的阻碍作用使得与之相邻的一个硝基属第二种情况，另一个属第一种情况，因此其结构与酮麝香等价，具有麝香香气。而结构类似物由于环氧化的结果，使得两个硝基均属第一种情况，所以它的空间结构实际上与葵子麝香是不等价的，因此无麝香香气。

（二）多环麝香化合物

1948 年，卡平特（Carpenter）和伊斯特（Easter）等发现了 2,4-二叔丁基-5-甲氧基苯甲醛具有麝香香气（图 3-16），从而开辟了非硝基麝香的研究。

到目前为止，已有大量非硝基麝香问世。此类麝香一般分子结构中多于一个环，是一类高度烷基取代的萘满、茚满和异色满类化合物，且分子中不含硝基，故常称为多环麝香（图 3-17）。与硝基麝香相比，多环麝香具有更幽雅的香气，在光照和碱性条件下更为稳定，更能模仿天然大环麝香的香气。

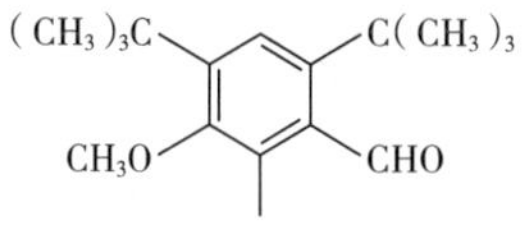

图 3-16　2,4-二叔丁基-5-甲氧基苯甲醛

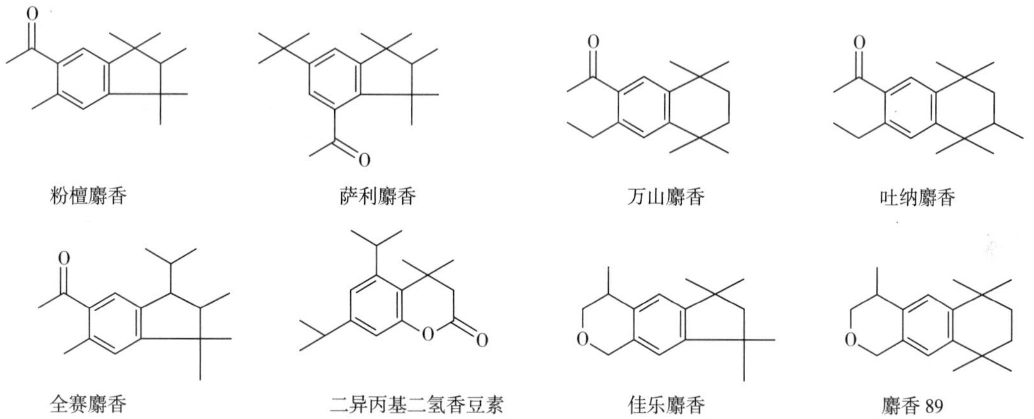

图 3-17　多环麝香代表化合物

对于这类化合物的结构特征，毕特总结为：①碳原子数在 14～20，最好在 16～18；②有 2,3-二氢茚或 1,2,3,4-四氢萘的骨架；③有一个酰基和一个仲或叔丁基作为独立的基团与苯核相连，最好是乙酰基和叔丁基与苯核相连；④与芳环相连的非芳环的碳原子有一个是叔碳原子或季碳原子，最好是季碳原子。

（三）大环麝香化合物

早在 1906 年，沃尔鲍姆（Walbuam）从天然麝香中分离出一个具有麝香香气的大环酮类化合物。1926 年，Ruzicka 确定分子结构为 3-甲基环十五酮，俗名为麝香酮。1915 年，萨克（Sack）从天然灵猫香中分离出一个不饱和大环酮化合物。1926 年，Ruzicka 确定了分子结构为 9-环十七酮，俗名为灵猫酮。莫克赫基（Mooknerijee，1970）、范多普（Van Dorp，1973）等又从麝香、灵猫香、麝鼠香中分离出十几种大环酮类化合物。科学家们对从天然动物香料中分离出来的大环酮类化合物做了大量模仿合成的研究工作。1942年，汉斯狄克（Hunsdiecker）合成出了灵猫酮。1948年，斯托尔（Stoll）合成出了麝香酮，从此大环酮类香料逐步进入香料市场。现已经合成大环麝香100多种，但形成商品化的只有20多种。大环酮由于具有温和、持久、逼真的天然麝香或灵猫香气，深受调香师们的喜爱，作为优良定香剂和协调剂应用在化妆品香精中。但由于合成路线复杂，原料来源困难，价格昂贵，大环酮在应用上受到限制。

大环麝香是一类不含有硝基的环状大分子化合物，其结构与天然麝香相近或相同。大环麝香主要包括饱和大环酮、不饱和大环酮、大环内酯、大环双内酯、大环氧杂内酯5种类型。代表性的大环麝香化合物见表3-8。

表3-8　　代表性的大环麝香化合物

名称	分子式	相对分子质量	CAS号	结构式	香气特点
麝香酮	$C_{16}H_{30}O$	238.41	541-91-3	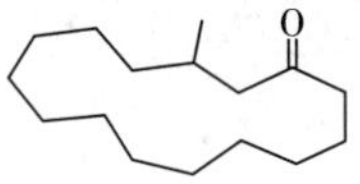	具有优雅的麝香香气，并有甜润的动物香韵
麝香-T/昆仑麝香	$C_{15}H_{26}O_4$	270.37	105-95-3	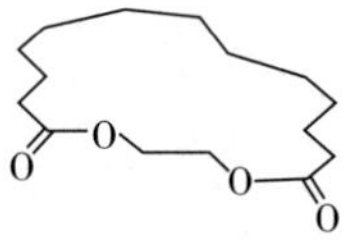	具有甜润的麝香香气，稍有油脂样气息，香气扩散性好，留香持久，定香作用好
麝香-M	$C_{15}H_{28}O_3$	256.38	6707-60-4	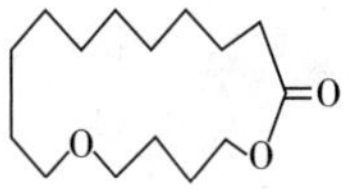	具有强烈的麝香香气，并具有甜的花香香韵
环十五酮	$C_{15}H_{28}O$	224.38	502-72-7	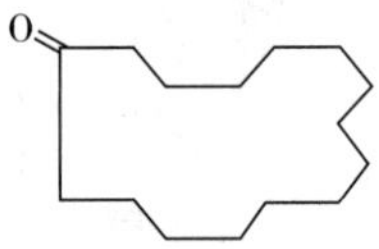	具有甜而强有力的麝香样动物香香气，近似天然麝香酮的香气，香气扩散力好且持久
环十五内酯	$C_{15}H_{28}O$	240.38	106-02-5	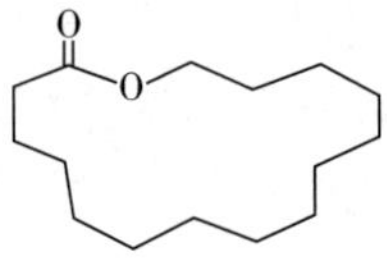	带有一种极其精致幽雅的麝香香韵，具有非常天然的香气品质特征
天籁麝香	$C_{15}H_{26}O$	222.40	259854-70-1	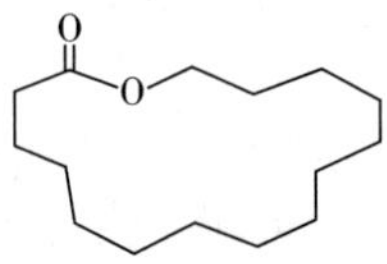	具有强烈、饱满而幽雅的麝香香气，温暖的粉香特征

注：CAS号，美国化学文摘服务社为化学物质定制的登记号。

总体可以将该类物质分子结构特征归纳为：①环中碳原子数为 13~19 的环酮；②环中碳原子数为 13~15 的环碳酸酯；③环中碳原子数为 15~19 的酸酐；④环中碳原子数为 14~18 的环内酯；⑤环中碳原子数为 14~19 的环亚胺。

（四）脂环麝香化合物

脂环麝香是由烷基酯构成的化合物，因此又名环烷基酯或线性麝香（图 3-17），作为合成麝香的第 4 代，目前是一种比较新颖的材料。1985 年，巴斯夫（BASF）的科学家沃纳·霍夫曼（Werner Hoffmanh）和卡尔·冯·弗劳恩贝格尔（Karl Von Fraunberg）首次发现了一种有着温暖粉感麝香芬芳的物质，同时这种物质带有一点水果和草莓的气息，该物质被命名为环麝香（Cyclomusk）。之后芬美意（Firmenich）先后合成了海佛麝香（Helvetolide）、罗曼麝香（Romandolide）。瑞士奇华顿公司也不甘示弱，开发了丝兰麝香（Sylkolide）和宁静麝香（Serenolide）等一系列具有麝香香气的芳香化合物。国际香料公司（IFF）也研发出了麝香果酯（Applelide，图 3-18），其余香料公司也在抓紧研制线性麝香以防市场被垄断。线性麝香经过配制可以较稳定且易于散发香气，但因为时有嗅觉缺失，所以无法闻到其全部气味。在香精中经常将线性麝香和大环麝香搭配组合使用。

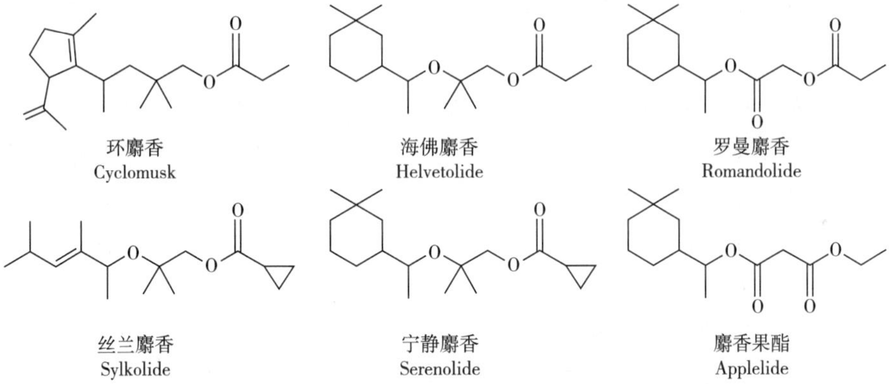

图 3-18 代表性的脂环麝香化合物

二、龙涎香及其分子结构特征

世界四大珍稀香料之一的龙涎香，具有十分微妙的丝绒般柔和气息，且香气持久，调和性好（最高能占调香组分的 40%），定香能力强，素有“龙涎香效应”之称，在调香中有不可缺少的重要位置。天然龙涎香中最能体现龙涎香魂的是降龙涎香醚（图 3-19）。然而天然龙涎香来源于抹香鲸的代谢产物。

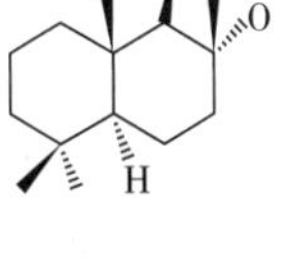

图 3-19 降龙涎香醚

对天然产品分析发现，有众多的有机物属于龙涎香气物质。霍洛夫（Ohloff）对龙涎香型香料分子结构与活性关系做了大量研究，他将这些物质分成如图 3-20 所示的几类。

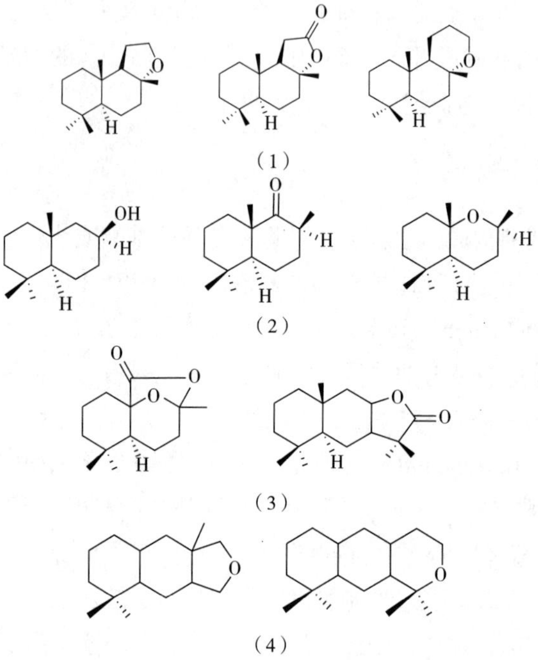

（1）赖百当系列　（2）降补身烷的衍生物　（3）十氢萘系列的内酯　（4）十氢萘系列的四氢呋喃衍生物

图 3-20　龙涎香型香料分子

Ohloff 将龙涎香型分子特征总结成著名的“三直立键”规则：①龙涎香型香料的分子必须含有反式十氢萘（或八氢萘）结构，这种结构可以以一种“隐藏”的形式存在；②该结构上须含 3 个直立键基团，3 个直立键基团相对位置为 1,2,4,其中至少一个是含氧官能团（如醇、醚或酯），处于 1,2 位的取代基可以是 H 原子，这两个基团的作用是确保十氢萘环处于反式构型；③十氢萘环处于顺式构型的衍生物往往没有香气，或香气与龙涎香相去甚远，常以樟脑气为主。他认为：龙涎香型分子强烈的立体结构关系表现在反式稠合的十氢化萘的骨架上［图 3-21（1）］，人类的香味感受体与香味分子之间的相互作用发生在一个三维空间中。香味分子与嗅觉感受体之间的作用是通过分子的三点作用发生的。

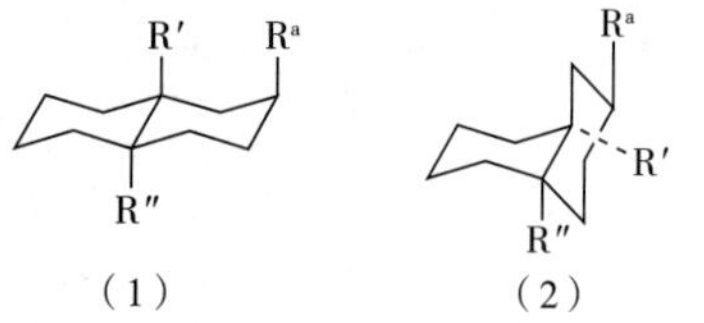

（1）结构 A　（2）结构 B

图 3-21　龙涎香型分子立体结构 1

如图 3-21 所示，在结构 A 中，直立的桥头取代基 R′或者氢原子作为作用点之一，另一个作用点是位于 1-位的取代基 R″，此外，分子中的 4-位上的取代基 Rª 也可当作一个作用点。取代基 R′、R″和 Rª 中含有氧原子时对产生龙涎香有利。结构 B 不能满足类似龙涎香性质香味分子所要求的立体化学条件，所以具有结构 B 的化合物不会产生龙涎香气。

反式十氢萘结构可以以一种“隐藏”的形式存在。如图 3-22 所示，8 位的氧主要是形成类似反式十氢萘结构。分子中 3 个直立键是 9 位的氢、15 位的亚甲基和 13 位连接的氧原子，也具有龙涎香香气。

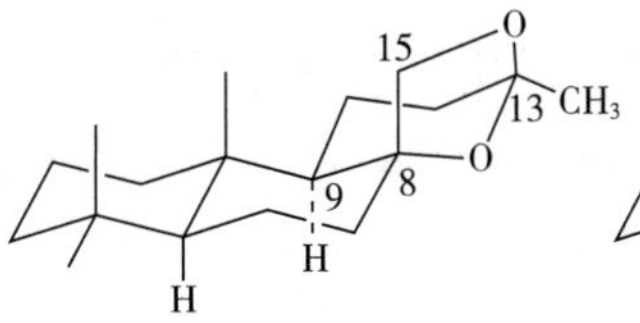

（1）　　　　　　　　　　（2）

（1）结构 C　（2）结构 D

图 3-22　龙涎香型分子立体结构 2

随着新龙涎香结构的发现，仅以降龙涎香醚为代表的一部分龙涎香料分子结构符合“三直立键”这一规则，同时有些分子符合这一规则却不具有龙涎香香气，特别是顺式十氢化萘环的化合物也可具有龙涎香香气。因此“三直立键”规则有一定的局限性，有待进一步完善和发展。随后弗拉德（Vlad）、迪莫格洛（Dimoglo）等先后分别提出了“龙涎三角”和“龙涎香分子特征碎片”等理论，但是这种通过电子拓扑法得到的结论其可靠性、实用性仍存在一定争议。尽管如此，龙涎香的分子结构与香气的关系对合成新香料仍有很大的实际指导意义。

几种具有龙涎香香气的化合物分子结构如图 3-23 所示，其中最具代表性的是龙涎香醚，已作为天然龙涎香的主要替代品用于香水工业和烟草工业中。

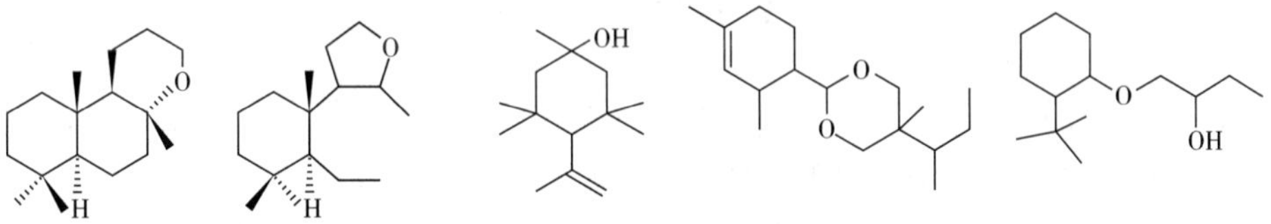

图 3-23　具有龙涎香香气的化合物分子结构

三、茉莉花香及其分子结构特征

茉莉花属木犀科，它除了素雅清芬，可供观赏、装饰之外，还可用于提取浸膏和茉莉精油作为香料，用茉莉花提取的茉莉油是很贵重的日化原料。自 20 世纪 40 年代以来，不少化学工作者为了弄清茉莉花精油的组成，进行了大量的分析研究，发现茉莉的特征香气成分是含量很少的茉莉酮类和茉莉酮酸类化合物，如顺式茉莉酮、茉莉酮酸甲酯、二氢茉莉酮酸甲酯和茉莉酮酸内酯等（图 3-24）。

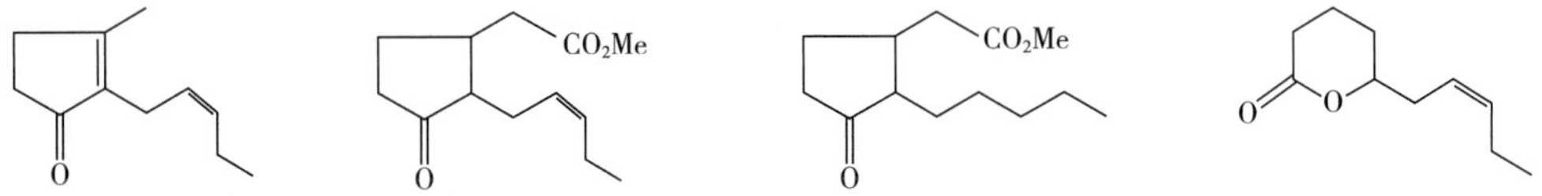

顺式茉莉酮　类似茉莉花的香气

茉莉酮酸甲酯　茉莉型幽雅的甜香和花香香气

二氢茉莉酮酸甲酯　茉莉、铃兰香气

茉莉酮酸内酯　独特的茉莉花香气

图 3-24　茉莉酮类和茉莉酮酸类化合物

茉莉香型是国际上甚为风行的一种香型。由于茉莉酮类和茉莉酮酸酯类化合物的重要性与巨大的需求量，不少有机化学家和香料化学家对它们的人工合成进行了大量研究，目前已经合成出了大量与上述结构相关的茉莉香气化合物（图 3-25），有些已经取得了商业成功，得到的产品主要用于高档调香。且茉莉酮酸酯类更具优越性，大有取代茉莉酮类之势。

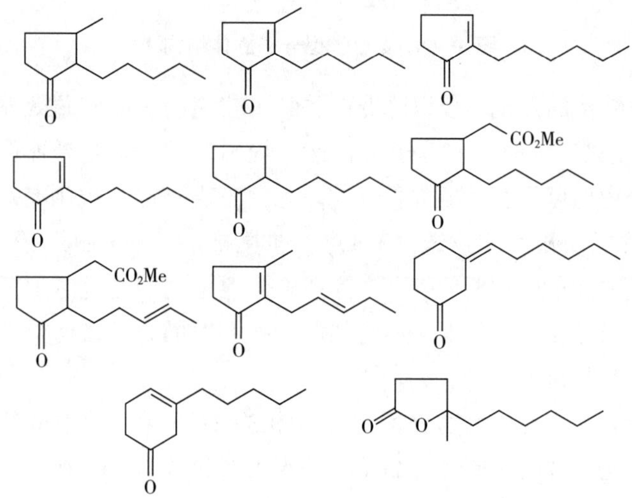

图 3-25 具有茉莉香气的化合物

后来，人们还发现有些与茉莉油无关的成分也具有茉莉香气，这些化合物如下。

（1）利用羟醛缩合反应得到某些酮和醛，如图 3-26 所示。

2-苄叉庚醛 2-苄叉辛醛 3-苄叉-2-壬酮

图 3-26 具有茉莉香气的酮和醛

（2）某些酯类，如图 3-27 所示。

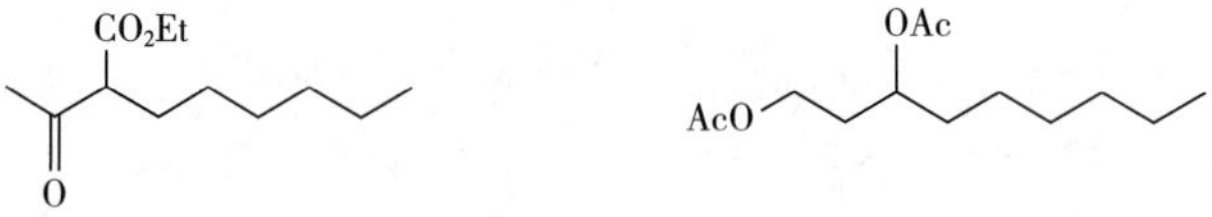

2-正己基-3-丁酮酸乙酯 1,3-壬二醇二乙酸酯

图 3-27 具有茉莉香气的酯

（3）1,3–二噁烷的衍生物，如图 3–28 所示。

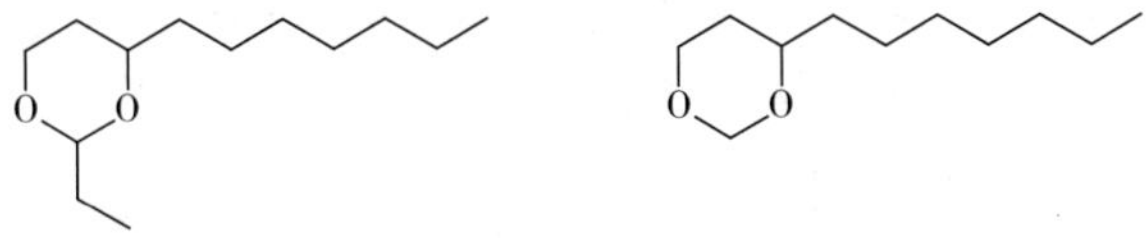

2–乙基–4–正庚基–1,3–二噁烷　　4–正庚基–l,3–二噁烷

图 3–28　具有茉莉香气的 1，3–二噁烷衍生物

（4）其他类型化合物，如图 3–29 所示。

3–甲叉基–5,5–二甲基己醇酸酯　　4–（2,7–二甲基–1,6–辛二烯基）乙醚

图 3–29　具有茉莉香气的其他类型化合物

从以上各类化合物结构可以总结出茉莉香气的分子结构特征为：一个中心碳原子上环绕连有三个不同的基团，即：一个强的极性基团（官能团）、一个含有 C_5 或 C_6 的烷基侧链和一个较弱的极性基团，可以形象地表达为如图 3–30 所示。

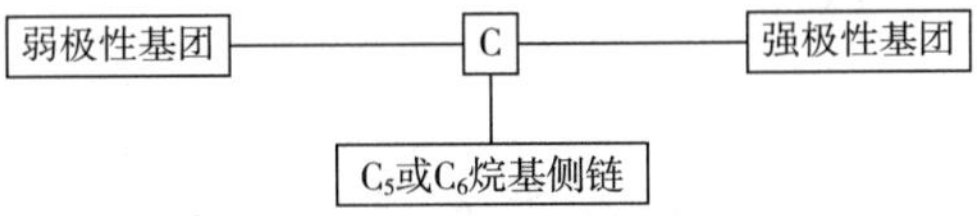

图 3–30　茉莉香气分子结构特征

四、紫罗兰香及其分子结构特征

紫罗兰酮系列化合物是酮类香料的代表作品之一，早在 100 多年前，科学家就意识到了它在香料化学中的重要地位。自从 1934 年卢基伽鉴定出紫罗兰酮的结构以来，人们已合成出许多紫罗兰香气的化合物（图 3–31）。从这些化合物的结构可以归纳出该香气类型物质具有的分子结构特征为：①具有 1,3–烯酮取代的环己烯；②在上述取代基两侧至少具备两个甲基；③甲基数目增多则气味加强。

五、苦杏仁香及其分子结构特征

包伦斯（Boelens）总结了一系列具有苦杏仁香味的化合物（图 3–32），并总结出苦杏仁气味化合物的结构特征为：①分子中至少有一个官能团，且这个官能团是吸电子基；②吸电子基连接在闭环共轭体系（苯环或五元杂环）或吸电子基连接在如图 3–33 所示结构的双键上。

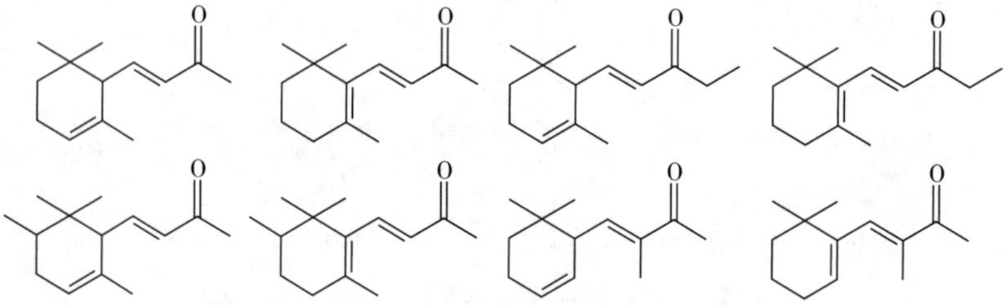

图 3-31 部分紫罗兰香气化合物的化学结构

图 3-32 苦杏仁香气化合物分子特征结构单元

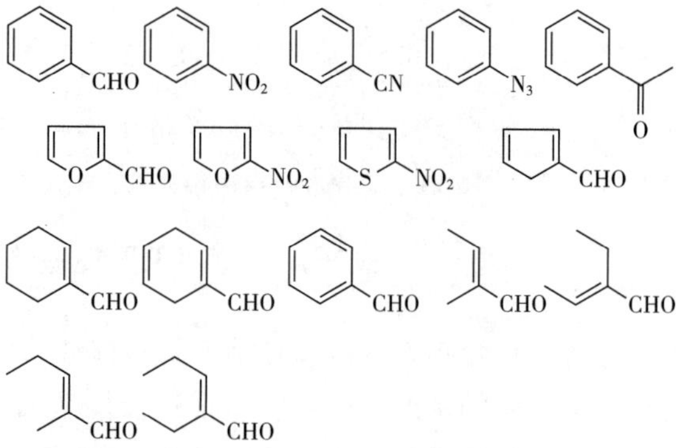

图 3-33 部分苦杏仁香气化合物的化学结构

六、檀香及其分子结构特征

檀香香气分子可以归纳成几种类型：①檀香醇的衍生物、同系物及同分异构体；②萜基环己醇类；③龙脑烯基衍生物类；④其他化合物。具有代表性的檀香化合物如图 3-34。布伦克（Brunke）和克蕾恩（Klein）根据檀香分子结构总结出檀香分子的结构特征为：具有 12~17 个碳原子（1 个醚氧基中的氧原子相当于 1 个碳原子）以及与分子大的基团部分具有特定距离的羟基的分子有檀香香气。大的基团部分可以是多环、单环或脂肪族基团。分子中 C2 和 C6 位置上的支链化，有利于檀香香气的嗅觉效果，C7 位置上的双键是必要的，该双键可以被环丙烷基、醚基或具有立体障碍的基团所替代。

七、焦糖香味化合物的特征分子骨架

前面已经提到过具有焦糖香的化合物特征分子骨架为 α-二酮体的烯醇结构。这类香料中最典型的代表是麦芽酚、乙基麦芽酚、4-羟基-2,5-二甲基-3（2*H*）-呋喃酮和甲基环戊烯醇酮（MCP）等，其化学结构和香味特征列于表 3-9。

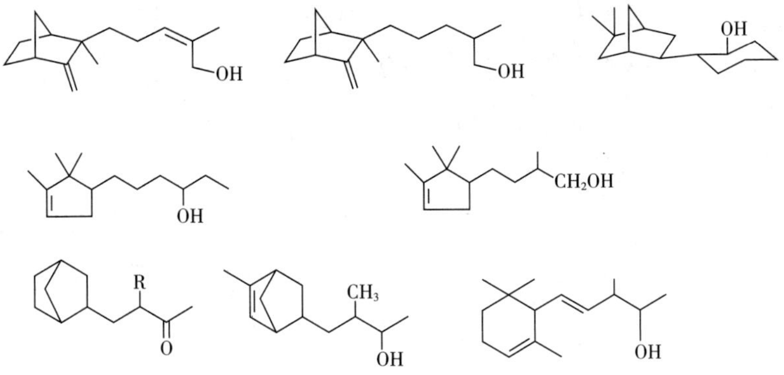

图 3-34 部分檀香香气化合物的化学结构

表 3-9 **焦糖香味香料的化学结构及香味特征**

FEMA 编号	名称	结构	香味特征
2656	麦芽酚	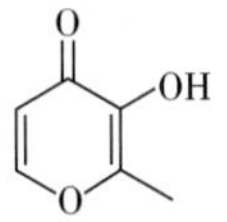	甜的、焦糖、棉花糖香气，甜的、焦糖、果酱味道
2700	甲基环戊烯醇酮（MCP）	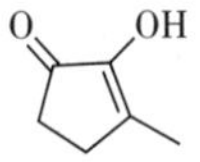	焦糖、面包、坚果、槭树、圆叶当归香气和味道
3174	4-羟基-2,5-二甲基-3（2*H*）-呋喃酮	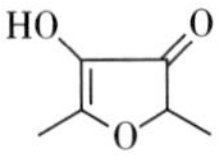	甜的、果香、烤香、焦糖、似麦芽酚香气，甜的、烤香、焦糖、水果、甜酱肉味道
3487	乙基麦芽酚	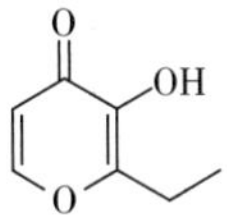	甜的、焦糖、棉花糖香气，甜的、草莓、果酱味道
3634	4,5-二甲基-3-羟基-2,5-二氢呋喃-2-酮	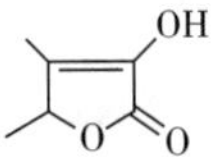	甜的、焦糖、槭树、红糖、棉花糖香气和味道

注：FEMA 编号是美国香料和香精制造者协会对香精的编号，用于识别化合物。

八、烤香香味化合物的特征分子骨架

含有如图 3-35 结构的化合物都具有烤香香味。

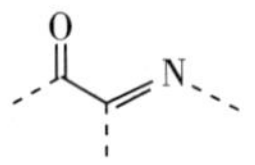

图 3-35 烤香香味化合物分子特征结构单元

2-乙酰基吡嗪、2-乙酰基-3,5(6)-二甲基吡嗪、2-乙酰基吡啶、2-乙酰基噻唑是这类香料典型的代表。其化学结构及香味特征见表3-10。

表3-10 烤香香味香料的化学结构及香味特征

FEMA 编号	名称	化学结构式	香味特征
3126	2-乙酰基吡嗪	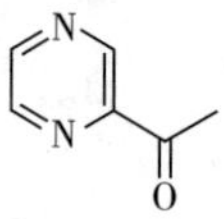	烤香、爆米花香气，烤花生、爆米花、坚果味道
3250	2-乙酰基-3-乙基吡嗪	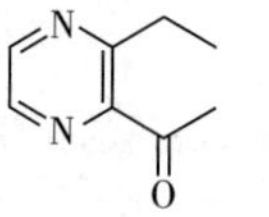	烤香、莓香、坚果、土豆香气和味道
3251	2-乙酰基吡啶	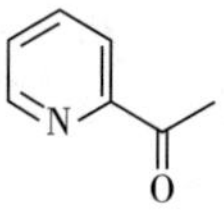	陈爆米花、坚果香气，花生、爆米花、坚果、面包烤香气和味道
3327	2-乙酰基-3,5(6)-二甲基吡嗪	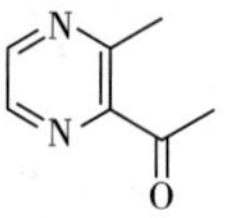	烤香、榛子、焦糖香气和味道
3328	2-乙酰基噻唑	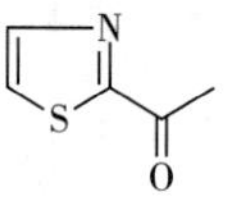	令人愉快的烤面包、烤花生、爆米花、巧克力香气，坚果味道

注：FEMA 编号，FEMA 颁发的编号，用于识别化合物。

重点与难点

1. 碳原子个数和气味的关系。
2. 不饱和性和气味的关系。
3. 取代基和气味的关系。
4. 麝香香型、龙涎香、焦糖香、烤香与分子结构的关系。

思考题

1. 如何根据化合物气味来预测分子结构?
2. 简述化学结构与气味的关系。
3. 分子异构体与香味之间有什么关系?
4. 简述硝基麝香化合物的分子结构特征。
5. 简述茉莉花香分子结构特征。
6. 简述紫罗兰香分子结构特征。
7. 简述苦杏仁香分子结构特征。
8. 写出焦糖香味香料化合物的特征分子骨架。
9. 写出烤香香味香料化合物的特征分子骨架。

第四章
烟用天然香料

课程思政点

【本章简介】

本章主要介绍了天然香料的定义、分类，按照香型的不同介绍了代表性烟用天然香料的来源、理化性质、感官特征、用途与用量及管理状况。

香料是一类能刺激嗅觉或味觉神经，能被嗅觉嗅出香气或被味觉尝出香味的物质。香料是精细化学品的重要组成部分，一般情况下不单独使用，而是调配成各种香精后才被广泛使用。它们根据来源不同，可分为天然香料和合成香料两大类。天然香料是从自然界的植物和动物资源中得到的芳香物质，广泛分布于植物体中和动物的腺囊中，因此又可分为植物类香料和动物类香料。合成香料是指由基本的有机合成原料通过各种化学反应合成的香料。其分类如下：

- 香料
  - 天然香料
    - 动物类天然香料
    - 植物类天然香料
  - 合成香料

动物类天然香料是动物的分泌物或排泄物，主要有麝香、灵猫香、海狸香、龙涎香4种。

植物类天然香料是用芳香植物的花、枝、叶、根、皮、茎、籽或果实等为原料，用水蒸气蒸馏法、浸提法、压榨法、吸收法和超临界萃取法等方法，生产出来的精油、浸膏、酊剂、香脂、香树脂和净油等香料。

此外，还有一种稍微特殊的香料——单离香料，是指用物理或化学的方法从天然香料中分离出来的单体香料化合物。单离香料一般是在天然香料中含量较高、分离较容易的组分。例如，在薄荷油中含有70%~80%（质量分数，本章含量百分数无特殊说明均为质量分数）的薄荷醇，用重结晶的方法从薄荷油中分离出来的薄荷醇就是单离香料，俗称薄荷脑。山苍子油中含有80%左右的柠檬醛，用精馏和亚硫酸氢钠纯化得到的柠檬醛也为单离香料。由于单离香料都可以用有机合成的方法合成出来，因此，单离香料与合成香料，除来源不同外，并无结构上的本质区别，其香味特征也基本一致。由于近年来，人们对合成化学品使用安全性的忧虑，天然香料更受人们青睐。天然香料和合成香料价格有很大差异，在应用上也有所区别。

第一节 动物类天然香料

动物类天然香料最常用的商品化品种有麝香、灵猫香、海狸香和龙涎香4种。虽然品种少，但它们在香料中占有重要地位，均是很好的定香剂，广泛应用在名贵香水或高级化妆品中。

一、麝香

麝香（Musk）是由位于雄性麝腹下阴囊与脐部之间麝香囊（简称香囊）中的分泌腺体所分泌。麝香香囊经干燥后，取出的麝香是暗褐色粒状物，品质优者有时析出白色结晶。固态时具有强烈的恶臭，用水或酒精高度稀释后有独特的动物香气。麝香酊剂为浅棕色或琥珀色液体，其净油是棕色液体。

1. 感官特征

具有清灵而温存的动物样香气，甜而不浊，仅次于龙涎香，扩散力强，留香持久，常用作高级香精的定香剂。

2. 主要成分

黑褐色的麝香粉末，大部分由动物树脂及动物性色素等所构成，其主要芳香成分是仅占2%左右的饱和大环酮——麝香酮。后来，对天然麝香成分进一步研究，鉴定出其芳香成分还有5-环十五烯酮、3-甲基环十三酮、环十四酮、5-环十四烯酮、麝香吡喃、麝香吡啶等十几种大环化合物（图4-1）。

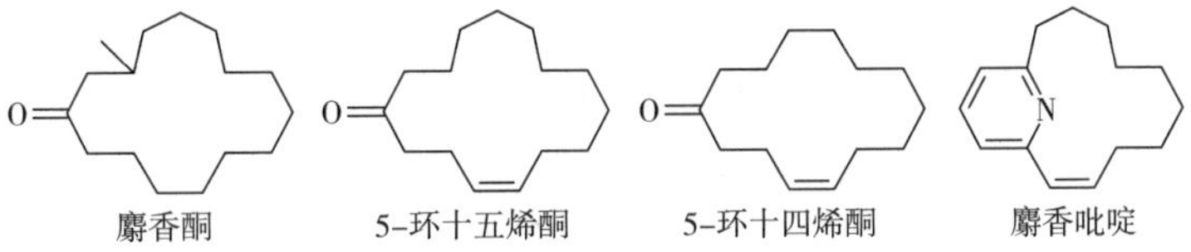

图4-1 麝香芳香成分

3. 用途

麝香在东方被视为最珍贵的香料之一。它不但具有温暖的特殊动物香气，在香精中保留其他香气的能力也很强，常作为高级香水香精的定香剂。除作为香料应用外，天然麝香也是名贵的中药材。

4. 管理状况

FEMA 2759，FDA 182.50[1]。

二、灵猫香

灵猫有两大品种，一种是非洲品种，另一种是亚洲品种。灵猫香（Civet）来源于灵猫肛门与生殖器之间的分泌腺体分泌物，这种分泌物是一种黏稠状有恶臭的物质。新鲜的灵猫香为淡黄色流动物质，久置则凝成褐色膏状物。浓时具有令人不愉快的恶臭，稀释后则放出令人愉快的香气。

1. 感官特征

带腥臭的动物香，粪臭素气息，浓时令人作呕，极度稀释后有温暖的具有动物浊鲜的灵猫酮香气。

2. 主要成分

灵猫香中大部分为动物性黏液质、动物性树脂及色素。灵猫香的主要香气成分是仅占3%左右的不饱和大环酮——灵猫酮。后来，研究人员对天然灵猫香成分进行进一步研究，鉴定出其芳香成分还有灵猫醇、C_{14}～C_{18}的大环酮、吲哚、甲基吲哚等成分（图4-2）。

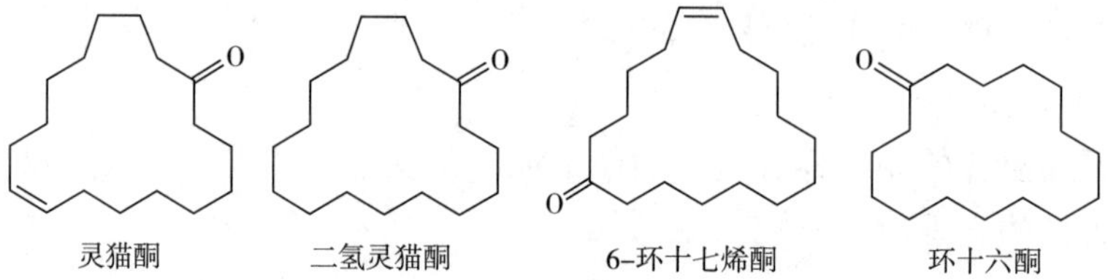

图4-2 灵猫香芳香成分

3. 用途

灵猫香香气比麝香更优雅，常作为高级香水香精的定香剂。灵猫香作为名贵中药材，具有清脑的功效；作为烟草香料可赋予白肋烟特殊香气韵调。

4. 管理状况

FEMA 2319，GB 2760—2024 N361[2]。

三、海狸香

海狸产地主要为西伯利亚和加拿大等。雌雄海狸在生殖器附近均有两个梨状腺囊（香囊），切取后烘干，香囊内的赤褐色树脂状物质就是海狸香（Castoreum）。产品形态

1）美国食品药品监督管理局使用的编号，用于识别化合物。

2）GB 2760—2024《食品安全国家标准　食品添加剂使用方法》使用的编号，用于识别化合物。

有净油和酊剂两种。新鲜的海狸香为白色黏稠物，经干燥后为褐色树脂状。

1. 感官特征

海狸香，具有强烈腥臭动物香气，但逊于灵猫香，介于灵猫香与麝香之间，有时带有桦焦油样气息，稀释后具有温和的动物香韵，香气变得令人愉快。

2. 主要成分

海狸香的成分迄今尚未完全确定，大部分为动物性树脂，除含有微量的水杨苷（$C_{17}H_{18}O_{17}$）、苯甲酸、苯甲醇、苯乙酮、对甲氧基苯乙酮、对乙基苯酚外，主要成分是含量为4%~5%的结构尚不明确的结晶性海狸香素。后来，在海狸香中分析鉴定出的芳香成分有海狸香胺、喹啉衍生物、三甲基吡嗪和四甲基吡嗪等含氮芳香成分（图4-3）。

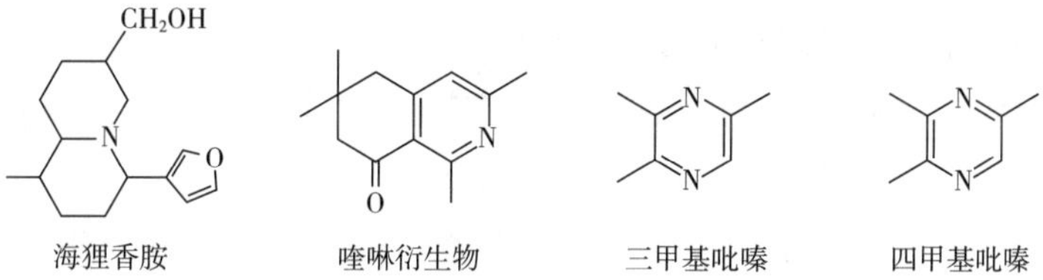

图4-3 海狸香芳香成分

3. 用途

海狸香是一种名贵的定香剂，用于配制高级化妆品、香精等。此外，海狸香还主要用于东方型卷烟香精的定香剂。

4. 管理状况

FEMA 2261，GB 2760—2024 N115。

四、龙涎香

抹香鲸肠胃内所形成的结石病态产物，自鲸体内排出，在海上风吹雨打后自然形成的香料经熟化后即为龙涎香（Ambergris）。龙涎香主要产地为中国南部、印度、南美洲和非洲等热带海岸。龙涎香为灰色或褐色的蜡样块状物质；质脆而轻，嚼之如蜡，能黏齿，气微腥，味带甘酸；60℃左右开始软化，70~75℃熔融，相对密度为0.8~0.9。由抹香鲸体内新排出的龙涎香香气较弱，经海上长期漂流自然熟化或经长期贮存自然氧化后香气逐渐增强。

1. 感官特征

与其他动物性香料不同，龙涎香没有排泄物的刺激性，而具有温和的乳香样香脂气味，既有麝香气息，又有特殊甜香，香气柔和，留香持久。

2. 主要成分

龙涎香主要成分是龙涎香醇（Ambrein，图4-4），还有少量的琥珀酸、安息香酸及磷酸钙、碳酸钙等。龙涎香醇本身没有香气，在空气中发生变化后产生香气。

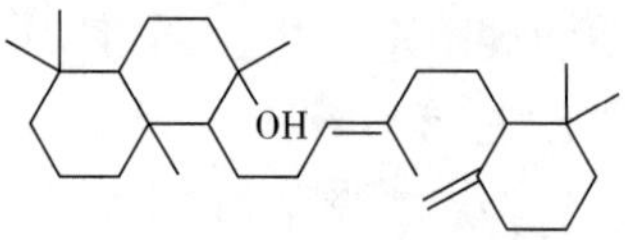

图 4-4 龙涎香醇

3. 用途

龙涎香具有微弱的温和乳香动物香气，重要的是具有使香料香味保持持久的特殊功能，是配制高级香水香精的佳品，也是优良的定香剂。

4. 管理状况

FEMA 2049，FDA 182.50，GB 2760—2024 N390。

第二节　植物类天然香料

植物类天然香料是由芳香植物的花、叶、茎、根和果实或者树木的叶、木质、树皮和树根中提取的易挥发芳香组分的有机混合物。大多数呈油状或膏状，少数呈树脂或半固态。根据制取的方法不同，可以得到精油、浸膏、净油、酊剂、油树脂、香脂、香树脂等不同产品。

中国是生产天然香料最早的国家之一，有着丰富的天然香料资源，在广东、广西、云南、福建、四川、浙江等南方各省都建有天然香料植物园。据统计，中国香料植物分属 77 科，192 属，600 余种。目前，中国利用香料植物已能生产 1000 多种精油和浸膏。我国生产的茉莉花浸膏、柠檬油、香叶油、薰衣草油、薄荷脑都是驰名海内外的优质产品。桂油、八角茴香油、桉叶油、松节油、柏木油、山苍子油、樟油、香茅油以及桂花浸膏等产品，在世界天然香料中均占有重要位置。

一、香料在植物中的分布

不同的芳香植物，其体内的芳香物质的分布方式有所不同，含香味的部分常集中于该植物的特定器官，有的主要存在于花中，有的主要存在于叶中或根中。因此不同的植物提取香料时选用的部位也不相同。

从花中提取香料的有玫瑰、茉莉、桂花、百合、薰衣草、菊花、金合欢、金银花等。

从茎、叶中提取香料的有香叶、橙叶、桉树叶、樟叶、香紫苏、月桂、风信子、岩蔷薇等。

从树皮中提取香料的有斯里兰卡肉桂、中国肉桂、川桂皮等。

从木材中提取香料的有檀香木、玫瑰木、雪松、沉香、柏木、香樟木等。

从根和根茎中提取芳香油的有鸢尾、当归、菖蒲、姜、姜黄、黄樟等。

从树脂中提取芳香油的有安息香、秘鲁香膏、苏合香、乳香等。

从果实中提取香料的有柠檬、香柠檬、香橙、金柑、无花果、莳萝、草莓、大枣、酸枣等。

从种子中提取香料的有黑香豆、香荚兰、山杏、茴香、芫荽、芹菜、胡卢巴、肉豆蔻、胡椒、八角茴香、芝麻等。

从全草中提取香料的有薄荷、薰衣草、百里香、麝香草、留兰香等。

提取天然香料的植物分布在许多科中，主要有：蔷薇科、芸香科、桃金娘科、伞形科、豆科、木犀科、唇形科、菊科、禾本科、木兰科等，其产区分布于世界各地。据不完全统计，世界上已发现的香料植物有3000多种，其中用于工业化生产的有300多种。

二、芳香成分

从化学角度看，植物类天然香料均是多种有机化合物组成的混合物，例如现已查明在保加利亚玫瑰油中芳香有机化合物约有300种。随着有机化学分析技术的进步，鉴定出的有机成分肯定还会增加。迄今为止，从植物类天然香料中分离出来的有机化合物已有5000多种。这些化合物分子结构极其复杂，根据它们的结构特点，一般分为萜类化合物、芳香族化合物、脂肪族化合物、含氮和含硫化合物。

（一）萜类化合物

萜类化合物广泛存在于天然植物中，它们往往构成各种精油的主要香成分。例如，松节油中的蒎烯（含量80%左右）、柏木油中的柏木烯（含量80%左右）、薄荷油中的薄荷醇（含量80%左右）、山苍子油中的柠檬醛（含量80%左右）（图4-5）。

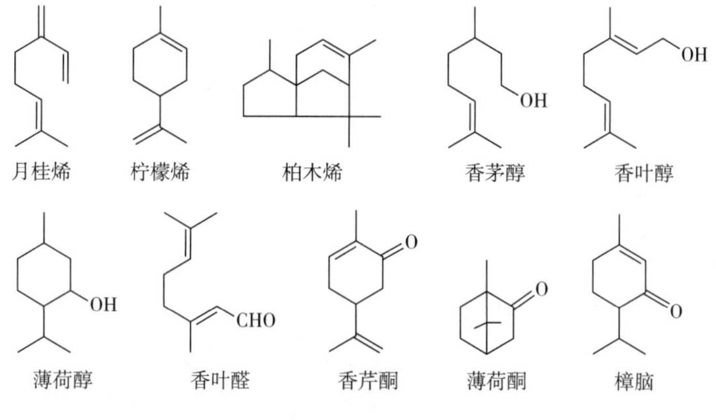

图4-5 植物类天然香料成分中的萜类化合物

（二）芳香族化合物

在植物类天然香料中，芳香族化合物含量仅次于萜类，它们的存在也相当广泛。例如玫瑰油中含有苯乙醇（含量2.8%左右）、香荚兰油中含有香兰素（含量2%左右）、苦杏仁油中含苯甲醛（含量80%左右）、肉桂油中含有肉桂醛（含量80%左右、茴香油中含茴香脑（含量80%左右）、丁香油中含丁香酚（含量80%左右）等（图4-6）。

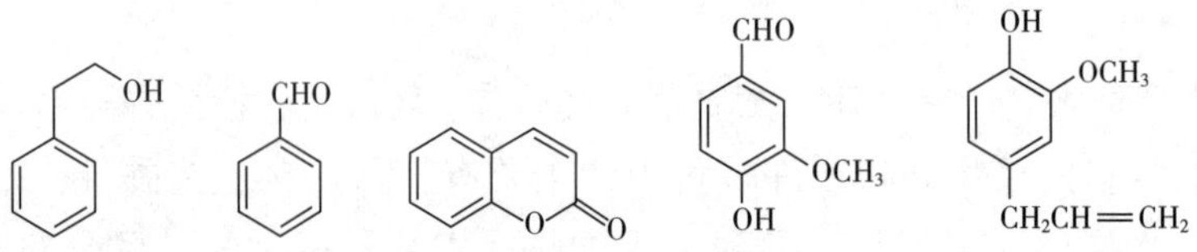

苯乙醇 苯甲醛 香豆素 香兰素 丁香酚

图 4-6 植物类天然香料中的芳香族化合物

（三）脂肪族化合物

脂肪族化合物在植物天然香料中也广泛存在，但其含量和作用一般不如萜类化合物和芳香族化合物。在茶叶及其他绿叶植物中含有少量的顺-3-烯醇，由于它具有青草香，所以也称为叶醇，在香精中起香韵变调剂作用；2-己烯醛又称叶醛，是构成黄瓜香韵的天然醛类；2,6-壬二烯醛存在于紫罗兰叶中，因此有紫罗兰叶醛的美名，它在紫罗兰、水仙、玉兰、金合欢香精配方中起重要的作用；茉莉内酯、茉莉酮是茉莉油的典型香气成分（图 4-7）。芸香油中含有 70%左右的甲基壬基甲酮。甲基壬基甲酮因是芸香油中的主要成分而得名芸香酮。鸢尾油中肉豆蔻酸含量高达 85%，可以从中提取高碳脂肪酸。

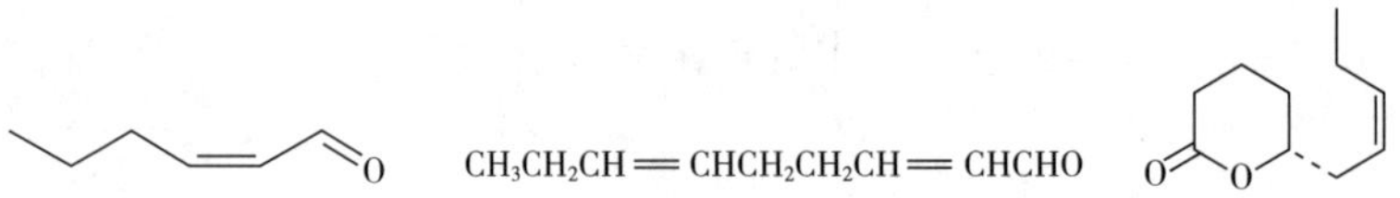

叶醛 紫罗兰叶醛 茉莉内酯

图 4-7 植物类天然香料中的脂肪族化合物

（四）含氮和含硫化合物

含氮、含硫化合物在天然芳香植物中存在很少，但在许多天然香料中都含有挥发性的含氮、含硫及杂环化合物，如取代吡啶、吲哚、吡嗪、噻唑等（图 4-8），特别是在葱、蒜、谷物、豆类、花生、咖啡、可可等食物中含量相对较高。虽然它们属于微量化学成分，但由于香势强劲，给予了天然香料重要的特征香气，所以对食品的香味影响很大，甚至是关键性的香味成分，可以给予食品不同的风味。

吲哚（茉莉、蜡梅） 2，3-二甲基吡嗪（可可、咖啡、芫荽） 2-乙酰吡咯（茶叶） 2-异丁基噻唑（番茄、迷迭香）

图 4-8 植物类天然香料中的含氮和含硫化合物

第三节 烟草类天然香料

烟草类天然香料为植物类天然香料中特殊的一种，是由烟草的根、茎、叶、花、果实中提取的易挥发芳香组分的混合物。根据制取的方法不同，可以得到精油、浸膏、净油、酊剂等不同产品。烟草类天然香料由于来源于烟草，可直接用于卷烟和烟草薄片加香，香气逼真、自然，增强烟香，减除杂气，提高卷烟质量，不仅能增补各类烟草的特征香气，而且具有透发烟草本香的功效，其作用大幅超过以往调香使用的各种烟用香料，因此近年来受到了更多关注。最常用的商品化品种是烟草浸膏、烟草花浸膏、烟草净油 3 种。

一、烟草浸膏

烟草浸膏用任何类型的烟草制取，烟草质量等级高者香气更优。烟草浸膏的主要有 6 种类型，即烤烟清香型、烤烟浓香型、烤烟中间香型、晒烟型、白肋烟型和香料烟型。用酒精和水作萃取剂从碎烟末中提取，萃取液过滤，浓缩得产品。浸膏为棕褐色膏状液体，浸膏产率 30%~55%。香气逼真、自然、香强度高。

烟草浸膏可用于烟草中作天然香料使用。将它添加于烟草中，可以增强和协调烟香，柔和、细腻烟气，掩盖木质气和减少杂气，改善烟草的吸味，使余味舒适，提高卷烟的内在质量。在卷烟加香中使用量为 500~1000mg/kg。

二、烟草花浸膏

利用普通烟草花为原料，经提取、浓缩制得浸膏，产品有柔和的烟草花清甜香，带些脂蜡和木香香韵，开始似甜乳，且具有爽口的微苦后味。

烟草花浸膏产品可用于烤烟清香型中，对提高烟香、改进品质，矫正吸味效果明显。考虑到烟草表面类脂物质能促进芳烃的形成，故在使用前用选择性溶剂分离出去类脂物较好，可提调烟香、矫正吸味。在卷烟加香中使用量为 100~1000mg/kg。

三、烟草净油

烟草净油是一种与天然原材料相近且品质优良的烟用香料。烟草净油是从烟草类植物（烤烟、白肋烟、香料烟）中提取的具有烟草特征香气的一类致香化合物，它能增进烟草的特征香气，使烟气饱满，改善烟香透发性，并能减少刺激，去除杂气，提高卷烟的档次，被认为是烟草制品最理想的添加剂。利用超临界流体从香料烟膏中萃取的烟草净油为均一透亮的棕色油状流体，在乙醇、丙二醇等溶剂中溶解性良好，得油率为 8%~10%，产品具有纯正的香料烟草特征香气。

烟草净油在使用时，能明显提高卷烟的抽吸品质，可增加烟香，协调烟气，使烟气细腻柔和，增加甜润感，并能减少刺激，掩盖杂气，是一种高品质的理想烟用香料。在卷烟加香中使用量为1~3mg/kg。

第四节 常用天然香料

尽管合成香料的数量越来越多，在卷烟加香中越来越重要，但由于天然香料成分复杂，香气丰富，在卷烟香精调配中仍占重要地位，本节按照来源种类，介绍一些常用的重要天然香料。

一、果香类

（一）柑橘属天然精油

柑橘属天然精油为从柑橘属（芸香科）植物的叶、花、果实或果片中获得的天然精油。这些植物品种有香柠檬、苦橙、柠檬、白柠檬、柑橘和甜橙等。

1. 香柠檬油（Bergamot oil）

香柠檬（*Citrus aurantium* L. subsp. *bergamia*）称巴柑檬，属于芸香科柑橘属，主产于意大利、科特迪瓦、几内亚、西班牙、俄罗斯、印度和中国南方地区。采用冷榨果皮的方法可得到香柠檬油，得油率为0.4%~0.5%。精油随果实成熟度不同而呈现草绿至黄绿的颜色。相对密度 d_{20}^{20} 0.876~0.884，折射率 n_{D}^{20} 1.464~1.468，比旋光度 $[\alpha]_{D}^{25}$ +8°~+24°。

（1）感官特征　具有令人愉快、凉爽、芳香的香气，有清灵新鲜之感，具有清香带甜果香、药草香、膏香的香味特征。头香似柠檬，还有橙花及橙叶、豆蔻、香紫苏气息，后有油脂、药草和一些膏香及体香。香气透发，但留香一般。

（2）主要成分　主要含乙酸芳樟酯、乙酸香叶酯、乙酸橙花酯、乙酸松油酯、乙酸辛酯、柠檬醛、香柠檬酚、橙花醛、茉莉酮、柠檬烯、月桂烯、松油烯、罗勒烯等成分。精油中萜烯类占25%（质量分数），乙酸酯类占30%~45%（质量分数）。

（3）用途与用量　用于调配柑橘、生梨等果香型食用香精和烟用香精，也用于女士用香水。在烟气中可增加头香清甜果香。在食品、卷烟加香中的建议用量为1~130mg/kg。

（4）管理状况　FEMA 2153，FDA 182.20，COE 137[1]，GB 2760—2024 N101。

2. 柠檬油（Lemon oil）

柠檬［*Citrus limon*（L.）Burm. f.］为芸香科柑橘属常绿小乔木。主产于美国、意大利、西班牙、希腊、以色列以及中国的华南、华东地区。柠檬油可采用冷磨整果和蒸馏果皮制得，冷磨法得油率为0.2%~0.5%，所得柠檬油为绿黄色或黄色澄清液体，相

1）COE：欧洲食品香料和香精制造者协会使用的编号，用于识别化合物。

对密度 d_{20}^{20} 0.849~0.858，折射率 n_D^{20} 1.474~1.477；蒸馏法得油率为0.6%，所得柠檬油为无色至浅黄色液体，相对密度 d_{20}^{20} 0.842~0.856，折射率 n_D^{20} 1.470~1.475。

（1）感官特征　具有轻快、新鲜的清甜果香，有成熟柠檬果皮的香气，香气飘逸但留香不长。

（2）主要成分　主要含柠檬烯、柠檬醛、香茅醛、乙酸、辛酸、癸酸、月桂酸、松油醇芳樟醇香叶醇、橙花醇、水芹烯、蒎烯等成分。其中萜类化合物含量可高达90%以上。

（3）用途与用量　柠檬油是一种应用十分广泛的重要果香香料，大量用于调配柠檬、可乐、香蕉、菠萝、樱桃、甜瓜等食用香精，也用于牙膏、烟用香精中。它由于具有清新的香气，可以使香水的前调更具有清新感，因此也可用于古龙香水、花露水、香皂及化妆品中。在烟气中可增加清鲜香气。在食品加香中的建议用量为15~100mg/kg。

（4）管理状况　FEMA 2625，FDA 182.20，COE 139，GB 2760—2024 N086。

3. 甜橙油（Orange oil）

甜橙［*Citrus sinensis*（*L.*）*Osbeck*］为芸香科柑橘属常绿小乔木。主产于巴西、美国、以色列以及中国的华南、华东地区。用冷磨新鲜整果或冷榨新鲜果皮获取冷压甜橙油，冷磨得油率为0.35%~0.37%，冷榨得油率为0.3%~0.5%，为黄色至红黄色液体，相对密度 d_{20}^{20} 0.842~0.850，折射率 n_D^{20} 1.470~1.476。残渣或碎果皮水蒸气蒸馏可得蒸馏甜橙油，得油率为0.4%~0.7%，为无色至浅黄色液体，相对密度 d_{20}^{20} 0.840~0.844，折射率 n_D^{20} 1.471~1.474。

（1）感官特征　甜橙油的香气接近天然果香，具有橙果皮的特征香气。清甜果香，带些脂蜡香，有新鲜甜美之感。香气飘逸，而留香不长。

（2）主要成分　主要含柠檬烯，α-甜橙醇和β-甜橙醛、辛醛、癸醛、α-柠檬醛和β-柠檬醛、α-柠檬酸和β-柠檬酸以及酯类等成分。其中α-甜橙醛和β-甜橙醛对精油香气贡献较大。

（3）用途与用量　甜橙油主要供调配饮料用，也用于酒类香精、烟用香精、化妆水、香水、肥皂日常家用制品中。甜橙油在烟气中可增加清甜、清鲜香气。在食品加香中的建议用量为50~400mg/kg。

（4）管理状况　冷磨油：FEMA 2825，FDA 182.20，COE 143，GB 2760—2014 N226；蒸馏油：FEMA 2821，FDA 182.20，COE 143，GB 2760—2024 N131。

4. 橘油（Mandarin oil）

柑橘（*Citrus reticulata* Blanco）主要产自美国、中国、巴西、西班牙、意大利等地。用冷榨法从柑橘果实或果皮中得到冷榨油，得油率为1.8%~2.4%，橘油颜色一般为黄色，随着果实成熟度的增加，其颜色可由绿黄色变至红黄色，相对密度 d_{20}^{20} 0.850~0.851，折射率 n_D^{20} 1.473~1.474。

（1）感官特征　橘油可使人联想起橘皮香的特征，近似甜橙油而不及它清鲜，果香中带脂蜡香，有清甜香味。

（2）主要成分　橘油的主要成分与甜橙油的成分（柠檬烯、柠檬醛、甜橙醛、辛醛、芳樟醇等）相似，但含有特殊的*N*-甲基邻氨基苯甲酸甲酯（图4-9）。

（3）用途与用量 用于食用香精、烟用香精以及化妆品香精中。在烟气中可增加清鲜香气，多用于头香，或作为调制辛香风味的修饰剂。在食品加香中的建议用量为20~810mg/kg。

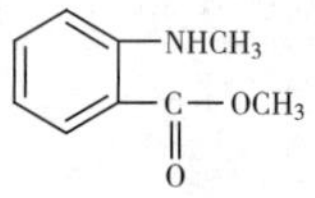

图4-9 *N*-甲基邻氨基苯甲酸甲酯

（4）管理状况 FEMA 2657，FDA 182.20，GB 2760—2024 N110。

（二）山楂浸膏（Hawthorn fruit concrete）

山楂（*Crataegus* spp.）为蔷薇科山楂属植物，又名山里红、红果，属落叶灌木，主产于我国东北、华北、江苏等地。采用山楂的干燥成熟果实用乙醇提取得红色透明液体的酊剂，浓缩得浸膏。

（1）感官特征 山楂浸膏具有山楂果酸甜香，辛香，稍带杏花气息。

（2）主要成分 含山楂酸、酒石酸、柠檬酸、黄酮类、内酯、糖类、苷类、胡萝卜素、烟酸、鞣质、蛋白质、大茴香醛、对甲氧基苯乙酮、大茴香醇、香豆素等化学成分。

（3）用途与用量 山楂浸膏是一种传统的烟草加料原料，可用于各种卷烟制品加香加料。在烟气中可增进烟香，缓和吸味，抑制刺激，具有改善卷烟吸味及香气品质的作用。山楂浸膏在烟草加香中使用量为1000~5000mg/kg，其精油在烟草加香中使用量为10~50mg/kg。

（4）管理状况 GB 2760—2024 N014。

（三）罗望子浸膏（Tamarind concrete）

罗望子（*Tamarindus indica* L.）又名酸豆树，为豆科罗望子属常绿大乔木，原产于印度及热带非洲，印度、北非、中东地区与东南亚的泰国、印度尼西亚是其著名的产区。由剥去外果皮的罗望子果实提取制得浸膏，也称为酸角浸膏。

（1）感官特征 具有甜酸和令人愉快的酸果香气味道。

（2）主要成分 主要含有机酸（酒石酸、苹果酸、琥珀酸）类、糖和果胶等成分。

（3）用途与用量 罗望子浸膏主要用于食品调味剂，也在烟用香精中使用。在烟气中能协调烟香，增加甜香、木香香韵，圆和烟气，清除烟草杂气，改善口感，缓和吸味，抑制刺激，有效地使余味更舒适。在食品加香中的建议用量为500~1000mg/kg。

（4）管理状况 GB 2760—2024 N317。

（四）罗汉果浸膏（Luohanfruit concrete）

罗汉果［*Siraitia grosvenorii*（Swingle）C. Jeffery］为葫芦科罗汉果属植物，主要分布在我国广东、广西、贵州、江西、湖南南部等地，是我国重要的特产果类。利用罗汉果全果采用水或20%（体积分数）乙醇加热浸提制成酊，再经浓缩可成膏。

（1）感官特征　具有浓郁罗汉果的香味，带有药草样甜香，味极甜。

（2）主要成分　其主要成分是罗汉果甜苷，其强度比蔗糖高400倍。组分有β-大马酮、α-紫罗兰酮、巨豆三烯酮、安息香酸、糠醛、9,12,15-十八碳三烯酸乙酯、5-（羟基甲基）-2-呋喃醛、角鲨烯、各种氨基酸及维生素C等。

（3）用途　罗汉果是乳制品、糕点、饮料、糖果等食品行业的名贵原料，为蔗糖的最佳替代品，也用于医药中。罗汉果浸膏具有显著降低卷烟刺激性、柔和烟香、改善口感和增加烟气甜润度等效果，可以矫正吸味，抑制苦味，增强甜味，常作加料使用。过量使用易产生药香，可考虑将其中甜味物质分离出来用作甜味剂。

（4）管理状况　GB 2760—2024 N065。

（五）无花果浸膏（Fig fruit concrete）

无花果（*Ficus carica* Linn.）别名映日果、奶浆果、蜜果、树地瓜，为桑科榕属落叶灌木或乔木，原产于欧洲地中海沿岸和中亚地区，我国长江流域和华北沿海地带栽植较多。利用无花果的果实（半阴干）经溶剂或水提取浓缩成浸膏，产品为棕褐色流动性膏体。

（1）感官特征　具有香甜的无花果香气。

（2）主要成分　含枸橼酸、延胡索酸、琥珀酸、丙二酸、脯氨酸、草酸、苹果酸、莽草酸、奎尼酸、生物碱、苷类、糖类、无花果朊酶等成分。

（3）用途与用量　无花果浸膏既可用于烟草的加料加香，也可作为食品添加剂，具有增进甜味，改善余味、矫正吸味、抑制刺激、降低木质气的作用。其在食品和烟草加香中的建议用量为2000~5000mg/kg。

二、木香类

（一）柏木油类（Cedarwood oil）

柏木（*Thuja occidentalis* L.）为柏科柏木属乔木。由于柏木的树种包括乔木和灌木，所以由它们生产出的精油成分有很大不同。柏木叶油和扁柏木油主要由单萜类化合物组成，而柏木油是由倍半萜类化合物组成。

1. 柏木油

用水蒸气蒸馏法从美国的得克萨斯州柏木树中获得精油，产品为棕红色或棕色黏性液体，室温下可以固化。相对密度 d_{20}^{20} 0.952~0.966，折射率 n_{D}^{20} 1.505~1.508，比旋光度 $[\alpha]_{D}^{20}$ −50°~−32°，溶解于95%（体积分数）乙醇中呈澄清溶液，含醇量（按柏木醇计）35%~48%，气相色谱法柏木脑含量≥20%。

（1）感官特征　具有典型的柏木气味，甜的木香带焦熏气，但香气舒适，底香膏甜，留香甚久，前后香气基本一致。

（2）主要成分　主要含柏木醇（雪松醇）、柏木烯、柏木烯醇、侧柏烯等成分。

2. 扁柏木油

扁柏木油又称中国柏木油，用水蒸气蒸馏法自植物的根、茎、枝蒸馏而得精油。得油率为 1%～6%，是浅黄色澄清黏稠液体，相对密度 d_{20}^{20} 0.938～0.955，折射率 n_D^{20} 1.5000～1.5080，比旋光度 $[\alpha]_D^{20}$ −35°～−20°，1∶5 溶解于 95%（体积分数）乙醇中，气相色谱法测定柏木脑含量≥10%。

（1）感官特征　其产品具木样气味并带有龙涎香韵，木香重而缺少甜，稍有青滋气。由于含柏木烯醇与柏木醇较多，所以膏香较多一些。

（2）主要成分　含 α−蒎烯、乙酸松油酯、柏木脑、异戊酸酯等成分。

（3）用途　柏木油类可用于化妆品、香皂、家用或工业产品用香精中，在檀香、檀香玫瑰等木香型中有协调作用；也用于茶玫瑰型、紫罗兰型、桂花型、苔香型、素心兰型、东方型、皂用茉莉型等中，并有定香作用；在烟用香精中多见在雪茄型烟草制品中应用。

（4）管理状况　柏木叶油 FEMA 2267，FDA 172.150，GB 2760—2024 N084。

（二）檀香油（Sandal wood oil）

檀香（*Santalum album* L.）为檀香科半寄生性常绿小乔木，主产于印度、印度尼西亚、澳大利亚、马来西亚、斯里兰卡等国，我国 20 世纪 60 年代引入后，现主要栽培于广东省。其精油主要有澳大利亚檀香油和印度东部檀香油两种。

1. 澳大利亚檀香油

用石油醚对檀香木提油，真空除去石油醚即得提取产物。产品为微有黏性、无色至黄色液体。具有木香气味，其木香重而膏香与甜香略少，气势稍弱，留香持久，其成分与印度东部檀香油相似。

2. 印度东部檀香油

又称东印度檀香油或白檀油，用水蒸气蒸馏法从印度东部出产的檀香木的心木取油。水蒸气蒸馏檀香心木，得油率为 3.5%～5%。产品为稍有黏性、几乎无色至黄色液体。相对密度 d_{20}^{20} 0.968～0.983，折射率 n_D^{20} 1.503～1.508，比旋光度 $[\alpha]_D^{20}$ −21°～ −15°，酯值 10。

（1）感官特征　具有柔和的、甜的木香香气，又微带玫瑰香、膏香与动物香，香气前后一致且留香持久。

（2）主要成分　由结构相关的倍半萜醇 α−檀香醇和 β−檀香醇组成，它们代表了精油的特征香气。其他成分还有檀香烯、红没药烯、愈创木酚等。

（3）用途与用量　主要用作定香剂，应用于檀香、玫瑰檀香、玫瑰麝香、素心兰、东方型的香水、香皂、化妆品的香精中。在食品、烟草中也可以少量应用，在烟气中可增强甜香、木香，具有圆和烟气、改善余味的作用。在食品加香中的建议用量为 1～50mg/kg。

（4）管理状况　FEMA 3005，FDA 172.510，GB 2760—2024 N152。

（三）广藿香油（Patchouli oil）

广藿香（*Pogostemon cablin*）为唇形科刺蕊草属多年生草本植物，主产于印度尼西亚、印度、马来西亚、新加坡、菲律宾、俄罗斯和我国的广东、四川、台湾等地。广藿香的叶片经过干燥后，蒸汽蒸馏可制得广藿香油，得油率为2%~3%。广藿香油为棕色或绿棕色液体，相对密度 d_{20}^{20} 0.955~0.983，折射率 n_D^{20} 1.505~1.512，酸值4，酯值10。

（1）感官特征　具有强烈的木香、辛香、凉香及樟脑气息。香气势浓而持久，头香、体香、基香没有多大变化，贯彻始终。由于来源不同，有带壤香者，也有稍带酒香、果香头香者，但均不应带焦苦气。

（2）主要成分　含有广藿香醇、广藿香烯、石竹烯、愈创木烯、苯甲醛、癸醛、丁香酚、异丁香酚等成分。

（3）用途与用量　作为定香剂，用于调配辛香型食用香料及茶叶香精，是东方型、木香型、素心兰型、龙涎香型、檀香型、香粉型等香精中不可缺少的香料。用在香粉香精中效用极好，可给予浓郁的甜香，留香持久。在卷烟加香中常作定香剂，可协调烟香。在食品加香中的建议用量为0.5~220mg/kg。

（4）管理状况　FEMA 2838，FDA 172.510，COE 353，GB 2760—2024 N007。

（四）橡苔浸膏（Oakmoss concrete）

橡苔（*Evernia* spp.）为松萝科扁地衣属植物，又称扁枝衣，主产于巴尔干半岛、法国、摩洛哥、阿尔及利亚等地，在我国云南省也有分布。橡苔浸膏由橡苔经苯或石油醚浸提得到，得膏率为1.5%~4.0%。呈暗绿色至黄棕色蜡状固体，熔点50~52℃，酸值22~68，酯值42~79。用乙醇提取浸膏得橡苔净油，得率为35~80%，净油为暗绿色稍有黏性的液体。

（1）感官特征　橡苔的青香成为独特的一派，属苔青，兼有茴香、豆香、干草香。香气平和而浓郁多韵，留香持久，可用作良好的定香剂。橡苔净油有令人愉快而强烈的苔香-木香香气，留香持久。

（2）主要成分　含扁枝衣二酸、地衣酚、苔黑酚、α-守酮和β-守酮、樟脑、龙脑、桉叶素等成分。

（3）用途与用量　橡苔浸膏是应用极广的青香香料，可用于许多种香型的日用香精中，也是重要的烟草添加剂及化妆品自然青香的香原料。橡苔浸膏的留香时间较长，定香作用稳定。净油可微量用于食品的加香，但必须不含守酮。在卷烟加香中具有增加青香、掩盖杂气的作用。橡苔增加青香效果优于树苔。在食品加香中的建议用量为5~10mg/kg。

（4）管理状况　橡苔净油：FEMA 2795，FDA 172.510，COE 194，GB 2760—2024 N353。

（五）树苔浸膏及净油（Tree moss concrete and absolute）

树苔（*Evernia furfuraceae*）为树花科植物，又称树花菜，地衣体灌状丛生，是附生在杉树、松树、栎树树干上的丛生树花，主产于意大利、摩洛哥、巴尔干半岛等地，在我国各大林区也有分布。用苯或石油醚浸提丛生树花制取浸膏。树苔浸膏为棕绿色膏状物，得膏率1.2%~3%。用乙醇萃取浸膏制取净油，其净油为深棕色稠厚液体，酸值60~80，酯值85~180。

（1）感官特征　树苔浸膏具有独特的干果香和浓郁的树脂香，类似橡苔香气、松木气息、干草香气等特点，留香尚持久。树苔净油带药草香，香气持久。

（2）主要成分　含苔黑酚、苔黑酚醚、β-苔黑酚酸甲酯、赤星衣酸甲酯、赤星衣酸乙酯、扁枝衣酸乙酯、柔扁枝衣酸甲酯、棕榈酸乙酯、亚油酸乙酯、油酸乙酯、硬脂酸乙酯、松香酸和松香酸甲酯等成分。

（3）用途与用量　主要作为青鲜香料，是橡苔香树脂的替代品，有较好的定香作用。主要应用于花香型、木香型、龙涎香型等的香水、花露水、香粉、香皂的香精中。在卷烟加香中可增进陈烟风味，能掩盖烟草杂气和泥土气息，赋予卷烟苔样的青香香气风格，增加烟气浓度明显，并且能提高口腔和喉部的舒适感。在食品加香中的建议用量为10~50mg/kg。

（4）管理状况　树苔浸膏：GB 2760—2024 N096；树苔净油：GB 2760—2024 N095。

三、草本精油类

（一）香茅油（Citronella oil）

香茅（*Cymbopogon nardus* Rendle 或 *Cymbopogon winterianus* Jowitt）为禾本科香茅属多年生草本植物，主产于斯里兰卡、阿根廷、巴西以及中国等地。香茅油是用水蒸气蒸馏法从香茅草或茎中获得，得油率为1.2%~1.4%。产品为浅黄色至棕黄色澄清液体。相对密度 d_{20}^{20} 0.880~0.900，折射率 n_D^{20} 1.466~1.473，比旋光度 $[\alpha]_D^{20}$ −5°~0°。

（1）感官特征　具有强烈的青草气息，似香茅醛的香气。

（2）主要成分　含香茅醇、香茅醛、香叶醇、柠檬醛、乙酸香叶酯、乙酸香茅酯等成分。

（3）用途与用量　主要用于单离香茅醛和香叶醇，可进一步合成香茅醇、羟基香茅醇、玫瑰醇、薄荷脑等重要香料；少量用于依兰、钟兰、水仙、金合欢、晚香玉等香型的香皂、牙膏、化妆品的香精中；也可微量用于调配食用香精。在卷烟加香中具有协调烟香、减少杂气、改善吃味、增加草香气息的作用。在食品加香中的建议用量为10~50mg/kg。

（4）管理状况　FEMA 2308，FDA 182.20，COE 39，GB 2760—2024 N190。

（二）玫瑰草油（Palmarosa oil）

玫瑰草［*Cymbopogon martini*（Roxb.）Stapf］称土耳其香叶或东印度香叶，为禾本科一年生或多年生草本植物，主产于印度、巴西、巴拉圭、马达加斯加、科摩罗、塞舌尔、危地马拉、印度尼西亚、土耳其等地。在开花时节将野生的玫瑰草用水蒸气蒸馏而得淡黄色至淡黄绿色液体，得油率为 0.16%～0.17%，相对密度 d_{20}^{20} 0.879～0.892，折射率 n_{D}^{20} 1.470～1.476，比旋光度 $[\alpha]_{D}^{25}$ −2°～+3°。

（1）感官特征　产品具有玫瑰样气味的特征香气，类似香叶醇的香气，并具草香香韵。

（2）主要成分　含香叶醇（60%左右）、橙花醇、金合欢醇、乙酸香叶酯、己酸香叶酯、香茅醛、柠檬醛、双戊烯、甲基庚烯酮等成分。高质量的玫瑰草油含香叶醇的相应酯类高达 95%。

（3）用途与用量　用于生产单离香叶醇及其酯类的起始原料，也可用于风信子、紫丁香、紫罗兰、薰衣草等香型的香皂和化妆品的加香，少量用作食品香料。在卷烟加香中具有协调烟香、减少杂气、改善吃味的作用。在食品加香中的建议用量为 3～50mg/kg。

（4）管理状况　FEMA 2831，FDA 182.20，COE 40，GB 2760—2024 N189。

（三）岩兰草油（Vetiver oil）

岩兰草（*Vetiveria zizanioides* Nash.）又称香根草，为禾本科香根草属多年生草本植物，主要产于印度、海地以及我国广东等地。用水蒸气蒸馏法自岩兰草根中获得岩兰草油，产品为棕色至红棕色黏稠液体，得油率为 0.6%～3.0%。相对密度 d_{4}^{20} 0.982～1.042，折射率 n_{D}^{20} 1.515～1.530，比旋光度 $[\alpha]_{D}^{20}$ +15°～+45°，酸值≥38，酯值 2～35。

（1）感官特征　具有清甜木香，木香香韵类似檀香木的辛香香气。香气平和而持久。

（2）主要成分　含岩兰草醇、岩兰草酮、岩兰草醇酯类等成分。

（3）用途　主要用于高档香精调配，是良好的定香剂。也用于素心兰、香薇、木香、醛香、东方型等香型的香水、香皂、化妆品香精中。精油可单离得岩兰草醇，可再经乙酰化制得其乙酸酯，也是较好的香料。岩兰草油及岩兰草醇被有限地用于食品加香，主要是增强芦笋的风味。在卷烟加香中常作定香剂，具有协调烟香的作用。

（4）管理状况　FDA 172.510，COE 479，GB 2760—2024 N102。

（四）香叶油（Geranium oil）

香叶天竺葵（*Pelargonium graveolens* L'Her），又叫香叶，俗名“摸摸香”，为牻牛儿苗科天竺葵属多年生草本植物。通过水蒸气蒸馏香叶天竺葵可以获得精油，也可以天竺葵属植物不明确地在不同生态形成和不同地理区域发展起来的杂交体鲜叶或微干叶为原料，国内较多的是老鹳草，也称老鹳草油。得油率为 0.1%～0.2%。产品呈琥珀至绿黄色液体，相对密度 d_{15}^{15} 0.888～0.905，折射率 n_{D}^{20} 1.462～1.470，比旋光度 $[\alpha]_{D}^{20}$ −14°～ −7°。

（1）感官特征　具有清凉玫瑰样的气味和清凉香叶的香韵气息。

（2）主要成分　含香茅醇、香叶醇、芳樟醇、异薄荷酮和松油醇及其酯类等成分。

（3）用途与用量　香叶油是重要的天然香料之一，广泛用于调配玫瑰、风信子、香石竹、紫丁香、晚香玉、紫罗兰、铃兰、薰衣草等香型的香水、香皂、化妆品等日化产品香精，也可用于食用、烟用、酒用香精中。在卷烟加香中具有协调烟香、改善吃味的作用。在食品加香中的建议用量为 1~10mg/kg。

（4）管理状况　FEMA 2508，FDA 182.20，COE 324，GB 2760—2024 N097。

（五）薄荷油（Mint oil）

薄荷为唇形科多年生宿根草本植物，有亚洲薄荷（*Mentha arvensis*）、欧洲（胡椒）薄荷（*Mentha pulegium* L.）及留兰香薄荷（*Mentha spicata*）之分。亚洲薄荷主产于中国、巴西、印度、巴拉圭、日本、朝鲜等地。采用水蒸气蒸馏薄荷的花、枝、叶部分而得精油，得油率为 0.5%~0.8%，产品为淡黄色至草绿色液体，相对密度 d_{20}^{20} 0.897~0.905，折射率 n_D^{20} 1.461~l.463，比旋光度 $[\alpha]_D^{20}$ −29°~−26°。粗油由于含有较多的薄荷脑，故冷却后析出结晶。因此，更常见的是经分离出大部分薄荷脑的脱脑油，脱脑油为无色至黄色液体；欧洲薄荷油为欧洲及美国等地产薄荷地面以上部分提油，产品为无色至深绿黄色液体；留兰香油也称绿薄荷油，从全草当中提油，产品为无色至黄绿色液体。

（1）感官特征　亚洲和欧洲薄荷油香气基本一致，具有特殊清凉的薄荷香气。前者口感稍苦。留兰香薄荷油则与前两者香气不同，它具有蒿草样的香气，带有薄荷香气，但清凉效果远不如前两者。

（2）主要成分　含薄荷脑、薄荷酮、胡薄荷酮、乙酸薄荷酯、丙酸乙酯、香叶醇、蒎烯、莰烯、月桂烯、柠檬烯、水芹烯、侧柏烯等成分。亚洲薄荷含量最多的成分为薄荷脑，还有少量薄荷酮和乙酸薄荷酯。和亚洲薄荷相比，欧洲薄荷油含有较少的薄荷脑，较多的薄荷酮，薄荷呋喃也是其特有成分。绿薄荷则不同于前两种，主要成分是 *l*-香芹酮，也含有柠檬烯、二氢香芹酮和薄荷酮等成分。

（3）用途与用量　主要用于牙膏、口腔清洁剂、空气清新剂等的日用香精中，在食品、烟草、酒类中也广泛应用。在卷烟加香中，亚洲薄荷油和欧洲薄荷油可作为烟草矫味剂，具有增加烟气清凉、透发香气、改善余味的作用；留兰香薄荷油能增加辛青香息，有改善余味的作用。亚洲薄荷油在食品加香中的建议用量为 0.01~20mg/kg。

（4）管理状况　亚洲薄荷油：FEMA 4219，GB 2760—2024 N150；欧洲薄荷油：FEMA 2839，GB 2760—2024 N199；留兰香油：FEMA 3032，GB 2760—2024 N122。

（六）紫罗兰（叶）浸膏（Violet concrete，Violet leaf concrete）

紫罗兰（*Viola odorata* L.）为十字花科紫罗兰属多年生草本植物，主产于法国、意大利和我国的江苏、浙江、四川、云南、福建等地。用石油醚浸提鲜花制取浸膏，得膏率为 0.1%~0.15%，为黄绿色膏状物，具有紫罗兰花香气，熔点 49~52℃，酸值 50，酯值 43。用石油醚浸提紫罗兰叶制得紫罗兰叶浸膏，得膏率为 0.09%~0.12%，为深绿色膏状物，浸膏经水蒸气蒸馏可得 4%~12%的紫罗兰叶油。

（1）感官特征　具有清滋绿叶的香味气息。

（2）主要成分　含紫罗兰酮、紫罗兰叶醇、紫罗兰叶醛、己醛、苄醇、辛烯醇、庚烯醇、叶醇、丁香酚等成分。

（3）用途与用量　可用于青香型、花香型食用香精中。在卷烟加香中具有增加青香的作用。在食品加香中的建议用量为0.01~10mg/kg。

（4）管理状况　紫罗兰叶浸膏 FEMA 3110，GB 2760—2024 N136。

四、辛香类

（一）肉桂油类

肉桂（*Cinnamomum* spp.）为樟科植物，有灌木和乔木之分。其精油主要包括中国肉桂油、斯里兰卡肉桂叶油和斯里兰卡肉桂皮油3种。

1. 中国肉桂油（Cassia oil）

肉桂主产于我国广东、广西，在越南、印度也有生产。用水蒸气蒸馏法自植物的皮、枝和叶中提油，得油率为0.3%~0.4%；水蒸气蒸馏树皮，得油率为1%~2.5%。产品为淡黄色至红棕色液体；相对密度 d_{20}^{20} 1.052~1.070，折射率 n_{D}^{20} 1.600~1.614。

（1）感官特征　产品具有桂醛的香气和辛暖的口味，甜香而持久。

（2）主要成分　含肉桂醛（80%~90%）、乙酸肉桂酯、水杨醛、肉桂酸、丁香酚、香豆素等成分。

（3）用途　可以配制香石竹、风信子、薰衣草、檀香、玫瑰等香型的香皂、牙膏、漱口水等的日用香精，也用于医药行业。中国肉桂油主要用于食品、酒类、烟用香精中。在卷烟加香中具有增加辛暖甜香的作用。

（4）管理状况　FEMA 2258，FDA 182.20，COE 131，GB 2760—2024 N039。

2. 斯里兰卡桂叶油（Cinnamon leaf oil）

采用水蒸气蒸馏法从斯里兰卡桂叶中提取精油，产品呈红棕色至暗棕色液体，得油率为0.5%~0.7%。

（1）感官特征　具有特征的辛香气味，能使人联想到肉桂醛的气味。

（2）主要成分　主要含丁香酚（90%左右）、乙酰基丁香酚、丁酰基丁香酚、肉桂醇、肉桂醛、芳樟醇、乙酸肉桂酯、肉桂酸乙酯、肉桂酸甲酯、黄樟油素、桉叶油素、石竹烯等成分。

（3）用途　主要用于香石竹、檀香、东方型等香型的香皂、牙膏、化妆品等日用香精中，在食品、烟草香精也可使用。

（4）管理状况　FEMA 2292，FDA 182.20，COE 133，GB 2760—2024 N117。

3. 斯里兰卡桂皮油（Cinnamon bark oil）

取斯里兰卡桂皮内层，经干燥后，用水蒸气蒸馏法提取精油，产品为黄色液体。

（1）感官特征　具有肉桂的焦辛香的气味和口味，焦香味略重。

（2）主要成分 除肉桂醛外，桂皮油还含有约10%的丁香酚。

（3）用途与用量 主要用于调配食用、烟用香精，也用于调配石竹、风信子、檀香、玫瑰等日用香精，但是由于其弱过敏性，在日用香精中用量<10000mg/kg。在食品加香中的建议用量为3~300mg/kg，口香糖中可用到1900mg/kg。

（4）管理状况 FEMA 2291，FDA 182.20，COE 133，GB 2760—2024 N116。

（二）丁香油类

丁香（*Eugenia* spp.）为桃金娘科小灌木，主产于马达加斯加、印度尼西亚、巴西、斯里兰卡、坦桑尼亚、英国和美国等地。丁香油包括丁香花蕾油、丁香叶油及丁香梗油。

1. 丁香花蕾油（Clove bud oil）

将丁香花蕾干燥后，用水蒸气蒸馏法提取精油，得油率为15%~18%。丁香花蕾油是黄至棕色，有时稍有黏性的液体。当与金属铁接触后，精油变成紫棕色。相对密度 d_{20}^{20} 1.044~1.057，折射率 n_D^{20} 1.528~1.538。

（1）感官特征 精油具有强烈的丁香花香气，为丁香酚的特征辛香气味。略有酸甜和焦糖气息，香气飘逸，极易扩散。

（2）主要成分 主要含丁香酚（80%左右）、乙酸丁香酚酯（10%左右）和石竹烯（10%左右）等成分。

（3）管理状况 FEMA 2323，FDA 184.1257，COE 188，GB 2760—2024 N003。

2. 丁香叶油（Clove leaf oil）

丁香叶经水蒸气蒸馏法处理得精油，产品为黄色至黄绿色液体，得油率为2%~3%。相对密度 d_{20}^{20} 1.039~1.051，折射率 n_D^{20} 1.531~1.535。

（1）感官特征 丁香叶油具有强烈丁香酚的气味，以及微甜、焦面包的气息，并具有木香特征。

（2）主要成分 含丁香酚（85%左右）、乙酸丁香酚酯和石竹烯等成分。

（3）管理状况 FEMA 2325，FDA 184.1257，COE 188，GB 2760—2024 N001。

3. 丁香梗油（Clove stem oil）

用水蒸气蒸馏法自丁香花梗中提取精油，得油率为5%~6%，产品为黄色至浅棕色液体，接触铁后变为暗紫棕色。相对密度 d_{20}^{20} 1.041~1.059，折射率 n_D^{20} 1.531~1.536。

（1）感官特征 具有强烈的辛香，稍带有木香的气息。

（2）主要成分 含丁香酚、乙酸丁香酚酯和石竹烯等成分。

（3）管理状况 FEMA 2328，FDA 184.1257，COE 188，GB 2760—2024 N228。

上述3种丁香油主要成分都是丁香酚，丁香酚的存在使得丁香具有抗菌性。丁香花蕾油的酯含量最高，有最优的香气，因而其价格最高。丁香叶油是生产和使用量最大的一种。3种丁香油广泛用于调配日用、食用、酒用、烟用香精，也用于单离丁香酚和合成其他香料。在卷烟烟气中具有增加辛甜香气、掩盖杂气的作用，加香参考用量为

0.1~830mg/kg。

（三）丁香罗勒油（Basil oil）

丁香罗勒（*Ocimum basilicum* L.）为唇形科罗勒属多年生亚灌木，主产于格鲁吉亚、塞舌尔、科摩罗、马达加斯加、印度尼西亚、保加利亚、乌克兰、法国，我国华北、华南地区也有栽培。采用丁香罗勒全株进行水蒸气蒸馏，可得丁香罗勒油，得油率为0.2%~0.4%。丁香罗勒油为黄色至红褐色液体，相对密度 d_{20}^{20} 0.993~1.026，折射率 n_D^{20}1.529~1.454，在乙醇、乙醚或冰醋酸中易溶，在水中几乎不溶。露置在空气中或长期贮存会逐渐变成棕色，质地逐渐浓稠。

（1）感官特征　具有类似丁香酚的香气，味辛辣，且有麻胀感。

（2）主要成分　含丁香酚（70%左右）、芳樟醇、松油醇、罗勒烯、蒎烯等成分。

（3）用途与用量　主要用于调配香石竹、紫罗兰、紫丁香、白兰、依兰、玫瑰、茉莉等日用香精，也可用于食用香精、烟用香精中，同时也可用于单离丁香酚。在卷烟加香中具有协调烟香、增加草香气息的作用。在食品加香中的建议用量为0.01~30mg/kg。

（4）管理状况　FEMA 2119，FDA 182.20，COE 308，GB 2760—2024 N004。

（四）芹菜籽油（Celery seed oil）

芹菜（*Apium graveolens* L.）又名旱芹、药芹等，为伞形科芹属一年生或两年生草本植物。主产于印度、埃及、法国、英国、美国、中国等地。用水蒸气蒸馏磨碎的芹菜籽获得芹菜籽油，得油率可达1.5%~2.5%。产品为黄色至绿棕色液体，相对密度 d_{25}^{25} 0.870~0.910，折射率 n_D^{20} 1.480~1.490，比旋光度 $[\alpha]_D^{20}$+48~+78°，酸值≤4.5，酯值25~65，溶于大多数油脂及矿物油，1mL精油溶于8mL 90%（体积分数）乙醇。放置日久会产生浑浊。

（1）感官特征　产品具有渗透性的辛香、特殊清香，香气持久，香味温暖辛香，稍辣口。

（2）主要成分　单萜和倍半萜有（+）-柠檬烯（50%左右）和β-石竹烯、月桂烯，对精油香气贡献较大的成分是芹菜籽内酯、芳芹菜籽内酯、倍半萜及呋喃香豆素类物质。

（3）用途与用量　主要用于调配食用香精，少量用于调配晚香玉、薰衣草、东方型等日用香精。在卷烟加香中具有增加特殊清香、辛香的作用，用量要适中，否则会破坏香型。在食品加香中的建议用量为1~40mg/kg。

（4）管理状况　FEMA 2271，FDA 182.20，COE 52，GB 2760—2024 N049。

（五）芫荽油（Coriander oil）

芫荽油又名胡荽油、芫荽籽油。芫荽（*Coriandrum sativum* L.）又称胡荽或香菜，为伞形科一年生草本植物，主产于俄罗斯、意大利、罗马尼亚、波兰、印度、埃及、南非以及中国。用水蒸气蒸馏磨碎的芫荽籽获得芫荽油，得油率可达0.4%~1%。产品为无色至深黄色液体。相对密度 d_{20}^{20} 0.862～0.878，折射率 n_D^{20} 1.462～1.470。

（1）感官特征　具有类似芫荽的温和辛香香气，微有辣口感。

（2）主要成分　产品中主要含有芳樟醇（60%～80%）、香叶醇、香茅醇、橙花醇，其他成分主要是萜类化合物，如 α-蒎烯、γ-松油烯以及樟脑（各占5%左右）。

（3）用途与用量　主要用于调配木瓜、芒果、可乐等食用香精，少量用于茉莉、铃兰、紫丁香等香型的化妆品香精、烟用香精中。也可以用作单离芳樟醇调香或合成其他香料。在卷烟加香中具有增加柔和的辛香、清香香气的作用。在食品加香中的建议用量为 1～50mg/kg。

（4）管理状况　FEMA 2334，FDA 182.20，COE 154，GB 2760—2024 N047。

（六）莳萝油（Dill seed oil）

莳萝（*Anethum graveolens*）为伞形科莳萝属一年生草本植物，主产于俄罗斯、匈牙利、波兰、英国、印度、美国等地。莳萝油既可从莳萝药草中也可从莳萝籽中提取，籽油比草油含量更高。其成分取决于莳萝的品种和植物起源。莳萝籽油为浅黄色至黄色液体，相对密度 d_{20}^{20} 0.890～0.915，折射率 n_D^{20} 1.483～1.490。

1. 美国莳萝油

采用水蒸气蒸馏的方法自美国新鲜莳萝茎、叶、种子中提取精油。精油为淡黄色液体，具有黄蒿样香气和温和的清香茴香香气。

2. 欧洲莳萝油

用水蒸气蒸馏法将生长在欧洲诸国的莳萝籽（干果或种子）破碎后提取精油。产品为无色至黄色液体，得油率为 2.4%～3.6%，具柔和的辛香，带葛缕子样香气。其黄蒿样气味是由较高含量的(+)-香芹酮引起的。

3. 印度莳萝籽油

采用未成熟果经过水蒸气蒸馏从莳萝籽中提取精油。产品为淡黄至淡棕色液体，具有相当涩的黄蒿样气味和口味。

上述 3 种莳萝油的主要成分是香芹酮。该成分在精油中的占比取决于收获药草的时间。此外，(+)-柠檬烯也是莳萝油的主要成分。

莳萝籽油用于调味品和调配食品、酒类的香精中，也用于烟用香精。在卷烟加香中具有掩盖杂气、抑制刺激性的作用。在食品加香中的建议用量为 1～400mg/kg。

管理状况：FEMA 2383，FDA 184.1282，GB 2760—2024 N205。

（七）小茴香油（Fennel seed oil）

茴香为伞形科一年生或多年生草本植物。常见的小茴香油有两种：一种是苦小茴香（*Foeniculum vulgare* Mill）油（普通小茴香油），另一种是甜小茴香（*Foeniculum vulgare* Mill. var. *dulce* D.C.）油，它们取自两种小茴香植物。苦小茴香主要分布于中欧、印度、美国及我国南方。通过水蒸气蒸馏茴香籽得到精油，得油率为 2.5%～6.5%。苦小茴香油为无色至浅黄色液体，相对密度 d_{20}^{20} 0.889~0.921，折射率 n_D^{20} 1.484~1.568。甜小茴香分布于地中海地区，产品为浅黄绿色液体，相对密度 d_{20}^{20} 0.959~0.981，折射率 n_D^{20} 1.533~1.553，精油主产于西班牙、美国和我国。

（1）感官特征　苦小茴香油气味辛香，味微苦而后转甜；甜小茴香油具有典型的茴香香气。

（2）主要成分　苦小茴香油中主要为茴香脑（60%左右）、小茴香酯（20%左右）、α-蒎烯、莰烯、α-水芹烯、萜烯等成分；甜小茴香油中主要为茴香脑、d-柠檬烯、水芹烯等成分。

（3）用途与用量　小茴香油主要用于调配酒用、烟用、食用香精，也可用来单离茴香脑。在卷烟加香中具有增加辛甜香气、掩盖杂气的作用。在食品加香中的建议用量为 0.1~100mg/kg。

（4）管理状况　普通小茴香油：FEMA 2481，FDA 182.20，GB 2760—2024 N181；甜小茴香油：FEMA 2483，FDA 182.20，COE 200，GB 2760—2024 N129。

（八）八角茴香油（Star anise oil）

八角茴香（*Illicium verum* Hook F.）为木兰科常绿乔木，主要分布于我国的广西、广东、贵州、云南等地区。取香部位常为干果。采八角茴香的幼枝及叶进行蒸馏提取，原料需要新鲜；如用八角果实，则需轧碎后加工。一般鲜叶出油率为 0.3%~0.5%，干果出油率为 8%~12%。八角茴香油为无色或淡黄色透明液体，相对密度 d_{20}^{20} 0.979~0.987，折射率 n_D^{20} 1.552~1.556。

（1）感官特征　产品具有典型的八角茴香气息，辛甜香气很强，能使人联想到大茴香脑的气味。

（2）主要成分　主要为茴香脑、茴香醛、桉树脑、芳樟醇、松油醇等成分。其精油茴香脑含量 80%~90%，甚至高达 95%，常用该品替代茴香脑。

（3）用途与用量　八角茴香油主要用于从精油中单离出茴香脑，然后进一步合成茴香醛、茴香醇等香料，也是制药工业的原料；少量用于调配日化用品、酒类、烟用香精。在卷烟加香中可以增加辛甜香气，但用量较小。在食品加香中的建议用量为 1~230mg/kg。

（4）管理状况　FEMA 2096，COE 238，GB 2760—2024 N005。

（九）月桂叶油（Laurel leaf oil）

月桂（*Laurus nobilis* L.）是一种生于地中海国家的樟科常青树。一般采用水蒸气蒸馏法从月桂的叶中提取精油，精油为淡黄色液体，相对密度 d_{20}^{20} 0.905~0.929，折射率 n_D^{20} 1.465~1.470，比旋光度 $[\alpha]_D^{25}$ −10°~+19°，酸值≤3.0，皂化值 15~45。

（1）感官特征　其精油具有芳香、辛香气味特征。

（2）主要成分　主要含 1,8-桉叶油素（30%~70%）、芳樟醇（约 10%）、α-蒎烯

和β-蒎烯等成分。

（3）用途与用量　可用于配制化妆品香精和食用香精，主要用于腌肉、酱汁、调味品、果脯、罐头及糕点等食品中，也少量用于日用香精和医药当中。在卷烟加香中可增加辛甜香气，掩盖杂气，改善烟草吸味，使烟香透发飘逸。在食品加香中的建议用量为5mg/kg。

（4）管理状况　FEMA 2125，FDA 182.20，GB 2760—2024 N020。

（十）肉豆蔻油（Nutmeg oil）

肉豆蔻（*Myristica fragrans* Houtt.）为肉豆蔻科常绿乔木。主产于印度尼西亚、斯里兰卡、毛里求斯、印度、美国、英国等地，在我国的四川、广西也有分布。一般采用水蒸气蒸馏法从肉豆蔻树干燥的果仁中提取精油，得油率为6%~10%，产品为无色至淡黄色液体，相对密度d_{20}^{20} 0.883~0.917，折射率n_{D}^{20} 1.475~1.488，比旋光度$[\alpha]_{D}^{25}$+8°~+25°，酸值3，酯值2~9。

（1）感官特征　肉豆蔻油具有一种浓郁清甜、令人愉快的辛香气味，气息浓厚，飘逸感强。

（2）主要成分　主要为肉豆蔻酚醚、丁香酚、异丁香酚、芳樟醇、香叶醇、黄樟油素、龙脑烯、莰烯、蒎烯等成分。精油中约含90%萜烯，主要成分是α-蒎烯和β-蒎烯。此外，还含有松油烯-4-醇、藏红醇、肉豆蔻醚、榄香素等成分。

（3）用途与用量　肉豆蔻油是一种重要的食用辛香料，可用于食品、烟草等加香，也可少量用于男用香水、古龙香水、香皂和化妆品中。在卷烟加香中具有增加辛甜清香气、柔和烟香的作用。在食品加香中的建议用量为1~640mg/kg。

（4）管理状况　FEMA 2793，FDA 182.20，COE 296，GB 2760—2024 N037。

五、花香类

（一）茉莉油（Jasmine oil）

茉莉（*Jasminum grandiflorum*）为木犀科茉莉属常绿小灌木，原产于印度。小花茉莉主产于我国的中南、华南地区；大花茉莉又称素馨花，主产于法国、意大利、摩洛哥、埃及、南非、阿尔及利亚、西班牙、印度、俄罗斯等地，在我国也有少量栽培。

一般用石油醚浸提鲜花制取浸膏，得膏率为0.25%~0.35%。浸膏通常为蜡脂状的固体。小花茉莉浸膏为绿棕色膏状物，具有清鲜的茉莉香气；大花茉莉浸膏具有棕至深棕色的颜色和典型的茉莉香气。可用乙醇萃取浸膏制取净油，得油率为40%~55%。净油通常是具有优美茉莉香气的红棕色液体。精油采用水蒸气蒸馏法从茉莉的花中提取，产品为淡黄绿色液体，相对密度d_{20}^{20} 0.929~0.970，折射率n_{D}^{20} 1.480~1.525，比旋光度$[\alpha]_{D}^{20}$+0.5°~+5°。

（1）感官特征　具有清鲜温浓的茉莉花香，香气细微而透发，留香持久。

（2）主要成分 茉莉油含有乙酸苄酯、苯甲酸苄酯、苯甲酸叶醇酯、茉莉内酯、茉莉酮酸甲酯、茉莉酮、芳樟醇、苄醇、吲哚、丁香酚、植醇、异植醇等成分，但乙酸苄酯是其最主要的挥发性成分，其他微量成分如吲哚、茉莉酮和茉莉酮酸甲酯却对茉莉油的典型香气有很大贡献。

（3）用途与用量 茉莉油主要用于花香型高级香水、香皂、化妆品的香精中，少量用于食品加香。在卷烟加香中具有可增加清鲜香气、香气感较强等特点。在食品加香中的建议用量为 0.5~10mg/kg。

（4）管理状况 FEMA 2598，FDA 182.20，GB 2760—2024 N068。

（二）鸢尾油（Orris root oil）

香根鸢尾（*Iris* spp.）为鸢尾科多年生草本植物，主产于意大利、法国、摩洛哥、印度等地，我国的浙江、云南、河北也有栽培。采用地下茎，经几年存放，干燥和粉碎后用水蒸气蒸馏法提取精油，得油率为 0.2%~0.3%。若以溶剂萃取法则可以获得浸膏和香膏。鸢尾油为淡黄色至黄棕色固体块状物质，这种固体在 38~50℃可以液化成黄至黄棕色液体，相对密度 d_{20}^{20} 0.912~0.929，折射率 n_{D}^{20} 1.478~1.495，酸值 175~235。这种价格昂贵的精油主要产于意大利、法国等地。

（1）感官特征 鸢尾油具有紫罗兰样气味，香气平和留长，是蜜甜香中的隽品。其独特之处是可以使其他香味得到特别强化。在不少名贵的香水中都有使用。

（2）主要成分 基本成分是鸢尾酮，其他成分还有十四烷酸、苄醇、芳樟醇、香叶醇、葵醛、苯甲醛等。

（3）用途与用量 主要用作定香剂，用来调配紫罗兰、金合欢、紫丁香、风信子、晚香玉、玫瑰、铃兰等日用香精，常用于高档香水、香粉、化妆品的加香，也可微量用于草莓、桃子等食用香精中。在卷烟加香中具有增加甜香、掩盖杂气、柔和香气的作用。在食品加香中的建议用量为 0.5~10mg/kg。

（4）管理状况 FEMA 2830，FDA 172.510，GB 2760—2024 N058。

（三）玫瑰油（Rose oil）

玫瑰（*Rosa* spp.）为蔷薇科蔷薇属落叶小灌木，主产于保加利亚、土耳其、摩洛哥、俄罗斯和我国的甘肃、山东、北京、四川、新疆等地。玫瑰的种类很多，但是能生产精油的只有几种，包括皱叶玫瑰、突厥玫瑰、百叶玫瑰、法国玫瑰、苦水玫瑰、重瓣玫瑰等。将新鲜玫瑰花经水蒸气蒸馏制得精油，得油率为 0.02%~0.05%，产品为淡黄色液体，具有甜的玫瑰花香气。相对密度 d_{20}^{20} 0.849~0.861，折射率 n_{D}^{20} 1.453~1.461，比旋光度 $[\alpha]_{D}^{20}$ −2°~4°26′，酸值 3，酯值 7~17。使用石油醚浸提鲜花可以制取浸膏，得膏率为 0.25%~0.30%。玫瑰浸膏为橙黄色膏状物，凝固点 41~46℃。用乙醇萃取所获得的浸膏，还可制取净油，得油率为 60%左右。

（1）感官特征 产品具有甜的玫瑰样气味的特征香气，并具草香香韵。

（2）主要成分　玫瑰油含有香茅醇、香叶醇、芳樟醇、苯乙醇、金合欢醇、苄醇、桂醛、柠檬醛、紫罗兰酮、葛缕酮、丁香酚、玫瑰醚、橙花醚、丁香酚醚、乙酸香茅酯、乙酸橙花酯等多种成分。其主要香气成分β-大马酮和二氢大马酮对玫瑰精油的特征香气贡献很大，在保加利亚玫瑰油中共发现精油成分达275种之多。

（3）用途与用量　玫瑰油可用于调配杏、桃、苹果、草莓和梅等果香和花香的食用香精及烟用香精。在多种花香型香水、香皂、化妆品的香精中起主香剂和协调作用。在卷烟加香中具有提调烟香、增进甜香、醇和烟气、柔和烟香的作用。在食品加香中的建议用量为0.01~15mg/kg。

（4）管理状况　FEMA 2989，FDA 182.20，COE 405，GB 2760—2024 N054。

（四）桂花浸膏（Osmanthus concrete）

桂花（*Osmanthus fragrans*）为木犀科木犀属常绿灌木或小乔木，主要有丹桂、金桂、银桂、四季桂等品种。香气质量以金桂、银桂为佳，丹桂次之。桂花主产于亚洲地区，我国的广西、安徽、湖南、贵州、福建、江苏、浙江等地均有栽培。用石油醚浸提桂花制取浸膏，得膏率为0.15%~0.2%，产品为黄色至棕黄色膏状物，熔点40~50℃，酸值66，酯值60。

（1）感官特征　桂花浸膏具有清甜的天然桂花香气，其甜香又以紫罗兰酮类香为主，兼以橙花醇和香叶醇的醇甜；清香似茉莉并带有叶醇、辛炔羧酸甲酯等气息。香气浓郁而留长。

（2）主要成分　浸膏中含有α-紫罗兰酮和β-紫罗兰酮、突厥酮、芳樟醇、橙花醇、香叶醇、金合欢醇、松油醇、丁香酚、水芹烯等成分。

（3）用途与用量　桂花浸膏广泛用于调配食品、化妆品、香皂香精，也可用于调配桂花、蜜糖、桃子、覆盆子、草莓、茶叶及酒用香精。在卷烟加香中可明显增加甜香，香气飘逸显露。在食品加香中的建议用量为0.01~10mg/kg。

（4）管理状况　GB 2760—2024 N120。

（五）薰衣草油（Lavender oil）

薰衣草（*Lavandula angustifolia*）为唇形科多年生常绿或半常绿的亚灌木芳香植物，主产于法国、保加利亚、澳大利亚、意大利、西班牙、俄罗斯、南非等地，我国新疆地区也有种植。另有杂薰衣草和穗薰衣草两个品种，但香气不及薰衣草。采用水蒸气蒸馏从薰衣草花穗中制得精油，得油率为0.7%~1.1%，产品为无色至淡黄色液体，相对密度d_{20}^{20} 0.880~0.900，折射率n_D^{20} 1.465~1.470，比旋光度［α］$_D^{20}$-11°~ -5°，酸值1。

（1）感官特征　薰衣草油具有清甜清爽的薰衣草花香，使人联想到薰衣草花顶部的气息，香气透发且持久。生产中尚有较少量的浸膏产品，浸膏具甜草香、香豆素样的花香香气。

（2）主要成分　薰衣草油含有乙酸芳樟酯（60%左右）、薰衣草醇、芳樟醇、松油醇、香叶醇、橙花醇、樟脑、龙脑、乙酸松油酯、乙酸薰衣草酯、壬醛、蒎烯、月桂烯、罗勒烯、松油烯、石竹烯、姜黄烯、檀香烯、香柠檬烯、杜松烯、金合欢烯等多种成分。

（3）用途与用量 薰衣草油广泛用于玫瑰、丁香、素心兰、古龙、檀香、香薇、森木香等香型的香水，花露水，香皂，牙膏，爽身粉等的日用香精中。在食品和烟草中可应用，是传统烟用香精配方原料之一。在卷烟加香中可以增加卷烟清新气息，具有一定的定香作用，在雪茄型卷烟中用量较大。在食品加香中的建议用量为 0.01~20mg/kg。

（4）管理状况 FEMA 2622，FDA 182.20，COE 257，GB 2760—2024 N153。

（六）春黄菊油（Chamomile oil）

春黄菊（*Anthemis nobilis* L.）又称洋甘菊，为菊科一年或多年生草本植物。主产于埃及、匈牙利、比利时、意大利、摩洛哥等地，我国的江苏省于 1991 年已引种成功开始种植。用水蒸气蒸馏鲜花，得油率为 0.02%；用水蒸气蒸馏干花，得油率为 0.2%。产品为深蓝色或蓝绿色液体，相对密度 d_{15}^{15} 0.910~0.950，折射率 n_D^{20} 1.440~1.450，比旋光度 $[\alpha]_D^{20}$ -1°~+3°，酸值 5~50，酯值 0~40。

（1）感官特征 春黄菊油具有强烈的春黄菊花香气，带有焦甜、草甜的香气，气味醇和，香气幽雅，能使人联想到菊花的香气。

（2）主要成分 精油中含有当归酸-3-甲基戊酯（20%左右）、当归酸甲基烯丙酯（15%左右）、当归酸-2-甲基丁酯（8%左右）、壬酸、癸酸、己醇、糠醛、樟脑、三十烷等成分。

（3）用途与用量 春黄菊油主要用于烟用和食品香精中，又可用于洗发水、香粉等的日用香精中。在卷烟加香中可起到细腻烟气、提高烟香、增甜、祛干、改善吸味、减少刺激性的作用。在食品加香中建议用量为 1~800mg/kg。

（4）管理状况 FEMA 2275，GB 2760-2024 N195。

（七）树兰花油（*Aglaia odorata* flower oil）

树兰（*Aglaia odorata*）又称米兰，为楝科米仔兰属常绿小乔木，主产于我国广西、广东、福建、四川、贵州及长江流域。用水蒸气蒸馏树兰的鲜花制得树兰花油，得油率为 0.3%左右；蒸馏干花得油率为 0.7%左右。树兰花油为淡棕色至棕色澄清液体，0℃下析出微量细针状结晶，相对密度 d_{20}^{20} 0.901~0.921，折射率 n_D^{20} 1.498~1.503，酸值≤10，酯值≥8。

（1）感官特征 树兰花油具有树兰花典型的清甜香气，近似于茉莉、依兰和茶叶的香韵，香气有力而留长。

（2）主要成分 精油中含有芳樟醇、杜松醇、壬醛、依兰烯、石竹烯、香芹烯、α-蛇麻烯、反式-β-金合欢烯及其他倍半萜烯化合物等成分。一般随产地不同，化学成分及含量有所不同。

（3）用途与用量　树兰花油是我国独特的天然香料，用于调配茉莉、桂花等花香型食用香精。在卷烟烟气中具有增加特殊清甜香韵的功效，香气飘逸而留长。在食品加香中的建议用量为 0.01~10mg/kg。

（4）管理状况　GB 2760—2024 N092。

六、豆香类

（一）香荚兰油（Vanilla oil）

香荚兰（*Vanilla* spp.）为兰科植物，又称香子兰，主产于墨西哥、印度尼西亚、澳大利亚、马达加斯加、斯里兰卡等地，我国成功引种后主要栽培于云南省西双版纳和海南省等地。香荚兰油也称香子兰油，以香荚兰或塔希提香荚兰（豆科）豆荚为原料，先用溶剂提取，然后用水蒸气蒸馏法处理提取物而获得精油，产品为淡棕色液体。若直接用水蒸气提油，应再用氢氧化钠水溶液处理，以除去精油中的酚和酸类。通常情况下，提取物中香兰素的含量比香荚兰豆中的含量高 3~4 倍，提取率一般在 25%~30%。香荚兰豆发酵并粉碎后，用石油醚浸提制得浸膏，其产品为棕褐色黏稠液体。

（1）感官特征　香荚兰油气味甜蜜辛香，具有清甜的膏香和豆香香气，留香持久。香荚兰豆浸膏具有甜的香荚兰香、膏香、焦糖香香气。

（2）主要成分　香荚兰油的成分主要是酚类物质，此外还含有香兰素、大茴香醇、大茴香酸、大茴香醚、洋茉莉醛、对羟基苯甲醛等成分。

（3）用途与用量　香荚兰油主要在百花型、重花香型、东方型等香型的香水、香粉香精中使用，可增加香气浓郁感；在食品、卷烟中也经常使用，尤其是在冰淇淋加香中；在日用香精和药品中也有应用。在卷烟烟气中具有增加甜香、增补烟香、缓和吸味的作用。香荚兰豆浸膏在食品加香中的建议用量为 0.01~20mg/kg。

（4）管理状况　香荚兰豆酊：FEMA 3105，FDA 182.20，COE 474，GB 2760—2024 N104。

（二）灵香草浸膏（*Lysimachia foenum-graecum* concrete）

灵香草（*Lysimachia foenum-graecum*）又称香草、黄香草，为报春花科多年生草本植物，主要分布于我国广西、云南、贵州、四川、湖北等地。取香部位为叶片，经溶剂提取制得深绿褐色黏稠状膏体。

（1）感官特征　灵香草浸膏具有香荚兰和黑香豆混合浓香，且香兰素香气相对明显，并带有陈化烟草醇厚自然的气息，香气持久稳定。利用有机溶剂萃取法制得的提取物具有膏甜香、焦甜香、豆香、果酸味，并稍带一点清凉药香、木香和革香的气息，非常适合用于烟草加香；用超临界法制得的提取物具有药香、木香、重革香和豆香香气，并带有愈创木酚味的灵香草自然香气息，既适用于化妆品加香，也可用于烟草加香。

（2）主要成分　产品中含 C_{16}~C_{18} 酸及其酯类、六氢金合欢烯酰丙酮等成分。

(3) 用途 灵香草浸膏具有灵香草的特征香气，常用于调配各种烟用香精，具有增加烟香，去除苦、辣、涩味，增进陈化烟香甘甜气息的作用，清香飘香感强，留香持久。在医药上也可用于驱虫、清热，具有行气、止痛等药效。

(三) 排草浸膏 (*Lysimachia capillipes* concrete)

排草 (*Lysimachia capillipes*) 又称细梗香草、小叶灵香草、合血香、满山香，为报春花科植物，利用全株提取即得排草浸膏。

(1) 感官特征 产品具有香荚兰豆和黑香豆样的混合浓香，香兰素香气较明显，并含有陈化烟草醇厚自然的气息。

(2) 用途 作用类似灵香草浸膏。在卷烟加香中具有增加烟香，明显除苦、辣、涩味的作用。

(四) 茅香浸膏 (Vanillagrass concrete)

茅香 [*Hierochloe odorata* (L.) Beauv.] 为禾本科茅香属多年生草本植物，有变种毛鞘茅香 [*Hierochloe odorata* (L.) Beauv. var. *pubescens* kryl.]。利用茅香的整株植物或地下茎，经乙醇萃取浓缩后即得浸膏。

(1) 感官特征 茎叶浸膏系深黑绿色，带有青草香气息；地下茎浸膏为棕褐色，具有纯正的醇厚甘甜香气。

(2) 主要成分 成分主要为香豆素及其衍生物。

(3) 用途 主要用于各类卷烟加香，是传统烟草加香使用的香豆素和黑香豆的代用品，一般不食用。在卷烟烟气中具有祛干除杂、抑制刺激、改善口感、补充烟香、增强烟香风格、细腻烟气的作用。

七、焦香甜香类

(一) 枣酊 (Jujube tincture)

枣 (*Ziziphus jujuba* Mill.) 为鼠李科枣属落叶乔木，主产于我国河北、河南、山东、山西、陕西、浙江、安徽等地。成熟的枣采收后经阴干处理，用乙醇循环连续萃取，回收部分溶剂制得酊剂。浓的酊剂含膏量应不少于 50%，产品为黄棕色液体。

(1) 感官特征 酊剂具有炖煮红枣特征的蜜甜香气，微带玫瑰样的酿香，具有与烟草高温发酵时所散发的某些芳香类似的香气。

(2) 主要成分 主要含有糖类、维生素 C、维生素 A、B 族维生素、蛋白质、脂肪、铁、磷、钙等成分。

(3) 用途与用量 枣酊用于配制食用、烟用香精。在烟草加香中可协调烟香，并使烟味柔和适口，对增强烟香浓度、改善烟气苦辣气味有很大作用。在食品加香中的建议用量为 500~1000mg/kg。

（4）管理状况 GB 2760—2024 N053。

（二）菊苣浸膏（Chicory concrete）

菊苣（*Cichorium intybus* L.）为菊科一年生或多年生草本植物，原产于地中海沿岸，我国西北、东北、华北、华中地区也有分布。提取部位为菊苣地下肉质茎，一般用乙醇或石油醚浸提根茎片制得浸膏，得膏率为 30%左右。产品为深棕色膏状物，相对密度 d_4^{20} 1.300，酸值 24~26，酯值>225。

（1）感官特征 产品具有焦糖样、类似咖啡的香味。

（2）主要成分 主要含菊苣素、马栗树皮素、野莴苣苷、山莴苣素、山莴苣苦素、丁二酮、糠醛、糠酸、乳酸、呋喃、麦芽酚和咖啡酸等成分。

（3）用途与用量 菊苣浸膏主要用于烟草和食品香精中。在卷烟烟气中具有调和烟香、减轻刺激性、去除杂气、增加香味强度和烟气浓度的作用。在混合型卷烟中用量相对较大，在烤烟型卷烟中用量要适宜，过大易产生苦味。在食品加香中的建议用量为 100~4000mg/kg。

（4）管理状况 FEMA 2280，FDA 182.20，GB 2760—2024 N134。

（三）葫芦巴酊和浸膏（*Trigonella foenum-graecum* tincture and concrete）

葫芦巴（*Trigonella foenum graecum* L.）又称苦豆，为豆科一年生草本植物，主产于法国、黎巴嫩、摩洛哥、几内亚、埃及、希腊和我国的东北、西北、安徽、四川、浙江、湖北、广西等地。取葫芦巴籽经烘烤碾碎后用乙醇提取制得酊剂，产品为黄棕色溶液；酊剂再进一步浓缩可制得浸膏；若用水蒸气蒸馏酊剂可得精油，其得油率较低，只有 0.014%。

（1）感官特征 产品具有令人愉快的焦糖样烤香，近似焦糖和芹菜香，并有特殊的药草气味，留香持久。

（2）主要成分 产品中含有葫芦巴碱、胆碱、烟酰胺、苦味素、牡荆素、荞草素、异荞草素、高荞草素等成分。

（3）用途与用量 葫芦巴籽本身为中草药，有治疗肾阳不足、腹疼之功效。酊剂主要用于烟草和食品香精中，也常用于可可、咖啡、坚果、枫槭和焦糖香韵中。在卷烟加香中具有抑制烟草辛辣的刺激性、掩盖杂气、矫正吸味、透发香气、增强烟香浓度的作用。在食品加香中的建议用量为 1~500mg/kg。

（4）管理状况 葫芦巴酊：FEMA 2485，GB 2760—2024 N079；葫芦巴浸膏：FEMA 2485，GB 2760—2024 N319；葫芦巴净油：FEMA 2486，GB 2760—2024 N314。

（四）草木犀浸膏（Melilotus concrete）

草木犀［*Melilotus officinalis*（L.）Pall.］为豆科草木犀属一年生或二年生草本植物，

主要在我国东北、华北、西北等地区栽培。一般用草木犀全株提取而制得草木犀浸膏，产品为深棕色流动膏体。

（1）感官特征　产品具有稍带烟草气息的焦甜香和甜香香气。

（2）主要成分　主要为香豆素、草木犀苷和二氢香豆素等成分，同时富含多种氨基酸、维生素和果糖等物质。

（3）用途　草木犀浸膏可用作烟草、化妆品及皂用香精中，干燥的草木犀花可直接拌入烟草内作芳香剂。在卷烟加香中可显著减轻刺激性，明显增加烟气浓度，改善余味，增补烟香。因其浸膏中含有游离态的香豆素，因此不能用于食品加香。

（五）枫槭浸膏（Maple concrete）

枫木（*Acer* spp.）为槭树科槭树属乔木，又称槭木，在全世界有150多个品种，分布极其广泛，在北美洲、欧洲、非洲北部、亚洲东部与中部均有出产。糖槭主产于北美洲，糖槭的树液是制取糖的原料。槭糖的甜度是蔗糖不可比拟的。从糖槭的木糖浆中可提取浸膏，其浸膏产品中含有大量糖类物质。

（1）感官特征　枫槭浸膏主要具有强烈的焦糖香气，能使人联想到甲基环戊烯醇酮（MCP）的香气。

（2）用途　枫槭浸膏主要用于烟用香精中，具有增加焦甜香、烘烤香，增香矫味，醇和烟气的作用。

（3）管理状况　GB 2760—2024 N062。

（六）可可酊（Cocoa tincture）

可可（*Theobroma cacao* Linn.）又名可加树，为梧桐科可可属常绿乔木，原产于南美洲亚马逊河上游的热带雨林，主产国为加纳、巴西、尼日利亚、科特迪瓦、厄瓜多尔、多米尼加和马来西亚。1922年，我国台湾引种试种成功，现主要种植地在海南。经过适当发酵处理或烘烤处理的可可籽用乙醇提取，经浓缩后制得可可酊，其产品为褐色的澄清液体。除可可酊外，市场上还有精油、浸膏产品及可可荚类产品。

（1）感官特征　可可酊具有典型可可特征的坚果香气，但是由于发酵处理和烘烤处理方法的不同，其产品的香气也有所不同。

（2）主要成分　可可酊主要含有芳樟酸、脂肪酸和几种相应的酯类等成分，并且有微量的杂环类物质对香气作用较大。

（3）用途与用量　可可酊可用于调配各种食用和烟用香精。在卷烟烟气中具有增加可可样坚果香、烘烤香，增加香势，提扬烟香的作用。在食品加香中的建议用量为100~500mg/kg。

（4）管理状况　GB 2760—2024 N023。

（七）咖啡酊（Coffee tincture）

咖啡（*Coffee* spp.）为茜草科咖啡属多年生常绿灌木或小乔木。咖啡原产非洲北中部的热带地区，现世界咖啡主产区为拉丁美洲、非洲和亚洲，我国主要栽培区为云南、广西、广东和海南等地。

由咖啡树的成熟种子，经干燥，除去果皮、果肉和内果皮后，在 180～250℃下焙烤，冷却后磨成细粒状，然后用有机溶剂提取而制得咖啡酊。产品为棕褐色的液体。

（1）感官特征　咖啡酊具有典型的芳香、苦的烤咖啡的香味。

（2）主要成分　产品含有多种生物碱和杂环化合物，还含有糠醇、硫衍生物和少量挥发酸等成分。

（3）用途与用量　咖啡酊主要用于调配各种食用和烟用香精。在卷烟烟气中具有增浓香气、增加烤香、烘托烟香、改善吸味的作用。在食品加香中的建议用量为 100～500mg/kg。

（4）管理状况　GB 2760—2024 N064。

八、药香类

（一）甘草萃取物（Licorice extract）

甘草（*Glycyrrhiza glabra* L.）为豆科一年生或多年生草本植物。甘草分欧洲甘草和中国甘草，中国甘草又分东甘草和西甘草。我国的内蒙古、河北、山东、山西、青海、新疆均有分布。利用匍匐茎及根用水或 20%（体积分数）乙醇热法浸提后制成酊剂，再经浓缩制成膏或粉，产品为棕褐色的固体；此外还可利用甘草的根茎，先用水浸提，蒸除水后得到膏状物，再用乙醇萃取，回收乙醇后得到膏状物，其产品为棕色至红棕色黏稠液体，含量 75%～80%。

（1）感官特征　甘草萃取物具有膏香与药草香，味极甜，比蔗糖甜 50 倍。可增加天然甜味的感觉，且甜度持久，回味悠长。

（2）主要成分　甘草酸（甘草酸的钾-钙-镁盐）是其主要成分。甘草根中还含有三萜、类黄酮和 B 族维生素等成分。

（3）用途与用量　甘草萃取物主要应用于食品、烟草和医药中。在化妆品的膏霜、乳液中使用，能起到抗炎、消炎、防治手足皲裂及冻伤等作用。在烟草中主要作为甜味料和矫味剂使用，且大量用于混合型卷烟的加料料液中，可增强和改善甜味，消除或减少苦涩味，提高和增强香味，掩饰和覆盖不良余味，改善口感。但过量使用易产生药香，因此可考虑将其中甜味物质分离出来用作甜味剂。在食品加香中的建议用量为 500～1000mg/kg。

（4）管理状况　FEMA 2629，FDA182. 10，COE 218，GB 2760—2024 N350。

（二）白芷酊（*Angelica dahurica* tincture）

白芷（*Angelica dahurica*）为伞形科当归属多年生草本植物，别名祁白芷（河南、河北）、香白芷（福建、台湾、浙江等）、库页白芷（四川），主产于河北、河南、安徽、浙江等地，全国大部分地区都有栽培。常采用白芷干燥根经冷浸或热浸制成酊剂。

（1）感官特征　白芷酊具有白芷独特的气息、木香及药草样香气，似有酱香。

（2）主要成分　白芷酊主要含挥发性成分和香豆素类成分。白芷根还含呋喃香豆素、比克白芷素、比克白芷醚、氧化前胡素、欧前胡素、异欧前胡素等成分。

（3）用途与用量　白芷酊主要用于调配各种烟用香精和药用。在卷烟加香中具有矫正吸味、抑制苦味、增强甜味、减少刺激性的作用。在食品加香中的建议用量为100~500mg/kg。

（4）管理状况　GB 2760—2024 N033。

（三）当归浸膏和油（Angelica concrete and oil）

当归（*Angelica archangelica* L.）为伞形科当归属多年生草本植物，主要分布在陕西、湖北、四川、云南、湖南等地。由浸提法提取当归根和籽制得浸膏，产品为棕褐色膏状物，呈黏性；用水蒸气蒸馏新鲜当归籽可制得当归籽油，其产品为淡黄色液体，相对密度 d_{25}^{25} 0.853~0.876，折射率 n_D^{20} 1.480~1.488，比旋光度 $[\alpha]_D^{20}$ +4°~+16°，酸值≤7，酯值10~65；把当归根粉碎后，采用超临界 CO_2 萃取技术可制得当归根油，其产品为浅红色液体，相对密度 d_{20}^{20} 0.980~1.030，折射率 n_D^{20} 1.510~1.540，酸值≤20。

（1）感官特征　当归浸膏和当归油均具有新鲜持久浓郁的药香、甜香和当归特征的清香气味。

（2）主要成分　当归浸膏中主要含α-水芹烯、α-蒎烯及当归酸、内酯、糠醇等成分；当归根油中主要含α-水芹烯、α-蒎烯、倍半萜烯、十五内酯等成分。

（3）用途与用量　当归浸膏和当归油广泛用于各种药草型的日化香精和某些食用香精中，也多用于医药中。在卷烟加香中具有提调烟香、缓和吸味、掩盖杂气、增强烟香透发性的作用。在食品加香中的建议用量为100~500mg/kg。

（4）管理状况　当归根油：FEMA 2088，GB 2760—2024 N244；当归籽油：FEMA 2090，GB 2760—2024 N243。

（四）独活浸膏（Angelica concrete）

独活（*Angelica archangelica* L.）为伞形科当归属植物。利用香独活草根及茎经冷法或热法提取而制得独活酊，独活酊经浓缩后得浸膏，其产品为深褐色流动性黏稠膏体。

（1）感官特征　独活浸膏具有琥珀香、鸢尾甜香、药草香、麝香等多种香韵的香气特征，香气浓郁，留香持久。

（2）主要成分　主要含香豆素及其衍生物、当归醇、当归素、佛手柑内酯、欧芹酚甲醚、伞形花内酯、东莨菪素、当归酸、巴豆酸、棕榈酸、硬脂酸、油酸、亚麻酸、植物甾醇、葡萄糖和少量挥发油等成分。

（3）用途与用量　独活浸膏可用于香精配制和中药加工。在卷烟加香中具有增加烟香、掩盖杂气、矫正吸味、提升卷烟丰满度的作用。在食品加香中的建议用量为100~

500mg/kg。

（4）管理状况 FEMA 2087，GB 2760—2024 N073。

九、动物香

（一）缬草油（Valerian oil）

缬草（*Valeriana officinalis* L.）为败酱科多年生草本植物，主产于匈牙利、比利时、波兰、日本、印度和我国的西南、西北、东北等地区。取油部位常为缬草地下根茎，水蒸气蒸馏缬草干根茎可制得精油，得油率为0.6%~1.5%。产品为黄绿色至黄棕色液体，相对密度 d_{20}^{20} 0.930~0.984，折射率 n_D^{20} 1.475~1.498，比旋光度 $[\alpha]_D^{20}$ −40°~−23°，酸值10，酯值79。

（1）感官特征 产品带药草香和温甜木香气息，质量好的还带有膏香、细微青香与樟脑和熟苹果样的头香香气，带有麝香样动物香。留香特别长久，与甘松气息有些接近，但异戊酸酯气息更重。

（2）主要成分 主要含缬草烯、蒎烯、樟脑烯、樟脑、甲酸龙脑酯、丁酸龙脑酯、松油醇、桃金娘醇、乙酸桃金娘酯、缬草酸等成分。

（3）用途与用量 缬草本身是一种中药材，具有祛风、兴奋、镇痛的功效。精油少量用于木香型、麝香型日用香精中，在食品、烟草香精中经常使用，也用作芳香剂和除臭剂。在卷烟加香中可增加烟草干叶的特征气息及干甜淡木样的烟香风味，矫正和增补辛香香韵。在食品加香中的建议用量为20~69mg/kg。

（4）管理状况 FEMA 3100，FDA 172.510，COE 165，GB 2760—2024 N145。

（二）岩蔷薇油（Labdanum oil）

岩蔷薇（*Cistus ladaniferus*）又名赖百当，为半日花科多年生常绿亚灌木，主产于西班牙、俄罗斯、摩洛哥和法国等地，我国现栽培于江苏和浙江一带。取香部位为幼嫩的树枝和叶。一般从岩蔷薇的叶和细枝中用沸水提取出岩蔷薇树胶，再用水蒸气蒸馏法从岩蔷薇树胶中提取出岩蔷薇油，产品为金黄色黏性液体，放置后会迅速变成深棕色，浸提岩蔷薇树胶得浸膏产品。

（1）感官特征 岩蔷薇油具有温暖而甜柔的龙涎香、琥珀膏香香气，带有花香、药草香香韵，扩散性好而留香持久，产品经稀释后，其龙涎香气特征明显。

（2）主要成分 主要含岩蔷薇醇、松油醇、叶醇、柠檬醛、苯甲醛、糠醛、苯乙酮、薄荷酮、丁二酮、丁香酚、龙脑、乙酸龙脑酯、乙酸香叶酯、蒎烯、莰烯、桧烯、月桂烯、水芹烯等成分。

（3）用途与用量 岩蔷薇油主要用作定香剂和协调剂，多应用于古龙、香薇、龙涎、素心兰、薰衣草等香型的香水、洗涤剂、化妆品的香精中。在食品、烟草香精中也可以微量使用。在卷烟加香中具有增强香料烟特征香、增补嗅香、抑制刺激性的作用。

在食品加香中的建议用量为 10～100mg/kg。

（4）管理状况　FEMA 2609，FDA 172.510，COE 13，GB 2760—2024 N339。

（三）香紫苏油（Clary sage oil）

香紫苏（*Salvia sclarea* L.）为唇形科鼠尾草属多年生草本植物，主要分布于俄罗斯、美国、保加利亚、法国、瑞士、印度、摩洛哥、以色列、匈牙利、意大利和中国。水蒸气蒸馏花、叶得香紫苏油，得油率为 0.1%～0.15%。香紫苏油为淡黄色至橙黄色液体，相对密度 d_{20}^{20} 0.906～0.925，折射率 n_{D}^{20} 1.467～1.472。另有浸膏产品。

（1）感官特征　具有药草香、清香、木香、辛香、柑橘香气。

（2）主要成分　主要含乙酸芳樟酯、芳樟醇、香叶醇、松油醇、香紫苏醇、橙花叔醇、乙酸橙花叔酯、松油烯、水芹烯等成分。在精油的挥发性成分挥发之后，一种明显的龙涎香韵就呈现出来，原因是残香部分含有香紫苏醇。

（3）用途与用量　香紫苏油可用于调配辛香、柑橘型食用香精，也可用于烟用和酒用香精中。在烟气中具有香料烟特征香气，能增加辛香和青香香味。在食品加香中的建议用量为 1～100mg/kg。

（4）管理状况　FEMA 2321，FDA 182.20，COE 415，GB 2760—2024 N108。

十、膏香类

（一）秘鲁浸膏（Peru balsam concrete）

秘鲁香膏树（*Myroxylon pereirae* Klotzsch）为豆科南美槐属常绿乔木，主产于巴西、萨尔瓦多等地。剥去树皮可得香膏，产品为黏稠透明的深棕色物质。国际香料协会（International Fragrance Association，IFRA）规定禁止秘鲁香膏用于日用香精。用挥发性溶剂（苯、乙醇）萃取香膏可制得秘鲁浸膏，也称为秘鲁香脂，其产品为红棕色略微黏稠的液体，相对密度 d_{4}^{20} 1.095～1.110，折射率 n_{D}^{20} 1.567～1.580。

（1）感官特征　秘鲁浸膏具有甜的、优雅持久类似香荚兰的香气。偏向于香荚兰豆豆香气息，带有桂甜的膏香香韵，有时稍带有烟熏气。香气接近安息香而不近似苏合香，香气平和浓甜而留长，香味较苦而没有安息香的香气令人愉快，留香持久；秘鲁精油具有浓甜、微辛气息，有香兰素甜及烟草焦香香韵。

（2）主要成分　主要含苯甲酸苄酯、苯乙酸苄酯、桂酸苄酯、香兰素、橙花叔醇、金合欢醇、桂酸桂酯等成分。其中橙花叔醇和香兰素是其典型的特征香气成分。

（3）用途与用量　秘鲁浸膏主要用作定香剂，广泛用于调配日用香精，可用于食品和烟草的加香中。在卷烟加香中具有增进膏甜香气、醇厚烟香的作用，常作为卷烟香精定香剂使用。在食品加香中的建议用量为 2.2～15mg/kg。

（4）管理状况　秘鲁香膏油：FEMA 2117，GB 2760—2024 N283；秘鲁香脂：FEMA 2116，COE 298，GB 2760—2024 N206。

（二）吐鲁浸膏（Tolu balsam concrete）

吐鲁香膏树（*Myroxylon* spp.）为豆科植物，生长在南美洲北部地区的哥伦比亚等地。吐鲁香膏来源于树干渗出物，产品为棕橙色或棕黄色。60~65℃开始熔化，酸值约158，皂化值约236，全溶于95%（体积分数）乙醇中。常用溶剂（如乙醇）萃取香膏而制得浸膏，得膏率为60%~90%，定香效果极好；用高真空蒸馏法或分子蒸馏法可从香膏中提取精油，得油率为1.5%~7%，产品为琥珀色或黄色稠厚的半固体。

（1）感官特征　产品具有甜的、持久的香脂气息，能使人联想到风信子和无花果样的香气。具有接近苏合香而不近安息香的气息，香气平和而留长，但味觉稍苦。

（2）主要成分　主要为苯甲酸、肉桂酸、苄醇酯、香兰素、丁香酚、金合欢醇、松柏醇和肉桂酸松柏酯等成分。

（3）用途与用量　吐鲁浸膏广泛用于日用香精，是花香型香精的良好修饰剂。精油可用于食用香精中。在卷烟加香中可增进膏甜香气、醇厚香气，常作卷烟香精定香剂使用。在食品加香中的建议用量为10~100mg/kg。

（4）管理状况　吐鲁香膏：FEMA 3070，GB 2760—2024 N044；吐鲁酊：FEMA 3069，GB 2760—2024 N043。

（三）安息香浸膏（Benzoin concrete/Styrax concrete）

安息香树（*Styrax tonkinensis* Pierre）为安息香科落叶乔木，主产于越南、老挝、苏门答腊等地，在我国南方各省有野生品种和栽培品种。安息香树脂取自安息香树树干渗出物，从安息香树脂中可提取制得安息香浸膏。

（1）感官特征　产品具有甜的膏香香气，优级品有香荚兰豆样香气和肉桂酸、苯甲酸的气息，可以说是豆香的桂甜膏香，香气平和而留长，味觉有些甜，稍带苦涩。

（2）主要成分　主要含香兰素、肉桂酸、苯甲酸及其酯类成分。

（3）用途与用量　安息香浸膏可用于食用香精的配制。在卷烟加香中可增加甜香感，常用作烟用香精的定香剂。在食品加香中的建议用量为10~100mg/kg。

（4）管理状况　安息香树脂：FEMA 2133，FDA 172.515，COE 12.439，GB 2760—2024 N242。

（四）苏合香浸膏（Styrax concrete）

苏合香（*Liquidambar* spp.）又称三角枫、五角枫、枫香、美洲枫香，为金缕梅科苏合香属高大乔木，主产于土耳其、中国长江以南地区。苏合香香膏是苏合香树的一种病理性渗出物，为灰棕色黏稠状半固体。天然粗品一般不作为食用和日用香料使用，经过处理后才能作为香料使用。用乙醇或苯萃取香膏可得浸膏，苯提取得到的浸膏为深橄榄色至棕色黏稠液体，在乙醇中有浑浊现象。用乙醇提取得到的浸膏习惯称为“芸香浸膏”，其主要成分为甲基壬基甲酮、甲基庚基甲酮等。用水蒸气蒸馏香膏可得精油，为无色至浅黄色液体，相对密度 d_4^{20} 0.890～1.060，折射率 n_D^{20} 1.532～1.565，比旋光度 $[\alpha]_D^{20}$ -38°～+2°，酸值≤33，酯值≤130 可溶于等体积的 80%（体积分数）乙醇中。

（1）感官特征　苏合香浸膏具有甜的膏香，轻微辛香，香气温和而留长；精油较浸膏香气好，具有柔甜膏香、花香并带辛香香韵，留香持久。

（2）主要成分　主要含苯甲酸、肉桂酸及其酯类、香兰素、苏合香烯等成分。

（3）用途与用量　苏合香浸膏在日常香精中常作为定香剂使用，主要用于调配风信子、黄水仙、香石竹、晚香玉、金合欢、紫罗兰等日用香精；精制的提取物在食品当中常作饮料、糖果和果酱的香味料；在卷烟加香中具有增进膏甜香气的作用，可作定香剂使用。在食品加香中的建议用量为 0.01～20mg/kg。

（4）管理状况　苏合香提取物 FEMA 3037，GB 2760—2024 N173。

重点与难点

1. 动物类天然香料、植物类天然香料、烟草类天然香料的来源及在香精香料调配中的作用。

2. 各种香料在卷烟加香中的作用。

思考题

1. 什么是天然香料？

2. 动物类天然香料最常用的商品化品种有哪些？其主要成分的代表化合物是什么？

3. 丁香油类香料包括哪几类？各类的主要化学成分及其香气特征是什么？

4. 豆香类香料包括哪几类？各类的主要化学成分及其香气特征是什么？

5. 焦香甜香类香料包括哪几类？各类的主要化学成分及其香气特征是什么？

6. 膏香类香料包括哪几类？各类的主要化学成分及其香气特征是什么？

7. 草本精油类香料包括哪几类？各类的主要化学成分及其香气特征是什么？

第五章
烟用合成香料

课程思政点

【本章简介】

本章主要介绍了合成香料的定义、分类，烃类、醇、酚、醚、醛、酮、酸、酯、杂环类代表性烟用合成香料的别名、结构式、理化性质、天然存在、感官特征、用途与用量及管理状况。

18 世纪以来，由于有机化学的发展，人们开始了对天然香料的成分分析与产品结构的探索，逐渐用化学合成法来仿制天然香料。19 世纪，合成香料在单离香料之后陆续问世。这样就在动植物香料外，增加了以煤焦油等为起始香料的合成香料品种，进入了一个有合成香料的新时期。合成香料的发展显著增加了调香用香料的来源，且大幅降低了香料价格，促进了香料工业的发展。

合成香料是指采用天然原料或化工原料，通过化学合成方法制取的香料化合物。合成香料是精细有机化学品的一类。合成方法繁简不一，涉及多种有机反应，如氧化、还原、酯化、缩合、环化、加成、异构化、裂解等，主要通过减压分馏和结晶等单元操作进行提纯。产品除了要符合规定的物理化学规格，如相对密度（d）、折射率（n）、比旋光度（$[\alpha]$）、熔点（m. p.）、溶解度（s）外，还要符合应有的香气质量要求及安全使用方面的质量标准。合成香料是香料工业的重要组成部分。合成香料由于其质量稳定，价格波动较小，生产不受气候环境等地域条件的限制，因而能保证稳定供应等优点，已成为调配香精的基础原料，也是世界各大香料公司激烈竞争的重要产品。

合成香料通常按有机化合物的官能团分类，主要有烃类、醇类、醚类、酸类、酯类、内酯类、醛类、酮类、缩醛（酮）类、腈类、酚类和其他香料。按碳原子骨架分为萜类香料，芳香族香料，脂肪族香料，含硫、含氮和稠环类香料。各种合成香料的相对分子质量一般不超过300，挥发度同其香气的持久性有关。分子结构稍有不同往往会导致香气的差异，如顺式-3-己烯醇（即叶醇）比它的反式异构体更为清香；香芹酮的左旋体有留兰香的特征香气，而右旋体有葛缕子香，因此用途也不一样。

第一节 烃类香料

在自然界中，烃类化合物广泛存在。目前允许使用的烃类香料主要为芳香烃和萜烯类化合物，烃类化合物在香料工业中，主要是作为合成其他香料的原料和溶剂。

一、萜烃香料

萜烯及其衍生物广泛存在于各种精油中，它们往往是构成天然香料的主香成分。但由于萜烃香气一般比较弱，有些萜烃会产生令人难以接受的气味，而且化学性质不够稳定，它们通常用作制备其他香料的起始原料，而自身作为香料使用却对香气贡献不大。因此，该类物质作为香料使用较少，主要用于工业加香和重组精油中。新植二烯是烟草中的重要成分，月桂烯在烟草中也有少量存在。

（一）月桂烯（Myrcene）

（1）月桂烯又称香叶烯，化学名为7-甲基-3-亚甲基-1,6-辛二烯，分子式为$C_{10}H_{16}$，相对分子质量为136.24。

（2）结构式如图5-1所示。

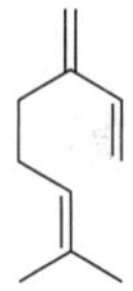

图5-1 β-月桂烯结构式

（3）理化性质 无色或淡黄色液体，不溶于水，溶于乙醇等有机溶剂中，沸点166~168℃，相对密度d_4^{20}0.8654，折射率n_D^{20}1.465。

（4）天然存在 主要以β-体存在于许多精油中。在黄栌叶的蒸馏液中含有52%（质量分数，本章含量百分数无特殊说明均为质量分数）的月桂烯。在肉桂油、柏木油、松节油、柠檬油等中均有存在。

（5）感官特征 具有蜡香、青香、醛香、木香、热带水果香、柑橘香。

（6）用途与用量 主要用于合成香叶醇、芳樟醇、新铃兰醛等香料，也用于调配番木瓜、芒果、橙子等食用香精和烟用香精。在食品加香中的建议用量为0.5~13mg/kg。

（7）管理状况 FEMA 2762，FDA 172.515，COE 2197，GB 2760—2024 S0653。

（二）β-石竹烯（β-caryophyllene）

（1）分子式为$C_{15}H_{24}$，相对分子质量为204.36。

（2）结构式如图5-2所示。

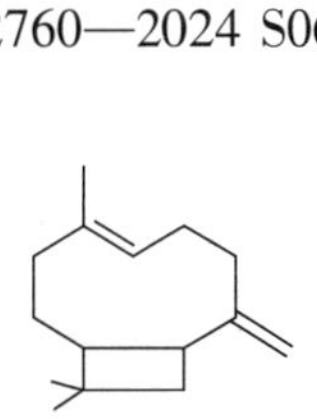

图5-2 β-石竹烯结构式

（3）理化性质 无色至微黄色油状液体，不溶于水，溶于乙醇等有机溶剂中，沸点256℃，相对密度 d_4^{20} 0.9075，折射率 n_D^{20} 1.5004~1.5027，比旋光度 $[\alpha]_D^{20}$ -22°。

（4）天然存在　存在于柠檬、圆柚、肉豆蔻、胡椒、覆盆子、黑加仑、肉桂叶油中。在自然界中，石竹烯以 α-石竹烯，β-石竹烯，γ-石竹烯 3 种异构体存在，其中以 β-石竹烯最为常见，含量也最丰富。

（5）感官特征　具有辛香、木香、柑橘香、樟脑香，具有介于丁香油和松节油之间的气味。

（6）用途与用量　用于食品加香，也用于烟用香精，可改进和提调烟草的自然风味，具有香味增效的作用。在食品加香中的建议用量为 2~200mg/kg。

（7）管理状况　FEMA 2252，FDA 172.515，COE 2118，GB 2760—2024 S0651。

二、芳烃香料

芳烃（芳香族烃类）香料有 20 多种，但这类香料香气比较粗糙，只有少数几种直接用于香精中，大部分芳烃类只作为溶剂、萃取剂或合成香料的中间体。以下以 1-甲基萘（1-methylnaphthalene）为例进行介绍。

（1）1-甲基萘又称 α-甲基萘，分子式为 $C_{11}H_{10}$，相对分子质量为 142.20。

（2）结构式如图 5-3 所示。

（3）理化性质　不溶于水，溶于乙醇等有机溶剂中，熔点-22℃，沸点 240~244℃，相对密度 d_4^{20} 1.025，折射率 n_D^{20} 1.615~1.618。

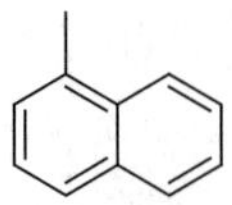

图 5-3　1-甲基萘结构式

（4）感官特征　具有类似萘、樟脑的气息。

（5）天然存在　存在于苹果、葡萄、草莓、花生、辣薄荷、乳制品等中。

（6）用途与用量　用于调配干酪、葡萄、肉等食用香精和烟用香精。在食品加香中的建议用量为 1mg/kg。

（7）管理状况　FEMA 3193，COE 11009，GB 2760—2024 S0676。

第二节　醇、酚、醚类香料

一、醇类香料

醇的化学性质比较稳定，在香料工业中占有重要地位。醇类香料种类占香料总数的 20%左右，广泛存在于自然界中，如乙醇、丙醇、丁醇在各种酒类、酱油、食醋、面包中均有存在。苯乙醇是玫瑰、橙花、依兰的主要芳香成分之一。萜醇在自然界中存在更为广泛，如在玫瑰油中，香叶醇含量为 14%，橙花醇含量为 7%，芳樟醇含量为 1.4%。

（一）异戊醇（Isoamyl alcohol）

（1）化学名为3-甲基-1-丁醇，分子式为 $C_5H_{12}O$，相对分子质量为 88.15。

（2）结构式如图 5-4 所示。

（3）理化性质　无色液体，溶于水，溶于乙醇、丙二醇等有机溶剂，沸点 130~132℃，相对密度 d_4^{20} 0.809~0.813，折射率 n_D^{20} 1.4014~1.4061。

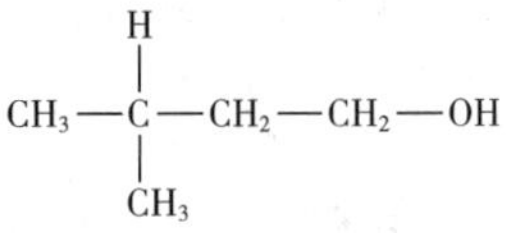

图 5-4　异戊醇结构式

（4）天然存在　存在于苹果、甜樱桃、葡萄干、葡萄酒、朗姆酒中。

（5）感官特征　具有杂醇气息和辣的味道，并带有醇香、醚香、香蕉香。

（6）用途与用量　用于调配香蕉、苹果等食用香精，也用于烟用香精，调制酒香和果香的头香，使烟气吸味柔和。在食品加香中的建议用量为 7.6~300mg/kg。

（7）管理状况　FEMA 2057，FDA 172.515，COE 51，GB 2760—2024 S0008。

（二）叶醇（Leaf alcohol）

（1）化学名为顺-3-已烯-1-醇（cis-3-hexen-1-ol），分子式为 $C_6H_{12}O$，相对分子质量为 100.16。

（2）结构式如图 5-5 所示。

（3）理化性质　无色油状液体，微溶于水，溶于乙醇、丙二醇等有机溶剂，沸点 156~157℃，相对密度 d_4^{20} 0.846，折射率 n_D^{20} 1.4395。

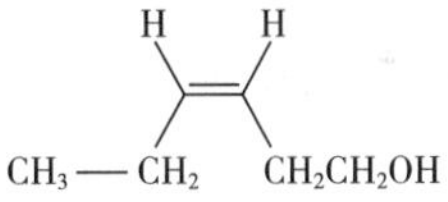

图 5-5　叶醇结构式

（4）天然存在　存在于茶叶、薄荷、刺槐、萝卜、草莓、圆柚中。

（5）感官特征　具有青香、药草香和绿叶香。

（6）用途与用量　用于调配草莓、浆果、茶等食用香精，也用于烟用香精，能产生令人满意的新鲜烟香和烟气的自然感，掩盖粗杂气。在食品加香中的建议用量为 1~5mg/kg。

（7）管理状况　FEMA 2563，FDA 172.515，COE 750，GB 2760—2024 S0027。

（三）龙脑（Borneol）

（1）龙脑又称为冰片醇、2-莰醇，分子式为 $C_{10}H_{18}O$，相对分子质量为 154.24。

（2）结构式如图 5-6 所示。

（3）理化性质　无色片状晶体，不溶于水，溶于乙醇等有机溶剂，熔点 208℃，沸点为 212~214℃，相对密度 d_4^{20} 1.011。

图 5-6　龙脑结构式

（4）天然存在　具有旋光异构体，天然存在于 250 多种植物中，如松科、菊科、柏科等。

（5）感官特征　具有松林、樟脑香气，并略带薄荷的凉辣味道。

（6）用途与用量　用于调配坚果香型和辛香香型的食用香精，也用于烟用香精，修饰辛香和坚果香韵，掩盖刺激性，增加自然感。在食品加香中的建议用量为0.25~5.1mg/kg。

（7）管理状况　FEMA 2157，FDA 172.515，COE 64，GB 2760—2024 S0028。

（四）橙花醇（Nerol）

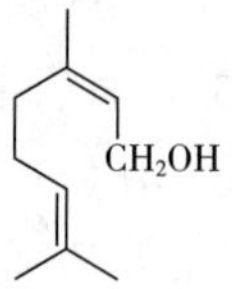

图5-7　橙花醇结构式

（1）化学名为顺-3,7-二甲基-2,6-辛二烯-1-醇，与香叶醇为顺反异构体，分子式为 $C_{10}H_{18}O$，相对分子质量为154.24。

（2）结构式如图5-7所示。

（3）理化性质　无色液体，微溶于水，溶于乙醇等有机溶剂，沸点225~227℃，闪点92℃，相对密度 d_4^{20} 0.877~0.879，折射率 n_D^{20} 1.475~1.478。

（4）天然存在　存在于橙叶油、橙花油、香茅油、玫瑰木油、晚香玉油等许多精油中。

（5）感官特征　具有清甜的橙花和玫瑰花花香，带些果香，留香不长；有味甜、轻微的苦味。

（6）用途与用量　用于调配草莓、柠檬、柑橘等食用香精，也用于烟用香精，调制花香的头香和体香，增进烟草的芳香和清甜香韵，缓和烟气的重浊。在食品加香中的建议用量为0.8~19mg/kg。

（7）管理状况　FEMA 2770，FDA 172.515，COE 2018，GB 2760—2024 S0046。

（五）橙花叔醇（Nerolidol）

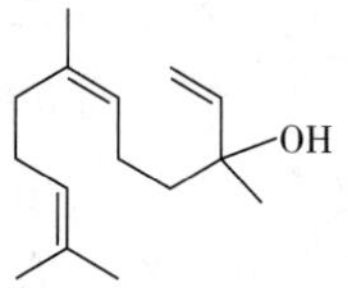

图5-8　橙花叔醇结构式

（1）化学名为3,7,11-三甲基-1,6,10-十二碳三烯-3-醇，分子式为 $C_{15}H_{26}O$，相对分子质量为222.2。

（2）结构式如图5-8所示。

（3）理化性质　无色至淡黄色油状液体，微溶于水，溶于乙醇、丙二醇等有机溶剂，不溶于甘油，沸点276℃，相对密度 d_4^{16} 0.8788，折射率 n_D^{20} 1.480。

（4）天然存在　存在于橙花油、橙叶油、甜橙油、圆柚、草莓、啤酒、绿茶中。

（5）感官特征　微弱的玫瑰花香和苹果香，香气较持久，味甜美新鲜。

（6）用途与用量　用于调配玫瑰、苹果、葡萄等食用香精，也用于烟用香精，可增添蜜甜、花香、果香香韵，改善烟气吃味。在食品加香中的建议用量为0.91~8mg/kg。

（7）管理状况　FEMA 2772，FDA 172.515，COE 67，GB 2760—2024 S0047。

（六）苯甲醇（Benzyl alcohol）

（1）别名苄醇，分子式为 C_7H_8O，相对分子质量为108.13。

（2）结构式如图 5-9 所示。

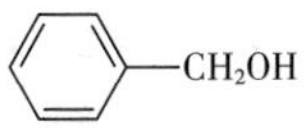

图 5-9 苄醇结构式

（3）理化性质 无色液体，微溶于水，能溶于乙醇和乙醚。沸点 204～206℃，相对密度 d_4^{20} 1.041～1.046，折射率 n_D^{20} 1.539～1.540。

（4）天然存在 存在于苹果、圆柚汁、桃子、丁香、茉莉、橙花、依兰、鸢尾、栀子、风信子、金合欢、丁香花、海狸香中。

（5）感官特征 具有甜的花香、果香香气，樱桃样、脂肪样味道。

（6）用途与用量 可用于调配葡萄、樱桃、浆果、坚果等食用香精，在烟用香精中用作和合剂。在食品加香中的建议用量为 15～1200mg/kg。

（7）管理状况 FEMA 2137，FDA 172.515，COE 58，GB 2760—2024 S0033。

（七）β-苯乙醇（Phenylethyl alcohol）

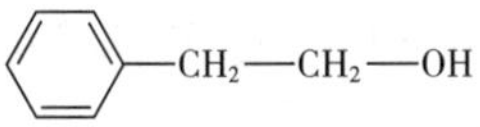

图 5-10 β-苯乙醇结构式

（1）β-苯乙醇又称为 2-苯基乙醇，分子式为 $C_8H_{10}O$，相对分子质量为 122.17。

（2）结构式如图 5-10 所示。

（3）理化性质 无色黏稠液体，微溶于水，能与乙醇和油混溶。沸点 219℃，相对密度 d_4^{20} 1.0230，折射率 n_D^{20} 1.5310～1.5340。

（4）天然存在 存在于苹果、杏仁、香蕉、桃子、梨子、草莓、蜂蜜、玫瑰油、依兰油、香叶油、橙花油、风信子油、水仙浸膏、茶叶、烟草中。

（5）感官特征 具有新鲜面包香、清甜的玫瑰样花香。

（6）用途与用量 可用于蜂蜜、苹果、玫瑰香型等食用香精，也用于烟用香精中，与烟香协调，可增香，改进吃味。在食品加香中的建议用量为 0.15～80mg/kg。

（7）管理状况 FEMA 2858，FDA 172.515，COE 68，GB 2760—2024 S0034。

（八）茴香醇（Anisyl alcohol）

（1）别名大茴香醇，化学名为 4-甲氧基苯甲醇，分子式为 $C_8H_{10}O_2$，相对分子质量为 138.17。

（2）结构式如图 5-11 所示。

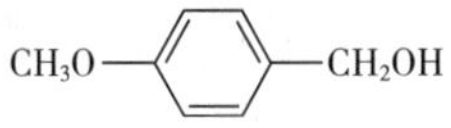

图 5-11 茴香醇结构式

（3）理化性质 无色至浅黄色液体，不溶于水，能溶于乙醇等有机溶剂，熔点 23～26℃，沸点 259℃，相对密度 d_4^{20} 1.108～1.117，折射率 n_D^{20} 1.542～1.546。

（4）天然存在 存在于香荚兰豆、茴香籽油、蜂蜜中。

（5）感官特征 具有花香，桃子、甘草、樱桃的味道。

（6）用途与用量 可用于调配可可、香荚兰等食用香精，也用于烟用香精，可增添甜香、甜味，调和豆香、膏香、烤香的香韵格调，改善烟气吸味。在食品加香中的建议用量为 1.9～12mg/kg。

（7）管理状况　FEMA 2099，FDA 172.515，COE 66，GB 2760—2024 S0041。

二、酚类香料

酚类化合物在香料工业中多数作为原料或中间品来使用，如苯酚为香豆素的起始原料，愈创木酚是香兰素的中间体，而作为香料能用于调配香精的种类较少，但它们都具有特殊的香气。例如丁香酚存在于丁香油（含 80%左右）、月桂叶油（含 80%左右）中，百里香酚存在于百里香油（含 50%左右）、牛至油中等，这类香料大部分是烟熏液的香成分，具有烟熏样香味特征，都可以用于烟熏香味的调配，在肉味香精尤其是火腿香精中应用广泛。

（一）对甲苯酚（*p*-cresol）

（1）对甲苯酚又称为 4-甲基苯酚，分子式为 C_7H_8O，相对分子质量为 108.13。

（2）结构式如图 5-12 所示。

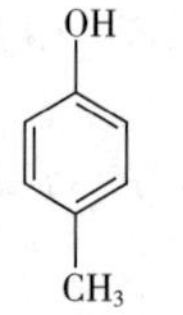

图 5-12　对甲苯酚结构式

（3）理化性质　低熔点结晶，微溶于水，溶于碱性溶液和大多数有机溶剂中。熔点 35~36℃，沸点 201~202℃，相对密度 d_4^{20} 1.034，折射率 n_D^{20} 1.5395。

（4）天然存在　以酚或酯的形式存在于金合欢油、茉莉油、八角茴香油中。

（5）感官特征　具有类似苯酚的香气，以及药、烟草香。

（6）用途与用量　主要用于丁香、康乃馨等日用香精中，也可用于糖果香精和烟用香精中，可增补烟香需要的酚类香气，使烟制品有圆熟丰满的感觉。在食品加香中的建议用量为 0.01~2mg/kg。

（7）管理状况　FEMA 2337，FDA 172.515，COE 619，GB 2760—2024 S0094。

（二）丁香酚（Eugenol）

（1）化学名为 4-烯丙基-2-甲氧基苯酚，分子式为 $C_{10}H_{12}O_2$，相对分子质量为 164.20。

（2）结构式如图 5-13 所示。

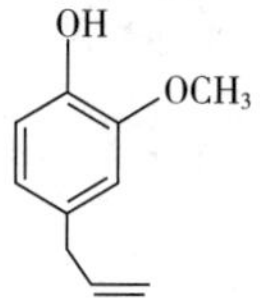

图 5-13　丁香酚结构式

（3）理化性质　为无色至淡黄色液体，几乎不溶于水，溶于乙醇、乙醚等有机溶剂，沸点 253℃，相对密度 d_4^{20} 1.075，折射率 n_D^{20} 1.5410。

（4）天然存在　存在于丁香油、丁香罗勒油、月桂叶油、肉豆蔻油等中。

（5）感官特征　具有强烈的丁香、辛香香气，味辛辣。

（6）用途与用量　用于食用香精及烟用香精中，代替丁香油调配辛香，修饰体香，调配豆香风味，也是制造香兰素的合成原料，还可用作香皂香料。在食品加香中的建议用量为 0.6~200mg/kg。

（7）管理状况 FEMA 2467，FDA 184.1257，COE 171，GB 2760—2024 S0091。

（三）异丁香酚（Isoeugenol）

（1）化学名为4-丙烯基-2-甲氧基苯酚，分子式为$C_{10}H_{12}O_2$，相对分子质量为164.20。

（2）结构式如图5-14所示。

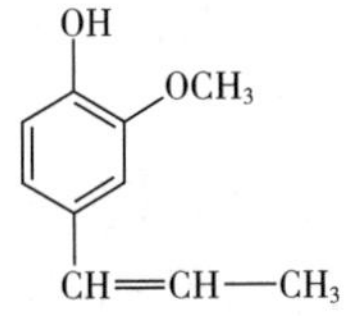

图5-14 异丁香酚结构式

（3）理化性质 由于丙烯基的顺反异构使得该香料有两种异构体，在常温下顺式异构体为液体，反式异构体为结晶固体。市售品为二者的混合物，为黄色液体，不溶于水，溶于乙醇等有机溶剂中，沸点266~268℃，相对密度d_4^{20} 1.080~1.088，折射率n_D^{20} 1.572~1.578。

（4）天然存在 丁香油、依兰油、水仙油、肉豆蔻油中均有存在。

（5）感官特征 甜的辛香、丁香样香气和味道。

（6）用途与用量 异丁香酚香气比丁香酚柔和淡雅，广泛用于香石竹、紫丁香、玫瑰等日用香精中。尚可用于丁香、桃子、草莓、调味品、熏肉、坚果等食用香精和烟用香精中，可调和花香、果香、辛香风味，改进烟草的自然清香和浓郁香味。在食品加香中的建议用量为0.3~1000mg/kg。

（7）管理状况 FEMA 2468，FDA 172.515，COE 172，GB 2760—2024 S0092。

（四）愈创木酚（Guaiacol）

（1）化学名为1-羟基-2-甲氧基苯，分子式为$C_7H_8O_2$，相对分子质量为124.12。

（2）结构式如图5-15所示。

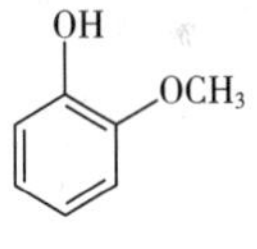

图5-15 愈创木酚结构式

（3）理化性质 黄白色晶体。微溶于水，溶于乙醇等有机溶剂中，暴露在空气中易变色，宜密闭贮存于阴凉处。熔点31~32℃，沸点204~206℃，相对密度d_4^{20}1.1395，折射率n_D^{35} 1.5341。

（4）天然存在 芸香油、烟叶油、橙叶蒸馏液和海狸香中均有存在。

（5）感官特征 呈强烈烟熏似香及甜香气，略有草药和苯酚气味。

（6）用途与用量 由于香气粗糙，稳定性较差，在日用和食用香精中均较少使用，是合成香兰素的重要原料，适量用于烟用香精中，可以增浓烟草特色的酚香气息，修饰烟草香精的果香和辛香香韵，提高香味格调。在食品加香中的建议用量为0.52~0.96mg/kg。

（7）管理状况 FEMA 2532，FDA 172.515，COE 173，GB 2760—2024 S0104。

（五）4-乙基愈创木酚（4-ethylguaiacol）

（1）化学名为4-乙基-2-甲氧基苯酚，分子式为$C_9H_{14}O_2$，相对分子质量为152.19。

（2）结构式如图5-16所示。

（3）理化性质　油状液体，溶于乙醇等有机溶剂中，沸点 229~230℃。

（4）天然存在　存在于番茄、肉桂、咖啡、威士忌及朗姆酒中。

（5）感官特征　具有辛香、药香、木香及类似丁香和香荚兰香气。

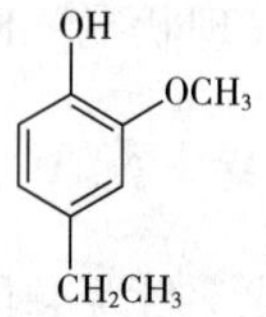

图 5-16　4-乙基愈创木酚结构式

（6）用途与用量　可用于调配辛香、熏肉等食用香精，也可用于烟用香精，添补烟熏气的不足，赋予东方烟草的风味。在食品加香中的建议用量为 0.05~1.1mg/kg。

（7）管理状况　FEMA 2436，FDA 172.515，COE 176，GB 2760—2024 S0105。

三、醚类香料

醚类化合物大都具有香气，其品种约占香料总数的 5%。例如二苯醚、茴香醚等，均是常用的香料化合物。

（一）对甲酚甲醚（*p*-cresyl methyl ether）

（1）对甲酚甲醚又称为对甲基苯甲醚，分子式为 $C_8H_{10}O$，相对分子质量为 122.17。

（2）结构式如图 5-17 所示。

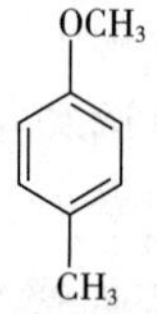

图 5-17　对甲酚甲醚结构式

（3）理化性质　无色透明液体，极微溶于水，溶于乙醇等有机溶剂，沸点 175~176℃，相对密度 d_{25}^{25}0.966~0.970，折射率 n_D^{20} 1.510~1.513。

（4）天然存在　存在于番茄、烟草、干酪中。

（5）感官特征　浓度高时具有粗浊的动物香，稀释到一定程度后具有紫罗兰香、依兰香、青香、果香。

（6）用途与用量　用于调配胡桃、坚果等食用香精，也可用于烟用香精，提高烟香，增添东方型烟草的风味。在食品加香中的建议用量为 0.5~8mg/kg。

（7）管理状况　FEMA 2681，FDA 172.515，COE 188，GB 2760—2024 S0080。

（二）丁香酚甲醚（Eugenol methyl ether）

（1）丁香酚甲醚又称为甲基丁香酚、1,2-二甲氧基-4-烯丙基苯，分子式为 $C_{11}H_{14}O_2$，相对分子质量为 178.23。

（2）结构式如图 5-18 所示。

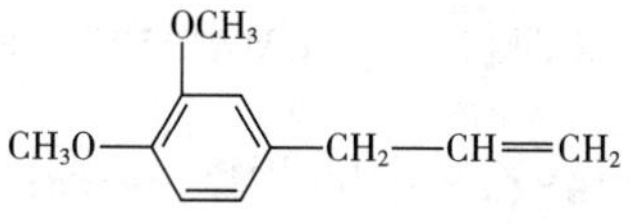

图 5-18　丁香酚甲醚结构式

（3）理化性质　无色至淡黄色液体，不溶于水，溶于乙醇等有机溶剂，沸点 244~245℃，相对密度 d_4^{20} 1.0396，折射率 n_D^{20} 1.532~1.536。

（4）感官特征　具有优雅的丁香、茴香香气。

（5）天然存在 在茴香、肉桂、丁香、李子、覆盆子等中均有存在。

（6）用途与用量 少量用于玫瑰、紫丁香、金合欢、晚香玉等日用香精中，在食用香精、烟用香精中也常使用。在食品加香中的建议用量为 0.1mg/kg

（7）管理状况 FEMA 2475，FDA 172.515，COE 185，GB 2760—2024 S0093。

（三）异丁香酚甲醚（Isoeugenol methyl ether）

（1）化学名为1,2-二甲氧基-4-丙烯基苯，分子式为 $C_{11}H_{14}O_2$，相对分子质量为178.23。

（2）结构式如图5-19所示。

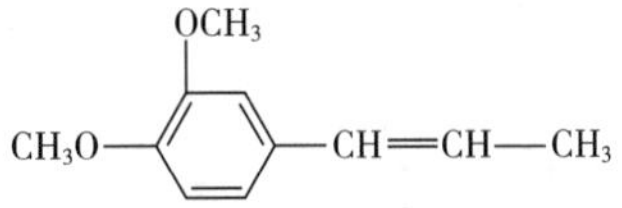

图 5-19 异丁香酚甲醚结构式

（3）理化性质 无色至淡黄色液体，不溶于水，溶于乙醇等有机溶剂，沸点270℃，相对密度 d_{25}^{25}1.047～1.053，折射率 n_D^{20} 1.566～1.569。

（4）感官特征 具有类似丁香、康乃馨样香气。

（5）天然存在 存在于姜叶、依兰、香石竹、白千层等60多种精油中。

（6）用途与用量 用于调配调味品、浆果、香草等食用和烟用香精。在食品加香中的建议用量为0.1～18mg/kg。

（7）管理状况 FEMA 2476，FDA 172.515，COE 186，GB 2760—2024 S0081。

（四）氧化玫瑰（Rose oxide）

（1）化学名为四氢-4-甲基-2-（2-甲基-1-丙烯基）-吡喃，又称玫瑰醚，分子式为 $C_{10}H_{18}O$，相对分子质量为154.24。

（2）结构式如图5-20所示。

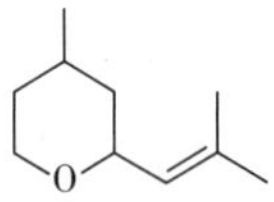

图 5-20 氧化玫瑰结构式

（3）理化性质 无色至淡黄色液体，不溶于水，溶于乙醇等有机溶剂中，沸点182℃，相对密度 d_4^{20} 0.875，折射率 n_D^{20} 1.456～1.458。

（4）感官特征 花香、青香、蔬菜香、药草香气。

（5）天然存在 玫瑰油、香叶油中均有存在。

（6）用途与用量 用于调配玫瑰香型香精，配制香叶油及调配玫瑰香韵占优势的果香香精和烟用香精。在食品加香中的建议用量为4.71～50mg/kg。

（7）管理状况 FEMA 3236，COE 2269，GB 2760—2024 S0707。

（五）降龙涎香醚（Ambroxide）

（1）分子式为 $C_{16}H_{28}O$，相对分子质量为236.34。

（2）结构式如图5-21所示。

（3）理化性质 白色结晶，溶于乙醇等有机溶剂，熔点76℃，沸点121℃

（133Pa），闪点 161℃。

（4）感官特征　具有龙涎香香气，并有松木、柏木样的木香，以及青香和茶叶香韵。

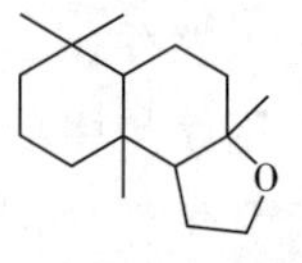

图 5-21　降龙涎香醚结构式

（5）天然存在　存在于香紫苏油、龙涎香酊剂中。

（6）用途与用量　用于覆盆子、黑莓和茶风味的香精中，也可以用作定香剂。用于烟用香精中，能与烟草特征的木香协调和合，并可掩盖杂气，即使微量使用，也可改善烟草的香味品质，尤其适合混合型卷烟加香，增强东方型烟草的风味。在食品加香中的建议用量为 0.01mg/kg。

（7）管理状况　FEMA 3471，COE 10514，GB 2760—2024 S2080。

第三节　醛、酮类香料

一、醛类香料

醛类化合物在香料中占有重要地位。醛类香料约占香料化合物总数的 10%。C_6 ~ C_{12} 饱和脂肪族醛稀释后具有令人愉快的香气，它们在香精配方中往往起头香剂作用。某些不饱和脂肪族醛，如 2,6-壬二烯醛具有紫罗兰叶青香，在香精配方中可以起修饰剂作用。芳香族醛在香料工业中起着重要作用，如洋茉莉醛、仙客来醛、龙葵醛、肉桂醛、戊基桂醛、铃兰醛、香兰素都是常用的香精原料。柠檬醛、香茅醛、羟基香茅醛、甜橙醛等萜醛均是调制香精的佳品。

（一）异戊醛（Isovaleraldehyde）

（1）异戊醛又称为 3-甲基丁醛，分子式为 $C_5H_{10}O$，相对分子质量为 86.11。

（2）结构式如图 5-22 所示。

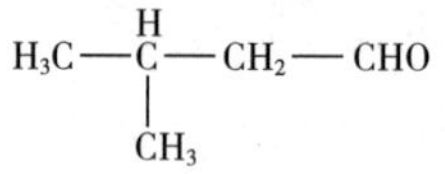

图 5-22　异戊醛结构式

（3）理化性质　无色液体，溶于水，溶于乙醇、丙二醇和其他有机溶剂中。沸点 92~93℃，相对密度 d_4^{20} 0.797~0.798，折射率 n_D^{20} 1.390~1.391。

（4）天然存在　未见文献报道。

（5）感官特征　具有强烈令人恶心的气息，稀释后具有令人愉快的水果香气。

（6）用途与用量　用于食用香精，也用于烟用香精中，可提调烟香，修饰可可、焦糖、坚果和辛香风味。在食品加香中的建议用量为 0.63~3mg/kg。

（7）管理状况　FEMA 2692，FDA 为 172.515，COE 94，GB 2760—2024 S0124。

（二）反-2-己烯醛（*trans*-2-hexenal）

（1）反-2-己烯醛又称为 3-丙基丙烯醛、叶醛、分子式为 $C_6H_{10}O$，相对分子质量为 98.15。

（2）结构式如图 5-23 所示。

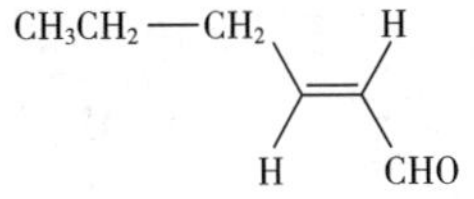

图 5-23 反-2-己烯醛结构式

（3）理化性质 无色油状液体，不溶于水，溶于乙醇等有机溶剂中，沸点 150℃（常压）、47~48℃（2.3kPa），相对密度 d_4^{20} 0.849，折射率 n_D^{18} 1.446。

（4）天然存在 微量存在于茶油、香茅油中。

（5）感官特征 具有青香、辛香、苹果、脂肪、青草、醛香香气，脂肪、青香、苹果、木香、叶子、青草、柑橘、鸡肉味道。

（6）用途与用量 主要用于食品香精，也用于烟用香精。在食品加香中的建议用量为 0.7~16mg/kg。

（7）管理状况 FEMA 2560，FDA 172.515，COE 748，GB 2760—2024 S0131。

（三）苯甲醛（Benzaldehyde）

（1）分子式为 C_7H_6O，相对分子质量为 106.12。

（2）结构式如图 5-24 所示。

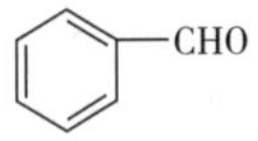

图 5-24 苯甲醛结构式

（3）理化性质 无色液体，微溶于水，溶于乙醇等有机溶剂中，易氧化生成苯甲酸，宜密闭贮存于阴凉处，沸点 178~180℃，相对密度 d_4^{20} 1.044，折射率 n_D^{20} 1.544~1.547。

（4）天然存在 存在于杏核、桃核、鸢尾、肉桂、芸香、黄樟等许多精油中。

（5）感官特征 具有类似苦杏仁的芳香气味。

（6）用途与用量 可以作为特殊的头香剂，用于紫丁香、金合欢、紫罗兰等皂用和化妆品香精中。在奶油、杏子、桃子等食用香精中也常使用。在烟用香精中也可使用，调制果香、仁香、豆香、辛香、坚果香以及酒香等香韵，与烟香味协调和合，增强烟草香味的自然风味。在食品加香中的建议用量为 36~840mg/kg。

（7）管理状况 FEMA 2127，FDA 182.60，COE 101，GB 2760—2024 S0165。

（四）苯乙醛（Phenylacetaldehyde）

（1）分子式为 C_8H_8O，相对分子质量为 120.14。

（2）结构式如图 5-25 所示。

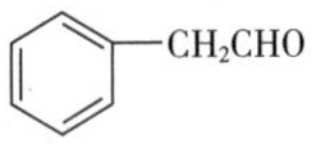

图 5-25 苯乙醛结构式

（3）理化性质 无色至浅黄色油状液体，不溶于水，溶于乙醇等有机溶剂中，长期置于空气中易变颜色，宜密闭贮存于阴凉处。沸点 193~194℃，相对密度 d_4^{20} 1.025~1.035，折射率 n_D^{20} 1.524~1.532。

（4）天然存在 在橙花、水仙、百合、玫瑰等精油中均有存在。

（5）感官特征 具有类似风信子，粗糙而有刺激性的气息。

（6）用途与用量 作为香精协调剂，广泛应用在风信子、金合欢、香石竹等日用香精中。在食用香精和烟用香精中也可使用，微量使用可增强苯甲醛香味，并有定香作用。在食品加香中的建议用量为0.68~87mg/kg。

（7）管理状况　FEMA 2874，FDA 172.515，COE 116，GB 2760—2024 S0168。

（五）大茴香醛（Anisaldehyde）

（1）化学名为对甲氧基苯甲醛，分子式为$C_8H_8O_2$，相对分子质量为136.15。

（2）结构式如图5-26所示。

（3）理化性质　无色至浅黄色液体，几乎不溶于水，溶于乙醇等有机溶剂中，久露空气中易变色，宜密闭贮存于阴凉处。沸点247~248℃，相对密度d_4^{20} 1.123，折射率n_D^{20} 1.571~1.574。

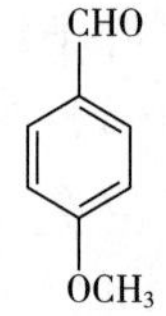

图5-26　大茴香醛结构式

（4）天然存在　在香子兰、金合欢、莳萝、小茴香、八角茴香中均有存在。

（5）感官特征　具有特殊的类似山楂的气味。

（6）用途与用量　用于配制金合欢、紫丁香等日用香精，也可用于烟用香精，与烟香协调，可改进吃味，烟味增浓。在食品加香中的建议用量为0.5~76mg/kg。

（7）管理状况　FEMA 2670，FDA 172.515，COE 103，GB 2760—2024 S0163。

（六）香兰素（Vanillin）

（1）香兰素又称香草醛，化学名为3-甲氧基-4-羟基苯甲醛，分子式为$C_8H_8O_3$，相对分子质量为152.15。

（2）结构式如图5-27所示。

（3）理化性质　白色至极微黄色结晶，微溶于冷水，溶于热水，易溶于乙醇、乙醚、氯仿和丙二醇，沸点284~285℃，熔点81~83℃，相对密度d_4^{25} 1.056。

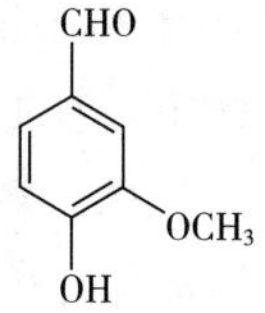

图5-27　香兰素结构式

（4）天然存在　是香荚兰豆的香味成分，存在于甜菜、香荚兰、咖啡、葡萄、秘鲁香脂等中。

（5）感官特征　具有类似香荚兰豆香气，十分甜的味道。

（6）用途与用量　广泛用作定香剂、协调剂和变调剂，也是饮料和食品的重要增香剂，不仅用于配制香荚兰豆香精，而且用于配制奶油、巧克力、太妃糖及许多类型的果香、冰淇淋等香精。以冰淇淋、巧克力和饼干生产中消耗量最大。常被直接用于食品中，也广泛用于烟用香精中。在最终产品中的用量通常为0.2~20000mg/kg。但在糖霜及糕点顶部涂布料中用量最高。

（7）管理状况　FEMA 3107，FDA 182.60，COE 107，GB 2760—2024 S0172。

（七）乙基香兰素（Ethyl vanillin）

（1）化学名为3-乙氧基-4-羟基苯甲醛，分子式为$C_9H_{10}O_3$，相对分子质量为 166. 18。

（2）结构式如图 5-28 所示。

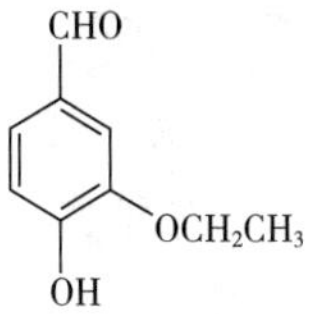

图 5-28 乙基香兰素结构式

（3）理化性质　白色至微黄色针状结晶，香气强度为香兰素的 3~4 倍。微溶于水，溶于乙醇等有机溶剂中，有致变色因素，在使用时应注意。熔点 77 ~ 78℃，沸点 285℃。

（4）天然存在　未见文献报道。

（5）感官特征　具有强烈的香荚兰豆香气。

（6）用途与用量　应用范围基本与香兰素相同，可作为粉香增香剂和香精定香剂，在玫瑰、茉莉、檀香等日用香精中广泛使用。在香荚兰、奶油等香型食品中也常使用。用于烟用香精中，与烟香协调，可去除杂气，常作定香剂使用。在食品加香中的建议用量为 20~28000mg/kg。

（7）管理状况　FEMA 2464，FDA 182. 60，COE 108，GB 2760—2024 S1171。

（八）枯茗醛（Cuminaldehyde）

（1）枯茗醛又称对异丙基苯甲醛、莳萝醛，分子式为 $C_{10}H_{12}O$，相对分子质量为 148. 21。

（2）结构式如图 5-29 所示。

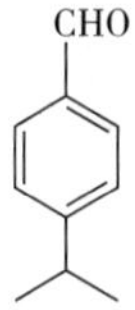

图 5-29 枯茗醛结构式

（3）理化性质　无色至浅黄色液体，不溶于水，溶于乙醇等有机溶剂中，长期放置会变色，宜密闭贮存于阴凉处。沸点 232℃，相对密度 d_4^{20} 0. 9755，折射率 n_D^{20} 1. 529~1. 534。

（4）天然存在　枯茗油、肉桂油、苦橙油、白柠檬油、金合欢油等中有存在。

（5）感官特征　具有辛香、青香、药草香。

（6）用途与用量　作为头香剂，少量用于金合欢、紫罗兰、紫丁香等日用香精中。极微量用于醋栗、辛香食品香精，用于烟用香精中，可提调烟叶特有的香气，使烟气更为丰满自然。在食品加香中的建议用量为 0. 4~4mg/kg。

（7）管理状况　FEMA 2341，FDA 172. 515，COE 111，GB 2760—2024 S0171。

（九）胡椒醛（Piperonal）

（1）胡椒醛又称 3,4-亚甲二氧基苯甲醛、洋茉莉醛，分子式为 $C_8H_6O_3$，相对分子质量为 150. 14。

（2）结构式如图 5-30 所示。

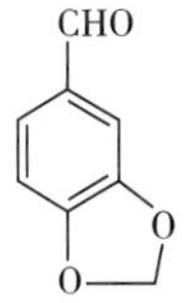

图 5-30 胡椒醛结构式

（3）理化性质　白色至浅黄色结晶，微溶于水，溶于乙醇等有机溶剂，有致变色因素，与吲哚同时使用会产生粉红色。熔点 35~37℃，沸点 261~263℃（常压）、140℃（2kPa）。

（4）天然存在　存在于胡椒、香荚兰、刺槐花、香荚兰豆、紫罗兰花中。

（5）感官特征　具有茴香、粉香、花香、果香、椰子香、奶油香、豆香。

（6）用途与用量　在葵花、紫罗兰、金合欢等日用香精中广泛使用；微量用于桃子、梅子、可乐等香型食品中；还可用于低中档卷烟加香，在混合型卷烟中能够改善烟气吸味，但用量要适当，否则会产生花粉气。在食品加香中的建议用量为5.8~36mg/kg。

（7）管理状况　FEMA 2911，FDA 182.60，COE 104，GB 2760—2024 S0175。

（十）香茅醛（Citronellal）

（1）化学名为3,7-二甲基-6-辛烯醛，分子式为$C_{10}H_{18}O$，相对分子质量为154.25。

（2）结构式如图5-31所示。

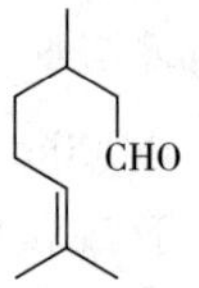

图5-31　香茅醛结构式

（3）理化性质　无色至浅黄色液体，不溶于水，溶于乙醇等有机溶剂中，在空气中容易环化，宜密闭贮存于阴凉处。沸点204~206℃，闪点77℃，相对密度d_4^{20} 0.8510，折射率n_D^{20} 1.446~1.456。

（4）天然存在　左旋体香茅醛主要存在于柠檬桉叶油中。在柠檬草油、柠檬油、罗勒油、薰衣草油中也有存在。

（5）感官特征　具有强烈的香茅-玫瑰香气。

（6）用途与用量　少量用于低档紫丁香、柠檬、玉兰等香型日用香精中。在食品香精和烟用香精中也有使用。在食品加香中的建议用量为0.3~4.7mg/kg。

（7）管理状况　FEMA 2307，FDA 121.1164，COE 110，GB 2760—2024 S0173。

（十一）β-环高柠檬醛（β-homocyclocitral）

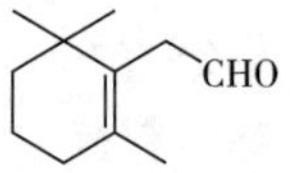

图5-32　β-环高柠檬醛结构式

（1）分子式为$C_{11}H_{18}O$，相对分子质量为166.26。

（2）结构式如图5-32所示。

（3）理化性质　无色至浅黄色液体，溶于乙醇等有机溶剂中。沸点58~59℃（53.3Pa），闪点72℃，相对密度d_{25}^{25} 0.935~0.948，折射率n_D^{20} 1.480~1.486。

（4）天然存在　未见文献报道。

（5）感官特征　具有果香、红浆果样和花香香气，香气稍类似紫罗兰酮和鸢尾，并带有樟脑清凉和木香，稍有油腻气息。

（6）用途与用量　用于调配薄荷、覆盆子等食用香料，用于烟用香精，可用作烟香的增强剂。在食品加香中的建议用量为0.1~10mg/kg。

（7）管理状况　FEMA 3474，COE 10338，GB 2760—2024 S1174。

二、酮类香料

酮类香料在香精调配中也占有很重要的地位，酮类香料占香料总数的15%。低级脂肪酮由于香气较弱，品质欠佳，很少作为香料直接使用，而含有 7~12 个碳原子的不对称酮由于具有比较强烈的令人愉快的香气，可以直接作为香料使用。芳香酮中，苯乙酮、对甲基苯乙酮都是常用的香料。萜酮和脂环酮是许多天然香料的主要成分，大环酮在配制高级香水、化妆品香精中起着定香剂的作用。最早出名的紫罗兰酮已有近百年的历史，至今仍在广泛应用；比较年轻的有异长叶烷酮、柏木烷酮和覆盆子酮，使用量也在不断增长。酮类香料化合物也是合成其他香料如缩酮等的重要原料。

（一）2,3-丁二酮（2,3-butanedione）

（1）2,3-丁二酮又称为二乙酰、双乙酰，分子式为 $C_4H_6O_2$，相对分子质量为 86.09。

（2）结构式如图 5-33 所示。

（3）理化性质　黄色至浅绿色液体，与水 1∶4 混溶，溶于乙醇等有机溶剂，沸点 88℃，相对密度 d_4^{20} 0.981，折射率 n_D^{20} 1.393~1.397。

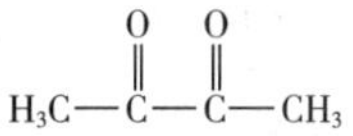

图 5-33　2,3-丁二酮结构式

（4）天然存在　存在于奶油、牛乳、草莓、咖啡、肉豆蔻油、香茅油、香叶油、丁香油等中。

（5）感官特征　具有甜的奶油、黄油香气，甜的奶油、黄油、牛乳味道。

（6）用途与用量　广泛用于食用香精，也可用于烟用香精，与烟香协调，增香明显，多用于混合型烟用香精。在食品加香中的建议用量为 2.5~44mg/kg。

（7）管理状况　FEMA 2370，FDA 172.515，COE 752，GB 2760—2024 S0207。

（二）6-甲基-5-庚烯-2-酮（6-methyl-5-laepten-2-one）

（1）分子式为 $C_8H_{14}O$，相对分子质量为 126.19。

（2）结构式如图 5-34 所示。

（3）理化性质　无色至浅黄色液体，不溶于水，溶于乙醇等有机溶剂，沸点 173~174℃，相对密度 d_4^{20} 0.861，折射率 n_D^{20} 1.438~1.442。

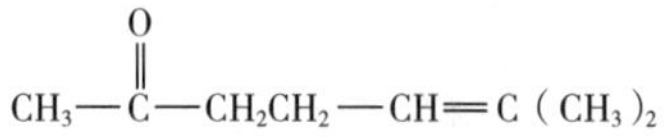

图 5-34　6-甲基-5-庚烯-2-酮结构式

（4）天然存在　存在于樱桃、白柠檬油、玫瑰草油、香茅油中。

（5）感官特征　具有果香、霉香、酮香，并有苹果、香蕉、奶油的味道。

（6）用途与用量　可用于食用香精，也可用于烟用香精，修饰果香，增添青香，烘托烟草味。在食品加香中的建议用量为 1.1~1.3mg/kg。

（7）管理状况　FEMA 2707，FDA 121.1164，COE 149，GB 2760—2024 S0218。

（三）苯乙酮（Acetophenone）

（1）苯乙酮又称为甲基苯基酮，分子式为 C_8H_8O，相对分子质量为 120.15。

（2）结构式如图 5-35 所示。

（3）理化性质 无色液体，微溶于水，能溶于乙醇等有机溶剂，熔点 19.6℃，沸点 202℃，相对密度 d_4^{20} 1.0280，折射率 n_D^{20} 1.5325。

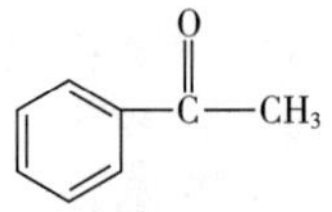

图 5-35 苯乙酮结构式

（4）天然存在 存在于各种石茅苎、岩蔷薇、海狸香和阔叶柏中。

（5）感官特征 具有类似苯甲醛的杏仁气息，稀释后具有甜的坚果、水果味道。

（6）用途与用量 用于调配食用香精，也用于烟用香精，与烟香协调，增强干叶气息，改进吸味。在食品加香中的建议用量为 0.6~20mg/kg。

（7）管理状况 FEMA 2009，FDA 172.515，COE 138，GB 2760—2024 S0225。

（四）对甲基苯乙酮（*p*-methyl acetophenone）

（1）对甲基苯乙酮又称为对乙酰基甲苯，分子式为 $C_9H_{12}O$，相对分子质量为 134.18。

（2）结构式如图 5-36 所示。

（3）理化性质 无色至浅黄色液体，不溶于水和甘油，溶于乙醇等有机溶剂，沸点 227~228℃，熔点 28℃，相对密度 d_4^{20} 1.005，折射率 n_D^{20} 1.532~1.535。

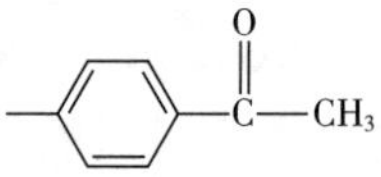

图 5-36 对甲基苯乙酮结构式

（4）天然存在 存在于芒果、酸樱桃、橘汁、番茄、玫瑰木油中。

（5）感官特征 具有甜香、粉香、樱桃、香荚兰香气，带有水果、奶油味道。

（6）用途与用量 用于调配樱桃、香荚兰、杏仁等食用香精，也用于烟用香精，与烟香和合，增添果香和干草香，改善吸味。在食品加香中的建议用量为 1~8mg/kg。

（7）管理状况 FEMA 2677，FDA 172.515，COE 156，GB 2760—2024 S0226。

（五）覆盆子酮（Raspberry ketone）

（1）覆盆子酮又称对羟基苯丁酮、悬钩子酮，分子式为 $C_{10}H_{12}O_2$，相对分子质量为 164.20。

（2）结构式如图 5-37 所示。

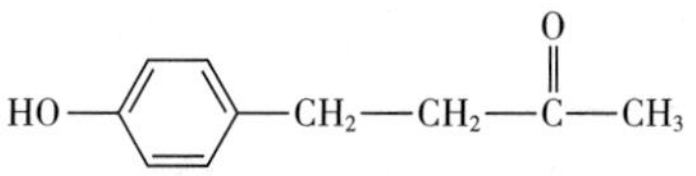

图 5-37 覆盆子酮结构式

（3）理化性质 白色针状结晶，几乎不溶于水，溶于乙醇等有机溶剂中，熔点 82~83℃。沸点 161℃（670Pa）。

（4）天然存在 存在于覆盆子、欧黑莓、悬钩子浆果汁中。

（5）感官特征 具有甜的浆果香味，40mg/kg 溶液具有果香、浆果及覆盆子的味道。

（6）用途与用量 用于食用香精，也用于烟用香精中，添补果酱香，增强香味浓度，在混合型卷烟中增进其焦糖样的浓厚烟草风味。在食品加香中的建议用量为 5~320mg/kg。

（7）管理状况 FEMA 2588，FDA 172.515，COE 755，GB 2760—2024 S0229。

（六）樟脑（Camphor）

（1）樟脑又称2-莰烷酮、2-冰片酮，分子式为 $C_{10}H_{16}O$，相对分子质量为152.24。

（2）结构式如图5-38所示。

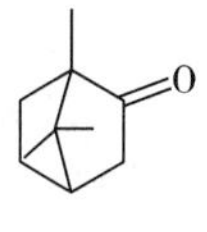

图5-38 樟脑结构式

（3）理化性质 白色晶体，存在旋光异构体，天然存在的多数是右旋体。化学合成的一般为外消旋体。微溶于水，溶于乙醇等有机溶剂，容易升华。熔点175～181℃，沸点204℃，相对密度 d_4^{20} 0.990～0.992。

（4）天然存在 存在于樟树油、冷杉油、杂薰衣草、鼠尾草中。

（5）感官特征 具有类似薄荷的清凉气息。

（6）用途与用量 可作防虫剂、熏香剂和医药原料。在食用香精中作为矫香剂，少量用于薄荷香型香精中，也可用于烟用香精中。在食品加香中的建议用量为0.1～25mg/kg。

（7）管理状况 右旋（*d*）-樟脑 FEMA 2230，FDA 172.515，COE 140，GB 2760—2024 N220。

（七）异佛尔酮（Isopulegone）

（1）化学名为3,5,5-三甲基-2-环己烯-1-酮，分子式为 $C_9H_{14}O$，相对分子质量为138.21。

（2）结构式如图5-39所示。

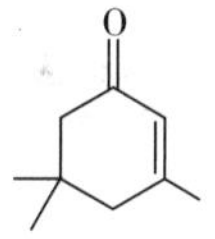

图5-39 异佛尔酮结构式

（3）理化性质 无色液体，沸点213～214℃，闪点84℃，密度 d_4^{25}0.923，折射率 n_D^{20} 1.4760。

（4）天然存在 存在于圆柚油、酸果蔓果实、蘑菇、番木瓜和甘蓝中。

（5）感官特征 具有凉香、木香、甜香、青香、樟脑果香和霉样气息。

（6）用途与用量 用于柑橘、橙、圆柚、水果和薄荷配方中，也可用于烟用香精中。在食品加香中的建议用量为0.5～50mg/kg。

（7）管理状况 FEMA 3553，COE 11918，GB 2760—2024 S0267。

（八）氧代异佛尔酮（2,6,6-trimethylcyclohex-2-ene-1,4-dione）

（1）化学名为2,6,6-三甲基-2-环己烯-1,4-二酮，分子式为 $C_9H_{12}O_2$，相对分子质量为152.19。

（2）结构式如图5-40所示。

（3）理化性质 熔点26～28℃，沸点92～94℃（1.47kPa），折射率 n_D^{20} 1.4910。

（4）天然存在 存在于茶叶、柠檬香膏、红花油、河虾中。

（5）感官特征　具有霉香、木香、茶香、柑橘香，并带有烘烤食品香韵。

（6）用途与用量　用于调配覆盆子、柑橘、蜜糖、茶叶等食用香精及烟用香精。在食品加香中的建议用量为 1～5mg/kg。

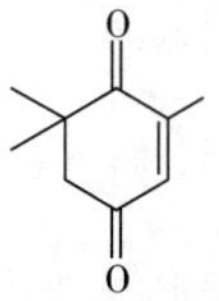

图 5-40　氧代异佛尔酮结构式

（7）管理状况　FEMA 3421，COE 11200，GB 2760—2024 S0254。

（九）β-紫罗兰酮（β-ionone）

（1）化学名为 4-(2,6,6-三甲基-1-环己烯基)-3-丁烯-2-酮，分子式为 $C_{13}H_{20}O$，相对分子质量为 192.30。

（2）结构式如图 5-41 所示。

（3）理化性质　无色至浅黄色液体，微溶于水，溶于乙醇等有机溶剂，沸点 239℃（常压）、124℃（1.33kPa）、73℃（13.3Pa），相对密度 d_4^{20} 0.945，折光率 n_D^{20} 1.519～1.521。

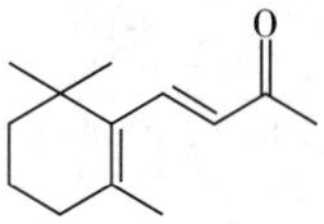

图 5-41　β-紫罗兰酮结构式

（4）天然存在　存在于覆盆子、番茄、玫瑰中。

（5）感官特征　具有水果香、木香、粉香、紫罗兰香、青香、浆果香。

（6）用途与用量　可用于调配樱桃、菠萝、覆盆子、草莓、葡萄、甘蓝等食用香精和烟用香精。在食品加香中的建议用量为 1.6～89mg/kg。

（7）管理状况　FEMA 2595，FDA 172.515，COE 142，GB 2760—2024 S0235。

（十）β-大马酮（β-damascenone）

（1）别名为β-突厥烯酮，化学名为 1-(2,6,6-三甲基-1,3-环己二烯-1-基)-2-丁烯-1-酮。分子式为 $C_{13}H_{18}O$，相对分子质量为 190.27。

（2）结构式如图 5-42 所示。

（3）理化性质　无色至淡黄色液体。沸点 57℃（0.133Pa），相对密度 d_4^{20} 0.942，折射率 n_D^{20} 1.5123。几乎不溶于水，溶于乙醇等有机溶剂。

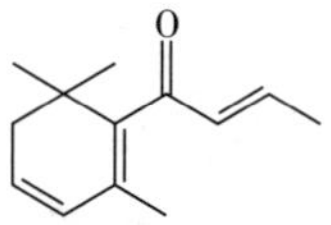

图 5-42　β-大马酮结构式

（4）天然存在　是玫瑰油的重要香气成分之一。在烟叶、覆盆子精油、啤酒、红茶、葡萄酒、朗姆酒、布枯叶油等中都有存在。

（5）感官特征　具有强烈令人愉快的玫瑰香气，具有较强的花香香气和良好的扩散力。赋予成熟的果香香韵。

（6）用途与用量　主要用于调配高级玫瑰系列化妆品和食品香料。也可用于调配烟用香精。在食品加香中的建议用量为 0.2mg/kg。

（7）管理状况　FEMA 3420，COE 11197，GB 2760—2024 S0231。

（十一）香叶基丙酮（Piperonyl acetone）

（1）化学名为反式-6,10-二甲基-5,9-十一碳二烯-2-酮，分子式为 $C_{13}H_{22}O$，相对分子质量为 194.32。

（2）结构式如图 5-43 所示。

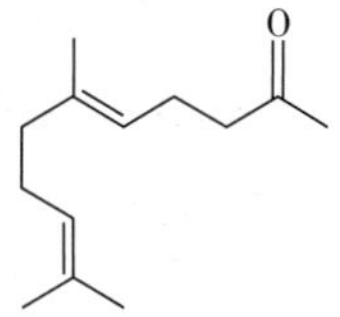

图 5-43 香叶基丙酮结构式

（3）理化性质　无色至黄色液体，溶于乙醇等有机溶剂，沸点 124℃（1.3kPa），闪点 110℃，相对密度 d_{25}^{25} 0.865~0.872，折射率 n_D^{20} 1.462~1.470。

（4）天然存在　存在于茴香、红鼠尾草、绿茶、番茄和圆柚等香气成分中。

（5）感官特征　具有青香、果香、蜡香、木香，并有生梨、番石榴、苹果、香蕉、热带水果的香韵，带有脂肪气息。

（6）用途与用量　可用于调配苹果、香蕉、生梨、梅子、热带水果等食用香精和烟用香精。在食品加香中的建议用量为 10mg/kg。

（7）管理状况　FEMA 3542，FDA 172.515，COE 11088，GB 2760—2024 S0261。

（十二）圆柚酮（Nootkatone）

（1）别名为诺卡酮，分子式为 $C_{15}H_{22}O$，相对分子质量为 218.34。

（2）结构式如图 5-44 所示。

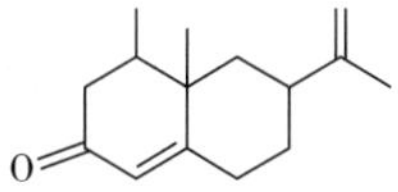

图 5-44 圆柚酮结构式

（3）理化性质　结晶体，不溶于水，溶于乙醇等有机溶剂，熔点 36~37℃。

（4）天然存在　存在于柑橘、圆柚中。

（5）感官特征　具有圆柚、柑橘、橙子的气味，并带有甜的果皮、木香香韵。

（6）用途与用量　用于调配圆柚、橙子、热带水果等食用香精，也用于烟用香精，具有增加卷烟香气、丰富卷烟香味和降低刺激的作用。在食品加香中的建议用量为 10mg/kg。

（7）管理状况　FEMA 3166，FDA 172.515，COE 11164，GB 2760—2024 S0223。

第四节　酸、酯类香料

一、酸类香料

单独的酸类香料总带有一些尖刺的酸味，是不好闻的，至少是令人不愉快的。因此很难在调配香精中直接使用。随着分析技术的不断发展，研究者发现有些天然果汁中含有少量的酸类香料，虽然其用量、比例很小，但可以起到十分重要的作用，有点像烹饪中使用的醋，单独闻时酸味冲鼻，但在糖中稍微放一些，就成了香而可口的糖醋名菜了。以前的草莓香精总配制不好，与天然的草莓有差距，直到发现其中含有少量的草莓酸，设法合成出来后，才调配出十分逼真的草莓香精。奶油中本身含有一定数量的丁酸，因此在调配此类香精时就必须加入 3%～4%的丁酸，虽然丁酸有一种近似臭味的气味，但天然奶油中含有这种气味，不加也是不行的。总的来说，酸类香料能直接用于调香的品种和用量不多，绝大多数酸类化合物是合成其他香料（如酯类香料）的重要原料。

（一）乙酸（Acetic acid）

（1）别名醋酸，分子式为 $C_2H_4O_2$，相对分子质量为 60.05。

（2）结构式如图 5-45 所示。

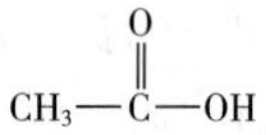

图 5-45　乙酸结构式

（3）理化性质　无色液体，溶于水以及乙醇等有机溶剂，沸点 118℃，相对密度 d_4^{20} 1.049，折射率 n_D^{20} 1.3718。

（4）天然存在　存在于柠檬叶油、苦橙油、草莓中。

（5）感官特征　具有刺激、尖酸的气息，稀释到一定程度后具有酸味。

（6）用途与用量　用于调配草莓、覆盆子、葡萄、朗姆酒、醋等食用香精，也用于烟用香精，缓和辛辣的烟味，掩盖杂气。在食品加香中的建议用量为 15～5900mg/kg。

（7）管理状况　FEMA 2006，FDA 184.1005，COE 2，GB 2760—2024 S0293。

（二）异戊酸（Isovaleric acid）

（1）异戊酸又称翠雀酸、3-甲基丁酸，分子式为 $C_5H_{10}O_2$，相对分子质量为 102.13。

（2）结构式如图 5-46 所示。

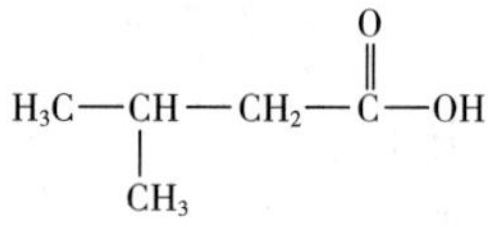

图 5-46　异戊酸结构式

（3）理化性质　无色黏稠液体，溶于水以及乙醇等有机溶剂，沸点 175～176℃，相对密度 d_4^{20} 0.931，n_D^{20} 1.4043。

（4）天然存在　存在于白面包、干酪、牛乳、蘑菇、留兰香、柠檬叶、烟草中。

（5）感官特征　具有刺激性酸败气味，稀释后具有乳制品、水果的香气。

（6）用途与用量　用于调配干酪、奶油、坚果、肉味等食用香精，也用于烟用香精，增加香味浓度，使烟气似东方烟特征的醇和奶脂风味。在食品加香中的建议用量为 1.2～14mg/kg。

（7）管理状况　FEMA 3102，FDA 172.515，COE 8，GB 2760—2024 S0303。

（三）肉豆蔻酸（Tetradecanoic acid）

（1）化学名为十四酸，分子式为 $C_{14}H_{28}O_2$，相对分子质量为 228.38。

（2）结构式如图 5-47 所示。

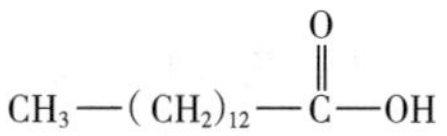

图 5-47 肉豆蔻酸结构式

（3）理化性质 白色结晶性蜡状固体，不溶于水，溶于乙醇等有机溶剂，熔点 54℃，沸点 326℃（常压）、250℃（13.3kPa），相对密度 d_4^{54}0.862，折射率 n_D^{70} 1.427。

（4）天然存在 存在于奶油、鸢尾凝脂中。

（5）感官特征 具有微弱的蜡香、乳香。

（6）用途与用量 用于调配巧克力、可可、复合水果香型的香精，也用于烟用香精，改善烟气粗劣而使其淡甜柔和的吸味。在食品加香中的建议用量为 0.1～10mg/kg。

（7）管理状况 FEMA 2764，FDA 172.860，COE 16，GB 2760—2024 S0313。

（四）苯甲酸（Benzoic acid）

（1）苯甲酸又称安息香酸，分子式为 $C_7H_6O_2$，相对分子质量为 122.12。

（2）结构式如图 5-48 所示。

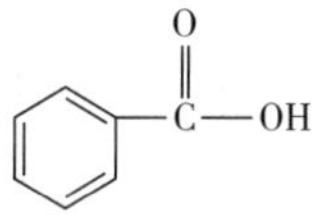

图 5-48 苯甲酸结构式

（3）理化性质 白色晶体，微溶于水，溶于乙醇等有机溶剂，熔点 122～123℃，沸点 249～250℃，相对密度 d_4^{15} 1.2659，折射率 n_D^{15} 1.5397。

（4）天然存在 存在于橙花油、风信子油、丁香油、茴香油、安息香树脂中。

（5）感官特征 具有微弱的香脂气息，苦味道。

（6）用途与用量 作为防腐剂经常用于巧克力、柠檬等食用香精，也常用于烟用香精作烟草的调味剂，能醇和烟香味，改善烟气吸味。在食品加香中的建议用量为 4.8～250mg/kg。

（7）管理状况 FEMA 2131，FDA 184.1021，COE 21，GB 2760—2024 S0315。

（五）苯乙酸（Phenylacetic acid）

（1）苯乙酸又称为苄基甲酸，分子式为 $C_8H_8O_2$，相对分子质量为 136.15。

（2）结构式如图 5-49 所示。

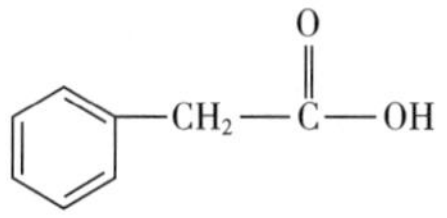

图 5-49 苯乙酸结构图

（3）理化性质 白色晶体，微溶于水，溶于热水以及乙醇等有机溶剂，熔点 76～78℃，沸点 265～266℃，相对密度 d_4^{20} 1.081。

（4）天然存在 存在于橙花、保加利亚玫瑰、烟草、白葡萄酒、苹果酒、米酒中。

（5）感官特征 具有粉香、花香、巧克力、蜜糖香。

（6）用途与用量 用于调配蜜糖、香荚兰、可可、葡萄、热带水果、茶等食用香精，用于烟用香精，对原烟起调和作用，去除杂气。在食品加香中的建议用量为 0.1～27mg/kg。

（7）管理状况 FEMA 2878，FDA 172.515，COE 672，GB 2760—2024 S0316。

（六）肉桂酸（Cinnamic acid）

（1）化学名为3-苯基丙烯酸，分子式为 $C_9H_8O_2$，相对分子质量为148.16。

（2）结构式如图5-50所示。

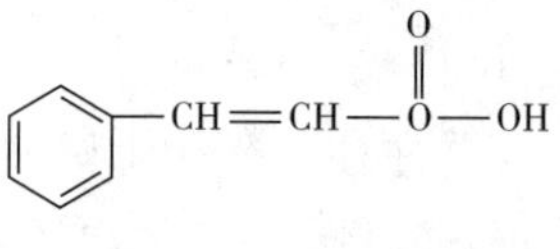

图5-50 肉桂酸结构式

（3）理化性质 白色晶体，几乎不溶于水，微溶于乙醇，溶于苯、丙酮、精油，熔点136℃，沸点300℃，相对密度 d_4^{15} 1.245~1.280。

（4）天然存在 存在于肉桂、罗勒、白千层、秘鲁香脂、苏合香脂、可可叶中。

（5）感官特征 具有类似杏子的甜酸气味。

（6）用途与用量 用于食用香精和烟用香精，在烟用香精中调和辛香和蜜甜的香韵，增强巧克力的香味，增添东方烟叶的风味。在食品加香中的建议用量为10~40mg/kg。

（7）管理状况 FEMA 2288，FDA 172.515，COE 22，GB 2760—2024 S0318。

（七）苹果酸（Malic acid）

（1）苹果酸又称羟基丁二酸、羟基琥珀酸，分子式为 $C_4H_6O_5$，相对分子质量为134.09。

（2）结构式如图5-51所示。

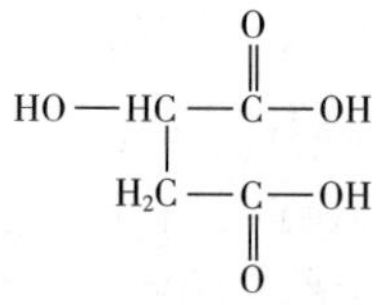

图5-51 苹果酸结构式

（3）理化性质 白色晶体，溶于水、乙醇。具有旋光异构体，左旋体和右旋体熔点100℃，沸点140℃（分解），相对密度 d_4^{20} 1.595；外消旋体熔点128℃，沸点150℃，相对密度 d_4^{20} 1.601。

（4）天然存在 存在于苹果、山楂、葡萄汁中。

（5）感官特征 具有特殊的水果酸味。

（6）用途与用量 作为酸味剂，广泛应用于果香型香精中，可用于烟用香精中，能协调和改善香气和烟味。在食品加香中的建议用量为0.6~390mg/kg。

（7）管理状况 FEMA 2655，FDA 184.1069，COE 17，GB 2760—2024 批准为允许使用的食品用酸度调节剂。

（八）柠檬酸（Citric acid）

（1）化学名为3-羟基-3-羧基-1,5-戊二酸，分子式为 $C_6H_8O_7$，相对分子质量为192.12。

（2）结构式如图5-52所示。

（3）理化性质 无色透明结晶或白色颗粒状固体，易溶于水和乙醇，熔点152~153℃，相对密度 d_4^{18} 1.542。

（4）天然存在　存在于柠檬汁、柑橘汁、葡萄汁、醋栗、覆盆子等天然植物中。

（5）感官特征　具有令人愉快的酸味。

（6）用途与用量　作为酸味剂，广泛用于糖果、汽水、果酱、果冻香精中，用于烟用香精中，可缓和烟气辛辣杂味，抑制刺激性，也可防霉。在食品加香中的建议用量为 1200～4300mg/kg。

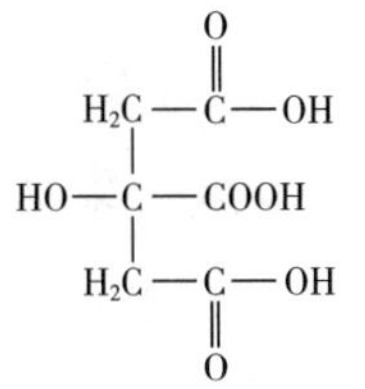

图 5-52　柠檬酸结构式

（7）管理状况　FEMA 2306，FDA 182.1033，COE 20，GB 2760—2024 S0317。

（九）酒石酸（Tartaric acid）

（1）酒石酸又称为 2,3-二羟基丁二酸、2,3-二羟基琥珀酸，分子式为 $C_4H_6O_6$，相对分子质量为 150.09。

（2）结构式如图 5-53 所示。

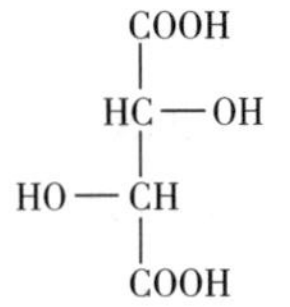

图 5-53　酒石酸结构式

（3）理化性质　无色晶体，溶于水和乙醇等有机溶剂，具有旋光异构体，*d* 体熔点 172～174℃，相对密度 d_4^{20} 1.760；*l* 体熔点 171～174℃，相对密度 d_4^{20} 1.601，*dl* 体熔点 206℃，相对密度 d_4^{20} 1.697。

（4）感官特征　无明显气息，具有特有的酸味。

（5）用途与用量　用于调配水果饮料、葡萄香精，也用于烟用香精，调味和增进果香风味，缓和烟味的辛辣刺激。在食品加香中的建议用量为 1～10000mg/kg。

（6）管理状况　FEMA 3044，FDA 184.1099，COE 18，GB 2760—2024 批准为允许使用的食品用酸度调节剂。

（十）乳酸（Lactic acid）

（1）化学名为 2-羟基丙酸，分子式为 $C_3H_6O_3$，相对分子质量为 90.08。

（2）结构式如图 5-54 所示。

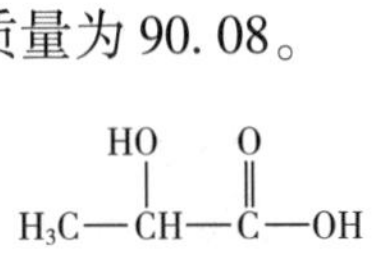

图 5-54　乳酸结构式

（3）理化性质　无色至黄色黏稠液体，能与水、醇、甘油混溶，微溶于乙醚，不溶于苯、氯仿等。具有旋光异构体，外消旋体熔点为 16.7～18℃（左旋体和右旋体的熔点均为 53℃），沸点 122℃（1.87～2.0kPa），相对密度 d_4^{25} 1.2060，折射率 n_D^{20} 1.4259。

（4）天然存在　存在于苹果、番茄、酸乳中。

（5）感官特征　具有温和的奶油香气，令人愉快的酸味道。

（6）用途与用量　用于调配食用香精，也用于烟用香精，作为调味剂，提高香气，改善刺激性和辛辣杂味。在食品加香中的建议用量为 14～24000mg/kg。

（7）管理状况　FEMA 2611，FDA 184.1061，COE 4，GB 2760—2024 S0388。

二、酯类香料

酯类化合物大多具有花香、果香、酒香或蜜香。它们广泛存在于自然界，是鲜花、水果香成分的重要组成部分。酯类香料化学性质稳定，生产工艺简便，应用范围广，在香料中占有特别重要的地位。在众多香料中，酯类香料是一类非常重要的香料，作为食品香料，酯类香料是用途广、用量大的一类。酯类香料的品种约占香料品种总数的20%，其品种还在不断增加。酯类香料经合理配伍可制成各种香型的香精，用于食品，还广泛用于配置各种香水、化妆品等。

（一）甲酸乙酯（Ethyl formate）

（1）分子式为 $C_3H_6O_2$，相对分子质量为 74.08。

（2）结构式如图 5-55 所示。

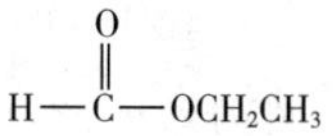

图 5-55　甲酸乙酯结构式

（3）理化性质　无色液体，微溶于水，溶于乙醇、丙二醇等有机溶剂，不溶于甘油，沸点 64.3℃，相对密度 d_4^{20} 0.9208，折射率 n_D^{20} 1.3590~1.3630。

（4）天然存在　存在于菠萝蜜、覆盆子、洋葱、苹果汁、朗姆酒、甜橙中。

（5）感官特征　类似乙酸乙酯特有的辣的刺激味和菠萝样香气，令人愉快的、温和的朗姆酒香，扩散力好，但是留香时间短暂，微带苦味道。

（6）用途与用量　在花香型日用香精中起修饰剂作用。主要应用于果香型食用香精，在烟用香精中也有应用，协调水果和酒香香味。在食品加香中的建议用量为 0.35~430mg/kg。

（7）管理状况　FEMA 2434，FDA 121.1164，COE 339，GB 2760—2024 S0353。

（二）乙酸乙酯（Ethyl acetate）

（1）分子式为 $C_4H_8O_2$，相对分子质量为 88.10。

（2）结构式如图 5-56 所示。

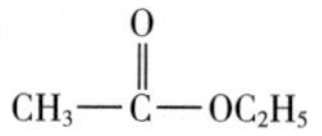

图 5-56　乙酸乙酯结构式

（3）理化性质　无色液体，微溶于水，溶于乙醇、丙二醇、甘油等有机溶剂，沸点 75~76℃，相对密度 d_4^{20} 0.9003，折射率 n_D^{20} 1.372~1.373。

（4）天然存在　存在于黄酒、曲酒、威士忌、苹果酒、红葡萄酒、醋、菠萝中。

（5）感官特征　具有醚香、甜的如菠萝的果香及葡萄、樱桃香韵，同时还有酒样味道，香气不持久。

（6）用途与用量　用于调配食用香精以及酒用香精，也用于烟用香精，调制果香、酒香的头香风味。在食品加香中的建议用量为 50~200mg/kg。

（7）管理状况　FEMA 2414，FDA 73.1、173.228、182.60，COE 191，GB 2760—2024 S0364。

（三）乙酸异戊酯（Isoamyl acetate）

（1）分子式为 $C_7H_{14}O_2$，相对分子质量为 130.19。

（2）结构式如图 5-57 所示。

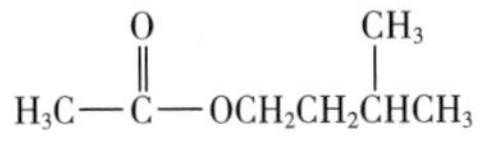

图 5-57 乙酸异戊酯结构式

（3）理化性质 无色液体，几乎不溶于水、丙二醇、甘油，溶于乙醇等有机溶剂，沸点 142~143℃，相对密度 d_4^{20} 0.876，折射率 n_D^{20} 1.4000。

（4）天然存在 存在于香精、可可豆中。

（5）用途与用量 在桂花等日用香精中起修饰剂作用。是最常用的果香型食用香料之一。在香蕉、梨子、苹果等食品香精中起主香剂作用，也用于烟用香精，与烟香协调，能减轻卷烟中的腥味，但似有辣喉感觉。在食品加香中的建议用量为 28~2700mg/kg

（6）管理状况 FEMA 2055，FDA 172.515、121.1164，COE 214，GB 2760—2024 S0372。

（四）乙酸顺式-3-己烯酯（*cis*-3-hexenyl acetate）

（1）别名乙酸叶醇酯，分子式为 $C_8H_{14}O_2$，相对分子质量为 142.19。

（2）结构式如图 5-58 所示。

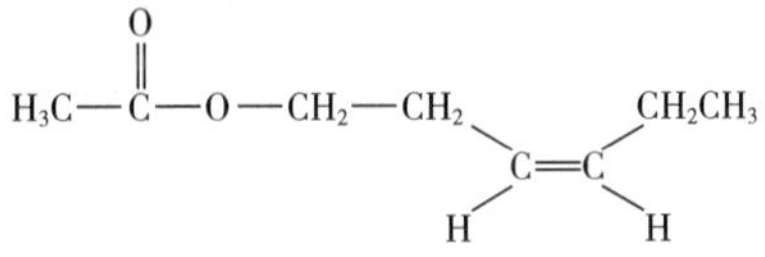

图 5-58 乙酸顺式-3-己烯酯

（3）理化性质 无色至浅黄色液体，几乎不溶于水，可溶于乙醇等有机溶剂，沸点 66℃（2.13kPa），相对密度 d_{20}^{20}0.898~0.905，折射率 n_D^{20} 1.424~1.430。

（4）天然存在 存在于苹果、番石榴、热带水果中。

（5）感官特征 具有新鲜清甜水果香，并有苹果、梨及瓜果香韵。

（6）用途与用量 用于调配香蕉、苹果、梨、菠萝等果香型食用香精及各种蔬菜香精，用于调配烟用香精，可增添青香自然风味。在食品加香中的建议用量为 0.4~0.5mg/kg。

（7）管理状况 FEMA 3171，COE 644，GB 2760—2024 S0395。

（五）乙酸香叶酯（Geranyl acetate）

（1）化学名为 2,6-二甲基-2,6-辛二烯-8-醇乙酸酯，分子式为 $C_{12}H_{20}O_2$，相对分子质量为 196.29。

（2）结构式如图 5-59 所示。

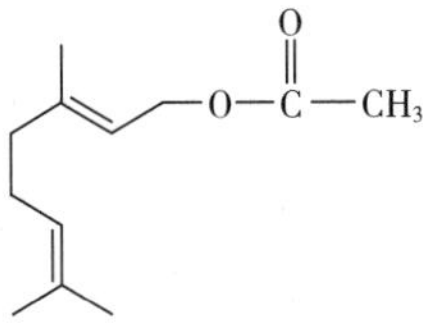

图 5-59 乙酸香叶酯结构式

（3）理化性质 无色液体，不溶于水，溶于乙醇等有机溶剂，沸点 245℃，相对密度 d_{25}^{25} 0.900~0.914，折射率 n_D^{20} 1.458~1.464。

（4）天然存在 存在于柠檬、番茄、朗姆酒、白葡萄酒、生姜、柠檬油、橙花油、香茅油、玫瑰草油等中。

（5）感官特征　具有清甜的香柠檬果香，带有玫瑰、薰衣草样的香气。

（6）用途与用量　用于杏、柠檬、葡萄、朗姆酒、柑橘、甜瓜、苹果、圆醋栗、梨、酒等食用香精，用于烟用香精中可起调和烟味的作用。在食品加香中的建议用量为0.3~17mg/kg。

（7）管理状况　FEMA 2509，FDA 182.60，COE 201，GB 2760—2024 S0389。

（六）乙酸龙脑酯（Bornyl acetate）

（1）乙酸龙脑酯又称乙酸冰片酯，分子式为 $C_{12}H_{20}O_2$，相对分子质量为 196.29。

（2）结构式如图 5-60 所示。

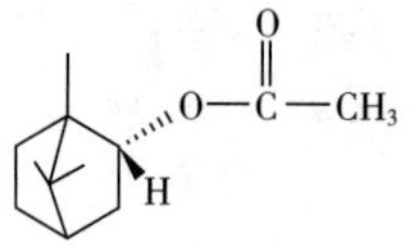

图 5-60　乙酸龙脑酯结构式

（3）理化性质　无色液体或固体，微溶于水，几乎不溶于丙二醇和甘油，溶于乙醇等有机溶剂，凝固点25℃，沸点 223~227℃，相对密度 d_{25}^{25} 0.981~0.985，折射率 n_D^{20} 1.4620~1.4655。

（4）天然存在　存在于铁杉、冷杉、赤松、薰衣草、迷迭香、芫荽中。

（5）感官特征　具有木香、樟脑、薄荷、柏木、辛香料及皂香香气，底香带有膏香，香气飘逸但不够持久。

（6）用途与用量　用于调配可乐、辛香、芒果、留兰香、薄荷等食用香精，用于烟用香精，能增强烟草青香飘逸的烟香，香气透发而扩散。在食品加香中的建议用量为0.2~70mg/kg。

（7）管理状况　FEMA 2159，FDA 172.515、121.1164，COE 207，GB 2760—2024 S0385。

（七）乙酸薄荷酯（Menthyl acetate）

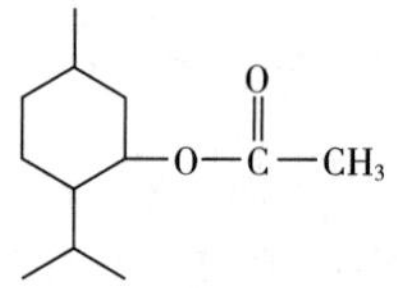

图 5-61　乙酸薄荷酯结构式

（1）化学名为乙酸-1-异丙基-4-甲基环己基-2-酯，分子式为 $C_{12}H_{22}O_2$，相对分子质量为 198.31。

（2）结构式如图 5-61 所示。

（3）理化性质　无色液体，溶于乙醇等有机溶剂，沸点 227~228℃（常压）、116℃（3kPa），相对密度 d_4^{20} 0.9264，折射率 n_D^{20} 1.4440~1.4500。

（4）天然存在　存在于薄荷油中。

（5）感官特征　具有类似茶叶、薄荷、水果香气，并略有清凉气息。

（6）用途与用量　用于调配薄荷、留兰香、覆盆子、桃等食用香精和烟用香精。是调配薄荷清凉烟的配料，也可掩盖刺激性。在食品加香中的建议用量为 4~26mg/kg。

（7）管理状况　FEMA 2668，FDA 172.515、121.1164，COE 206，GB 2760—2024 S0386。

（八）乙酸苯乙酯（Phenethyl acetate）

（1）乙酸苯乙酯又称乙酸苄基甲酯，分子式为 $C_{10}H_{12}O_2$，相对分子质量为164.21。

（2）结构式如图5-62所示。

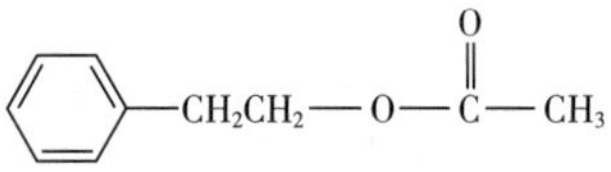

图5-62 乙酸苯乙酯结构式

（3）理化性质 无色液体，微溶于水，溶于乙醇等有机溶剂，沸点232℃，相对密度 d_{25}^{25} 1.030~1.034，折射率 n_D^{20} 1.497~1.501。

（4）天然存在 存在于甜瓜、菠萝蜜、葡萄、白兰地、橄榄中。

（5）感官特征 具有果香、花香、蜜糖及热带水果香气，稀释到50mg/kg具有蜜糖、花香、果香、柑橘带有酵母香的味道，香气轻飘但不够持久。

（6）用途与用量 用于菠萝蜜、苹果、草莓、覆盆子、可可、奶油、香荚兰等食用香精中，用于玫瑰、茉莉、橙花、紫罗兰、香石竹等日用香精中，适量用于烟用香精，增添玫瑰花的蜜甜烟香风味和水果青香。在食品加香中的建议用量为1.4~5.6mg/kg。

（7）管理状况 FEMA 2857，FDA 172.515，COE 221，GB 2760—2024 S0383。

（九）乙酸肉桂酯（Cinnamyl acetate）

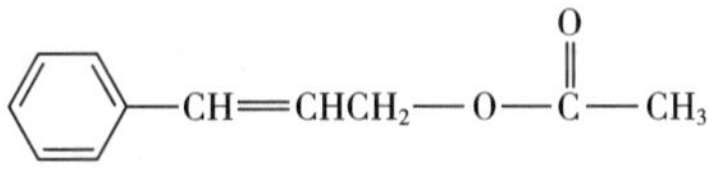

图5-63 乙酸肉桂酯结构式

（1）分子式为 $C_{11}H_{12}O_2$，相对分子质量为176.22。

（2）结构式如图5-63所示。

（3）理化性质 无色至淡黄色液体，不溶于水，易溶于乙醇和乙醚等有机溶剂，沸点265℃，相对密度 d_4^{25} 1.047~1.051，折射率 n_D^{20} 1.5400~1.5430。

（4）天然存在 存在于甜瓜、龙蒿、荔枝和白金银花的精油以及肉桂油中。

（5）感官特征 具有甜香、花香、粉香、玫瑰香、辛香香气，并带有又辣又甜的菠萝味道。

（6）用途与用量 用于调配樱桃、葡萄、肉桂、蜜糖、玫瑰等食用香精，用于烟用香精，可增加卷烟的辛香、果香和膏香风味。在食品加香中的建议用量为2~16mg/kg。

（7）管理状况 FEMA 2293，FDA 172.515，COE 208，GB 2760—2024 S0387。

（十）乙酸茴香酯（Anisyl acetate）

（1）分子式为 $C_{10}H_{12}O_3$，相对分子质量为180.21。

（2）结构式如图5-64所示。

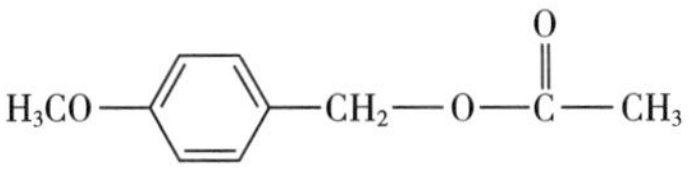

图5-64 乙酸茴香酯结构式

（3）理化性质 无色至暗黄色液体，不溶于水，易溶于乙醇和乙醚等有机溶剂，沸点270℃，相对密度 d_4^{20} 1.014，折射率 n_D^{20} 1.5110~1.5160。

（4）天然存在　存在于红醋栗中。

（5）感官特征　具有清甜花果样香气，有紫丁香、山楂花香，轻微膏香、豆香，略带辣的甜味、粉香。

（6）用途与用量　用于调配覆盆子、樱桃、酒等食用香精，用于烟用香精增强巧克力、可可、香荚兰和浆果的风味。在食品加香中的建议用量为 5~30mg/kg。

（7）管理状况　FEMA 2098，FDA 172.515，COE 209，GB 2760—2024 S0384。

（十一）乙酸芳樟酯（Linalyl acetate）

（1）化学名为 3,7-二甲基-1,6-辛二烯-3-醇乙酸酯，分子式为 $C_{12}H_{20}O_2$，相对分子质量为 196.29。

（2）结构式如图 5-65 所示。

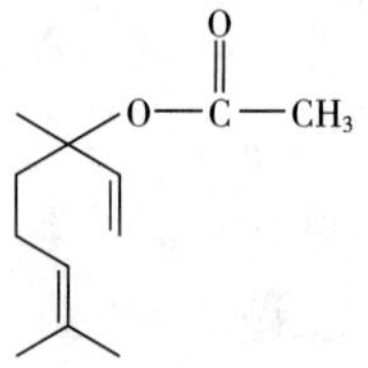

图 5-65　乙酸芳樟酯结构式

（3）理化性质　无色液体，易溶于乙醇和乙醚等有机溶剂，沸点 220℃，相对密度 d_4^{25} 0.895~0.906，折射率 n_D^{20} 1.450~1.451。

（4）天然存在　存在于薰衣草、香柠檬、香紫苏、薄荷、玫瑰等精油中。

（5）感官特征　具有柑橘香、花香、青香、蜡香、木香，香气透发但不够持久。

（6）用途与用量　用于调配茶叶、香柠檬等食用香精，用于烟用香精可改善果香、花香韵味，改善烟香味。在食品加香中的建议用量为 1~13mg/kg。

（7）管理状况　FEMA 2636，FDA 182.60，COE 203，GB 2760—2024 S0398。

（十二）丙酸乙酯（Ethyl propionate）

（1）分子式为 $C_5H_{10}O_2$，相对分子质量为 102.13。

（2）结构式如图 5-66 所示。

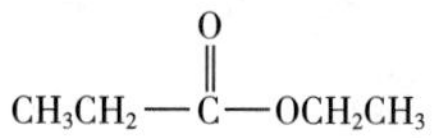

图 5-66　丙酸乙酯结构式

（3）理化性质　无色透明液体，易溶于乙醇等有机溶剂，沸点 99℃，相对密度 d_4^{20} 0.892，折射率 n_D^{20} 1.3830~1.3850。

（4）天然存在　存在于苹果、甜瓜、桃、可可豆、白葡萄、朗姆酒、玫瑰酒中。

（5）感官特征　具有醚香、葡萄、苹果、香精、菠萝蜜的香气，有苦味。

（6）用途与用量　用于调配香蕉、菠萝、奶油、梨、泡泡糖、朗姆酒、苹果、葡萄、桃等食用香精，也用于烟用香精中，可改进卷烟香气。在食品加香中的建议用量为 7~1100mg/kg。

（7）管理状况　FEMA 2456，FDA 172.515，COE 402，GB 2760—2024 S0402。

（十三）丁酸乙酯（Ethyl butyrate）

（1）分子式为 $C_6H_{12}O_2$，相对分子质量为 116.16。

（2）结构式如图 5-67 所示。

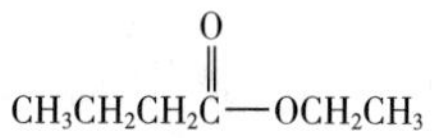

图 5-67 丁酸乙酯结构式

（3）理化性质　无色液体，沸点 121～122℃，微溶于水，可溶于乙醇等有机溶剂，相对密度 d_4^{20} 0.878，折射率 n_D^{20} 1.391～1.394。

（4）天然存在　存在于草莓汁、橄榄油中。

（5）感官特征　具有强烈的菠萝底香，菠萝、香蕉、苹果等水果香，并有淡淡的玫瑰香气，类似甜的味道。

（6）用途与用量　用于调配菠萝、香蕉、苹果、奶油、焦糖、泡泡糖等食用香精以及果香型和花香型日用香精，用于烟用香精可调配果香风味，对改善烟香有较大作用。在食品加香中的建议用量为 10～100mg/kg，口香糖中用量可到 1400mg/kg。

（7）管理状况　FEMA 2427，FDA 182.60，COE 264，GB 2760—2024 S0414。

（十四）丁酸异丁酯（Isobutyl butyrate）

（1）分子式为 $C_8H_{16}O_2$，相对分子质量为 144.21。

（2）结构式如图 5-68 所示。

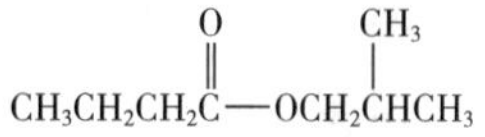

图 5-68 丁酸异丁酯结构式

（3）理化性质　无色油状液体，微溶于水，可溶于乙醇等有机溶剂，沸点 157～158℃，相对密度 d_4^{20} 0.862，折射率 n_D^{20} 1.4020～1.4050。

（4）天然存在　存在于苹果中。

（5）感官特征　具有近似于苹果和菠萝的水果气味以及朗姆酒的甜味。

（6）用途与用量　用于调配菠萝、桃子、苹果、樱桃、香蕉、朗姆酒等食用香精，也用于烟用香精增加果香和酒香，改善吸味。在食品加香中的建议用量为 2～25mg/kg，口香糖中用量可到 2000mg/kg。

（7）管理状况　FEMA 2187，FDA 121.1164，COE 269，GB 2760—2024 S0421。

（十五）丁酸苄酯（Benzyl butyrate）

（1）分子式为 $C_{11}H_{14}O_2$，相对分子质量为 178.23。

（2）结构式如图 5-69 所示。

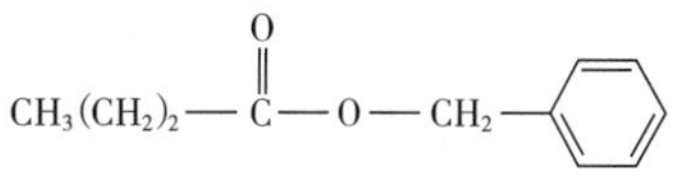

图 5-69 丁酸苄酯结构式

（3）理化性质　无色液体，不溶于水，溶于乙醇等有机溶剂，沸点 240℃，相对密度 d_{25}^{25} 1.006～1.009，折射率 n_D^{20} 1.4916。

（4）天然存在　微量存在于西番莲中。

（5）感官特征　具有类似杏子-茉莉样香气。

（6）用途与用量　用于调配坚果、悬钩子、龙眼、芒果、葡萄酒、草莓、杏仁、坚果、覆盆子等食用香精和烟用香精，也少量用于茉莉、风信子、玫瑰等日用香精。在食品加香中的建议用量为 3～10mg/kg。

（7）管理状况　FEMA 2140，FDA 172.515，COE 277，GB 2760—2024 S0436。

（十六）异丁酸甲酯（Methyl isobutyrate）

（1）分子式为 $C_5H_{10}O_2$，相对分子质量为 102.13。

（2）结构式如图 5-70 所示。

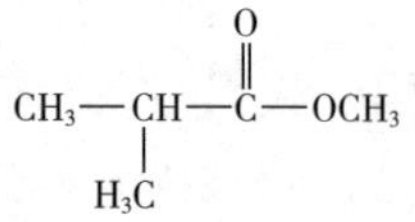

图 5-70　异丁酸甲酯结构式

（3）理化性质　无色液体，微溶于水，溶于乙醇等有机溶剂，沸点 92~93℃，相对密度 d_4^{15} 0.891，折射率 n_D^{20} 1.3840。

（4）天然存在　存在于猕猴桃、苹果汁和草莓汁中。

（5）感官特征　具有甜的醚香，水果、朗姆酒香气和味道。

（6）用途与用量　用于调配苹果、桃子、草莓等食用香精，用于烟用香精修饰果香和薄荷香。在食品加香中的建议用量为 20~200mg/kg。

（7）管理状况　FEMA 2694，FDA 172.515，COE 287，GB 2760—2024 S0419。

（十七）异丁酸苄酯（Isobutyl isobutyrate）

（1）分子式为 $C_{11}H_{14}O_2$，相对分子质量为 178.23。

（2）结构式如图 5-71 所示。

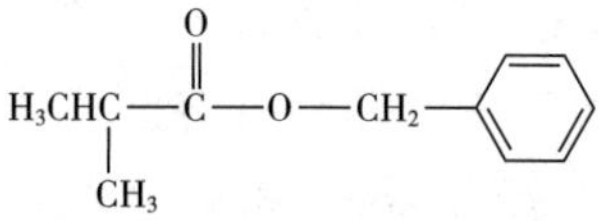

图 5-71　异丁酸苄酯结构式

（3）理化性质　无色液体，溶于乙醇等有机溶剂，沸点 105~108℃（532Pa），相对密度 d_{25}^{25}1.001~1.005，折射率 n_D^{20}1.4890~1.4920。

（4）天然存在　存在于薄荷、西番莲、啤酒中。

（5）感官特征　具有甜的花香、粉香、水果香气以及甜的、水果、浆果味道。

（6）用途与用量　用于调配香蕉、菠萝、苹果、葡萄等食用香精，用于烟用香精调制果香。在食品加香中的建议用量为 5~25 mg/kg。

（7）管理状况　FEMA 2141，FDA 172. 515，COE 301，GB 2760—2024 S0437。

（十八）戊酸乙酯（Ethyl valerate）

（1）分子式为 $C_7H_{14}O_2$，相对分子质量为 130.18。

（2）结构式如图 5-72 所示。

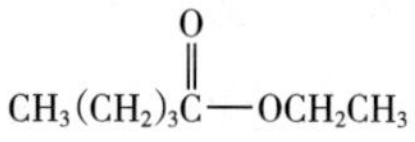

图 5-72　戊酸乙酯结构式

（3）理化性质　无色易流动液体，极微量溶于水，溶于乙醇、乙醚等有机溶剂，沸点 144℃（97.6kPa），相对密度 d_4^{25}0.874，折射率 n_D^{20} 1.4004。

（4）天然存在　存在于杏、番石榴、菠萝蜜、芸香精油、干酪、朗姆酒、葡萄酒中。

（5）感官特征　具有甜的果香、酯香，味觉上除含有如草莓、菠萝蜜的香味外还含有热带水果的酯香。

（6）用途与用量　用于调配草莓、苹果、菠萝蜜等食用香精和烟用香精，在食品加香中的建议用量为 4~15mg/kg，口香糖中用量可到 260mg/kg。

（7）管理状况　FEMA 2462，FDA 172.515，COE 465，GB 2760—2024 S0447。

（十九）异戊酸乙酯（Ethyl isovalerate）

（1）异戊酸乙酯又称3-甲基丁酸乙酯，分子式为 $C_7H_{14}O_2$，相对分子质量为130.18。

（2）结构式如图5-73所示。

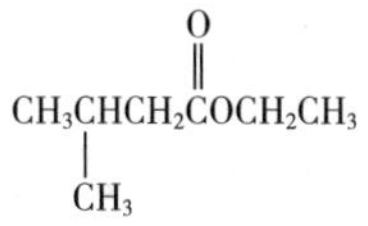

图5-73 异戊酸乙酯结构式

（3）理化性质 无色液体，微溶于水，溶于乙醇等有机溶剂，沸点134～135℃，相对密度 d_{25}^{25} 0.860～0.866，折射率 n_D^{20} 1.394～1.400。

（4）天然存在 存在于菠萝、草莓、茶叶、朗姆酒、苹果酒、白葡萄酒、香槟酒中。

（5）感官特征 具有甜的菠萝、浆果、青香、酯香及出色的苹果香气和味道。

（6）用途与用量 微量用于日用香精中，起头香剂的作用，主要用于调配苹果、草莓、菠萝、香蕉、坚果、葡萄等食用香精，用于烟用香精可增添果香酒香风味，改进吃味。在食品加香中的建议用量为1～30mg/kg，口香糖中可到430mg/kg。

（7）管理状况 FEMA 2463，FDA 172.515、121.1164，COE 442，GB 2760—2024 S0449。

（二十）异戊酸异戊酯（Isopentyl isovalerate）

（1）分子式为 $C_{10}H_{20}O_2$，相对分子质量为172.27。

（2）结构式如图5-74所示。

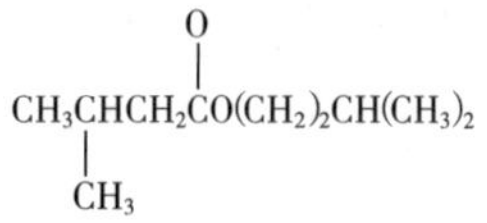

图5-74 异戊酸异戊酯结构式

（3）理化性质 无色至淡黄色液体，极微溶于水，溶于乙醇等有机溶剂，沸点193℃，相对密度 d_4^{20} 0.857～0.860，折射率 n_D^{20} 1.410～1.415。

（4）天然存在 存在于香蕉、苹果、薄荷、啤酒、橄榄油、白兰地、苹果酒中。

（5）感官特征 具有甜的果香、青香、酯香，并有苹果、菠萝的味道。

（6）用途与用量 用于调配苹果、草莓、樱桃、泡泡糖、香槟、朗姆酒等食用香精，用于烟用香精可调配酒香和果香风味。在食品加香中的建议用量为1～100mg/kg。

（7）管理状况 FEMA 2085，FDA 172.515、121.1164，COE 458，GB 2760—2024 S0452。

（二十一）己酸乙酯（Ethyl hexanoate）

（1）分子式为 $C_8H_{16}O_2$，相对分子质量为144.21。

（2）结构式如图5-75所示。

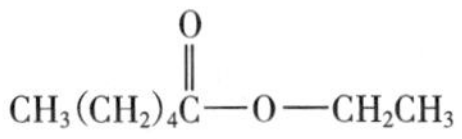

图5-75 己酸乙酯结构式

（3）理化性质 无色至浅黄色液体，不溶于水，溶于乙醇等有机溶剂，沸点166～168℃，相对密度 d_4^{20} 0.873，折射率 n_D^{20} 1.406～1.409。

（4）天然存在 存在于酒、洋李、菠萝、茶、羊肉、可可、猕猴桃、黑加仑中。

（5）感官特征 具有甜的青香、菠萝、苹果、脂肪、乳制品香气以及酯香、蜡香、菠萝水果味道。

（6）用途与用量　常用来调配苹果、香蕉、菠萝、白兰地、白酒等食品香精，在花香、果香型日用香精中起头香剂作用，适量用于烟用香精中增添果香和酒香。在食品加香中的建议用量为1～40mg/kg。

（7）管理状况　FEMA 2439，FDA 172.515，COE 310，GB 2760—2024 S0459。

（二十二）苯甲酸乙酯（Ethyl benzoate）

（1）分子式为$C_9H_{10}O_2$，相对分子质量为150.18。

（2）结构式如图5-76所示。

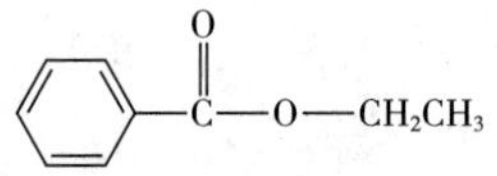

图5-76　苯甲酸乙酯结构式

（3）理化性质　无色液体，几乎不溶于水，溶于乙醇等有机溶剂，沸点212～213℃，相对密度d_4^{20} 0.950～1.051，折射率n_D^{20} 1.5049。

（4）天然存在　存在于桃子、菠萝、覆盆子、啤酒中。

（5）感官特征　甜的水果、药香香气和味道。

（6）用途与用量　用于调配依兰、香石竹、晚香玉等日用香精，也可用来调配香蕉、草莓、桃子、酒、烟草等香精，在烟用香精中可修饰水果风味，改善烟香和吸味。在食品加香中的建议用量为0.01～60mg/kg。

（7）管理状况　FEMA 2422，FDA 172.515、121.1164，COE 261，GB 2760—2024 S0486。

（二十三）苯乙酸乙酯（Ethyl phenylacetate）

（1）分子式为$C_{10}H_{12}O_2$，相对分子质量为164.21。

（2）结构式如图5-77所示。

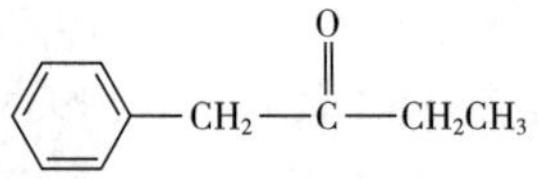

图5-77　苯乙酸乙酯结构式

（3）理化性质　无色液体，不溶于水，溶于乙醇等有机溶剂，沸点226～229℃，相对密度d_{25}^{25} 1.027～1.032，折射率n_D^{20} 1.496～1.500。

（4）天然存在　存在于圆柚汁、番石榴、番木瓜、苹果酒、葡萄酒中。

（5）感官特征　具有花香、果香、粉香、木香、动物香、可可香。

（6）用途与用量　用于调配樱桃、可可、蜜糖、奶油、杏、桃子等食用香精，用于烟用香精可调和烟气，减少原烟杂味。有鲜甜感觉，更适合用于雪茄型卷烟。在食品加香中的建议用量为1～30mg/kg。

（7）管理状况　FEMA 2452，FDA 172.515，COE 2156，GB 2760—2024 S0493。

（二十四）水杨酸甲酯（Ethyl salicylate）

（1）水杨酸甲酯又称邻羟基苯甲酸甲酯、柳酸甲酯，分子式为$C_8H_8O_3$，相对分子质量为152.15。

（2）结构式如图5-78所示。

（3）理化性质　无色液体，几乎不溶于水，溶于乙醇等有机溶剂，熔点222℃，沸点 234℃，相对密度 d_4^{20} 1.174，折射率 n_D^{20} 1.5362。

（4）天然存在　存在于冬青油、桦木、晚香玉、香石竹、番茄、草莓中。

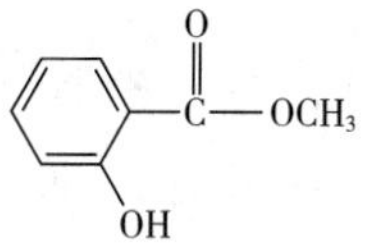

图 5-78　水杨酸甲酯结构式

（5）感官特征　具有特殊的冬青样香气。

（6）用途与用量　用于调配草莓、樱桃、苹果、葡萄、香荚兰等食用香精，用于烟用香精是薄荷清凉味的增效剂。在食品加香中的建议用量为 27~8400mg/kg。

（7）管理状况　FEMA 2745，FDA 121.1164，COE 433，GB 2760—2024 S0505。

（二十五）乳酸乙酯（Ethyl lactate）

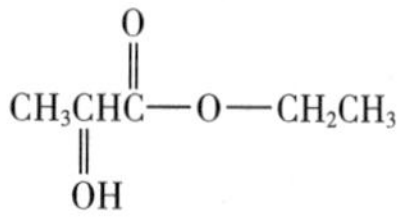

图 5-79　乳酸乙酯结构式

（1）分子式为 $C_5H_{10}O_3$，相对分子质量为 118.06。

（2）结构式如图 5-79 所示。

（3）理化性质　无色液体，几乎不溶于水，溶于乙醇等有机溶剂，沸点 154℃，相对密度 d_4^{20} 1.0302，折射率 n_D^{20} 1.4124。

（4）天然存在　存在于苹果、葡萄、可可、菠萝、杏仁、覆盆子、鸡肉中。

（5）感官特征　具有清甜的、带有酸味的水果香气，稀释后具有乳脂及菠萝的味道。

（6）用途与用量　主要用于调配苹果、菠萝、焦糖、乳香等食用香精，可用于烟用香精增强烟气香味。在食品加香中的建议用量为 1~1000mg/kg。

（7）管理状况　FEMA 2440，FDA 172.515，COE 371，GB 2760—2024 S0498。

（二十六）乙酰乙酸乙酯（Ethyl acetoacetate）

（1）乙酰乙酸乙酯又称丁酮酸乙酯，分子式为 $C_6H_{10}O_3$，相对分子质量为 130.15。

（2）结构式如图 5-80 所示。

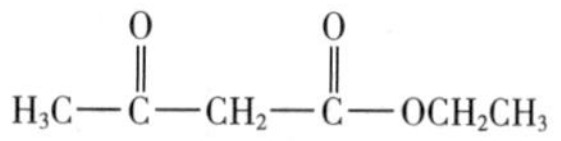

图 5-80　乙酰乙酸乙酯结构式

（3）理化性质　无色至淡黄色的澄清液体，微溶于水，与乙醇、丙二醇及油类可互溶，沸点 181℃，闪点 80℃，相对密度 d_4^{21} 1.022~1.027，折射率 n_D^{20} 1.418~1.421。有刺激性和麻醉性。可燃，遇明火、高热或接触氧化剂有发生燃烧的危险。中等毒性。

（4）天然存在　未见文献报道。

（5）感官特征　有醚样和苹果似的香气，并有新鲜的朗姆酒香，甜而带些果香。香气飘逸，不持久。

（6）用途与用量　广泛应用于食用香精中，主要用于调配苹果、杏、桃等食用香精，适量用于烟用香精中调制酒香和果香风味。在食品加香中的建议用量为 17~120mg/kg。

（7）管理状况　FEMA 2415，FDA 172.515、121.1164，COE 240，GB 2760—2024 S0365。

（二十七）二氢茉莉酮酸甲酯（Methyl dihydrejasmonate）

（1）二氢茉莉酮酸甲酯又称2-戊基环戊酮-3-乙酸甲酯，分子式为$C_{13}H_{22}O_3$，相对分子质量为226.32。

（2）结构式如图5-81所示。

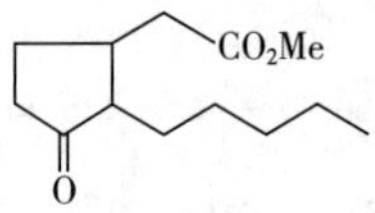

图5-81　二氢茉莉酮酸甲酯结构式

（3）理化性质　无色至淡黄色的油状液体，几乎不溶于水，溶于乙醇等有机溶剂，沸点109~112℃（26.6Pa），相对密度d_{20}^{20} 0.998~1.006，折射率n_D^{20} 1.457~1.462。

（4）天然存在　存在于大花茉莉油中。

（5）感官特征　具有果香、花香、木香，并有柑橘、柠檬香气，香气透发持久。

（6）用途与用量　用于调配覆盆子、草莓、柠檬、圆柚、糖果等食用香精。在食品加香中的建议用量为0.1~1mg/kg。

（7）管理状况　FEMA 3408，GB 2760—2024 S0511。

三、内酯类香料

内酯化合物也具有酯类的特性，内酯和酯在香气上有共同之处，它们之间最为突出的是在香气上均有果香。但是当内酯的环状结构不同时，其香气就有很大的差别。如丙位内酯具有果香，丁位内酯具有乳香，香豆素则具有类似新刈草的甜香和巧克力气息，大环内酯大都具有动物香气特征。作为香料使用的内酯品种最多的是五元环和六元环内酯，其次是大环内酯，内酯类香料在传统的甜味香精中应用非常广泛，在新兴的咸味香精中也有使用。

（一）γ-丁内酯（γ-butyrolactone）

（1）γ-丁内酯又称为4-羟基丁酸内酯，分子式为$C_4H_6O_2$，相对分子质量为86.09。

（2）结构式如图5-82所示。

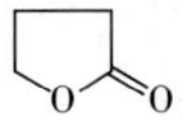

图5-82　γ-丁内酯结构式

（3）理化性质　无色至黄色液体，溶于水和乙醇等有机溶剂，沸点204~206℃，相对密度d_4^{20} 1.286，折射率n_D^{20} 1.4355~1.4375。

（4）天然存在　存在于白葡萄酒、啤酒、咖啡、芒果、炒榛子的挥发性香成分中。

（5）感官特征　具有类似奶油的芳香香气。

（6）用途与用量　用于调配牛乳、奶油、巧克力、可可、桃子等食用香精和烟用香精，增添柔和滋润的烟味。在食品加香中的建议用量为10~20mg/kg

（7）管理状况　FEMA 3291，COE 615，GB 2760—2024 S0630。

（二）γ-戊内酯（γ-valerolactone）

（1）分子式为$C_5H_8O_2$，相对分子质量为100.12。

（2）结构式如图 5-83 所示。

（3）理化性质　无色至浅黄色液体，熔点-31℃，沸点 207~208℃，相对密度 d_4^{20} 1.057，折射率 n_D^{20} 1.4320~1.4340。

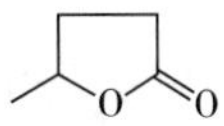

图 5-83　γ-戊内酯结构式

（4）天然存在　存在于桃子、牛乳、咖啡、茶叶、烤榛子、啤酒、熟牛肉和猪肉中。

（5）感官特征　具有果香、药香、甜香。

（6）用途与用量　用于调配乳香型、水果香型的食用香精，也用于烟用香精，可增强烟叶的香味。在食品加香中的建议用量为 4~50mg/kg。

（7）管理状况　FEMA 3103，COE 757，GB 2760—2024 S0623。

（三）γ-己内酯（γ-hexalactone）

（1）γ-己内酯又称 4-羟基己酸内酯、γ-乙基-γ-丁内酯，分子式为 $C_6H_{10}O_2$，相对分子质量为 114.15。

（2）结构式如图 5-84 所示。

（3）理化性质　无色液体，微溶于水，溶于乙醇、丙二醇等有机溶剂，沸点 220℃，相对密度 d_{25}^{25} 1.020~1.025，折射率 n_D^{20} 1.437~1.442。

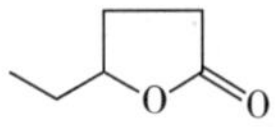

图 5-84　γ-己内酯结构式

（4）天然存在　存在于牛乳、菠萝、桃子中。

（5）感官特征　具有温和有力的带草药香的香豆素香气，甜而浓的奶油、焦糖样味感。

（6）用途与用量　用于调配椰子、蜂蜜、焦糖及果香型食用香精，用于烟用香精能与烟香协调，同时也是香兰素的增效剂，能与香兰素很好地协调，适用于奶油、香荚兰香精，用来代替不可食用的香豆素，有“黑香豆内酯”之称。在食品加香中的建议用量为 0.2~38mg/kg。

（7）管理状况　FEMA 2556，FDA 172.515、121.1164，COE 2254，GB 2760—2024 S0624。

（四）γ-庚内酯（γ-heptalactone）

（1）γ-庚内酯又称 4-羟基庚酸-γ-内酯、γ-正丙基-γ-丁内酯、1,4-庚内酯，分子式为 $C_7H_{12}O_2$，相对分子质量为 128.17。

（2）结构式如图 5-85 所示。

（3）理化性质　无色油状液体，几乎不溶于水，溶于乙醇等有机溶剂，相对密度 d_{25}^{25} 0.989~0.998，折射率 n_D^{20} 1.439~1.445。

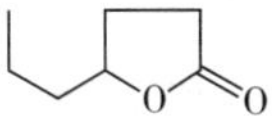

图 5-85　γ-庚内酯结构式

（4）天然存在　存在于桃子、绿茶、天门冬、啤酒、草莓、牛肉中。

（5）感官特征　具有甜的奶油、椰子、坚果和轻微的焦糖香气，有牛乳、奶油、椰子样口感。

（6）用途与用量　用于调配坚果、椰子、牛乳、焦糖等食用香精，与其他香料一起使用时，可对香荚兰、椰子香精起一定增效作用，用于烟用香精与烟香协调，修饰和提调烟气。在食品加香中的建议用量为18~40mg/kg。

（7）管理状况　FEMA 2539，FDA 172.515、121.1164，COE 2253，GB 2760—2024 S0625。

（五）γ-辛内酯（γ-octalactone）

（1）γ-辛内酯又称为4-羟基辛酸内酯或γ-正丁基-γ-丁内酯，分子式为 $C_8H_{14}O_2$，相对分子质量为142.20。

（2）结构式如图5-86所示。

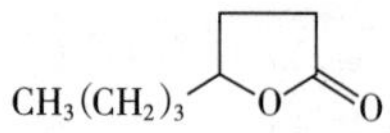

图5-86　γ-辛内酯结构式

（3）理化性质　微黄色液体，以1∶3溶于50%（体积分数）乙醇中，以1∶2溶于60%（体积分数）乙醇中，以1∶1溶于70%（体积分数）乙醇中，微溶于水，稍溶于丙二醇，相对密度 d_{25}^{25} 0.970~0.980，折射率 n_D^{20} 1.443~1.447，沸点243℃（常压）、132~133℃（2.7kPa）。

（4）天然存在　在杏、桃子中有微量存在。

（5）感官特征　具有强烈的椰子水果香气。

（6）用途与用量　用于调配奶油、牛油、炼乳、香荚兰、椰子、桃子、杏、烹调用香味料等食用香精，也用于烟用香精，与烟草具有的内酯类香气非常协调，可改善烟香和吸味。在食品加香中的建议用量为4.8~57mg/kg。

（7）管理状况　FEMA 2796，FDA 172.515，COE 2274，GB 2760—2024 S0626。

（六）γ-壬内酯（γ-nonanoic lactone）

（1）γ-壬内酯又称为γ-戊基丁内酯，分子式为 $C_9H_{16}O_2$，相对分子质量为156.23。

（2）结构式如图5-87所示。

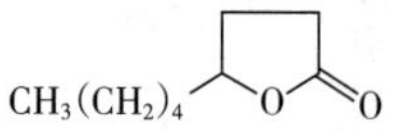

图5-87　γ-壬内酯结构式

（3）理化性质　无色至浅黄色透明液体，不溶于水，溶于乙醇等有机溶剂，沸点121~122℃（800Pa），相对密度 d_4^{20} 0.976，折射率 n_D^{20} 1.4470。

（4）天然存在　存在于桃子、杏、番茄、啤酒、白兰地酒、白葡萄酒、朗姆酒中。

（5）感官特征　具有奶油、椰子样香气。

（6）用途与用量　在食用香精中除了作为椰子香精的主香剂外，还用于调配奶油、杏仁、桃子、热带水果等香精，也用于烟用香精中，修饰烘托坚果、水果、乳脂、豆香和可可香等香韵和香味，改善烟香和吸味。在食品加香中的建议用量为0.2~38mg/kg。

（7）管理状况　FEMA 2781，FDA 172.515、121.1164，COE 178，GB 2760—2024 S2067。

（七）γ-癸内酯（γ-detalactone）

（1）γ-癸内酯又称γ-正己基丁内酯，分子式为 $C_{10}H_{18}O_2$，相对分子质量为170.25。

（2）结构式如图5-88所示。

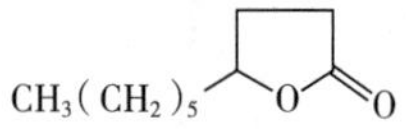

图5-88 γ-癸内酯结构式

（3）理化性质　无色液体，微溶于水，溶于乙醇等有机溶剂，沸点281℃（常压）、156℃（2.3kPa）相对密度 d_4^{20} 0.951~0.955，折射率 n_D^{20} 1.447~1.452。

（4）天然存在　存在于桃子、草莓、椰子、芒果、杏、啤酒、朗姆酒中。

（5）感官特征　具有蜡香、果香、奶油香、桃子、椰子香气。

（6）用途与用量　在果香型香精中做主香剂，是调配桃子、浆果、苹果、草莓、椰子、乳制品等食用香精的常用原料，适量用于烟用香精中。在食品加香中的建议用量为0.2~38mg/kg。

（7）管理状况　FEMA 2360，FDA 172.515，COE 2230，GB 2760—2024 S0628。

（八）δ-己内酯（δ-hexalactone）

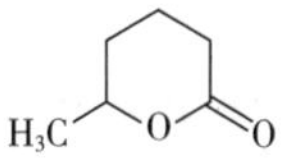

图5-89 δ-己内酯结构式

（1）分子式为 $C_6H_{10}O_2$，相对分子质量为114.15。

（2）结构式如图5-89所示。

（3）理化性质　无色油状液体，溶于乙醇等有机溶剂，沸点110~112℃（2.7Pa）相对密度 d_4^{20} 1.012，折射率 n_D^{20} 1.4425。

（4）天然存在　存在于椰子油、热的乳脂中。

（5）感官特征　烟草样香气，奶油、水果、椰子味道。

（6）用途与用量　用于椰子、烟草、水果等食用香精，在食品加香中的建议用量为0.2~38mg/kg。

（7）管理状况　FEMA 3167。

（九）δ-癸内酯（δ-decanolactone）

（1）δ-癸内酯又称5-羟基癸酸内酯，分子式为 $C_{10}H_{18}O_2$，相对分子质量为170.25。

（2）结构式如图5-90所示。

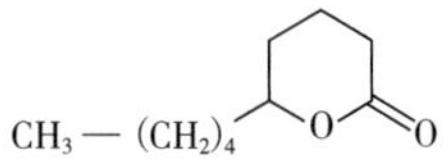

图5-90 δ-癸内酯结构式

（3）理化性质　无色黏稠液体，几乎不溶于水，溶于乙醇等有机溶剂，沸点117~120℃（2.7Pa）相对密度 d_4^{20} 0.954，折射率 n_D^{20} 1.456~1.459。

（4）天然存在　存在于椰子、覆盆子、芒果中。

（5）感官特征　具有桃子、乳脂香气。

（6）用途与用量　用于调配坚果、浆果、奶油、椰子、杏仁等食用香精，也可用于烟用香精中改进和提高烟草的香味。在食品加香中的建议用量为0.2~38mg/kg。

（7）管理状况　FEMA 2361，FDA 172.515，COE 621，GB 2760—2024 S0634。

（十）γ-十一内酯（γ-undecalactone）

（1）γ-十一内酯又称γ-庚基丁内酯、桃醛、十四醛，分子式为 $C_{11}H_{20}O_2$，相对分子质量为184.28。

（2）结构式如图5-91所示。

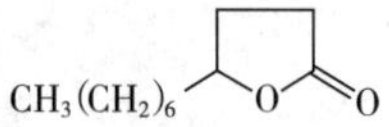

图5-91 γ-十一内酯结构式

（3）理化性质 无色至浅黄色黏稠的液体，不溶于水和甘油，溶于乙醇等有机溶剂，沸点297℃，相对密度 d_{25}^{25} 0.940~0.945，折射率 n_D^{20} 1.450~1.455。

（4）天然存在 存在于奶油、桃子、杏仁、西番莲、桂花、肉中。

（5）感官特征 具有桃子、椰子、坚果、奶油、香荚兰的气味。

（6）用途与用量 γ-十一内酯是最常用的内酯类香料之一，用于调配奶油、桃子、樱桃、杏、蘑菇、香荚兰等食用香精和烟用香精。在食品加香中的建议用量为3~12mg/kg。

（7）管理状况 FEMA 3091，FDA 172.515，COE 179，GB 2760—2024 S0162。

（十一）α-当归内酯（α-angelica lactone）

（1）α-当归内酯又称4-羟基-3-戊烯酸内酯、5-甲基-2(3*H*)-呋喃酮，分子式为 $C_5H_6O_2$，相对分子质量为98.10。

（2）结构式如图5-92所示。

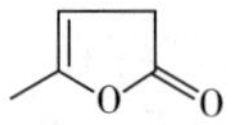

图5-92 α-当归内酯结构式

（3）理化性质 针状结晶，微溶于水，溶于乙醇等有机溶剂，熔点18℃，沸点167~170℃（常压）、56℃（1.6kPa），相对密度 d_4^{20} 1.084，折射率 n_D^{20} 1.4476。

（4）天然存在 存在于葡萄、白面包、大豆、干草中。

（5）感官特征 具有奶油、椰子、药草香气，并有烟草香韵。

（6）用途与用量 用于调配椰子、奶油、牛乳、坚果等食用香精，也用于烟用香精中，可提调烟香，改善吃味。在食品加香中的建议用量为0.2~4mg/kg。

（7）管理状况 FEMA 3293，COE 731，GB 2760—2024 S0649。

（十二）香紫苏内酯（Sclareolide）

（1）香紫苏内酯又称四甲基十氢萘、降龙涎内酯，分子式为 $C_{16}H_{26}O_2$，相对分子质量为250.37。

（2）结构式如图5-93所示。

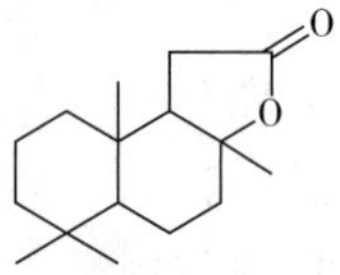

图5-93 香紫苏内酯结构式

（3）理化性质 白色粉末，熔点124~127℃。

（4）天然存在 存在于雪茄烟和东方型、香料型烟草的香气成分中。

（5）感官特征 1%的浓度具有强烈的木香和苔藓

样的香气，并带有柏木和烟草香调，0.1~0.5mg/kg 的浓度具有强烈芳香的柏木样的木香和烟草风味，带有蘑菇和壤香风韵。

（6）用途与用量　用于烟用香精、茶、槭树、胡椒和辛香风味的香精中，在混合型卷烟中可掩盖烟草的粗刺杂气，改进和提高烟香味，同时也是烟草的有效增香剂。在食品加香中的建议用量为 1.0~4.0mg/kg。

（7）管理状况　FEMA 3794，GB 2760—2024 S1049。

第五节　杂环类香料

杂环类香料是近几十年才发展起来的新型香料，由于具备一些优异性能，引起了香料界的高度重视。杂环化合物主要包括呋喃、吡咯、吡啶、噻吩、噻唑、吡嗪等。杂环香味化合物广泛存在于自然界中，目前人们已从各种食品中鉴定出了上万种，获 FEMA 批准可安全使用的有近 2000 种，其中，含氮、硫、氧的杂环化合物占有突出的地位。这主要有以下原因。

（1）它们大多数存在于天然香料或天然食品中，本身就是食品香味的微量化学成分，给予人们一种安全感。

（2）大多数杂环化合物有极高的气味强度和极低的觉察阈值，用量很少就能取得很好的增香效果，被认为是特效化合物，在食品化学中是理想的配料成分。

（3）香气特征突出，它们具有强烈的肉香、咖啡香、坚果香、焙烤香和蔬菜香，可以调制成具有特殊风味的食品香精，也可以作为食品增香剂直接应用于食品中。

杂环香味化合物在焙烤、油炸等食品中广泛存在，但浓度低，化学性质不稳定，加上多种香味物质混存于食品之中，因此食品中检测到的杂环香味化合物受到分离与分析技术的限制。近 30 年来，色谱分离技术的发展和计算机在非交互程序模拟中的应用，使很多新的杂环香味化合物被发现和确定。2001 年，FEMA 批准的 577 种“通常认为安全”化合物中，杂环类的香味化合物就有 230 种，占将近 40%，形成了一个很大的系列。

一、含氮香料

（一）2-乙酰基吡咯（2-acetylpyrrole）

（1）分子式为 C_6H_7NO，相对分子质量为 109.13。

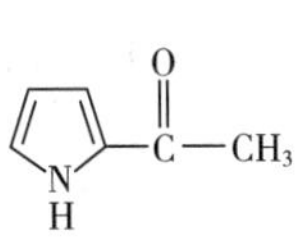

图 5-94　2-乙酰基吡咯结构式

（2）结构式如图 5-94 所示。

（3）理化性质　白色针状结晶体，溶于水，也溶于乙醇、乙醚等有机溶剂，熔点 90℃，沸点 220℃。

（4）天然存在　存在于茶叶、烘过的杏仁、咖啡、烤牛肉、烟草中。

（5）感官特征　具有核桃、甘草、烤面包、炒榛子和鱼样的香气。

（6）用途与用量　用于肉味、咖啡、茶叶、榛子、坚果等食用香精，也用于烟用香精中，修饰烟香，改善吸味。在食品加香中的建议用量为50mg/kg。

（7）管理状况　FEMA 3202，COE 11721，GB 2760—2024 S0736。

（二）*N*-甲基-2-乙酰基吡咯（*N*-methyl-2-acetylpyrrole）

（1）分子式为 C_7H_9NO，相对分子质量为 123.15。

（2）结构式如图 5-95 所示。

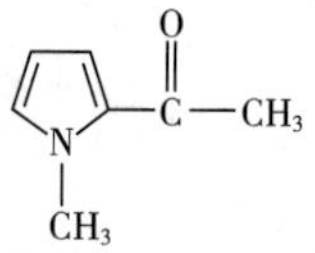

图 5-95　*N*-甲基-2-乙酰基吡咯结构式

（3）理化性质　无色或淡黄色液体。沸点 88～93℃（2.93kPa），相对密度 d_4^{20} 1.048～1.052，折射率 n_D^{20} 1.5420～1.5460。

（4）感官特征　具有烘烤坚果、杏仁香气。

（5）用途与用量　主要用于调配咖啡、水果等食用香精，也用于烟用香精，能增补和调整烟香。在食品加香中的建议用量为 1～10mg/kg。

（6）管理状况　FEMA 3184，COE 11373，GB 2760—2024 S0769。

（三）吡啶（Pyridine）

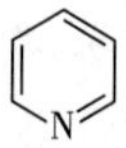

图 5-96　吡啶结构式

（1）别名氮杂苯，分子式为 C_5H_5N，相对分子质量为 79.10。

（2）结构式如图 5-96 所示。

（3）理化性质　无色至淡黄色吸湿性液体，溶于水以及乙醇等有机溶剂中，熔点 -42℃，沸点 114.3～116.3℃，相对密度 d_4^{20} 0.978，折射率 n_D^{20} 1.5090。

（4）感官特征　有特殊的刺鼻气味，扩散穿透能力强，味辛辣。

（5）用途与用量　用于调配海鲜、烟熏、巧克力等食用香精，也用于烟用香精中，给予烟制品生动完整的自然风味，增加烟气香味浓度。在食品加香中的建议用量为 0.02～1mg/kg。

（6）管理状况　FEMA 2966，FAD 172.515、121.1164，COE 604，GB 2760—2024 S0740。

（四）3-乙基吡啶（3-ethylpyridine）

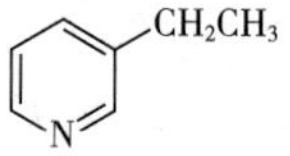

图 5-97　3-乙基吡啶结构式

（1）3-乙基吡啶又称 *β*-乙基吡啶，分子式为 C_7H_9N，相对分子质量为 107.16。

（2）结构式如图 5-97 所示。

（3）理化性质　无色至浅棕色液体，微溶于水，溶于乙醇、乙醚等有机溶剂，沸点

163~165℃，相对密度 d_4^{20} 0.940，折射率 n_D^{20} 1.5020~1.5030。

（4）感官特征　具有香草、烟草气味。

（5）用途与用量　微量用于咖啡和肉香型食用香精中，也可用于烟用香精中增加卷烟香气，改善吃味。在食品加香中的建议用量为 0.01~0.06mg/kg。

（6）管理状况　FEMA 3394，COE 11386，GB 2760—2024 S0777。

（五）3-乙酰基吡啶（3-acetylpyridine）

（1）3-乙酰基吡啶又称β-乙酰基吡啶，分子式为 C_7H_7NO，相对分子质量为 121.13。

（2）结构式如图 5-98 所示。

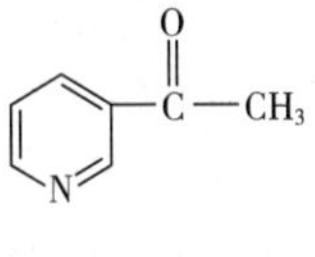

图 5-98　3-乙酰基吡啶结构式

（3）理化性质　无色液体，溶于水以及乙醇、乙醚等有机溶剂，沸点 219~220℃。

（4）感官特征　具有类似坚果的香味。

（5）用途与用量　用于坚果、肉味、乳味、烤香等食用香精和烟用香精中。在食品加香中的建议用量为 2~3mg/kg。

（6）管理状况　FEMA 3424，COE 2316，GB 2760—2024 S0779。

（六）哌啶（Piperidine）

（1）哌啶又称六氢吡啶，分子式为 $C_5H_{11}N$，相对分子质量为 85.15。

（2）结构式如图 5-99 所示。

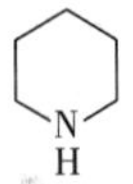

图 5-99　哌啶结构式

（3）理化性质　无色液体，溶于水和乙醇等有机溶剂，熔点-13℃，沸点 106℃，相对密度 d_4^{20} 0.861，折射率 n_D^{20} 1.4525。

（4）感官特征　具有动物香气，辛香味道。

（5）用途与用量　用于调配辛香味、海鲜等食用香精，也用于烟用香精，提高烟香，使烟香透发飘逸，增进东方型烟草固有的典型风味。在食品加香中的建议用量为 0.05~5mg/kg。

（6）管理状况　FEMA 2908，FAD 121.1164，COE 675，GB 2760—2024 S0774。

（七）2-甲基吡嗪（2-methylpyrazine）

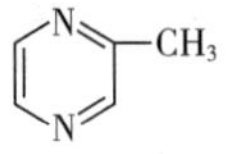

图 5-100　2-甲基吡嗪结构式

（1）分子式为 $C_5H_6N_2$，相对分子质量为 94.12。

（2）结构式如图 5-100 所示。

（3）理化性质　无色或淡黄色液体，能溶于水以及乙醇等有机溶剂，熔点-290℃，沸点 135℃，闪点 50℃，相对密度 d_4^{20} 1.030，折射率 n_D^{20} 1.5040~1.5060。

（4）天然存在　存在于炒大麦、烤胡桃、炒花生、炒榛子、可可等多种食品中。

（5）感官特征　具有坚果香、霉香、烤香、壤香，75mg/kg 的溶液具有坚果及烘烤食品的味道。

（6）用途与用量　用于调配花生、马铃薯、坚果、可可等食用香精，也用于烟用香精，可增强可可、坚果、烤香香韵，提高烟香味品质。在食品加香中的建议用量为 1～10mg/kg。

（7）管理状况　FEMA 3309，COE 2270，GB 2760—2024 S0710。

（八）2,3-二甲基吡嗪（2,3-dimethylpyrazine）

（1）分子式为 C_6H_8N，相对分子质量为 108.14。

（2）结构式如图 5-101 所示。

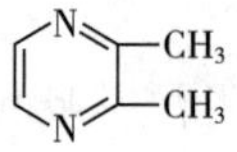

图 5-101　2,3-二甲基吡嗪结构式

（3）理化性质　无色或淡黄色液体，能溶于水和乙醇等有机溶剂，熔点 11～13℃，沸点 156℃，相对密度 d_4^{20} 1.022，折射率 n_D^{20} 1.5070。

（4）天然存在　存在于可可、咖啡、马铃薯片、河虾、卷心菜中。

（5）感官特征　具有霉香、可可、咖啡、马铃薯、面包样气味。

（6）用途与用量　用于调配可可、坚果、马铃薯、面包等食用香精，也用于烟用香精，可增强可可、坚果、焙烤香味。在食品加香中的建议用量为 0.2～10mg/kg。

（7）管理状况　FEMA 3271，COE 11323，GB 2760—2024 S0711。

（九）2-乙基吡嗪（2-ethylpyrazine）

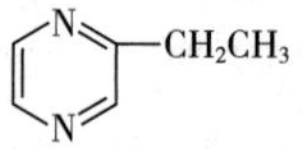

图 5-102　2-乙基吡嗪结构式

（1）分子式为 $C_6H_8N_2$，相对分子质量为 108.14。

（2）结构式如图 5-102 所示。

（3）理化性质　沸点 152～153℃，d_4^{20} 0.984，折射率 n_D^{20} 1.4980。

（4）天然存在　存在于马铃薯、煮牛肉、威士忌、咖啡、花生、麦芽、河虾中。

（5）感官特征　具有坚果香、霉味、木香、马铃薯香、壤香、烤香、肉香、鱼香、可可香，10mg/kg 的溶液具有坚果、马铃薯、可可的味道。

（6）用途与用量　用于调配坚果、咖啡、肉类、面包等食用香精，也用于烟用香精，可增强烟草烤香风味。在食品加香中的建议用量为 0.1～10mg/kg。

（7）管理状况　FEMA 3281，COE 2213，GB 2760—2024 S0766。

（十）2,3-二乙基吡嗪（2,3-diethylpyrazine）

（1）分子式为 $C_8H_{12}N_2$，相对分子质量为 136.20。

（2）结构式如图 5-103 所示。

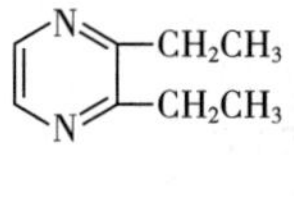

图 5-103　2,3-二乙基吡嗪结构式

（3）理化性质　无色或淡黄色液体，沸点 180～182℃，相对密度 d_4^{20} 0.970，折射率 n_D^{20} 1.4991。

（4）天然存在　存在于烤马铃薯、可可、榛子中。

（5）感官特征　具有霉味，坚果、萝卜、榛子、咖啡、马铃薯香气。

（6）用途与用量 用于调配马铃薯、各种坚果香型的食用香精，也用于烟用香精，可增强烟草特征香气。在食品加香中的建议用量为0.1~1mg/kg。

（7）管理状况 FEMA 3136，COE 534，GB 2760—2024 S0718。

（十一）2-乙酰基吡嗪（2-acetyl-pyrazine）

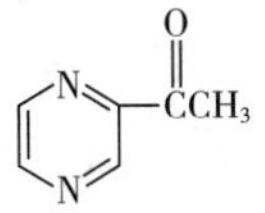

图5-104 2-乙酰基吡嗪结构式

（1）2-乙酰基吡嗪又称为甲基吡嗪基酮，分子式为$C_6H_6N_2O$，相对分子质量为122.13。

（2）结构式如图5-104所示。

（3）理化性质 固体结晶，易吸湿，需密封，存放阴凉处，不溶于水，溶于乙醇等有机溶剂，熔点76~78℃。

（4）天然存在 存在于花生、榛子、爆米花、芝麻油中。

（5）感官特征 具有咖啡、坚果、爆米花的香气。

（6）用途与用量 用于调配坚果、面包、马铃薯、咖啡、爆米花等食用香精和烟用香精。在食品加香中的建议用量为1~5mg/kg。

（7）管理状况 FEMA 3126，COE 2286，GB 2760—2024 S0720。

二、含硫香料

（一）4,5-二甲基噻唑（4,5-dimethylthiazole）

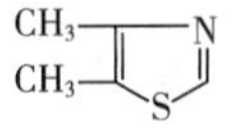

图5-105 4,5-二甲基噻唑结构式

（1）分子式为C_5H_7NS，相对分子质量为113.18。

（2）结构式如图5-105所示。

（3）理化性质 无色或黄色液体，沸点158℃，相对密度d_4^{20} 1.070，折射率n_D^{20} 1.5210。

（4）天然存在 存在于桃子、猪肉、咖啡、虾、扇贝、炒花生中。

（5）感官特征 具有鱼香、虾、辛香气味。

（6）用途与用量 用于调配虾类、贝类、蔬菜、咖啡等食用香精，也用于烟用香精，调整烟制品的香韵和风味。在食品加香中的建议用量为5~20mg/kg。

（7）管理状况 FEMA 3274，COE 11606，GB 2760—2024 S0785。

（二）2-乙基-4-甲基噻唑（2-ethyl-4-methylthiazole）

（1）分子式为C_6H_9NS，相对分子质量为127.20。

（2）结构式如图5-106所示。

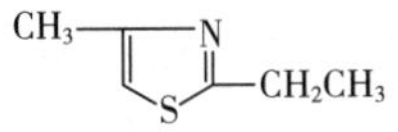

图5-106 2-乙基-4-甲基噻唑结构式

（3）理化性质 无色或淡黄色液体，溶于乙醇等有机溶剂中，沸点162℃（常压）、65~71℃（1.33kPa），相对密度d_4^{20} 1.028~1.032，折射率n_D^{20} 1.5030~1.5070。

（4）天然存在　存在于咖啡中。

（5）感官特征　具有坚果、烤香、咖啡、开胃菜肴、肉香气，并带有毛桃的果香。

（6）用途与用量　用于调配坚果、咖啡、肉味等食用香精，也用于烟用香精，增强烟草的咖啡风味。在食品加香中的建议用量为1mg/kg。

（7）管理状况　FEMA 3680，COE 11612，GB 2760—2024 S0729。

（三）2,4,5-三甲基噻唑（2,4,5-trimethylthiazole）

（1）分子式为 C_6H_9NS，相对分子质量为127.20。

（2）结构式如图5-107所示。

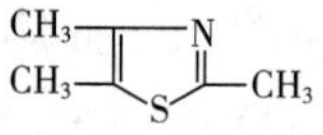

图5-107　2,4,5-三甲基噻唑结构式

（3）理化性质　无色透明液体，沸点165～167℃（95.6kPa），相对密度 d_4^{20} 1.031～1.035，折射率 n_D^{20} 1.5040～1.5080。

（4）天然存在　存在于牛肉中。

（5）感官特征　具有巧克力香、淡青香、坚果香、可可香、咖啡香、霉味。

（6）用途与用量　用于可可、巧克力、烤牛肉、熟牛肉、坚果类等食用香精，也用于烟用香精，可增强可可、坚果风味，改善、提高烟草吸味。在食品加香中的建议用量为2～6mg/kg。

（7）管理状况　FEMA 3325，COE 11650，GB 2760—2024 S0728。

（四）2-异丙基-4-甲基噻唑（2-isopropyl-4-methylthiazole）

（1）分子式为 $C_7H_{11}NS$，相对分子质量为141.24。

（2）结构式如图5-108所示。

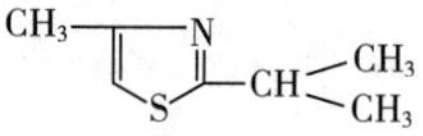

图5-108　2-异丙基-4-甲基噻唑结构式

（3）理化性质　油状液体，几乎不溶于水，溶于乙醇等有机溶剂，沸点187℃（常压）、70～72℃（5.3kPa），相对密度 d_4^{20} 1.006～1.007，折射率 n_D^{20} 1.4980～1.5020。

（4）天然存在　存在于啤酒、可可脂和新鲜番茄中。

（5）感官特征　具有霉味，壤香、淡果香、咖啡香及肉香。

（6）用途与用量　用于调配桃子、番茄、肉类、咖啡等食用香精和烟用香精。在食品加香中的建议用量为1～2mg/kg。

（7）管理状况　FEMA 3555，GB 2760—2024 S0732。

（五）2-乙氧基噻唑（2-ethoxythiazole）

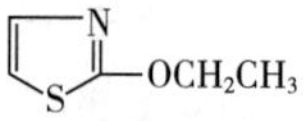

图5-109　2-乙氧基噻唑结构式

（1）分子式为 C_5H_7NOS，相对分子质量为129.18。

（2）结构式如图5-109所示。

（3）理化性质　无色透明液体，沸点32～33℃（267Pa）。

（4）天然存在　未见文献报道。

（5）感官特征　具有霉味，蔬菜、肉汁、坚果、咖啡、烤花生、烤肉香。

（6）用途与用量　用于调配可可、咖啡、蔬菜等食用香精，也用于烟用香精，可改善和提高烟制品的自然烟香和风味。在食品加香中的建议用量为0.2~2mg/kg。

（7）管理状况　FEMA 3340，COE 11611，GB 2760—2024 S1222。

（六）2-乙酰基噻唑（2-acetyl thiazole）

（1）分子式为C_5H_5NOS，相对分子质量为127.17。

（2）结构式如图5-110所示。

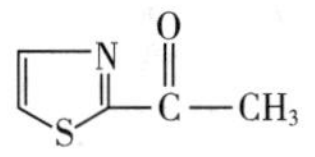

图5-110　2-乙酰基噻唑结构式

（3）理化性质　油状液体，熔点64.5~65.5℃，沸点89~91℃（1.6kPa），闪点78℃，相对密度d_4^{20} 1.2270，折射率n_D^{20} 1.5482。

（4）天然存在　存在于牛肉汁、马铃薯、猪肝、白面包中。

（5）感官特征　具有爆米花、炒板栗、烤麦片、烤肉、坚果、面包香。

（6）用途与用量　用于调配麦片、爆米花、面包等食用香精，用于烟用香精可增加烟香味。在食品加香中的建议用量为0.2~1.4mg/kg

（7）管理状况　FEMA 3328，COE 11726，GB 2760—2024 S0731。

三、其他杂环香料

（一）麦芽酚（Maltol）

（1）化学名为3-羟基-2-甲基-4*H*-吡喃酮，分子式为$C_6H_6O_3$，相对分子质量为126.11。

（2）结构式如图5-111所示。

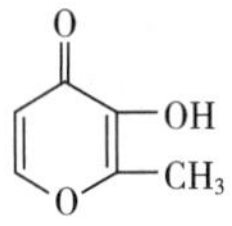

图5-111　麦芽酚结构式

（3）理化性质　白色晶体，微溶于水、丙二醇和丙三醇，溶于乙醇。熔点161~162℃，93℃升华，宜密闭贮存。

（4）天然存在　存在于针叶松、落叶松、木焦油、烘烤过的麦芽中。

（5）感官特征　甜的焦糖、棉花糖香气，甜的焦糖、果酱味道。

（6）用途与用量　主要用于巧克力、糖果、糕点等食用香精，用于烟用香精中起香味增效剂和甜味剂作用，能与烟草香味协调，提调豆香、果香和可可香韵，给烟气吸味柔和和醇厚的口感，多用于烤烟型甲、乙级卷烟。在食品加香中的建议用量为4.1~90mg/kg，

（7）管理状况　FEMA 2656，FDA 172.515，COE 148，GB 2760—2024 S0098。

（二）乙基麦芽酚（Ethyl maltol）

（1）化学名为3-羟基-2-乙基-4*H*-吡喃酮，分子式为$C_7H_8O_3$，相对分子质量为140.14。

（2）结构式如图5-112所示。

（3）理化性质　无色或微黄色粉末结晶，微溶于水，溶于乙醇等有机溶剂，熔点 88~92℃，在室温下有较高的挥发性，宜密闭贮存。

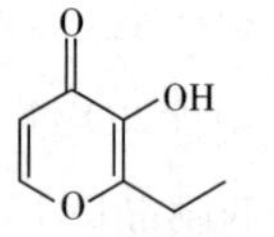

图 5-112　乙基麦芽酚结构式

（4）感官特征　烤麦芽和焦糖的甜香，有果酱和类似草莓的香气，香气持久，香势比麦芽酚强 4~6 倍，尝味开始稍有酸苦感，后转甜及水果风味，焦糖及果酱和草莓风味。

（5）天然存在　未见文献报道。

（6）用途与用量　乙基麦芽酚与麦芽酚的用途基本相同。主要用于草莓、焦糖、棉花糖和菠萝蜜等食用香精。由于香势比麦芽酚强 4~6 倍，用量可以少一些。适用于烟草加料加香，能与烟香协调和合，抑制刺激性，改善烟草吸味。在食品加香中的建议用量 12. 4~152mg/kg。

（7）管理状况　FEMA 3487，FDA 172. 515，COE 692，GB 2760—2024 S1162。

（三）2-乙酰基呋喃（2-acetylfuran）

（1）2-乙酰基呋喃又称 2-呋喃基甲基甲酮，分子式为 $C_6H_6O_2$，相对分子质量为 110. 11。

（2）结构式如图 5-113 所示。

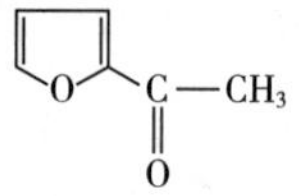

图 5-113　2-乙酰基呋喃结构式

（3）理化性质　为浅黄色液体或结晶体，不溶于水，溶于乙醇等有机溶剂，熔点 29~30℃，沸点 67℃（1333Pa），相对密度 d_4^{20} 1. 0980，折射率 n_D^{20} 1. 5065。

（4）天然存在　存在于番茄、烤马铃薯、咖啡、绿茶、香油中。

（5）感官特征　具有甜的杏仁香、坚果香、烤香、烟熏香。

（6）用途与用量　用于调配杏仁、面包、猪肉、糖蜜、烘烤食品、坚果香型香精及烟用香精。在食品加香中的建议用量为 20mg/kg。

（7）管理状况　FEMA 3163，COE 11653，GB 2760—2024 S0245。

（四）2-甲基-四氢呋喃-3-酮（2-methyltetrahydrofunan-3-one）

（1）别名面包酮，分子式为 $C_5H_6O_2$，相对分子质量为 100. 12。

（2）结构式如图 5-114 所示。

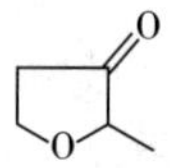

图 5-114　2-甲基-四氢呋喃-3-酮结构式

（3）理化性质　沸点 138~140℃，折射率 n_D^{20} 1. 4292。

（4）天然存在　存在于咖啡、坚果、炒榛子中。

（5）感官特征　甜香、坚果香、奶油香。

（6）用途与用量　用于调配坚果、可可朗姆酒、白兰地、焦糖香型的食用香精及烟用香精。在烟草中能与烟香协调，增进烟草固有风味。在食品加香中的建议用量为 5~20mg/kg。

（7）管理状况　FEMA 3373，COE 2338，GB 2760—2024 S0275。

（五）甲基环戊烯醇酮（Methylcyclopentenolone）

（1）甲基环戊烯醇酮又称 3-甲基-环戊烯基-2-醇-1-酮，分子式为 $C_6H_6O_2$，相对分子质量为 112.13。

（2）结构式如图 5-115 所示。

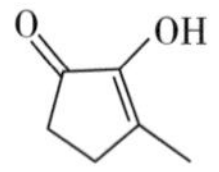

图 5-115 甲基环戊烯醇酮结构式

（3）理化性质　白色结晶体，熔点 106℃。通常以一分子水的结晶形式存在，纯品熔点 104℃。

（4）天然存在　存在于山毛榉干馏的焦油和葫芦巴、焙炒咖啡的香气成分中。

（5）感官特征　产品具有焦糖香、枫槭香及坚果香。

（6）用途与用量　主要用于食用香精的调制，用于烟用香精中以获得焦糖香韵，可提高卷烟的香气和吃味，还有香味增效的作用。在食品加香中的建议用量为 5.6~18mg/kg。

（7）管理状况　FEMA2700，GB 2760—2024 S0212。

重点与难点

1. 代表性醇类香料的香气特征。
2. 代表性醛、酮类香料的香气特征。
3. 代表性含氮杂环香料的香气特征。

思考题

1. 简述醇类香料在香料工业中的应用。
2. 简述酚类香料在香料工业中的应用。
3. 简述醚类香料在香料工业中的应用。
4. 简述醛类香料在香料工业中的应用。
5. 简述酮类香料在香料工业中的应用。
6. 简述酸类香料在香料工业中的应用。
7. 简述酯类香料在香料工业中的应用。
8. 含氮、硫、氧的杂环化合物在香料工业中占有重要地位的原因是什么？

第六章
香料的制备

课程思政点

【本章简介】

本章主要介绍了天然香料、合成香料和单离香料的制备方法与原理，以及代表性天然香料、合成香料和单离香料的制备工艺和工艺流程。

第一节　天然香料的制备

天然香料是香料行业中相当重要的一个部分，它的品种很多，且每种原料所含有的成分非常复杂，有些精油因成分性质上的差异和对热的敏感性、原料数量、生产规模、生产成本等因素的不同，需要选择不同的加工方法。即使使用同一种香料，不同制备方法制备的天然香料，其香气和组成也会有差别，因此有必要了解天然香料的制备过程。下面介绍天然香料的制备方法。

一、水蒸气蒸馏制备天然香料

植物性天然香料生产方法中，水蒸气蒸馏法是常用的一种。该方法的特点是设备简单、容易操作、成本低、产量大。除在沸水中主香成分容易溶解、水解或分解的植物原料外，绝大多数芳香植物均可用水蒸气蒸馏法生产香精。

（一）水蒸气蒸馏的原理

当植物性芳香原料浸在水中并加热至沸（如水中蒸馏）或把水蒸气通入芳香原料的料层中（如水上蒸馏和直接水蒸气蒸馏）时，由于沸水或水蒸气首先对原料产生作用，即在原料组织表面的芳香油分与沸水或水蒸气直接接触，从而产生了水和油的两个蒸气分压，而这种混合蒸气的总压始终等于锅内所采用的压力，如锅内采用常压蒸馏，则混合蒸气温度总在100℃以下。混合蒸气通过导气管进入冷凝器进行冷凝冷却，然后再经油水分离后，即得精油。当沸水或水蒸气在对原料组织表面油分发生作用时，其沸水或水蒸气同时向植物原料组织内部进行渗透、扩散，从而使组织内部的精油以水为载体，逐步地又不断地扩散到组织表面。由于表面油分不断汽化，这种扩散过程就能持续进行，直至芳香油分几乎全部扩散至表面而被蒸出时为止。也正由于沸水或水蒸气有这样的功能，从而使芳香植物中所含精油能通过这样简易又能在较低温度下进行的蒸馏方法提取出来。

（二）水蒸气蒸馏方式

1. 水中蒸馏

将蒸馏的原料放入水中，使其与沸水直接接触。它适宜于玫瑰、橙花等用直接水蒸气蒸馏易黏着结块、阻碍水蒸气透入的品种。而薰衣草等含有酯类的品种，则易发生水解作用，因此不宜采用水中蒸馏。采用锅底直接热源的水中蒸馏时，要防止原料被烧焦，否则会影响香气质量。

2. 水上蒸馏

于蒸馏锅内下部增装一块多孔隔板，原料装于板上，板下面盛水，水面距板有一定距离，水受热而成饱和蒸汽，穿过原料而上升。在蒸馏过程中，使原料与沸水隔离，从而减少水解作用。水上蒸馏方式适宜于破碎后干燥原料的蒸馏，也适宜于某些干花的蒸馏，如树兰花干。

3. 直接水蒸气蒸馏

与水上蒸馏方法基本相同，只是水蒸气来源和压力不同。此方法于锅内不加水，而将锅炉发生的水蒸气通入蒸馏锅内下部，穿过多孔板及其上面的原料而上升，因此，其水解作用小，蒸馏效率高，故用于薰衣草花穗的蒸馏是很适宜的。该法设备条件要求较高，需要附设锅炉，适用于大规模生产。这种蒸馏方式适宜于鲜叶鲜料的蒸馏，如白兰叶、橙叶等。对于某些干料在锅外“水散”后，也采用此方式进行蒸馏。

4. 减压或加压水蒸气蒸馏

减压水蒸气蒸馏方式常与在水中蒸馏时结合进行。有些富含不饱和烯烃类成分的精油，如柑橘类精油，因温度高，易引起“热聚”，减压蒸馏就能降低蒸馏温度，以减轻因热而聚合的现象。减压常在冷凝器馏出段处进行减压，由于减压虽加快了蒸馏速率，但温度下降时，水的蒸气压力降低远比油蒸气慢，所以水对油的质量比率相对增高，因而要求冷凝器应有较大的冷凝面积。这种蒸馏方式常适用于沸点高、黏度大及含有较多含氧倍半萜类精油的蒸馏。

5. 水扩散水蒸气蒸馏

这是近几年发展起来的一种新兴蒸馏技术。它的特点是：水蒸气从锅顶导入，然后水蒸气由上向下逐渐地往料层扩散渗透，同时把锅内与料层中空气推出。水蒸气与料层接触后，也首先按一般蒸馏原理进行“水散”和传质，但“水散”和传质出来的精油，无须全部汽化，就可以向下进入锅底下部冷凝器。这种方法最大的优点是：水蒸气呈渗滤形式往下进行渗透、扩散和传质；料层不会打洞，水蒸气走短路，蒸馏就较均匀、一致、完全；此外由于料层中出现的水油冷凝液能很快进入锅底冷凝器，这就避免了精油因受高热时间长，而造成破坏性分解、水解、聚合反应。因此，所得的油质量较好，得率高，能耗低，蒸馏时间短，设备简单。

（三）水蒸气蒸馏过程中产生的副作用

在水蒸气蒸馏过程中往往会产生一些不利于产品质量和精油得率的副作用，如水解、热解、热聚以及加成、缩合等现象。

1. 水解

水解是指水与精油中某些成分所起的一种化学作用。这些精油成分中的一部分（有时大部分）是酯类，即有机酸与醇的化合物。酯类在与水共存的情况下，尤其是在较高的温度中，常常要与水作用而分解成为原来的酸和醇。在水中蒸馏过程中，如水量很大，则分解成醇及酸的量也随之增大，这就是水中蒸馏的缺点。水上蒸馏时水解就少得多。水蒸气蒸馏时则更少了。但在水蒸气蒸馏过程中如采用加压，而且所选择的压力较高，致使温度也升得较高，这样也会引起水解作用加速。

2. 热解

有些不稳定的精油成分在水蒸气蒸馏过程中，尤其是在加压水蒸气蒸馏过程中所引起的分解现象，称为热解，有时也称为热降解。

3. 热聚

在有些精油中还存在着许多不饱和烯烃类化合物，它们常常对热很敏感，一般在稍长时间受热后，很容易产生聚合现象，这种现象称为热聚。如柑橘类精油由于含有大量柠檬烯，通过一般水蒸气蒸馏后，其大多数柠檬烯都产生聚合现象，结果其精油品质与鲜果比较相去甚远。

含有这类化合物的精油，如贮存在温度较高的地方，经过一定时间后，也会引起热聚。这些精油即使贮放在室温中，经过很长时间后，也会逐步产生聚合，但这种聚合速率比热聚要慢得多。

4. 加成、缩合

有些精油中因含有羰基化合物，如受热时间过长，会引起与其他成分的加成或缩合。但在水蒸气蒸馏过程中，这种现象是不明显的。

二、萃取法制备天然香料

（一）萃取的原理

萃取法又称浸提法，是用某种挥发性有机溶剂去萃取固体芳香物料中的芳香物质。

萃取过程是一种传质过程（即物质传递过程），当溶剂首先向固体芳香物料进行渗透，由外表面一直渗入到组织内部，同时或随后溶剂开始对以芳香物质为主的成分进行溶解，于是在该物料组织中较快地产生了相对的高浓度（指与物料外溶剂浓度相比），这时就自然地形成浓度差，高浓度处就产生了“扩散势”（即扩散推动力）。溶解后的芳香物质就依靠这种推动力逐渐进行扩散，由物料组织深处扩散到组织浅表处，然后再扩散到溶剂中。这就是把溶解后芳香物质传递到溶剂中的一种传质过程，这种传质过程能一直进行到浓度逐渐趋于零，这时物质的传递就自然地形成了动平衡。

已变成含有芳香物质的溶液，这种溶液在香料生产上常称为浸液。将浸液放出并通过蒸发浓缩方法，把溶剂部分或全部回收后，即可获得不同名称、不同规格的芳香产品，如浸液、酊剂、流浸膏、浸膏、香膏、香树脂、CO_2 萃取物等。

在溶剂萃取过程中，萃取效率和萃取速率与扩散速率、溶剂的浓度差、扩散面积、萃取时间、萃取温度等因素密切相关。

（二）萃取溶剂的选择

溶剂的种类很多，在香料工业中选择挥发性萃取溶剂，应注意如下原则。

（1）应无色无味。

（2）应不溶于水，否则会被含水分原料（如鲜花类）所稀释，从而影响溶剂的萃取效率。

（3）选择性要强，即要求溶解芳香物质的能力要强，而对其他杂质如植物蜡、色素、蛋白质、糖类和树脂等的溶解能力要差。

（4）化学性质应该是惰性的。

（5）在常温下不易大量挥发，而又能在较低的加热温度下易于蒸发。

（6）对人体健康的危害性较小。

（7）不易爆炸和燃烧。

（8）溶剂沸点范围应小，特别是蒸发后不得有任何残留物，否则会带入产品中，影响质量。

上述这些条件，也应该根据原料品种、性质和产品质量要求进行适当的选择。然而，目前所采用的溶剂不可能完全符合上述理想条件。目前常用的溶剂有乙醇、苯、氯仿、丙酮、二氯乙烷、乙醚、丁烷和石油醚等。我国用于香花类产品的溶剂一般均采用以己烷为主的 60~70℃ 石油醚（国外也有用 40~60℃ 石油醚）。树苔和岩蔷薇产品则以乙醇作溶剂。有时用一种溶剂提取后，再用另一种溶剂进行精制；有时也用混合溶剂进行提取或精制。

任何溶剂在投产使用时，还需要进行一次处理与精制，因为溶剂质量的好坏直接关系到产品质量。溶剂中即使仅带有微量杂味或焦臭气息，在使用过程中经蒸发浓缩后也常会残留不良气味并带入产品中，严重影响产品的香气，而且事后也难以进行脱臭处理。工业上简易处理溶剂的方法，就是把它重新精馏一次。

我国用于香花类的石油醚，虽经石油精炼厂的几次加氢饱和和精馏，已获得较优品质，但其蒸发后残留气息，仍有损于鲜花香气。虽然 60~70℃ 石油醚的馏程含量已达 98%以上，但 70℃以上的高沸点石油醚却带有油脂气息或令人不愉快的气味，有时再加上包装容器的不洁净，会重新将杂味混入溶剂中。所以，在生产前必须加以处理与精制。处理与精制方法为：在精馏前加入 0.5%（质量分数）液体石蜡，精馏时要控制馏速，不宜过快，并应留下 5%（质量分数）左右的残留液。加液体石蜡的目的是在精馏时留住高沸点部分以及吸收溶剂中的部分臭杂味。

（三）溶剂萃取的几种方式

溶剂萃取大致可分为以下 8 种萃取方式，即固定萃取、转动萃取、搅拌萃取、逆流萃取、浮滤式萃取、加热回流萃取、微波萃取和超声波萃取。

1. 固定萃取

固定萃取就是原料和溶剂两相不互相运动。这一方式一般为间歇操作，就是原料先加入萃取器中，然后泵入溶剂，使溶剂层盖过原料。由于无两相运动，无论溶剂渗入原料组织中，还是芳香物质向溶剂中扩散，其速率均较低，因而萃取时间长，效率低。

为了克服这一缺点，研究者对固定萃取作了改进。改进方式为：原料仍然静止，溶剂进行循环运动，就是从萃取器底部抽出的溶液，通过泵，从器顶再回入。这不仅提高了传质效率，而且物料中芳香物质也能均匀地被萃取出来。

2. 转动萃取

转动萃取就是原料与溶剂因原料转动而做两相运动。我国普遍采用的转动萃取设备由圆鼓外壳和分格式转动花筛构成。原料装在花筛内，溶剂加入量约为圆鼓形萃取器容积的一半，转速为 2~8r/min。此方式为间歇操作。在萃取过程中，它的最大优点是：溶剂使用量少，传质速率快，萃取时间比固定萃取短。而它的最大缺点是：因为转动，原料碰伤严重，所以杂质溶出率也较高。

转动萃取对不怕碰伤的原料或碰伤后对质量影响不大的香花类原料还是较适宜的。

3. 搅拌萃取

搅拌萃取是由固定萃取发展而来的一种萃取方式，属于间歇操作。搅拌是指以缓慢的速率使原料在溶剂内适当混匀。由于搅动，在萃取过程中也产生了原料与溶剂的两相运动，因而其萃取效率就远比完全固定萃取高。由于搅拌速率慢，不会使原料有较大损伤，所得产品质量优于转动萃取所得。这种萃取方式对细小或小颗粒状的芳香植物（包括香花）是较适宜的。

此方式萃取一定时间后，也和上述固定萃取、转动萃取一样，需要更换溶剂再进行洗涤。洗涤次数一般为两次，洗液可循环使用。

4. 逆流萃取

逆流萃取就是原料和溶剂互按逆流方向移动。一般新鲜或回收溶剂在出料端前加入，萃取液从加料端后流出。这对大批量香花或其他芳香原料的加工是较适宜的。

5. 浮滤式萃取

这种萃取方式，实际上是在搅拌萃取基础上加上浮滤装置的一种形式。它的特点是集搅拌、萃取、澄清及过滤于一体。

这种萃取方式，由于过滤是在澄清液中进行，过滤面在清液上部，由上而下，滤布不易受细粒原料或胶状物堵塞，因此适用于粉末状、细颗粒状及树脂状原料的萃取，也适用于树兰花、芸香等香料植物的加工。

6. 加热回流萃取

有些芳香植物如粉类、树脂类和泌香类原料的加工常以固定或搅拌萃取为基础结合加热进行回流萃取，加热回流萃取常以乙醇作溶剂。这种萃取方式比不加温的固定萃取或搅拌萃取都要强得多，因而浸出效率较高，但萃取时选择性较差。然而该类萃取液仍可按产品要求通过适当浓缩（或不浓缩）制成酊剂、浸剂或者浓缩成浸膏或香树脂类的产品。

7. 微波萃取

微波萃取，即微波辅助萃取，是根据不同物质吸收微波能力的差异使得基体物质的某些区域或萃取体系中的某些组分被选择性加热，从而使得被萃取物质从基体或体系中分离，进入介电常数较小、微波吸收能力相对差的萃取剂中，达到提取的目的。

由于微波具有穿透能力，因而可以直接选择性地与样品中有关香味物质分子或分子中的某个基团作用，使得细胞内部温度迅速上升，细胞内部压力超过细胞壁膨胀承受能力，细胞破裂。被微波作用的分子或基团，很快与植物细胞和整个样品基体或其大分子上的周围环境分离开，从而使分离速率加快并提高提取率，其模式为：热源→样品→器皿。空气及容器对微波基本上不吸收和反射，从根本上保证了能量的快速传导和充分利用。

微波用于天然香料植物萃取的机制：一方面，微波辐射过程是高频电磁波穿透萃取介质，到达物料的内部维管束和腺胞系统。由于吸收微波能，细胞内部温度迅速上升，使其内部压力超过细胞壁膨胀承受能力，细胞破裂。细胞内有效成分自由流出，在较低的温度条件下被萃取介质捕获并溶解。通过进一步过滤和分离，便获得萃取物料。另一方面，微波所产生的电磁场加速被萃取部分成分向萃取溶剂界面扩散速率，用水作溶剂时，在微波场下，水分子高速转动成为激发态，这是一种高能量不稳定状态；或者水分子汽化，加强萃取组分的驱动力；或者水分子本身释放能量回到基态，所释放的能量传递给其他物质分子，加速其热运动，缩短萃取组分的分子由物料内部扩散到萃取溶剂界面的时间，从而使萃取速率提高数倍，同时还降低了萃取温度，最大限度保证萃取的质量。

微波萃取有以下 3 个特点：①体现在微波的选择性，因其对极性分子的选择性加热从而对其选择性溶出；②大幅降低了萃取时间，提高了萃取速率，传统方法需要几小时至十几小时，超声萃取法也需要 0.5~1h，微波萃取只需几秒到几分钟，萃取速率提高了几十至几百倍，甚至几千倍；③微波萃取由于受溶剂亲和力的限制较小，可供选择的溶剂较多，同时减少了溶剂的用量。此外，微波萃取工艺如果用于大生产，则安全可靠，无污染，属于绿色工程，生产线组成简单，并可节省投资。微波萃取一般适用于热稳定性的物质，对热敏性物质，微波加热易导致它们变性或失活，此外，微波萃取要求物料有良好的吸水性，否则细胞难以吸收足够的微波能将自身击破，产物也就难以释放出来。微波提取对组分的选择性差。

8. 超声波萃取

超声波和其他声波一样，是一系列的压力点，如果声能足够强，液体在波的膨胀阶段被推开，由此产生气泡；而在波的压缩阶段，这些气泡就在液体中瞬间爆裂或内爆，产生一种非常有效的冲击力。这种由无数细小的空化气泡破裂产生冲击波的现象称为“空化”现象。

超声波在萃取过程中具有物理作用和生物作用。其中物理作用是利用超声波产生的空化现象细化各种物质以及制造乳浊液，加速植物中有效成分进入溶剂，使其进一步被提取，以增加有效成分的提出率。此外，还可以运用超声波的许多次级效应，如机械振动、乳化、扩散、击碎、化学效应等也都有利于使植物中有效成分的转移，并充分和溶剂混合，促进提取的进行。超声波的生物作用表现为超声能会转变为热能，可以使药物组织内部的温度瞬时升高。加速有效成分的溶解。同时，超声波可以利用辐射压强和超声压强引起的机械作用，使生物分子解聚，细胞壁上的有效成分溶解于溶剂之中。超声波产生的空化现象会产生大量的显微气泡，利用这些气泡的“定向扩散”形成共振腔，破坏了细胞膜和生物大分子，加速有效成分的扩散。因此可以说，热效应、机械粉碎作用及空化作用将成为超声技术在天然植物提取应用中的三大理论依据。

超声波萃取具有萃取时间短、产率高、条件温和、无污染等优点，同时无需高温加热也简化了设备要求和操作条件，在萃取天然植物及天然香料植物有效成分方面的应用正受到越来越多的重视。目前，超声萃取设备已经具备工业化条件。

三、吸附法制备天然香料

（一）吸附机制

吸附有两种，即化学吸附和物理吸附。伴有吸附质与吸附剂间发生化学作用的吸附过程，称为化学吸附；相反，不发生化学作用的称为物理吸附。物理吸附是由于分子间的相互引力所引起的，此力常称作范德华力，所以物理吸附也称为范德华吸附。在物理吸附中，吸附质与吸附剂发生吸附的过程进展较快，吸附一般为放热过程，但放出的吸附热不大。物理吸附无选择性，而且是可逆的，吸附剂本身不发生作用。

（二）吸附方式

1. 脂肪冷吸法

脂肪基一般用一份高度精炼的牛油和两份精炼的猪油混合而成，软硬适中，吸收力强，非常适宜于香花的冷吸。

用于冷吸的香花，如茉莉、大花茉莉和晚香玉等，一般是采收成熟花蕾。由于精油随花蕾开放而逐渐形成，而且放香持续时间较长，所以很有利于冷吸过程。

2. 油脂温浸法

此法适宜于加工已开放的鲜香花，如玫瑰花、橙花和金合欢花等。将鲜香花浸在温热且精炼过的油脂中，经一定时间后更换鲜香花，直至油脂中芳香物质达到饱和为止。除去废花后，即成为香花香脂，如玫瑰香脂、橙花香脂等。这些香脂也可用乙醇制成香脂净油。

3. 吹气吸附法

具有一定湿度的空气和风量，均匀地鼓入一格格盛装鲜香花的花筛中，从花层中吹出的香气，进入活性炭吸附层；香气被活性炭吸附达饱和时，再用溶剂进行多次脱附(解吸)，回收溶剂后，即得吹附精油。

四、榨磨法制备天然香料

（一）榨磨原理

榨磨法主要用于柑橘类果实精油的提取，有时生姜也通过榨磨来提取姜油。

通常，柑橘类果实和果皮的提油加工采用榨磨法。由于这一加工方法是在室温下进行，习惯上常称为“冷榨”“冷磨”。

“冷榨”是通过机械压榨方法，把已浸泡预处理好的外果皮中油囊榨破；“冷磨”是把整果果实的外果皮上油囊磨破或刺破。这时，精油即随机械作用喷射而出，然后用适量的喷淋水液把精油从组织中洗脱下来，再通过过滤、沉降和高速离心分离获得柑橘类精油。

（二）榨磨方式

1. 古老的简易榨磨法

（1）手磨法　此法是利用漏斗内部斜面上布满的黄铜刺，把清洗后的柑橘类果实放在漏斗上，用手进行磨滚，于是外果皮上的油囊即被刺破，精油和碎皮屑一起流入漏斗管中。管的出口端一般是预先封住的，当管内盛满时倾出，集中后将油、水和皮屑进行分离。

（2）手榨法　此法是利用两个半圆形海绵压板，上压板连接螺杆螺柄，可旋动，下压板固定不动。将新鲜果皮放在两块压板之间，以手旋动螺柄，带动螺杆和上压板，上压板就向下压榨，压榨一次后，翻动果皮再压榨，重复数次，逐渐使板上海绵体吸饱柑橘油和水分。然后，把挤压过的果皮拿掉，将上下两块海绵体挤压，使油和水压入接收瓶中，而固体颗粒的皮屑和胶体物质则留在海绵体内部。

2. 整果磨皮法

整果磨皮法主要有两种形式，即机械磨皮法和简易磨皮法。

（1）机械磨皮法　利用两块转动的磨盘和磨皮机四壁的磨钉来磨刺整果果皮。一般皮厚而坚硬的果实，磨盘转速可适当加快，磨皮时间也可适当延长；对于皮薄而松软的果实，磨盘转速要稍缓慢，磨皮时间也宜短。

（2）简易磨皮法　这种磨皮方法的设备结构筒中为一开口式圆桶形磨皮机，桶底为转动磨盘，桶四壁为磨擦面，磨盘表面与桶壁磨擦面均用三氯化铁、钢砂和氯化镁调制而成。这种磨皮方法适宜于小批量的橙、柑、橘果实，但所得精油质量不及前法。此法也曾为广东农村所普遍采用，常把果胚做成蜜饯来综合利用。

3. 螺旋压榨法

此法是利用具有一定压缩比的螺旋压榨机进行压榨的。它的压缩比一般为（8~10）：1，也就是从 8~10 倍体积压缩到 1 倍体积。螺旋轴为锥形，由大到小，轴外用两片半圆形多孔滤网包住；当果皮加入运转着的螺旋轴时，果皮即逐渐由大端被推向小端，于是果皮受压，果皮榨碎，油囊裂开，精油即喷射而出，并随机上喷淋水流出。螺旋压榨法对各种分散鲜果皮或干果皮均较适易。

五、超临界流体萃取制备天然香料

超临界流体萃取（Supercritical fluid extraction，SFE）是用超临界流体作为萃取溶剂，利用其特殊的物理化学性质对混合物进行萃取分离的一种高新技术。超临界现象的发现和研究已经有一个多世纪的历史，而超临界流体萃取正逐步应用于烟用香料香精，特别是精油、净油的萃取。其中超临界 CO_2 流体，它因临界温度、压力适中、活性低、高效、无残留、无毒安全、价廉易得等特点而成为使用最广泛的萃取剂。迄今，超临界流体萃取已用于丁香酚、桂醛、香芹酮、香兰素、香叶醇、香茅醇、薄荷醇、薄荷酮、树苔净油等烟用香料香精的提取。超临界流体萃取普遍得率高、产品纯净、品质好。

（一）超临界流体的性质和选择

1. 超临界流体的性质

超临界流体的密度、黏度和扩散性等物理性质处于气体和液体之间（表 6-1），而且与温度、压力和流体组成有关。超临界流体的密度是气体密度的 100~1000 倍，因此超临界流体的分子间作用比气体强，而其黏度即使在 400atm 下也只略高于气体，虽然超临界流体的密度与液体相似，但溶质分子在超临界流体中的扩散系数却比在液体中大得多，因此超临界流体具有与液体相似的溶解能力，又有良好的传质性能，而且超临界流体没有表面张力，很容易穿进样品基质内。温度略高于临界点时，超临界流体的压缩系数最大，压力的微小变化就能导致较大的密度变化，控制密度就可以控制超临界流体对溶质的溶解能力。因此同一超临界流体在不同温度和压力下能萃取极性或分子大小都不同的化合物。

表 6-1 超临界流体、液体和气体的物理性质

项目	超临界流体	液体	气体
密度/(g/cm^3)	0.2~0.9	0.8~1.0	(0.6~2.0) $\times10^{-3}$
扩散度/(cm^2/s)	(0.5~3.3) $\times10^{-4}$	(0.5~2.0) $\times10^{-5}$	0.01~1.0
黏度/(Pa·s)	0.20~0.99	3.00~24.0	0.05~0.35

2. 超临界流体的选择

用于 SFE 的超临界流体必须稳定、安全、易于操作，对于待萃取物质有足够大的溶解度，同时又有良好的选择性。在众多流体中最常使用的超临界流体是 CO_2，它的性质稳定，使用安全，价格低廉，临界温度低（T_c=31℃），临界压力适中（7.14MPa），操作条件易于达到，在室温下液化压力为 4~6MPa，便于贮运。萃取可以在室温附近的温和条件下进行，对易挥发组分或生理活性物质极少破坏，适合天然活性成分的提取。而且在临界点附近温度或压力的改变会使密度（ρ）发生较大的变化，同时使许多物质在其中的溶解度（s）也发生变化。

CO_2 是非极性物质，对极性化合物的溶解能力很低，因此 SFE 在实际应用中，为提高 CO_2 的溶解能力，可在体系中添加调节剂。①加入有机改性剂：有机改性剂通常是待分析物的良好溶剂，且能破坏待测物-基体的相互作用，其选择取决于待测物的特性，常用的改性剂有甲醇、乙醇、四氢呋喃、二氯甲烷、二硫化碳等有机溶剂；②加入衍生化试剂：使待测物中的羟基等极性基团转变为弱极性的醚，便可溶于 CO_2 中，对于萃取金属，可加入螯合剂把金属离子转化为中性的配合物，这些配合物在 CO_2 中应有较好的溶解度和快速络合的动力学性质；③使基体发生化学变化：如待测物不易衍生化，可用化学方法改变基体性质，如将 2∶1 的六甲基二硅胺烷和三甲氯硅烷混合物覆盖在含有三甲基硅烷基的飘尘样品上，可破坏芳烃聚合物与基体表面的吸附作用。当然，加入有机辅助剂缩小了 SFE 相比于传统萃取的优势，但就目前的技术来说，其作用是肯定的。同时也可采用其他极性超临界流体如 N_2O，缺点是它们的临界温度高、腐蚀性强。表 6-2 列出了部分超临界流体的物理性质。

表 6-2 部分超临界流体的物理性质

流体	临界温度/℃	临界压力/MPa	临界密度/(g/cm^3)	沸点/℃	溶解度参数
CO_2	31.3	7.4	0.448	-78.5	10.7
NH_3	132.4	12.0	0.235	-33.4	13.2
H_2O	374.2	22.1	0.315	100.0	—
N_2O	36.5	7.3	0.450	-88.6	10.6
乙烷	32.3	4.9	0.203	-88.6	6.6

续表

流体	临界温度/℃	临界压力/MPa	临界密度/(g/cm^3)	沸点/℃	溶解度参数
乙烯	9.2	5.0	0.218	-103.7	6.6
丙烷	96.7	4.2	0.217	-42.1	—
戊烷	196.6	3.4	0.232	36.1	—
苯	288.9	4.9	0.302	80.1	—
甲醇	240.5	8.0	0.272	64.7	14.4
乙醇	243.0	6.4	0.276	78.5	—
异丙醇	235.3	4.8	0.273	82.5	—

（二）超临界流体萃取的特点

超临界流体的上述性质使超临界流体萃取具有速率快、萃取效率高、方法准确度高、节省溶剂等特点，同时还易于自动化，能与色谱、光谱等分析仪器直接结合使用。

（三）超临界流体萃取的过程和装置

超临界流体萃取大致可分为3步：①待测物质从样品基质中释放出来并扩散、溶解进超临界流体中；②待测物质从萃取器转移至收集系统；③降低超临界流体的压力，有效地收集被萃取的待测物。

目前已有许多商品化的仪器，但是也可以自己组装以适应各种不同用途，超临界流体萃取装置如图6-1所示。

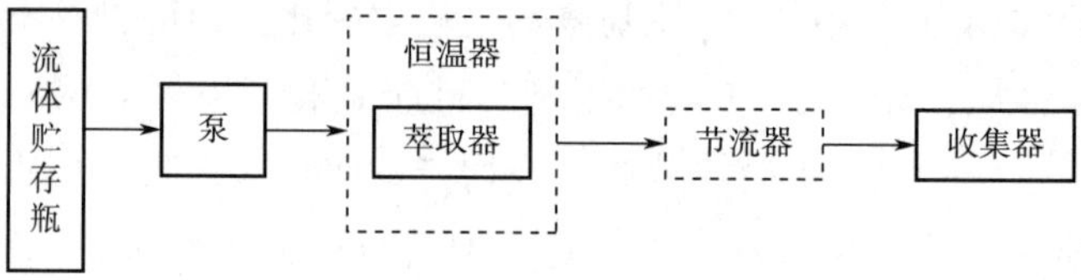

图6-1 超临界流体萃取装置示意图

（1）萃取器　在线萃取器的体积较小，典型的在线萃取器体积为0.1~10mL。萃取器必须能耐受高压和高温，接头和密封材料都必须是化学惰性物质，在操作条件下不变形。液体样品的入口（由毛细管导入）必须在萃取器的底部，出口在上部。

（2）节流器　超临界流体萃取所用的节流器通常是一根去活性的熔融二氧化硅毛细管或金属毛细管，内径以15~30μm为宜。毛细管出口一端制成卷曲状或变细，以确保管内流体密度（即溶质的溶解度）不变。

（3）收集技术　超临界流体萃取有3种收集技术，即溶剂捕集法、吸附剂吸附捕集法和固体表面冷冻捕集法。溶剂捕集法收集的样品可直接用于色谱或其他方法的分析；而吸附捕集法在捕集后还需要将待测物从吸附剂上脱附下来；冷冻捕集法是将一容器冷却，将待测物冷凝在容器壁上。

（四）影响萃取效率的因素

在应用 SPE 时，必须对影响其萃取效率的各种因素加以考虑，即优化操作条件，才能使萃取处于最佳状态。到目前为止，研究发现的各种影响因素包括：萃取压力、温度、时间和样品颗粒大小以及流体速率、萃取物收集方法和夹带剂的应用等。下面对主要影响因素作简要介绍。

1. 超临界流体的选择

被用作超临界流体萃取的溶剂有 CO_2、乙烷、乙烯、丙烯、甲醇、己醇、苯、水、氨等。超临界流体必须稳定、安全、易于操作，对于待萃取物质有足够大的溶解度，同时又有良好的选择性。这些流体中有的价格昂贵难以制取；有的化学性质活泼，使用时有危险；有的对设备有腐蚀和破坏性；有的临界温度高且在常压下是液态，不易分离；有的气体有毒有害，不适于提取食品或医药中的有效成分，且易造成环境污染；有的极性弱，对提取极性强的物质难以达到要求；有的极性强，无法更好地提取弱极性的物质。CO_2 与其他溶剂相比，作为超临界萃取剂具有较大的优势，CO_2 临界温度 31.3℃，临界压力 7.14MPa，在进行超临界流体萃取时，可以在室温附近实现，节省能耗，临界压力不算高，现有技术水平容易达到，且 CO_2 临界密度大，对很多溶质有较大的溶解度。CO_2 具有不易燃、化学性质稳定、无毒、无臭、安全、廉价等优点。因此，目前在食品、医药、化妆品、香料领域中，无论是实验室里还是工业生产中，常用 CO_2 作为超临界萃取剂。CO_2 基本上能满足非极性物质提取的要求，且价廉易得。还不会引起萃取物的污染，是很多领域超临界流体萃取中一种较理想和使用非常普遍的溶剂。

2. 萃取条件（压力、温度）的选择

目前对于超临界流体萃取最佳萃取条件的选择主要是考虑压力和温度。一般来说，超临界流体的密度在相当程度上与它的溶解能力密切相关，超临界流体的密度可由于压力和温度的变化在大范围内发生相应变化。实验证明，萃取效率主要取决于压力的变化。溶解度随压力的增大而增加，使单位时间内的萃取量增大，但压力不是随意增大和随意选择的，操作压力的增大会导致设备投资大幅增加，并且压力相对高时，萃取物中色素等无用成分含量也会增加，对其品质有一定影响。而且当压力上升到一定程度时，萃取量增幅会越来越小。萃取温度是影响萃取率的另一个重要参数，一方面，随温度提高，分子热运动速率增加，相互碰撞概率提高，CO_2 溶解能力增加；另一方面，温度提高，CO_2 密度降低，携带物质的能力降低，萃取率的高低取决于此温度下何种状态占优势。

3. 夹带剂的应用

一些学者在研究液体或固体物质在超临界中的溶解法则时发现，如果向纯溶质和超临界流体所组成的二元体系中加入第三组分，结果可以改变原来溶质的溶解度，这就是所谓的夹带剂效应。夹带剂可与超临界流体混溶，挥发性介于超临界流体及被萃取的溶质之间，以液体形式和相对小的量加入超临界流体中，其作用必须在改善或维持选择性的同时，提高难挥发溶质的溶解度。夹带剂从两方面影响溶质在超临界流体中的溶解度和选择性，一是夹带剂的密度，二是溶质与溶剂分子之间的作用力。一般情况下，加入少量的夹带剂对溶剂的密度影响不大，影响溶解度和选择性的重要因素是夹带剂与溶质分子间的范德华力或氢键及其他化学作用力。此外，加入夹带剂后，混合溶剂的临界点会发生相应变化，如能更接近萃取温度，会增加溶解度对温度的敏感度，改善其选择性。加入少量的夹带剂可以极大提高溶质的萃取效率。

根据实验，随着夹带剂加入量的增大，二元流体的溶解能力随之增大。但当夹带剂加入量达到一定程度，萃取物纯度反而降低，这可能是因为当夹带剂的量增加到一定程度会提高溶剂的临界点温度，一些无用成分含量增加。因此要在一定程度上控制夹带剂的加入量。

4. 流体的流速

CO_2 的流速可以明显影响超临界萃取动力学过程。在较低的 CO_2 流速下，可以很容易达到平衡溶解度，但由于黏度一定时存在传质系数的限制，故萃取率不高；而当 CO_2 的流速增加时，超临界 CO_2 通过样品速率加快，与样品的接触作用增强，传质系数和接触面积都相应增加，促进了超临界 CO_2 的溶解能力。但是 CO_2 的流速过高时，虽然可能会使对流传质系数变大，传质阻力降低，但是流体停留时间过短，使超临界 CO_2 与样品间来不及充分作用，萃取平衡来不及达到，使所测得的得率数据偏低。同时，CO_2 的流速过大也会使消耗的 CO_2 量增大，能耗较多。当然，流速越小，所需的实验时间会越长。所以在实际处理过程中，必须综合考虑，通过一系列实验选择合适的 CO_2 流速。

六、分子蒸馏制备天然香料

大部分香料是由热敏性有机化合物组成，其含量和香气是重要的质量指标。用一般的蒸馏和浓缩方法来精制，会发生分解或聚合，使质量和得率下降，香气品质较差；分子蒸馏技术的原理不同于常规蒸馏，它突破了常规蒸馏依靠沸点差分离物质的原理，依靠不同物质分子运动平均自由程的差别实现物质分离。因此，它具有常规蒸馏不可比拟的优点，如蒸馏压力低、受热时间短、操作温度低和分离程度高等。分子蒸馏来加工精制香原料，较常规的真空蒸馏而言，其热敏性物质损失明显减少，产品得率和香气质量提高，更易获得杂味少、香气纯正的产品，尤其满足香料等行业对产品纯度和香气的特殊要求。

（一）分子蒸馏的原理

根据分子运动理论，液体混合物受热后分子运动会加剧，当接受到足够能量时，就会从液面逸出成为气相分子。随着液面上方气相分子的增加，有一部分气相分子就会返回液相。在外界条件保持恒定的情况下，最终会达到分子运动的动态平衡，从宏观上看即达到了平衡。

根据分子运动平均自由程公式，不同种类的分子，由于其分子有效直径不同，其平均自由程也不同，即从统计学观点看，不同种类分子逸出液面后与其他分子碰撞的飞行距离是不同的。

分子蒸馏的分离作用就是依据液体分子受热会从液面逸出，而不同种类分子逸出后，在气相中其运动平均自由程不同这一性质来实现的。

如图 6-2 所示为分子蒸馏的分离原理。

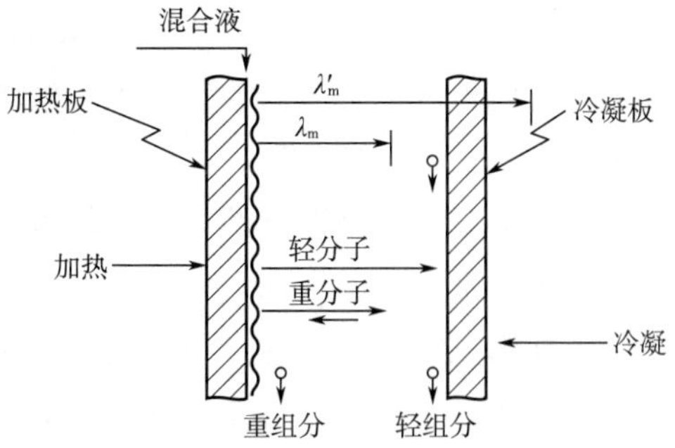

图 6-2 分子蒸馏分离原理示意图

λ_m、λ'_m表示分子平均自由程长度。

（二）分子蒸馏的技术特点

由分子蒸馏的基本原理可知，分子蒸馏应满足两个条件：①轻、重分子的平均自由程必须有差异，且差异越大越好；②蒸发面与冷凝面间距必须小于轻分子的平均自由程。为了创造有利于分子蒸馏的条件，在生产中分子蒸馏通常在 0.4~40Pa 压力下操作。另一种方法称为无阻碍蒸馏（Unobstructed-path distillation），通常在 2.7~66.7Pa 压力下操作。无阻碍蒸馏的板间距较大，分子蒸馏的板间距较小。短程蒸馏（Short path distillation）一般泛指分子蒸馏和无阻碍蒸馏。

分子蒸馏是一种非平衡状态下的蒸馏，由其原理来看，它又根本区别于常规蒸馏。因此，它具备操作温度低、蒸馏压力低、受热时间短、分离程度及产品收率高等特点。

（三）分子蒸馏的优势

从分子蒸馏的技术特点就可以发现，其在工业化应用上较常规蒸馏存在明显的优势。

（1）产品品质高　由于分子蒸馏操作温度低、受热时间短，因而大幅提高了产品品质，特别适用于高沸点、热敏性及易氧化物质的分离，有利于保持天然物质的品质。

（2）产品能耗小　由于分子蒸馏整个分离过程热损失少，且由于分子蒸馏装置独特的结构形式，其内部压降极小，因而可大幅节省能耗。

（3）产品成本低　由于分子蒸馏的分离效率高，产品收率高，因而可大幅降低产品生产成本。

此外，分子蒸馏装置由于其独特的结构形式，易于放大，因而有利于工业化规模的扩大。

总体来讲，在工业化应用中，分子蒸馏装置一次性投资较大。但是，随着科学技术的发展、相关技术的进步、设备加工技术的提高，特别是国产设备的研发、制造迅速发展，分子蒸馏装置的投资正在大幅降低。

（四）分子蒸馏的适用范围

（1）分子蒸馏适用于不同物质相对分子质量差别较大的液体混合物系的分离，特别是对于同系物的分离，相对分子质量必须有一定差别。

（2）分子蒸馏也可用于相对分子质量接近但性质差别较大的物质的分离，如沸点差异较大、相对分子质量接近的物系的分离。

（3）分子蒸馏特别适用于高沸点、高热敏性、易氧化（或易聚合）物质的分离。

（4）分子蒸馏适用于附加值较高或社会效益较大的物质的分离。

（5）分子蒸馏不适用于同分异构体的分离。

我国广藿香油、香根油、玫瑰油、茉莉净油、大花茉莉净油和当归净油等的深加工研究已应用了分子蒸馏技术，在单级或多级短程降膜式蒸馏装置上进行了脱色、精制和提纯试验研究，尤其是广藿香油分子蒸馏已形成生产规模，成功制成色泽浅黄，香气浓郁、柔和，具强烈广藿香特征香气、广藿香醇含量高的分子蒸馏级-特级广藿香油。此外，玫瑰油的分子蒸馏也已通过技术鉴定，精制级玫瑰油也已商品化。

七、膜分离技术制备天然香料

膜分离技术是利用天然或人工合成的高分子膜，以外加压力或化学位差为推动力，对混合物溶液中的化学成分进行分离、分级、提纯和富集。由于在膜分离过程中，物质不发生相变，分离效果好，操作简单，可在常温下避免热破坏，被认为是天然香料加工最有发展前途的新技术之一。

（一）膜分离的模式

依据所加的操作压力和膜的平均孔径的不同，膜分离可分为 3 种模式。

（1）微滤　微滤是利用孔径为 0.02~10μm 的多孔膜来过滤，应用领域极广。

（2）超滤　应用孔径为 1~20nm 的超过滤膜来过滤含有大分子或微细粒子的溶液。

（3）反渗透过滤 反渗透是利用反渗透膜选择性地只能透过溶剂（通常是水）的性质，对溶液施加压力，克服溶剂的渗透压，使溶剂通过反渗透膜而从溶液中分离出来的过程。海水和苦咸水淡化是其最主要的应用，反渗透膜的制备技术相对比较成熟，其应用也十分广泛。

（二）膜分离的优点

用物理方法除去果胶、蛋白质、大分子色素等，生产出的香料产品为纯天然香料。通过反渗透浓缩能除去70%的水分，避免了减压浓缩易把挥发性成分带走的缺点。对香料工业来说，膜分离目前主要在饮料浓缩液的生产中应用，如咖啡、茶均可用温水将香味等有效成分萃取出来，再经过反渗透装置将其浓缩，然后装听。饮用时，用水冲淡10~50倍，即可得到色、香、味俱佳的原装饮料。

八、色谱柱制备天然香料

色谱柱制备是一种用于对混合物进行精密分离的技术，在分离、制备天然香料方面得到广泛应用。分离功能在制备色谱柱内进行，采用一种高沸点溶剂作为活性吸附剂，将其沉渍在细粒状的惰性固相载体上而填充在色谱柱内，需要分离的混合物间隔地注入，并加热汽化；跟随着流动的惰性载气进入柱内，被吸附剂吸附后进行多级分离。既是一种吸附过程，又伴有吸收过程。混合物中的各种组分在吸附剂上有其各自的持留时间，因此可以根据其持留时间的不同而按顺序随载气流出填充柱而将它们精密地分离开来，可以达到极高的分离程度。

这种装置可以分离沸点在300℃以下的混合化合物，尤其是沸点非常接近、相对挥发度小于1.2的混合物。如同分异构体、微量杂质和一些共沸混合物等，这些物品是难以用分馏法、萃取等制备方法分离的，可以采用色谱柱进行分离。色谱装置自动化程度很高，运行费用不高，但装置的投资费用是相当大的。

1981年，瓦伦丁（Valentin）在报道中已论及1~2m柱径的装置，且可增加到5m柱径，装备处理量可达年产万吨的规模，表6-3是色谱柱分离香料的3个例子。

表6-3　色谱柱分离香料举例

混合物	进料组成	产品质量	柱温/℃	压力/kPa
从苯甲醇中分离苯甲醛	苯甲醇99.5%	苯甲醇99.6%	150	6.65
	苯甲醛0.1%	苯甲醛0		
	其他0.4%	其他0.4%		
α-蒎烯和β-蒎烯的分离	α-蒎烯	①99%α-蒎烯、1%β-蒎烯	160	101.3
	β-蒎烯	②98%β-蒎烯、2%α-蒎烯		
从丁香油中提取丁香酚	5%丁香酚	98.8%丁香酚	220	101.3

注：百分数为质量分数。

天然松节油中含有α-蒎烯和β-蒎烯，它们的沸点相差仅6℃，其相对挥发度约为1.114，所以靠精密分馏塔或分子蒸馏来分离是困难的，而采用色谱技术分离，可以得到纯度为99%（质量分数）的α-蒎烯，同时又得到纯度为98%（质量分数）的β-蒎烯，效果是相当理想的。在柱径400mm，柱高1500mm的色谱柱中，其操作条件是：以氢气作载气，流速 9cm/s，温度 160℃，每次注料周期 65s。每天产量可达 540kg。

九、美拉德反应物制备天然香料

美拉德反应（Maillard reaction）在近几十年来一直是食品化学、食品工艺学、营养学、香料化学等领域的研究热点，因为美拉德反应是加工食品色泽和浓郁芳香的各种风味的主要来源。研究发现，天然食品的香味物质，例如萜类、醇类、醛类、酮类、内酯类、羧酸类、氨类和含硫化合物是在水果与蔬菜中经酶催化而生成的。而加工食品产生的香味物质是这些食品本身所含某些成分之间经加热反应而产生的，也即由非酶褐变反应所产生的。非酶褐变反应虽然是多种多样的，但其基本反应类型是氨基化合物与还原糖或其他羰基化合物之间经加热而发生的一系列反应过程。该反应是加工食品、烟草等香味的重要来源。

（一）美拉德反应机制

美拉德反应过程很复杂，对其机制的研究进展很慢。霍奇（Hodge）提出，美拉德反应全部产物都是由 Amadori 中间产物转换产生的，反应必须经过开环、1,2-烯醇化及 2,3-烯醇化等步骤。一般认为，在碱性条件下，由于邻近 N 原子的影响，糖碱基 C1 上的电子密度增大，使 1,2-烯醇化变得困难，所以含强碱性氨基酸碱基的 Amadori 产物在碱性条件下一般进行 2,3-烯醇化。酸性条件下，N 原子被质子化，受到带正电的 N 原子的吸引，电子离开 C1，使 1,2-烯醇化较容易进行。这是 Amadori 产物无环互变异构体烯醇化的假说，可它无法解释 Amadori 产物受热形成的产物的复杂性，并且理论产率与实际值有很大差别。

近年来，有人提出了 Amadori 重排产物直接脱水假说。根据这种假说，Amadori 椅式吡喃果糖环可能是以半缩醛羟基和 C—3H 的反式消去（E2 型机制）方式进行直接脱水的，由于有 180°的扭转角加之半缩醛羟基的不稳定性都使消去更易进行。脱水开始以后环可呈现船式构象，以容纳分子 C2、C3 间的双键。C5—C6 键再失去一分子水，就形成一个吡喃环，它的 3、4 位各有一个羟基。这种脱水作用可由酸碱催化。在酸性和碱性条件下，4-羟吡喃可进行芳化形成吡喃离子。由此可以推测 Amadori 产物的呋喃果糖互变异构体也应该能够以类似的脱水反应形成呋喃离子。这个假设可以较好地解释美拉德反应中多聚物开始形成时荧光迅速减少的现象，在一定程度上可说明美拉德反应的机制。

（二）美拉德反应的影响因素

（1）pH　美拉德反应一般随 pH 的升高而加剧，酸性介质中，美拉德反应受抑制，碱性介质中则反应加速。从美拉德反应的机制和过程可以知道，当氨基酸呈现出负离子的时候氨基有更强的亲核性，因而有利于美拉德反应的进行。

（2）温度　温度较高的条件有利于一些低相对分子质量的杂环化合物的形成。吡喃环对热敏感，开环后使产物结合增加，然后再环化，从而形成新的碳环或杂环化合物，大多数是含有 5、6、7 个原子的芳香族化合物如苯、呋喃、噻唑、咪唑、吡咯、吡啶等。烯醇胺或 α-氨基酸在高温下也可缩合成吡嗪类化合物。

(3) 反应时间、水分活度等　当水分活度为 0.3~0.7 时，美拉德反应的速率较快。此外，反应物氨基酸与还原糖的比率、反应时间对美拉德反应的速率以及最终产物的组成有着重要的影响。

在烟草烘烤、自然陈化、加料、烘丝直至燃烧过程中，烟草中羰基化合物（以还原糖为代表）与氨基化合物（以氨基酸为代表）一直在反应，最终的产物是类黑精（大分子）和吡嗪类、吡啶类、吡咯类、吡喃类、呋喃类（小分子）。其中，后一类小分子物质具有坚果香、爆米花香、烘烤香的优美香气，是构成卷烟品质的重要方面。这类反应也称为“非酶褐变反应”或“美拉德反应”。对烟草中的美拉德反应机制和规律进行研究，尤其是中间体的分离鉴定及其生成和热分解规律，探讨该类反应对烟草品质的贡献，找出优质因子；接下来通过模拟合成反应，制备美拉德反应产物，用于卷烟产品。美拉德反应在烟草中有着广泛的应用，可改善香烟的吸味，减少烟气对人的刺激作用，美拉德反应过程中产生的还原酮或脱氢还原酮可抑制脂质和多酚类的氧化褐变，从而减少杂味的生成，可以有效地改善劣质烟叶的质量，减少木质气，增加烟香，同时可减少烟气中 CO 的含量。添加美拉德反应产物的香烟产生的烟气对人的刺激作用会明显降低。由于美拉德反应是烟草特征香味形成的重要反应之一，因此，美拉德反应在烟草增香中的应用研究备受青睐。自 20 世纪 70 年代以来，美国、日本、德国都已出现过以褐变反应产物作为烟草增香剂的专利、文献，如美国专利（US4306577）。

十、生物产香技术制备天然香料

（一）微生物发酵法

生物技术涉及一系列传统和现代的生物学方法和手段，包括基因重组技术、生物酶工程技术、微生物诱变改良技术、发酵工程技术以及植物细胞或组织培养等。发酵工程技术作为一项古老而又传统的方法，在酒和食品工业领域被广泛使用。早期的研究主要是筛选产香微生物，而现代生物技术为它注入了新的内容，更多关注的是它的应用以及提高生物催化的效率。近来，利用生物技术生产香料的研究极为活跃，已成为香料工业研究的热点，特别是在合成单体香料方面已取得了长足的进步，日益受到业内人士关注。

利用微生物发酵生产香料香精的基本原理是：通过微生物的代谢和微生物产生的酶的催化作用，经过一系列复杂的生物化学反应，使各种有机化合物转化为不同种类的芳香化合物或混合物。

1. 吡嗪类

吡嗪类为含氮的杂环化合物，是许多食品风味的形成成分，常用于食品增香剂，能使热处理后的食品产生特殊的“焙炒”或坚果味，潜在用途很大。在正常情况下，它是通过美拉德反应形成，但有些微生物也能合成吡嗪类化合物。1962，年 Kosnge 和 Kamiya 首次报道利用枯草芽孢杆菌（*Bacillus subtilis*）发酵可得到 4-甲基吡嗪，这种化合物是酱油、纳豆和日本豆酱香味的主要产生者。后来 Demaia 发现，一种需要亮氨酸、异亮氨酸、缬氨酸和泛酸的谷氨酸棒状杆菌（*Corynebacterium glutamicum*）突变株，能大量产生 4-甲基吡嗪，经 5d 发酵，产量可达 3g/L；此外又发现腐臭假单胞菌（*Pseudomonas taetrolens*）可以产生烷基吡嗪，如 1-甲氧基-3-异丙基吡嗪，它的突变菌株产生该香味化合物的能力比一般菌株高 375 倍；后来又发现某种链霉菌（*Streptomycetaceae*）也能发酵产生 2-甲氧基-3-异丙基吡嗪，黄曲霉（*Aspergillus flavus*）能产生 1-羟基-3,6-二异丁基吡嗪等。

2. 内酯类

内酯类是香料工业中广泛应用的化合物，是食品香气的主要成分，具有浓烈的令人愉快的香味。它与水果、椰子、奶油、可可和坚果等香味有关。内酯是由羟基脂肪酸发生分子内酯化反应而生成。内酯除利用化学法合成外，还可通过微生物发酵法来生产。采用微生物发酵法，通过羟基脂肪酸的 β-氧化，不仅可以简化化学法需要完成的多步化学反应过程，而且可以得到相对较纯的具有旋光特性的产品。博尔丁（Bolding）等报道，由 α-酮酸合成内酯需要 6 步反应，采用微生物发酵可完成相同的转化。

许多微生物可以产生内酯类化合物。利用解脂假丝酵母（*Candida lipolytica*）、酿酒酵母（*Saccharomyces cerevisiae*）、点青霉（*Penicillium notatum*）、结香枝孢（*Cladosporium edgeuorthiae*）、果香枝孢和藤黄八叠球菌（*Sarcina lutus*）等微生物在含有丙酮酸的培养基中培养，都具有产生内酯的能力。γ-癸内酯是许多水果香的重要成分。研究表明，利用解脂假丝酵母（*Candida lipolytica*）、香气红冬孢锁掷孢酵母（*Rhodosporidiobolus odoratus*）等微生物发酵能生产 γ-癸内酯，并已用工业化液体发酵生产。γ-癸内酯是乳制品的重要香气成分，利用酿酒酵母，以 11-羟基棕榈酸为原料，可以发酵生产 δ-癸内酯。绿色木霉（*Trichoderma viride*）在马铃薯-葡萄糖培养基上生长能产生强烈可可味的化合物 6-戊烷基-1-吡咯。用被孢霉属菌种（*Mortierella* sp.）发酵，可以得到 γ-辛内酯。利用面包酵母发酵（*Saccharomyces cerevisiae*）可以将乙酰丙酸还原成 γ-戊内酯。

3. 酯类

酯类是水果香味的主要成分，是非常重要的香料物质。早在 100 多年前，科学家就发现了利用微生物生产果味酯的方法并合成了这类果味酯，如利用担子菌纲中的香栓菌（*Trametes suaveolen*）发酵，能产生令人愉快的、蜂蜜风味的甲基-乙酸苯酯和类似茴香味的甲基-对-甲氧基乙酸苯酯。

4. 萜烯类

含氧萜烯类化合物是香精油中特殊气味和风味的主要组分。它以异戊二烯为基本单位，具有开链、闭链、环状、饱和或不饱和结构。能够发酵产生萜烯类化合物的微生物多为真菌，其中最有代表的真菌是长喙壳属。变蓝长喙壳霉（又称蓝变真菌，*Ceratocys-*

tis polonica）在静置培养条件下，能产生许多萜烯、类萜物质如6-甲基-5-庚烯-1-酮、香茅醇、橙花醇和芳樟醇等；多型孢长喙霉（*Ceratocystis variospora*）和念珠长喙壳霉菌（*Ceratocystis moniliformis*）均被发现能产生萜烯类化合物。此外，从气味栓菌（*Trametes suaveolen*）、火木层孔菌（*Phellinus igniarius*）、窄盖木层孔菌（*Phellinus tremulae*）的代谢物中均分离到单萜烯；在厌氧深层培养条件下，乳酸克鲁维酵母（*Kluyveromyces lactis*）能发酵产生萜烯类物质，如香茅醇、香叶醇和芳樟醇等。

5. 丁二酮

2,3-丁二酮是发酵乳制品中提供油香味的化合物。目前在乳品工业中，采用假肠膜明串珠菌（*Leuoconostoc pseudomesenteroides*）或肠膜明串珠菌（*Leuoconostoc mesenteroides* subsp. *dextranicum*）、噬柠檬酸明串珠菌（*Leuoconostoc citreum*）、乳酸明串珠菌（*Leuoconostoc lactis*）和丁二酮乳链球菌（*Streptococcus diacetylactis*）等微生物，在含柠檬酸的牛乳培养基中发酵，将柠檬酸转化为丁二酮。

6. 苯甲醛

天然的苯甲醛通常来源于苦杏仁核。但在生产过程中，在获得苯甲醛的同时，也产生严重影响安全的氢氰酸。最近科学家发现可用微生物发酵法，将天然的苯丙氨酸转化合成出苯甲醛。采用苯薄皮孔菌（*Ischnoderma resinosum*）进行液体深层发酵，可将苯丙氨酸转化为苯甲醛和苯丙醇。

7. 其他

以稀奶油或奶油为原料，通过微生物所产生的脂肪酶或接入某种微生物，使乳脂肪分解，可以得到醇厚浓郁的乳类香精。此外，利用微生物发酵技术还可发酵生产左旋薄荷醇、广藿香烯醇和紫罗兰酮衍生物等多种香料。所有这些产品在烟草、食品、饮料、医药等行业中都具有广泛的用途。

（二）酶处理法

酶是生物催化剂，是细胞合成的调节生物体新陈代谢的一类具有高度催化活性的特殊蛋白质。尽管酶在天然产物的提取活性方面应用广泛，但在烟用香精制备方面的应用却报道较少。随着酶工程的不断发展，其作用越来越受到人们的重视，例如，在烟用葡萄香基的发酵过程中加入淀粉酶，作用后可产生杂油醇，而杂油醇的主要成分为1-丙醇、2-丙醇、丁醇及其异构体、戊醇、糠醛等，添加在卷烟中会增加酒香和轻微的青香。在烟用香橙提取物的制备过程中，加入果胶酶可除去香橙提取物中的果胶质，加入卷烟中赋予卷烟橙香和微弱的萜类气息，与没加果胶酶的橙汁相比，明显降低了果胶质带来的刺激性。近年来，废次烟叶的酶处理技术是烟用天然香料的研究热点。经初步研究发现，在烟叶中加入果胶酶、纤维素酶、中性蛋白酶等能够改善烟叶浸膏评吸时的口感、余味和刺激性。

此外，还有利用酶催化来合成天然香料，如从白酒大曲中分离筛选出高效脂肪酶生产菌华根霉（*Rhizopus chinensis*），建立利用华根霉全细胞脂肪酶在非水相中催化合成以己酸乙酯为代表的短链芳香酯技术体系，并实现产业化。此方法反应条件温和、反应特异性强、有毒副产物少、反应效率更高，转化产物品质高，合成的短链脂肪酸酯主要包括己酸乙酯、戊酸乙酯、庚酸乙酯、辛酸乙酯等，属于天然等同生物香料，具有巨大的市场需求和商业价值。生物合成的己酸乙酯产品与化学合成酯相比，在安全性、风味质量（持香性、自然性和协调性）等方面都更具有优势。特别是安全性方面远高于目前化学合成产品的国家标准。

十一、天然香料制备的应用实例

［实例 1］ 水蒸气蒸馏制备玫瑰油

1. 植物原料

玫瑰的品种非常多，但能用于生产精油的只有少数几种。其中包括中国甘肃产的苦水玫瑰。

2. 生产方法

常压回水式水中蒸馏，得油率 0.04%左右。

3. 工艺条件

（1）装料要求　鲜花采摘后应在 2h 内处理。每立方米蒸馏器加入 30kg 玫瑰鲜花、120kg 清水。

（2）蒸馏速率　每小时蒸出蒸馏器容积 10%的蒸馏液。

（3）蒸馏时间　2h。

（4）间歇放油　每 30min 放油 1 次。

4. 工艺流程

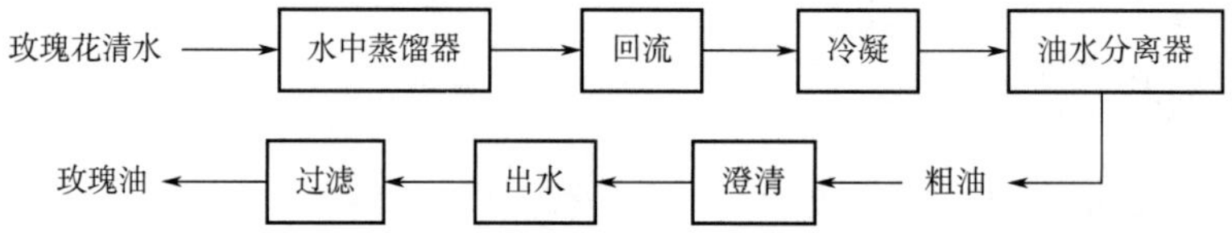

5. 理化性质

浅黄色至黄色液体，具有甜玫瑰花香，相对密度 0.849～0.861，折射率 1.453～1.461，旋光度-4°26′～-2°，酸值 3，酯值 7～17。

6. 主要成分

香茅醇、香叶醇、橙花醇、苯乙醇、芳樟醇、金合欢醇、丁香酚、玫瑰醚、橙花醚、玫瑰呋喃等 300 多种。

［实例 2］ 萃取法制备茉莉浸膏

1. 植物原料

茉莉花，原产于印度，早在1000 多年前即传入中国，广州、福州、苏州等地均有茉莉浸膏生产。

2. 生产方法

平转式逆流连续浸提，浸膏得率为 0.24%～0.26%。

3. 工艺条件

（1）装料要求　连续加花量 800kg/h。

（2）物料配比　茉莉花：石油醚＝1kg：4L。

（3）浸提温度　室温。

（4）浸提转速　128r/min。

（5）浸提时间　96min/次。

（6）浸提浓缩　先常压蒸馏回收溶剂，浓缩液浓度控制在 20～30g/L，降至室温后过滤，再在 40℃、80kPa 条件下进行真空浓缩，即可得到茉莉浸膏。

（7）脱醚制膏　在所得到的粗茉莉浸膏中，尚残存 17%（质量分数）左右的石油醚，为进一步除去石油醚，向粗膏中加入浸膏质量 5%的无水乙醇，在搅拌中逐步加温至 55℃，压力控制在 92.2kPa 下减压蒸馏 20min 左右，使乙醇-石油醚尽量蒸除，即可得到茉莉浸膏。

（8）花渣处理　在花渣中尚含有一定量的溶剂，向装有花渣的蒸馏器中直接通入水蒸气，然后经油水分离器将溶剂分离出来。所剩残渣再用直接水蒸气蒸馏法蒸馏 4～5h，仍可回收少许茉莉精油。

4. 工艺流程

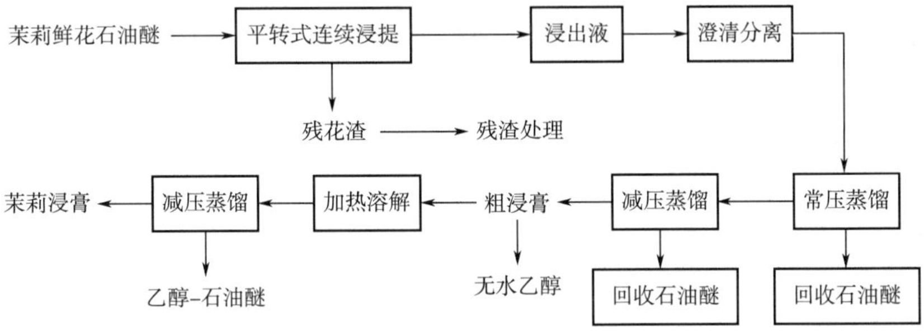

5. 理化性质

黄绿色至浅棕色膏状物，具有茉莉鲜花香气，熔点 46～48℃，酸值<11，酯值>80，精油含量 60%（质量分数）左右。

6. 主要成分

苄醇、乙酸苄酯、苯甲酸苄酯、茉莉内酯、茉莉酮酸甲酯、茉莉酮、吲哚等。

［实例 3］平板磨橘法制备甜橙油

1. 植物原料

甜橙属芸香科柑橘属常绿小乔木。原名 *Citrus sinensis*（L.）Osbeck，原产于我国华南地区和越南。我国四川、广东、广西、湖南、福建、江西、湖北、台湾均有栽培；国外主要产橙地是美国、巴西、西班牙、意大利。

2. 生产方法

冷磨整果得油率为 0. 35%~0. 37%。甜橙的花和叶可用水蒸气蒸馏法生产橙花油和橙叶油。

3. 工艺流程

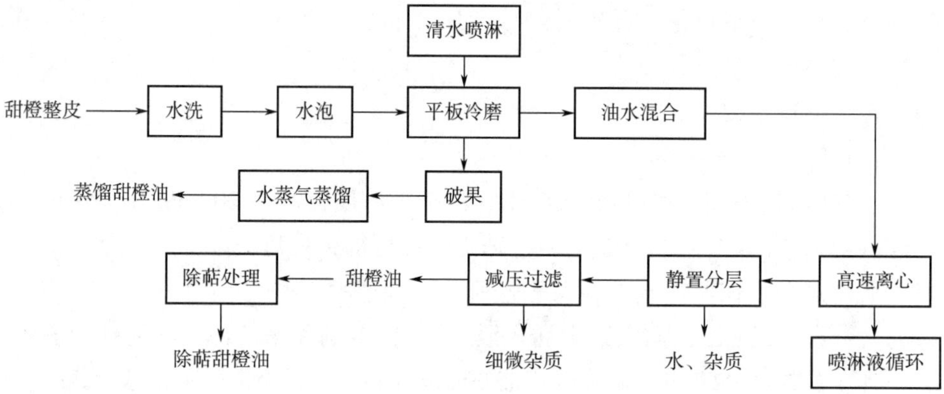

4. 理化性质

冷磨甜橙油为橘黄色液体，具有甜橙果香，相对密度 0. 842~0. 850，折射率 1. 470~1. 476。蒸馏甜橙油相对密度 0. 840~0. 844，折射率 1. 471~1. 473。

5. 主要成分

d-柠檬烯［90%（质量分数）左右］、柠檬醛、芳樟醇、橙花醇、辛醛、癸醛等。

6. 主要用途

甜橙油是主要天然香料品种之一，主要用于调配食品和烟草香精，在香水、牙膏、香皂等日用香精中也广泛应用。

［实例 4］ 固体吸收法制备大花茉莉油

1. 植物原料

大花茉莉花。

2. 生产方法

活性炭吸收，石油醚洗涤解附。

3. 主要成分

乙酸苄酯、芳樟醇及酯、茉莉酮、茉莉酮酸甲酯等。

4. 工艺过程

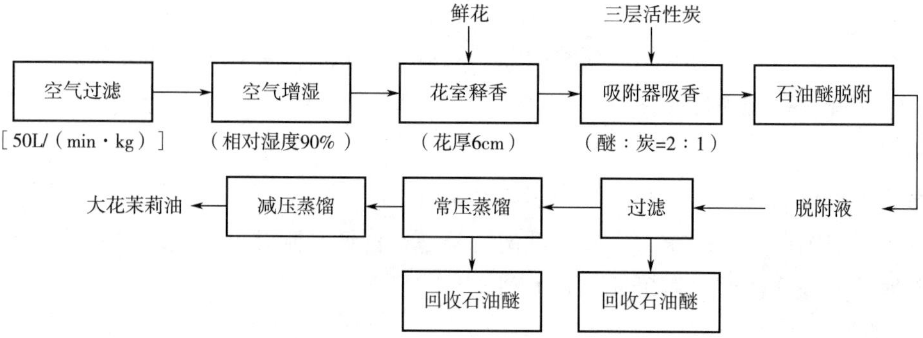

［实例5］超临界 CO_2 萃取桂花精油

1. 植物原料

桂花。

2. 生产方法

超临界萃取法。

3. 工艺条件

萃取压力20MPa，萃取温度40℃，萃取时间2h，萃取得率0.396%。

4. 理化性质

黄色膏状物，具有令人爽快的桂花香气，熔点45~46℃，酸值68，酯值>47，精油含量79%（质量分数）左右。

5. 主要成分

紫罗兰酮、芳樟醇、香叶醇、橙花醇、松油醇、γ-癸内酯、壬醇、γ-水芹烯。

［实例6］分子蒸馏分离小花茉莉油

1. 植物原料

小花茉莉油。

2. 生产方法

分子蒸馏法。

3. 工艺流程

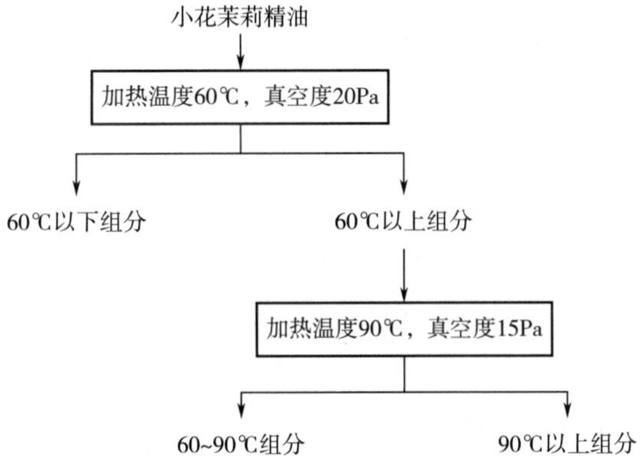

4. 主要成分

（1）60℃以下组分　苯甲醇、芳樟醇、乙酸苯甲酯、水杨酸甲酯、氨基苯甲酸甲酯、α-香柠檬烯、金合欢烯、δ-杜松烯、反-苯甲酸-3-己烯酯。

（2）60~90℃组分　乙酸苯乙酯、邻氨基苯甲酸甲酯、α-香柠檬烯、α-金合欢烯、金合欢醇、顺-苯甲酸-3-己烯酯、香叶基芳樟醇、亚油酸乙酯。

（3）90℃以上组分　邻氨基苯甲酸甲酯、金合欢烯、角鲨烯。

第二节　合成香料的制备

合成香料是香料工业中的重要支柱之一，也是有机化学重要的组成部分。近年来，科学技术的进步，特别是有机化学和分析化学在理论与技术方面的发展，为合成香料工业化进程打下了良好基础，使得合成香料的研究、开发、生产、应用取得了前所未有的飞跃式发展。合成香料主导作用表现在数量、质量和使用的广泛性方面。随着香精的创新和质量的提高，香料香精行业的发展越来越依赖于新的合成香料品种，因为合成香料不受自然条件的限制，质量稳定，生产规模大小可由人们安排，产品价格也比天然来源的香料便宜得多，因此近年来合成香料在香料工业中的地位越来越重要。同时随着合成香料的品种、数量与日俱增，质量有所提高，应用的形式及范围也屡经变化，在满足人类生活物质需要中发挥了巨大作用。下面分类介绍合成香料的制备方法。

一、萜类香料的合成

（一）柠檬烯的合成

柠檬烯存在于柠檬油、橘子油、葛缕子油、香柠檬油中，它具有柠檬香气，是一种比较稳定的萜烯香料，同时也是合成葛缕酮的原料。

将 α-松油醇在有硫酸或硫酸氢钠存在的乙醇溶剂中加热脱水可以生成柠檬烯（图 6-3）。

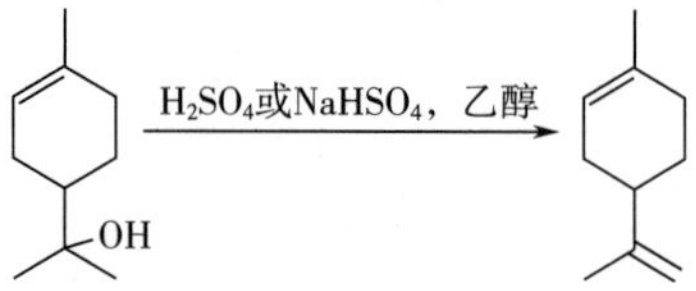

图 6-3　柠檬烯的合成

（二）芳樟醇的合成

芳樟醇化学名为 3,7-二甲基-辛-1,6-二烯-3-醇，分子中有不对称碳原子存在，故有对映异构体。芳樟醇是重要的单萜烯醇之一，呈无色液体状，具有似鲜花及香柠檬和薰衣草的香气，可以使人联想到百合花香，存在于香柠檬油、薰衣草油、芫荽油、香紫苏油等精油中。同时，芳樟醇的化学性质对香料工业是非常重要的。芳樟醇的合成路线主要如下。

1. α-蒎烯路线

以 α-蒎烯为原料经氢化、氧化、还原生成蒎烷醇，得率 80%，然后在减压条件下，用氮气或水蒸气稀释，让其以气态通过加热至 500℃左右的镍铬合金热解管，就得到芳樟醇，得率约为 65%（图 6-4）。

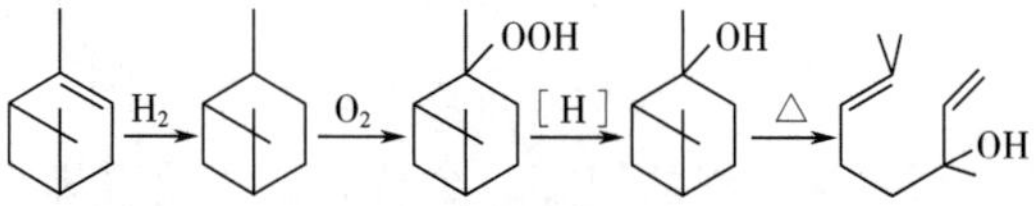

图 6-4　α-蒎烯路线

2. β-蒎烯路线

以β-蒎烯为原料，将经热解生成的月桂烯与氯化氢作用，生成月桂烯氢氯化物，再与氢氧化钾或碳酸钾或碳酸钙作用，得芳樟醇。另一方法是将月桂烯氢氯化物与乙酸钠作用，生成乙酸芳樟酯，再经皂化得芳樟醇（图 6-5）。

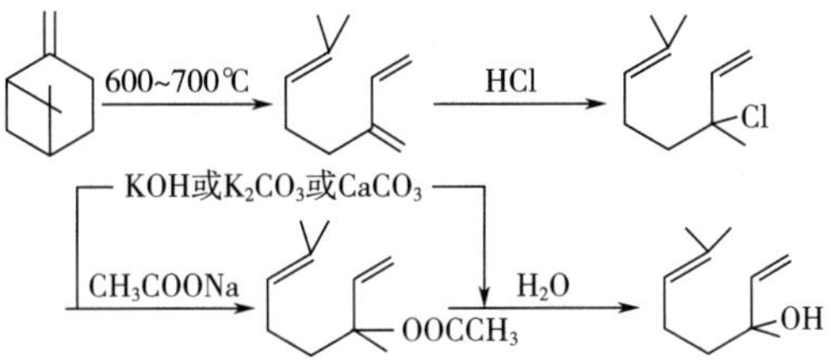

图 6-5 β-蒎烯路线

（三）薄荷醇的合成

薄荷醇俗称薄荷脑，也称对-孟-3-醇，分子式为 $C_{10}H_{20}O$，相对分子质量为 156.17。由于分子中有三个不对称碳原子，所以，薄荷醇有 4 种独立的立体对映异构体存在。薄荷醇的合成路线如下。

1. 间甲酚路线

在间甲酚铝存在下，用丙烯与间甲酚进行烷基化反应，生成百里香酚；经真空精馏，并结晶提纯百里香酚，再经催化氢化得工业规格的（±）-薄荷醇，然后，真空精馏，用乙醇重结晶得到熔点为 28℃的药典规格（±）-薄荷醇。

2. β-水芹烯路线

将β-水芹烯与氯化氢反应生成 1-氯-2-孟烯；将其与乙酸和乙酸钠作用生成乙酸异薄荷烯酯；皂化，得到左旋顺式异薄荷烯酸，再加氢生成左旋或右旋异薄荷醇，继而经氧化-还原反应，可直接制得左旋薄荷醇。这一方法制得的左旋薄荷醇的纯度取决于原料 α-水芹烯的旋光纯度。目前这一方法已经用于生产。

3. 立体选择合成路线

以异戊二烯或月桂烯为原料，不对称合成光学活性的香茅醛，然后进一步合成左旋薄荷醇。

合成左旋薄荷醇的关键中间体是从异戊二烯衍生而得的橙花基二乙胺或从月桂烯衍生而得的香叶基二乙胺。这两种胺是几何异构体，可以用锂二乙胺为催化剂，以高得率和高选择性制得。在手性催化剂作用下，生成一种产物——“光学活性烯胺”，经水解得光学活性纯度很高的香茅醛（光学纯度达 98%）。

（四）大马酮及二氢大马酮的合成

自 20 世纪 60 年代人们发现大马酮及二氢大马酮在玫瑰油、香叶油以及烟草中的存在以来，对此类物质的研究异常活跃，尽管这类物质在结构上与紫罗兰酮类似，但它们并不属于紫罗兰酮香味的物质，而属于玫瑰家族香味的物质。有关该类化合物合成研究的报道很多，但能实际投入使用的却极少。现举例说明如图 6-6、图 6-7、图 6-8。

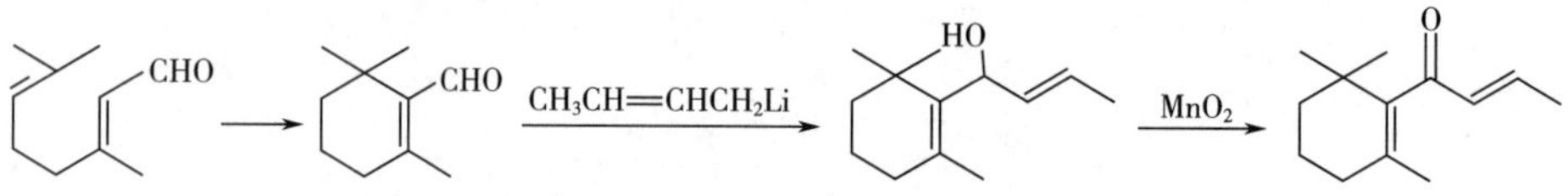

图 6-6 柠檬醛环化制备 β-二氢大马酮

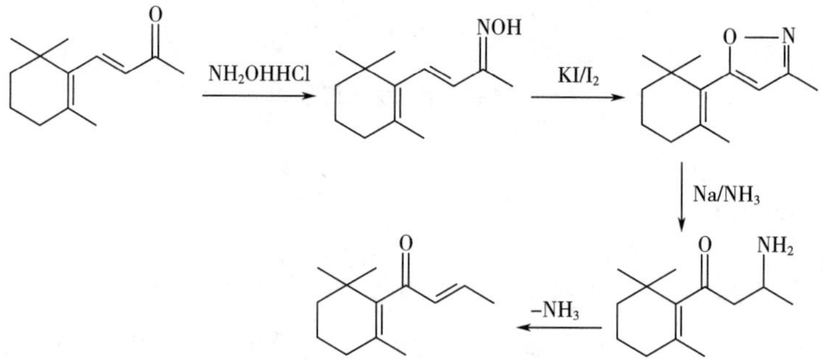

图 6-7 由紫罗兰酮官能团转化制备二氢大马酮

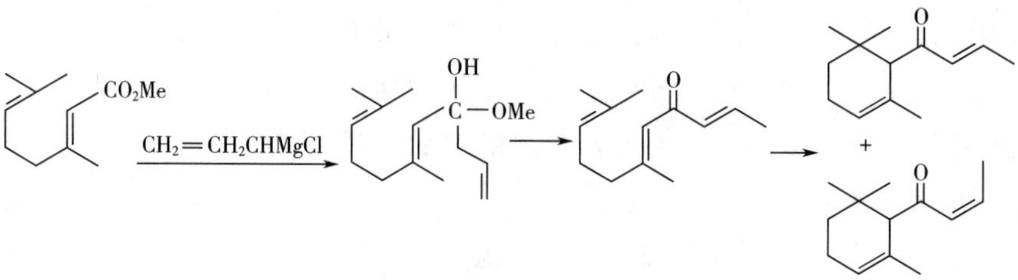

图 6-8 由香叶酸甲酯合成 α-二氢大马酮

二、醇类香料的合成

醇类香料在香料工业中具有很大的作用，醇连同其相应的酯在自然界广泛存在，如在众多水果中有大量存在。由于醇的香气相对较弱，所以它们作为香料用于香精中很有限。这类物质的主要用途在于作为合成酯类的起始原料。比较重要的醇类主要是一些不饱和醇，有些醇类具有令人愉快的香气，可直接用于香精的调配，有些醇类是天然香料的重要成分，有些醇类可作为合成香料的原料。

（一）醇类香料的一般制法

（1）卤代烃水解法（图 6-9）。

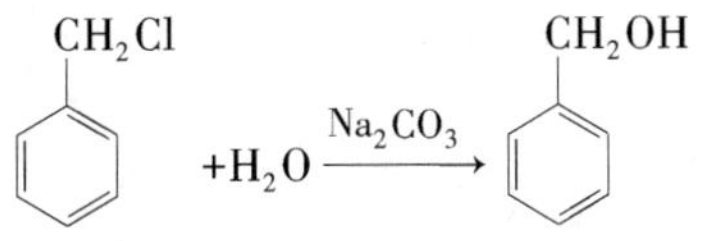

氯化苄　　苄醇

图 6-9　卤代烃水解法制醇

（2）烯烃加成法（图 6-10）。

$$CH_2{=}CH_2 + H_2O \xrightarrow{H_2SO_4} CH_3CH_2OH$$

$$RCH{=}CH_2 + H_2O \xrightarrow{H_2SO_4} \underset{\displaystyle OH}{RC\!\!\mid\!\!HCH_3}$$

$$R_2C{=}CH_2 + H_2O \xrightarrow{H_2SO_4} \underset{\displaystyle OH}{R_2C\!\!\mid\!\!CH_3}$$

图 6-10　烯烃加成法制醇

在香料工业中，常常可利用这一反应，将伯醇转化为仲醇（图 6-11）。

$$RCH_2CH_2OH \xrightarrow[Al_2O_3]{-H_2O} RHC{=}CH_2 \xrightarrow[H_3PO_4/\text{硅藻土}]{H_2O} \underset{\displaystyle OH}{RCHCH_3}$$

图 6-11　伯醇转化为仲醇

①羟汞化-脱汞法：在有水存在时，烯烃与乙酸汞作用生成羟基汞化物，经还原生成醇（图 6-12）。

$$RHC{=}CH_2 + Hg(OOCCH_3)_3 + H_2O \longrightarrow R{-}\overset{\displaystyle H}{\underset{\displaystyle OH}{C}}{-}\underset{\displaystyle HgOOCCH_3}{CH_2} \xrightarrow{NaBH_4} \underset{\displaystyle OH}{RCHCH_3}$$

图 6-12　羟汞化-脱汞法

羟汞化-脱汞法有高度专一性，所生成的醇相当于水对烯烃双键的 Markovinkov 加成。

②硼氢化-氧化法：在醚溶剂中，烯烃与硼烷加成，然后在碱性条件下氧化，生成反 Markovnikov 加成产物（图 6-13）。

$$CH_3CH_3{=}CH_2 + (BH_3)_2 \longrightarrow \underset{\displaystyle BH_3}{CH_3CH_2CH_2} \xrightarrow{H_2O_2,\ OH^-} CH_3CH_2CH_2OH$$

图 6-13　硼氢化-氧化法

（3）还原法 利用不同的还原剂可将醛、酮、酸和酯还原成相应的醇（图 6-14）。

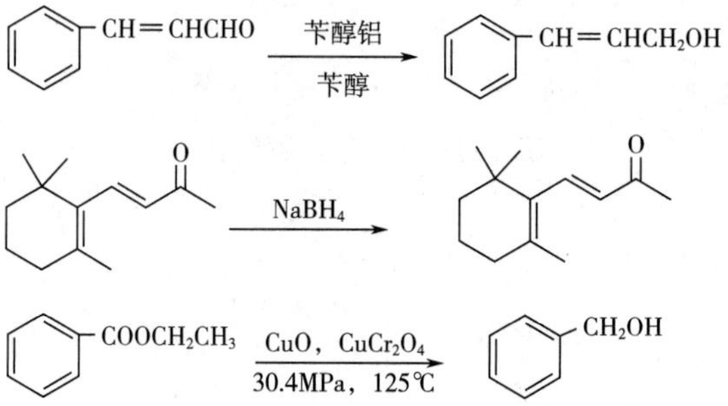

图 6-14 还原法

（4）Grignard 法 格氏试剂（Grignard 试剂）与羰基加成，经水解生成醇（图 6-15）。

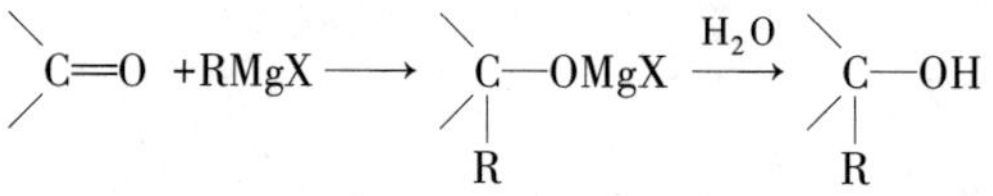

图 6-15 Grignard 法

Grignard 试剂表示式为 RMgX，R 可为烷基、烯丙基、芳基；X 可为氯、溴或碘。

（二）合成实例

［实例 1］*β*-苯乙醇的合成

β-苯乙醇存在于玫瑰油、香叶油、苦橙花油、风信子油、白兰花油、松针油等多种精油中。*β*-苯乙醇是最重要的香料之一，它具有稳定的玫瑰香气，大量用于玫瑰香型和其他香型的香精配方中。有如下制取方法（图 6-16、图 6-17）。

（1）鲍维特-勃朗特反应路线（图 6-16）。

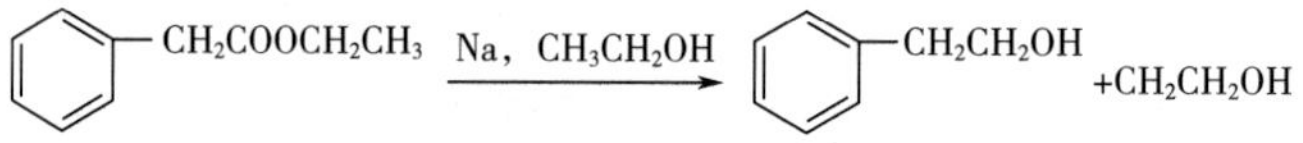

图 6-16 鲍维特-勃朗特反应路线

（2）付瑞德尔-克拉夫兹反应路线（图 6-17）。

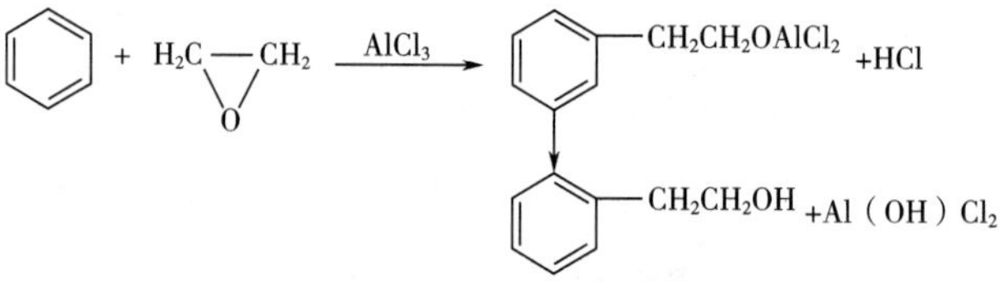

图 6-17 付瑞德尔-克拉夫兹反应路线

[实例 2] 叶醇的合成

叶醇化学名为 *cis*-3-己烯醇，具有新鲜的青叶香气，它可以赋予某些香精特征香气，合成方法如下。

1. 乙烯基乙炔路线

用乙炔衍生物乙烯基乙炔为原料，先钠代，后与环氧乙烷反应，得 3-炔-5-烯己醇（Ⅱ），然后再加氢得叶醇（Ⅲ）（图 6-18）。

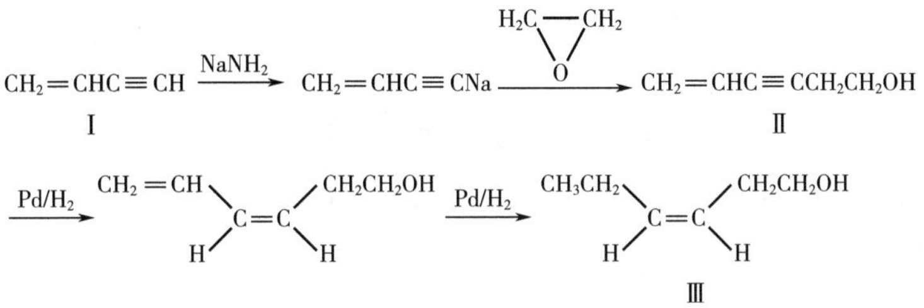

图 6-18 乙烯基乙炔路线

2. 立体选择性合成路线

以乙基锂（Ⅰ）为原料，先合成乙基铜锂（Ⅱ），再与乙炔反应，得到丁烯基铜锂（Ⅲ），最后与环氧乙烷偶联制得叶醇（Ⅳ）（图 6-19）。

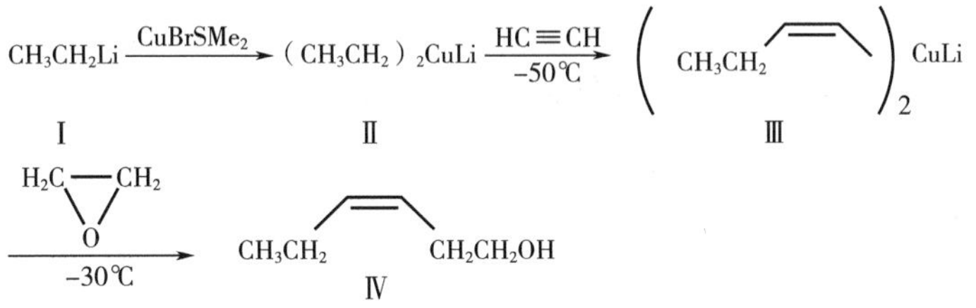

图 6-19 立体选择性合成路线

三、醛类香料的合成

醛类具有令人愉快而强烈的香气，是香精头香和新鲜感的主要香料。脂肪族醛类是许多天然产品的重要成分，在一些日化香精中有一定的使用价值。低级脂肪醛（C_2～C_7）广泛存在于天然产物中，但由于它们的挥发性较高和具有令人不愉快的气味，很少应用，而高级脂肪醛（C_9～C_{13}）却可以以单个或多个共同用在各类日化和食品香精中，但 C_{14} 以上的脂肪醛在香料使用方面无重要意义。芳香族醛类是应用较广泛的一类香料，它们广泛存在于精油中，对精油的香气在相当程度上起决定作用。但是，由于醛的化学活泼性大，稳定性差，存放时容易发生氧化和聚合，使香气减弱变坏。醛能与乙醇缩合成缩醛而稳定存在，该机制广泛用于食品香精中。由于醛类对碱不稳定，所以不能用于皂用香精的调配。脂肪醛也很少应用于烟用香精调配或卷烟加香。

（一）醛类香料的一般制法

醛类化合物的制备方法很多。如将二卤代烃水解，卤代烃分子中的两个卤素被两个羟基所取代，自动脱水便生成醛类。二氯甲基苯制苯甲醛如图 6-20 所示。

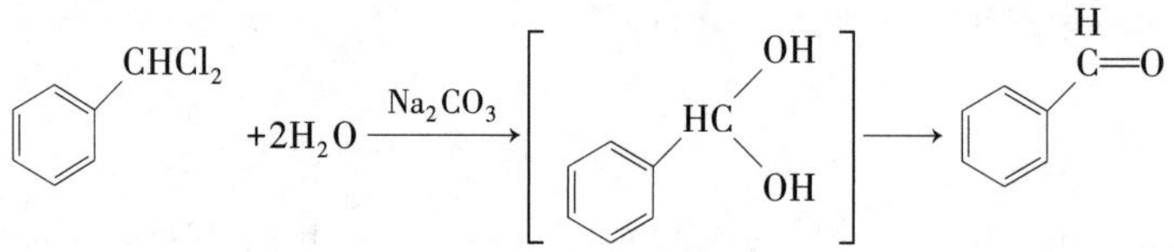

图 6-20 二氯甲基苯制苯甲醛

醛类香料还可用相应的烃类或醇类化合物来制取，如采用活性二氧化锰作为氧化剂，可由苄醇或甲苯制得苯甲醛（图 6-21）。

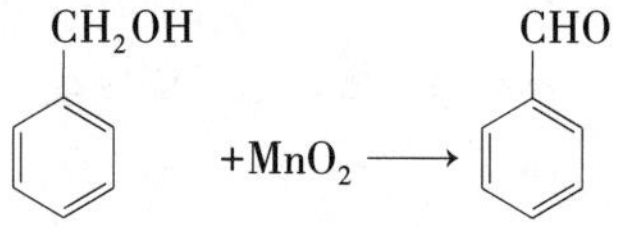

图 6-21 苄醇制苯甲醛

其他的氧化剂，如 Jones 试剂［重铬酸钠（钾）-硫酸］也可把烯烃氧化成醛类。洋茉莉醛生产中，即是用此氧化剂将异黄樟素氧化。当然也可以用臭氧将双键氧化成臭氧化物然后水解成醛。

除了上述的醛类化合物合成途径外，现也将近代生产与科研中采用的醛类香料合成方法分别于此介绍。

1. 饱和脂肪醛类香料的合成

在通常使用的含有 6~12 碳的 6 种醛之中，有两种醛在自然界中并不存在，即十一醛和甲基壬乙醛。前者因其香气价值和价格低廉，而后者因其具有独特香气而变得十分普及。虽然脂肪醛的制备有多种方法，但仅有几种方法为香料工业中所采用。

（1）醇类的脱氢　这种方法是利用相应的醇类去制造辛、癸、十二醛，因为这些醇类可用天然脂肪酸的酯还原制取，选择适当的催化剂可使这一方法成本较低。

（2）Sabatier 反应制取醛类　这一反应是制取醛类，尤其是脂肪族醛类如壬醛、十一醛及十一烯醛的方法之一。它是利用相应的羧酸与甲酸在二氧化锰/浮石催化剂存在下，在 310~330℃进行气相反应。

（3）Darzens 反应合成醛类　利用这种方法可以制得支链醛类。酮是起始原料之一，它在醇钠或钠铵存在下与一氯醋酸乙酯在苯等惰性试剂中于 5℃以下缩合。缩合反应完毕后，用水稀释，用无水硫酸钠干燥所得到的缩水甘油酯。此酯用氢氧化钾醇溶液水解，再用盐酸酸化，得到的酸在减压下加热脱羧，得到相应醛的收率为 50%。

这种方法在香料工业中经常用来制取甲基壬乙醛（图 6-22）。

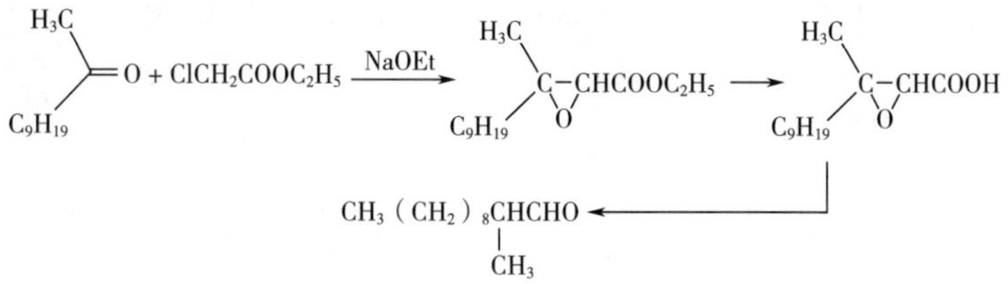

图 6-22 Darzens 反应合成甲基壬乙醛

2. 不饱和脂肪醛类香料的合成

（1）链烯醛类　近代仪器分析结果表明，3~13 碳的链烯醛是许多天然食品和香花挥发性成分的重要组成，因此如今的调香师把这些有用的不饱和醛类与香精配方联系在一起。

α、β-不饱和醛类在香气方面和醛类有一定联系。一般来说，一个双键的存在会加强香气，同时减弱脂肪气息且使其更富有天然风味，除了顺-3-己烯醛之外，人们对于 β-链烯醛、γ-链烯醛或 3-链烯醛的研究较少，故很少有商品供应。

目前，工业上已能生产 6~12 碳的 2-链烯醛类（即 α、β-醛类）香料。但是由于顺式的 2-链烯醛类易于异构化成为反式异构体，所以调香师们难以获得纯的顺式体化合物应用于香精配方之中。

（2）α, β-不饱和醛的合成路线　①Aldol 缩合反应和 Clasien-Schmidt 反应：两个相同或不同的羰基化合物在稀碱溶液存在下进行缩和，首先得到 β-羰基酮，在低真空下脱水成为 α, β-不饱和酮，这就是 Aldol 缩和反应。例如用柠檬醛（Ⅰ）制假性紫罗兰酮（Ⅱ）的反应（图 6-23）。

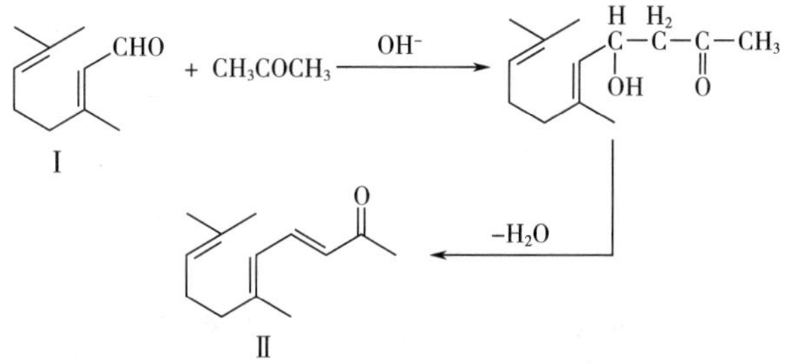

图 6-23 柠檬醛（Ⅰ）制假性紫罗兰酮（Ⅱ）

②Wittig 反应：Wittig 反应是利用三苯基膦烯醛先在碱性条件下极化，再与醛反应、水解而得 α, β-不饱和醛。例如顺式-2-庚烯醛（Ⅰ）的合成就是采用三苯基膦烯醛（Ⅱ）经溴乙烷、乙醇钠使之缩醛化（Ⅲ），再与戊醛反应、水解得顺-2-庚烯醛（Ⅰ），收得率为 60%。

3. 应用 Diels-Alder 反应合成羰基类化合物

在环己基和环己烯基的醛类、酮类化合物中，有不少品种在花香型与非花香型以及青香-果香香型香精中具有非常珍贵的使用价值。这类香料的合成可以很容易地利用 Diels-Alder 反应制得。例如女贞醛（Ⅲ）可以由 2-甲基-1,3-戊二烯（Ⅰ）与丙烯醛

（Ⅱ）加成而制得，而柑青醛（Ⅴ）则是由丙烯醛（Ⅱ）与月桂烯（Ⅳ）加成而制得（图6-24）。

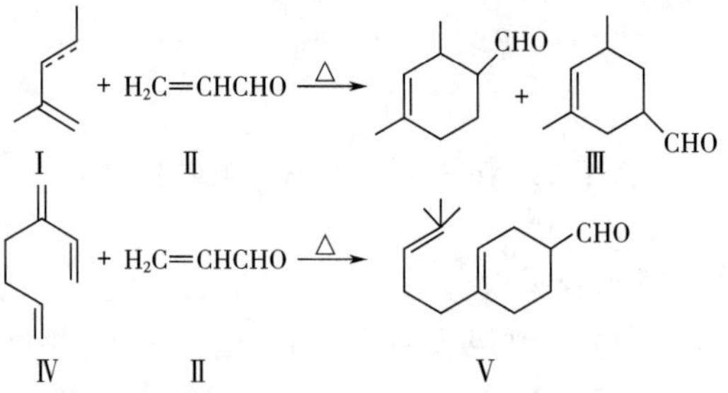

图6-24 Diels-Alder反应合成羰基类化合物

4. 芳香族醛类香料的合成

（1）Reimer-Tiemann反应制取芳香族醛类　酚类在氢氧化钠（或钾）溶液存在下与氯仿一起反应，先使氯仿成为卡宾，然后在—OH基的邻、对位加成，生成氯化苄、再水解成醛。

（2）Gattemann-Koch反应制取芳香族醛类　此反应是采用一氧化碳、干燥氯化氢和相应的芳香环化合物，在无水三氯化铝和氯化亚铜催化剂存在下，在高压下进行合成。

（3）Gattermann反应合成芳香族醛类　此法主要是用酚或芳香醚与干燥氰化氢及饱和氯化氢乙醚溶液在无水氯化锌（或氯化铝）存在下生成醛类。例如大茴香醛（Ⅱ）即是以苯甲醚（Ⅰ）为原料，采用此法制得（图6-25）。

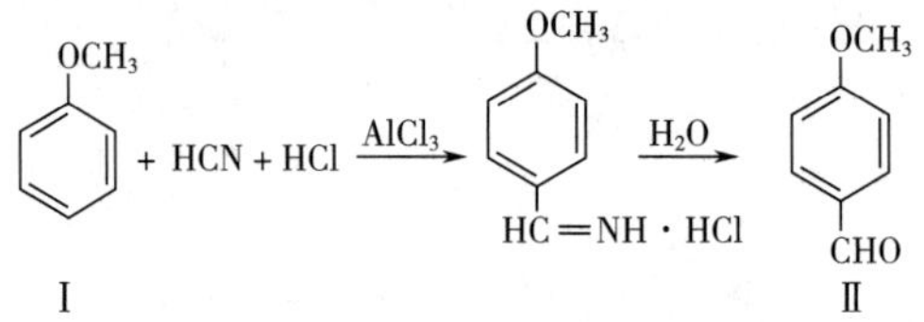

图6-25 苯甲醚（Ⅰ）合成大茴香醛

（二）合成实例

［实例1］香兰素的合成

目前许多国家采用的大都是愈创木酚、甲醛与二甲基苯胺反应路线（图6-26），按愈创木酚计得率达65%以上。

［实例2］洋茉莉醛的合成

洋茉莉醛的化学名是3,4-亚甲基二氧苯甲醛，它赋予香精温馨的花香、辛甜香，在洋茉莉花、紫丁香、紫罗兰等花香型香精中广泛使用。它的持久香气使它在需要香气稳定和留香长久的香精配方中更为重要。

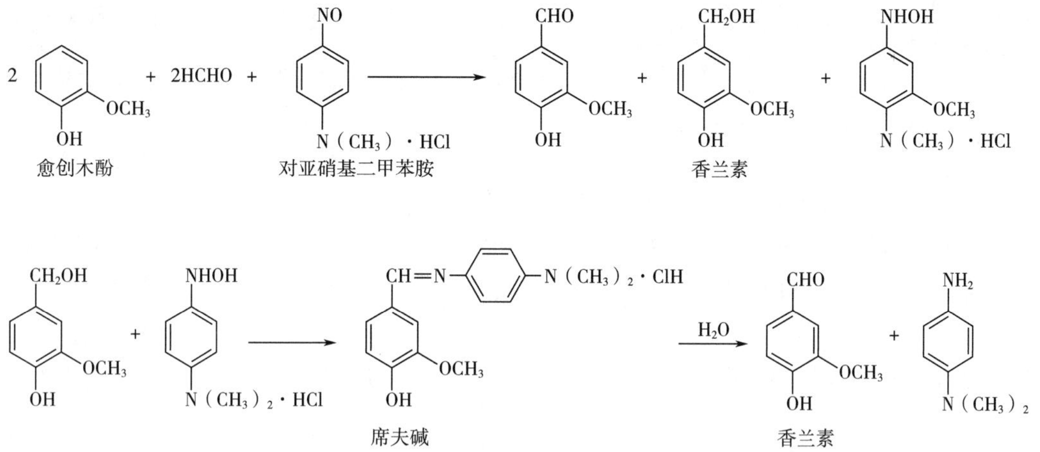

图 6-26 愈创木酚、甲醛与二甲基苯胺反应路线

洋茉莉醛的制造目前主要采用黄樟素为起始原料的合成路线。首先是在氢氧化钾存在下，把黄樟素（Ⅰ）异构化成为异黄樟素（Ⅱ），然后再氧化成洋茉莉醛（Ⅲ）（图 6-27）。

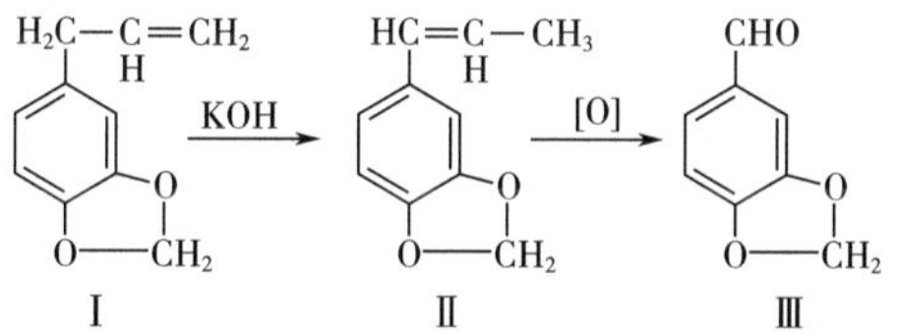

图 6-27 洋茉莉醛的合成

从黄樟素（Ⅰ）异构化制取异黄樟素比较容易，得率也高。关键是将异黄樟素（Ⅱ）上的丙烯基氧化成醛基，要求能控制适度的氧化，既要使丙烯基充分地氧化成醛，又不能让醛过度氧化成酸。

四、酮类香料的合成

酮类香料在香料工业中占有重要的地位，酮类香料占香料总数的 15%左右。脂肪酮特别是甲基酮类香气强烈且宜人，芳香族酮具有较好的香气，大环酮大多数具有动物香，酮类香料在调香中具有十分重要的作用。特别值得一提的是，茉莉酮、突厥烯酮等近代发展起来的新香料，它们在茉莉、玫瑰等许多天然物中含量少，但对香气具有重要贡献。关于它们的生产和应用已引起国内外广泛注意。脂肪酮在香精中主要起加重香韵的作用，在脂肪酮中，α-羟基酮和二酮比较重要，某些烯酮也有一定重要作用，例如甲基壬基酮、甲基庚烯酮，由于具有比较强烈的令人愉快的香气，可以直接作为香料使用。在芳香族酮中，苯乙酮、对甲基苯乙酮都是常用的香料。萜酮和脂环酮在香料中占有重要地位，它们当中很多都是天然香料的主要香成分，含量虽少，但对香气起着重要作用，例如，樟脑、薄荷酮、香芹酮、茉莉酮、大马酮、鸢尾酮、紫罗兰酮等都是重要香料。

（一）酮类香料的一般制法

1. 仲醇氧化反应

仲醇在重铬酸钾和硫酸氧化剂氧化作用下可以生成酮，其产率可以达到 90%以上。因为酮不容易继续氧化，所以不需要立即分离。

2. 仲醇脱氢反应

以铜或银为催化剂，仲醇脱氢可以得到纯度很高的酮。这是工业上生产酮的主要方法之一。

3. 炔烃的水合反应

在汞盐和硫酸存在下，炔烃和水反应生成不稳定的烯烃中间体，然后重排得到相应的酮。除乙炔水合生成乙醛外，其他炔烃水合都生成酮，其产率可达 80%以上。

4. Friedel-Grafts 酰基化反应

该反应是制备芳香酮的主要方法之一。生成的芳香酮不能继续酰基化，因此可以得到较高产率的一元酮（图 6-28）。

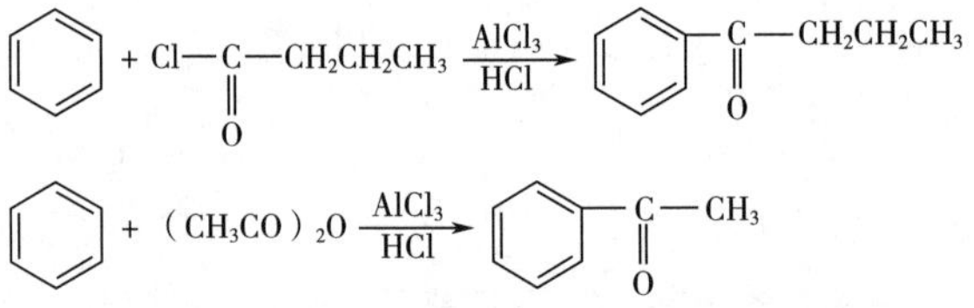

图 6-28　Friedel-Grafts 酰基化制芳香酮

5. 酸的分解-沙巴蒂埃反应

在工业生产中，将一种或两种不同的酸，通过装有氧化锰的热管道，酸就可以分解为酮。

（二）合成实例

[实例 1] 二甲苯甲酮的合成

在 250mL 四口烧瓶上，分别装上电动搅拌器、温度计、滴液漏斗及冷凝管。在冷凝管的上端安装有氯化钙干燥管，在干燥管的上端用橡皮管连接一个玻璃漏斗，干燥管放于盛水的烧杯中，使漏斗圆口距烧杯内水面 1cm，以便吸收反应过程中生成的氯化氢气体。在四口烧瓶中放入 39g（0.5mol）无水苯（或新蒸的苯）、14g（0.1mol）充分研碎的无水三氯化铝。在滴液漏斗中放置 14g（0.1mol）苯甲酰氯。在搅拌下缓慢滴加苯甲酰氯，使之避免反应过分剧烈。苯甲酰氯滴加完毕后，水浴加热至 50℃，直至无氯化氢逸出为止。然后将深褐色的反应物倒入 100mL 冰水中，加 10mL 左右浓盐酸使析出的沉淀溶解。分出苯层，先后用 30mL 水、30mL 氢氧化钠（50g/L）和 30mL 水洗涤。分出苯层后，用无水硫酸镁干燥，常压蒸馏回收苯，减压蒸馏，在 170~175℃（2kPa）收集二苯甲酮，产品约 11g。反应式如图 6-29 所示。

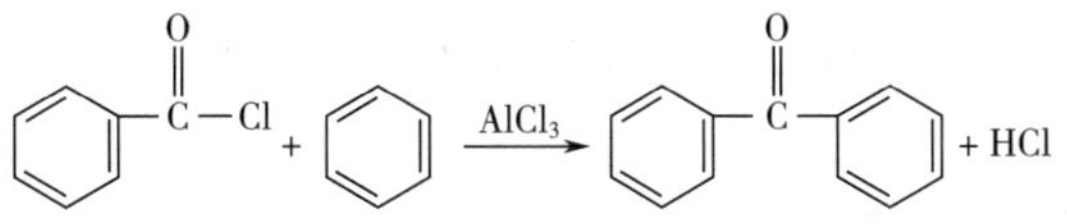

图 6-29 二甲苯甲酮的合成

［实例 2］覆盆子酮的合成

覆盆子酮的化学名称为对羟基苯乙基甲基甲酮。覆盆子酮是天然水果覆盆子挥发物中的主香成分，具有覆盆子的特征香气和香味，广泛用于软饮料、冰淇淋、糖果、糕点和口香糖香精中，用量为 5~330mg/kg。

覆盆子酮的合成一般有两条路线：一条是用甲基乙烯基酮与苯酚在酸性催化剂存在下缩合而得；另一条是用对羟基苯甲醛与丙酮缩合，然后加氢而获覆盆子酮（图 6-30）。

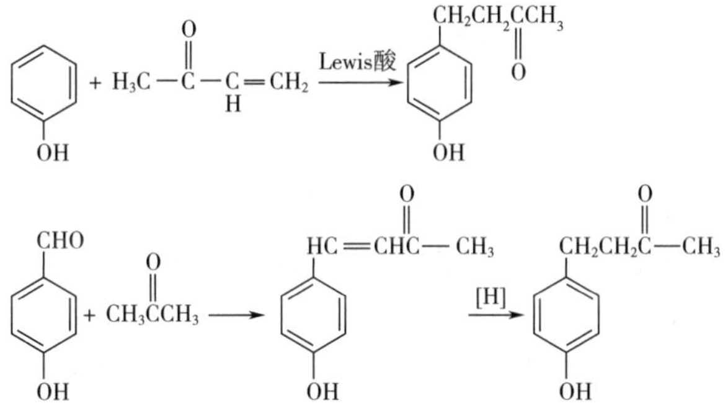

图 6-30 覆盆子酮的合成

1. 苯酚路线

（1）在一装有搅拌器、温度计、滴液漏斗的 500mL 三口烧瓶中加入苯酚 96g、85%（质量分数）磷酸混合催化剂，外用冰浴将混合物温度降到 20℃时，在搅拌下滴加甲基乙烯基酮 70g，共 40min 滴加完毕，温度保持在 15~20℃，再搅拌 4h。反应结束后，反应物用水洗至中性，减压蒸馏，回收苯酚 63g，获得覆盆子酮 25g，熔点 81.5~82.5℃，得率 80%。

（2）在一装有搅拌器、温度计、滴液漏斗的 500mL 三口烧瓶中，加入苯酚 282g、浓硫酸 50g 和适量的溶剂，搅拌混合并用冰盐浴将温度降低到-10℃。滴加 70g 甲基乙烯基酮，温度控制在-5~10℃，在 1h 内滴加完毕，然后搅拌 3h。反应完毕后，用水洗至中性，减压蒸馏，回收溶剂后，蒸馏回收苯酚 195g，获得覆盆子酮 73g，熔点 81~82℃，得率 83%~84%。

（3）在一装有搅拌器、温度计、滴液漏斗的 1000mL 三口烧瓶中，加入硝基苯 400g。在搅拌下加入 Lewis 酸催化剂适量，然后再加苯酚 47g，此混合物在搅拌下用冰盐浴冷却至-5~5℃。然后滴加含50g甲基乙烯基酮和100g硝基苯的混合液，于1h滴加完毕，再在0℃下搅拌4h。将此反应物倾入冰水中分解，用稀盐酸、水依次洗涤。用50g/L NaOH溶液萃取出未反应的苯酚728g，将有机层减压蒸馏，得粗制覆盆子酮。用水重结晶得成品覆盆子酮32~34g，熔点82~83℃，得率85%。

2. 加氢路线

（1）在一装有搅拌器、温度计和滴液漏斗的三口烧瓶中，加入150g/L NaOH溶液3.5mL，在搅拌下，从滴液漏斗中滴加对羟基苯甲醛1mol和丙酮2mol的混合物，反应温度控制在20~30℃，滴加完毕后，继续搅拌20h，得到中间体4-对羟基苯基-3-丁烯-2-酮的钠盐，加水溶解，然后再用盐酸酸化，使4-对羟基苯基-3-丁烯-2-酮析出，过滤后干燥。

（2）在一装有搅拌的高压釜中，加入上面制得的中间体烯酮100g、镍催化剂5g，密闭后，将空气用氢气置换后在搅拌下加热至120℃，氢气气压在9.8×10^5Pa左右，温度保持在120~140℃，反应1.5h。冷却后，滤去催化剂，加氢产物中，覆盆子酮含量为89%（质量分数），加氢得率92%。

如中间体中含水量10%，也可在同样条件下加氢，反应2h，产物中覆盆子酮含量为96%，加氢得率86%。

粗制覆盆子酮带有颜色并含少许杂质，故应将粗制品减压蒸馏一次，然后，重结晶1~2次，可得白色结晶，熔点82℃，具有浓郁的覆盆子香气。

用此法制取覆盆子酮的总得率按对羟基苯甲醛计为40%~42%。

［实例3］β-突厥烯酮的合成

β-突厥烯酮具有诱人的玫瑰香气，但跟紫罗兰酮的香气不同，具有更多的覆盆子样的果香和扩散力。现在，β-突厥烯酮及其衍生物不仅在配制高级香水和调配化妆品香精中用作珍贵香原料，而且也常被用在食品香精之中。此外，β-突厥烯酮在烟草香精中也起到重要作用，它能改善香烟的韵味，使烟味变得更为柔和舒适。

β-突厥烯酮的合成有多条路线，简要介绍如下。

1. 自β-环柠檬醛经Grignard反应合成

将β-环柠檬醛与1-溴丙烯基镁格氏试剂或丙烯基锂化物反应，生成一种醇，再经MnO_2氧化得到β-突厥酮。β-突厥酮先以*N*-溴代琥珀酰胺（NBS）溴代，再用二乙基苯胺脱溴化氢，制得β-突厥烯酮，总得率按β-环柠檬醛计为14%。反应式如图6-31所示。

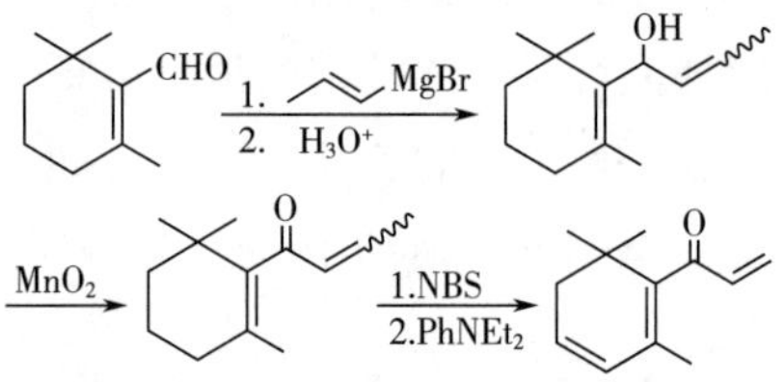

图6-31 Grignard反应合成β-突厥烯酮

2. Biichi-Vederas 重排反应路线

利用β-紫罗兰酮为原料，先肟化，再制成异噁唑、环氧化后再加氢开环，最后用 Birch 还原反应制得β-突厥烯酮，反应式如图 6-32 所示。

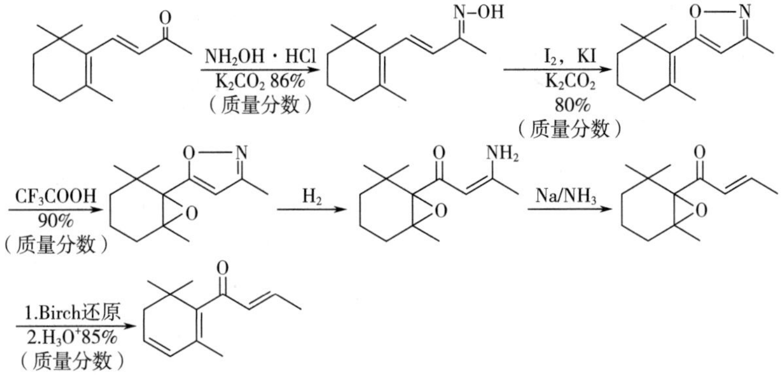

图 6-32 Biichi-Vederas 重排反应路线制得β-突厥烯酮

3. 由藏红酸乙酯合成

藏红酸乙酯与过量的 3-溴丙烯基镁进行 Grignard 反应得到中间体和部分β-突厥烯酮，将其在减压下热分解，得到β-突厥烯酮。其中一中间体是用 Wittig 反应制得的。反应式如图 6-33 所示。

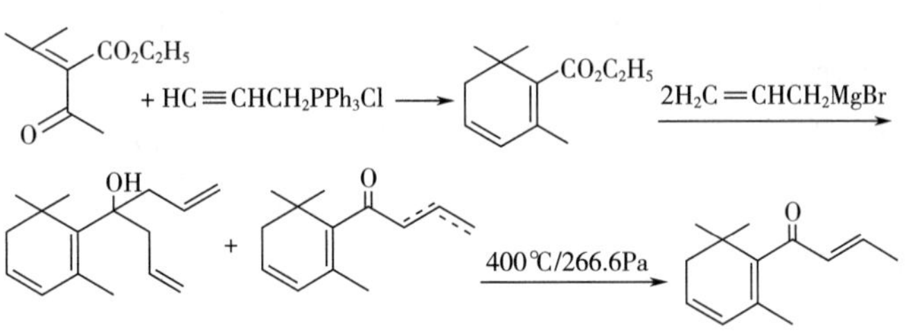

图 6-33 藏红酸乙酯合成β-突厥烯酮

4. 三甲基环己烯酮合成路线

三甲基环己烯酮与甲基丙炔醇在锂氨存在下进行炔化反应，制得二醇，然后将此二醇与 80%（体积分数）甲酸回流 1/2h，得到β-突厥烯酮。反应式如图 6-34 所示。

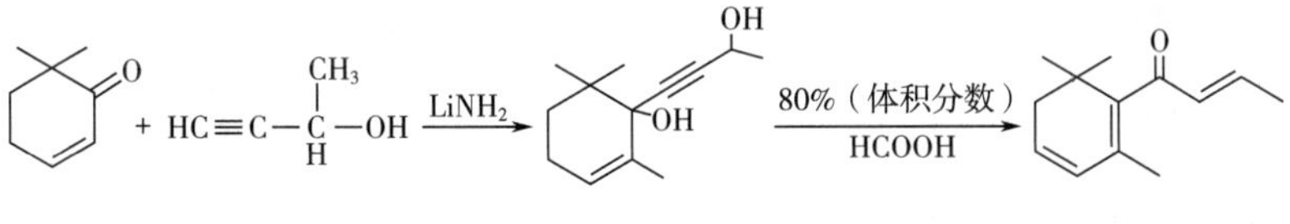

图 6-34 三甲基环己烯酮合成路线

5. Diels-Alder 反应路线

先将溴代异丙烯丙酮与 1,3-戊二烯在 $AlCl_3$ 存在下进行加成，所得的羟基混合物中

间体在 N,N-二甲基甲酰胺（DMF）中脱去 HBr，再在格氏试剂中与乙醛进行醇醛缩合，最后脱水而制得 β-突厥烯酮，所用催化剂为双核聚钛菁钴（PTS）。反应式如图 6-35 所示。

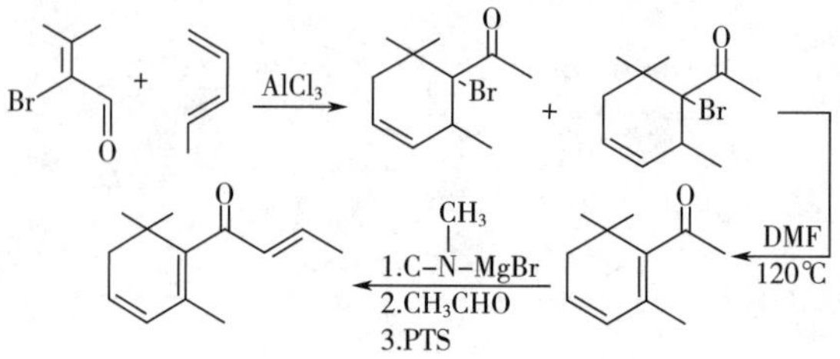

图 6-35 Diels-Alder 反应路线

五、缩羰基类香料的合成

已知醛类和酮类香料虽然在香精中起着极为重要的作用，但由于大多数羰基化合物尤其是醛类的化学性质比较活泼，往往在光照下容易氧化和色泽变深，在碱性介质中易产生一些缩合反应，所以在加香产品中不够稳定。近年来缩酮和缩醛类香料应用范围越来越广，就是因为它们既保持和改善了原来醛、酮的珍贵香气，又能在空气里和碱性介质中稳定而不变色。

大多缩醛类化合物要比它原来的醛类香气和润。如带稍尖刺气息的香茅醛，当制成二甲缩香茅醛时就变得柔和，可用于玫瑰型香精之中。此外，一些原来难以在香精中使用的醛类，如戊醛，当它与 2-甲基-2,4-戊二醇缩合后，变成了一种令人喜爱的薰衣草-薄荷-月桂样香气，极大提高了在调香中的使用价值。

所谓缩羰基化合物，即是将酮、醛等羰基化合物与一元或多元醇缩合或与原甲酸酯等反应而得。它们的通式如图 6-36 所示。

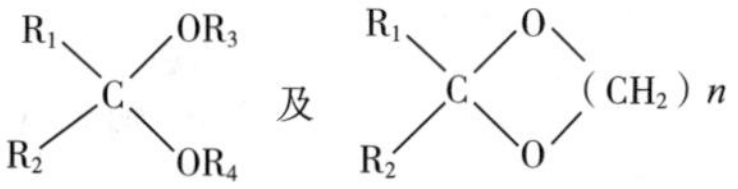

图 6-36 缩羰基化合物通式

R_1 为烷基或芳基，R_2 为 H，即为缩醛类；R_1 为烷基或芳基，R_2 为烷基或芳基，即为缩酮类。

在自然界中，缩羰基类化合物存在于多种水果的挥发性香味物质中，尤其是各种乙缩羰基类化合物占有相当大的比例。从而某些合成的缩碳基类化合物可以作为“天然等同物”而被允许使用于食品添加剂之中。

（一）缩羰基类香料的一般制法

缩羰基化反应是典型的可逆反应。在质子催化下，羰基化合物和醇反应，生成缩羰基化合物的关键是尽量降低水的浓度，使平衡向前进方向移动。有时，可采用使醇过量而不除去水的直接缩合法，但在工业生产上，大多采用共沸连续脱水（分去水分或用干燥剂脱水）或用原酸酯或亚硫酸二烷基酯与羰基化合物反应。缩合反应的通式如图 6-37

所示。

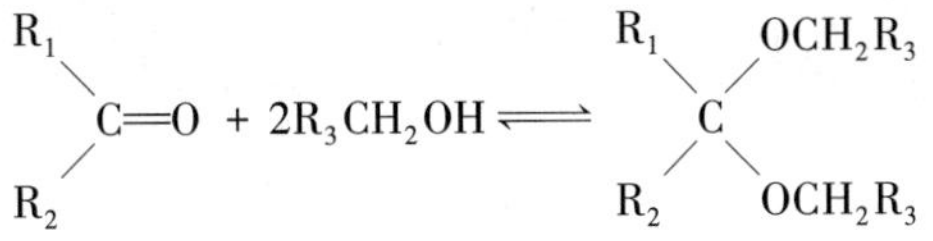

图 6-37 缩羰基化反应

缩羰基类香料的制备法可分如下几类。

1. 直接缩合法

这是制备缩醛的常用方法，即在质子催化剂存在下，由酮或醛与醇直接反应来制取缩酮或缩醛。共沸连续脱水法所用的非均相共沸剂可用环己烷、苯、二甲苯、甲苯或1，2-二氯乙烷等溶剂。用它们来带走反应中生成的水，直到分水器内不再有更多的水分分出时表示反应完成。醛类缩合所用的催化剂可选用 Lewis 酸，如氯化锌、氯化铵、氯化铁、硝酸铵等。对酮类一般需用较强的酸，如盐酸、硫酸、磷酸、对-甲苯碘酸等。在生产上，对一般低碳醇类化合物与醛缩合时，常用干燥氯化氢气体为催化剂。

2. 原甲酸酯缩合法

凡是用直接法制备缩羰基类化合物得率太低时，或不能用醇直接与酮缩合时，均可采用原甲酸酯缩合法。此法的优点是催化剂（主要采用对甲基苯磺酸）用量少，反应条件比较温和，副反应少。

在原甲酸酯缩合法中，加入醇可以极大加快反应速率。缩合反应中生成的水直接和反应混合物中的原酸酯反应生成醇和甲酸乙酯，使反应平衡右移（图 6-38）。

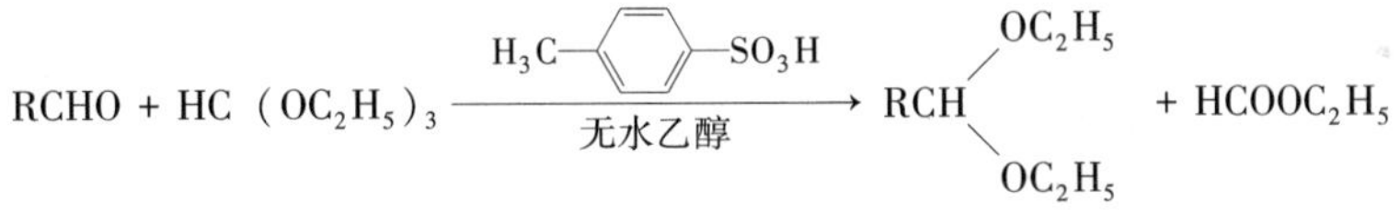

图 6-38 原甲酸酯缩合法

常用的原甲酸酯是原甲酸三乙酯、原甲酸三甲酯或原乙酸三乙酯，它们是根据沸点和反应温度来选择的。

由于硫酸会使原甲酸酯分解，故常用对甲苯磺酸作为质子催化剂。

催化剂的加入方式对缩碳基的得率有较大影响。合理的加入方式是：将羰基化合物与催化剂对甲苯磺酸一起加到原甲酸酯中反应，得率最高。例如二乙缩柠檬醛的制备即采用原甲酸酯法。

3. 交换法

与酮的合成相似，合成缩羰基化合物时，尤其在制取缩酮时，经常使用交换法，往往可以获得很好的收得率。

如图 6-39 所示，在催化剂存在下Ⅰ、Ⅱ之间发生烷氧基交换，失歧化生成混缩羰基化合物Ⅲ，用大幅过量的Ⅱ，并把Ⅳ蒸出，可使平衡向右移动而得到新的缩羰基化合物Ⅲ。

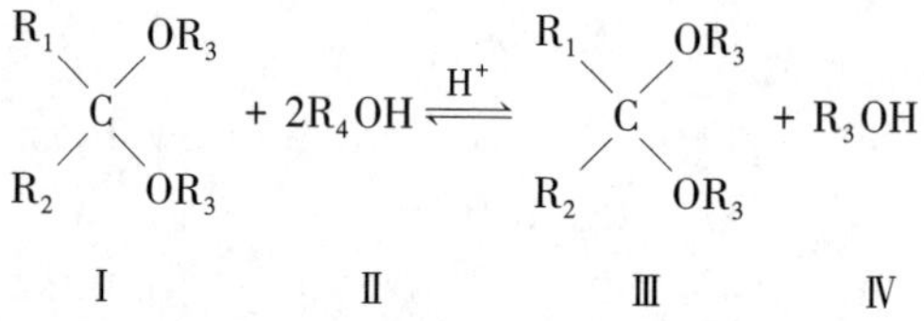

图 6-39　交换法

在酸催化剂存在下，缩羰基化合物能分解成不饱和醚和醇 ROH，醇和羰基化合物反应生成新的缩羰基化合物。这类反应须有醇或水存在时才能进行。

有人利用这种交换法，以二甲缩丙酮作为试剂，可制备一系列缩酮。

4. 环缩羰基类香料及混缩羰基类香料的制备

（1）环缩羰基类香料　各大香料公司推出了许多品种，例如国际香精香料（IFF）的 Citroone 具有新鲜柑-甜橙香气，结构式如图 6-40 所示。

国际香精香料的 Syvertal 具有强烈青香、带菊花和栀子花香，结构式如图 6-41 所示。

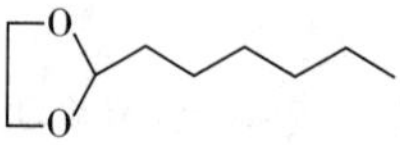

图 6-40　Citroone 结构式

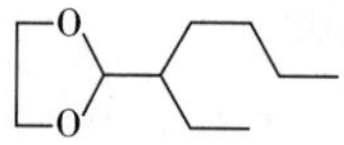

图 6-41　Syvertal 结构式

奇华顿的 Ambersage 具有青香、木香、龙涎香气息，结构式如图 6-42 所示。

德威龙的 Heridone 具有木香、辛香、药香、布枯、格蓬香气，结构式如图 6-43 所示。

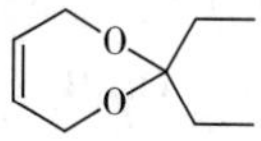

图 6-42　Ambersage 结构式

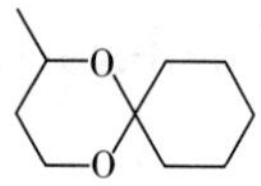

图 6-43　Heridone 结构式

这类环缩羰基香料大多是用羰基化合物与多元醇（主要是二元醇）直接缩合制得。所用的催化剂有柠檬酸、草酸等，也可用活性炭载铑、铱、钯、铂为催化剂。羰基化合物和二元醇一起加热，并蒸出反应生成的水，即得到环缩羰基化合物。如果要制备的环缩羰基化合物的环较小而张力较大，则须采用混缩羰基化合物的分步合成法。

在酸性条件和过量一元醇存在下，羰基化合物和多元醇在搅拌下生成混缩羰基化合物，共沸脱水和蒸去过量的醇，然后加热使混缩羰基化合物歧化生成环缩羰基化合物和开链缩羰基化合物，分馏得到有张力的环缩羰基化合物（图 6-44）。

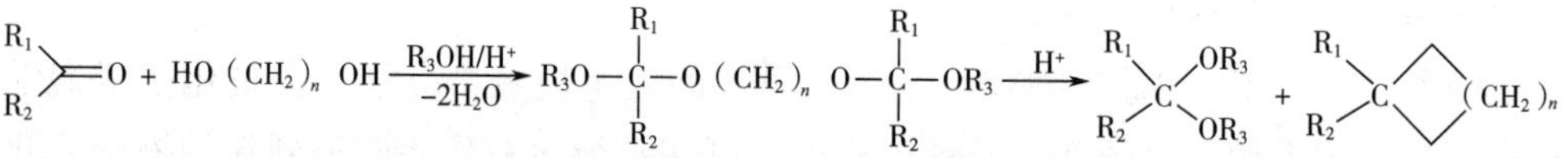

图 6-44　羰基化合物和多元醇得环缩羰基化合物

(2) 混缩羰基类香料 如具有强烈青气和风信子香韵的 Hyacinth body 系列：1-乙氧基-1-苯乙氧基乙烷、1-丙氧基-1-苯乙氧基乙烷（Hyacinth body NO. 3，即风信子素），以及 1-乙氧基-1-苯甲氧基乙烷（叶青素）等均属于这一类香料。它们可由烯醇醚或 α-氯代醚与醇类合成，如风信子素和叶青素的合成按如图 6-45 所示反应式进行。

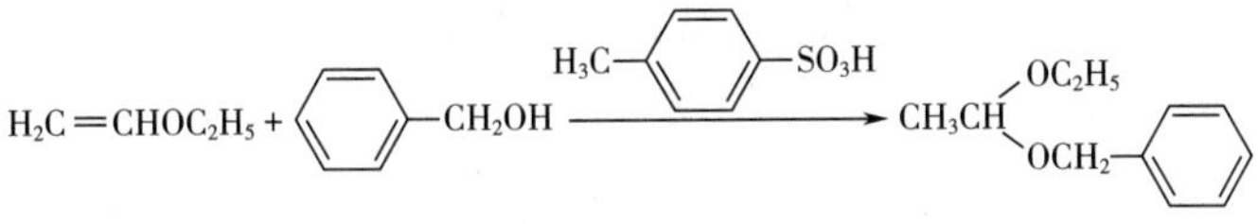

图 6-45 风信子素和叶青素的合成

(二) 合成实例

[实例 1] 二乙缩柠檬醛的合成

二乙缩柠檬醛具有类似柠檬醛的香气，但更为柔和而稳定，适用于肥皂、洗涤剂香精中。二乙缩柠檬醛（Ⅰ）的合成是以柠檬醛（Ⅱ）为原料，在对-甲苯磺酸催化剂和无水乙醇存在下与原甲酸三乙酯（Ⅲ）缩合而成。其反应式如图 6-46 所示。

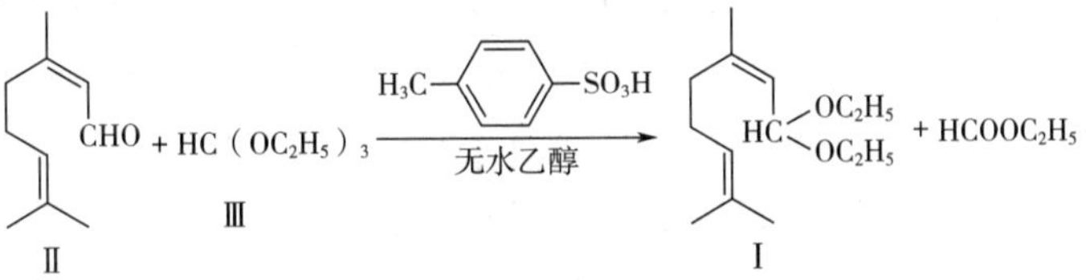

图 6-46 二乙缩柠檬醛的合成

对-甲苯磺酸乙醇溶液的制备：将对-甲苯磺酸 1g 溶解于 100mL 的无水乙醇中，贮存在密封的玻璃瓶中备用。

在装有搅拌器、具干燥管的回流冷凝管、温度计的 500mL 三口烧瓶中，加入柠檬醛 100g、原甲酸三乙酯［95%（体积分数）以上］110g 和无水乙醇 100mL，搅拌均匀后，在室温放置 1.5h，然后加热回流 1.5h，冷却后，加入少许粉末状无水碳酸钠中和，蒸馏回收乙醇和甲酸乙酯。减压蒸馏，收集 96~102℃（400Pa）的馏分，得 120~130g 二乙缩柠檬醛，得率 85%~92%。折光率 n_D^{20} 1.4548，相对密度 d_4^{20} 0.89849。

[实例 2] 苹果酯的合成

苹果酯（化学名 2-甲基-2-乙酸乙酯-1,3-二氧戊烷）（Ⅰ）是一种具有新鲜青苹果香味的香料。它可以用乙酰乙酸乙酯（Ⅱ）和乙二醇（Ⅲ）在催化剂存在下催化缩合制成。其反应式如图 6-47 所示。

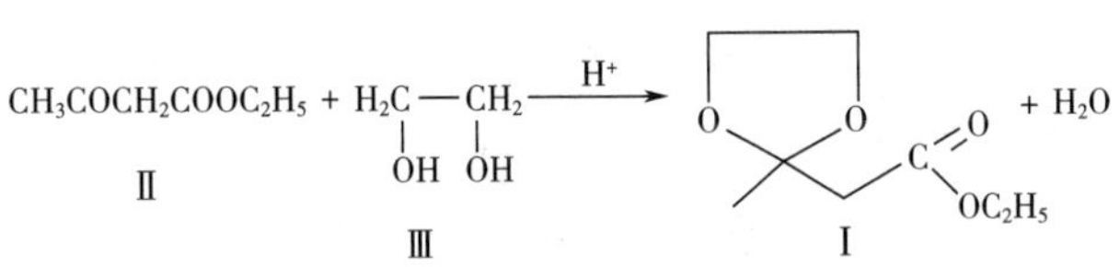

图 6-47 苹果酯的合成

在装有搅拌器、油水分离器（上装回流冷凝器）、温度计的1000mL三口烧瓶中，加入重蒸乙酰乙酸乙酯130g（1.0mol）、乙二醇74.4g（1.9mol）、苯200mL、催化剂适量。加热至回流，至分水器内不再有水分出为止。冷却后，移入分液漏斗中，有机层用饱和食盐水洗，50g/L Na_2CO_3 溶液中和，油状物在常压下蒸馏回收溶剂。蒸去水分后，减压蒸馏，收集99.5～101℃（2400Pa）馏分，得104.48g苹果酯，收得率60%，折光率 n_D^{20} 1.4326，相对密度 d_4^{20} 1.0858。

六、羧酸类、酯类及内酯类香料的合成

在众多精油和食品中都存在羧酸类化合物，某些碳原子较少的脂肪酸对精油和食品的香味有贡献。在调香中作为香料物质使用的酸类并不太多，在香精中，直链脂肪酸用于加重香味的作用，C_3～C_6 的羧酸加重水果香韵，C_6～C_{10} 的羧酸加重干酪香韵。大量直链和支链的脂肪酸作为合成相应酯类物质的起始原料具有重要意义。

香料中所用的酯类，主要是羧酸和醇的脱水产物。自然界里的酯类，普遍存在于各种瓜果、花、草等挥发物中，它们大多具有令人愉快的芳香或香味。不论在日化香精或食品香精中，酯类化合物的用途广泛而且品种多、用量大。尤其在软饮料、糖果、酒用香精、烟用香精中，酯类香料能赋予各种独特的香味，会使香气得到加强和丰满。

内酯类化合物在香气上与酯类有许多共同之处，但也有自己的特征香味，而且留香长兼具圆和增香作用，常用在烟用香精中。例如γ-内酯大多具有桃、椰子、苹果等水果香味；而δ-内酯则往往具有乳香和干酪香味，香气比相应的γ-内酯更为柔软。

（一）羧酸类香料的合成

1. 氧化法

制取羧酸的氧化剂一般可以用高锰酸钾、氧、铬酐-硫酸、硝酸等。例如庚酸就可用硝酸将庚醇氧化而得；又如在硝酸中加入 V_2O_5 等催化剂可从仲辛醇制取己酸和庚酸。

2. 酯类或腈类水解法

羧酸酯类在酸性或碱性介质中进行水解反应，可生成相应的羧酸。在利用油脂（脂肪酸甘油酯）制取脂肪酸时一般均利用在碱性介质中水解，即皂化工艺。

腈类的水解也是制取脂肪酸、芳香酸和杂环酸类的主要途径之一。

例如，食品香料“菠萝酯”（环己基丙酸烯丙酯）的合成也可通过腈类的水解先制得羧酸，再与烯丙醇酯化而得。

3. 热解法

热解法制备羧酸只适用于某些特殊例子。如由蓖麻油或蓖麻酸甲酯热解，可以得到庚醛和十一烯酸。最好不要直接处理蓖麻油本身，而是将蓖麻油先制得的蓖麻酸甲酯或乙酯进行处理。在硫酸的存在下，把过量的甲醇或乙醇与蓖麻油一起加热，就可发生酯交换反应，使甘油酯转化为甲酯或乙酯。

4. Grignard 反应法

格氏试剂可以和二氧化碳发生加成反应，水解后即生成增加一个碳原子的羧酸（图 6-48）。

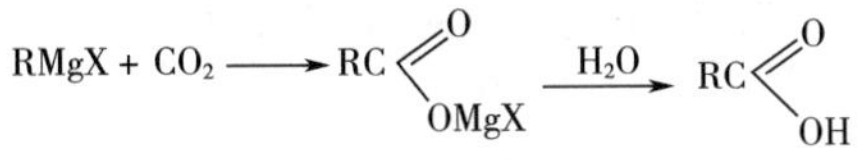

图 6-48 Grignard 反应制取羧酸

在制备过程中可以将干燥的二氧化碳气体通入格氏试剂的反应液中或干脆将格氏试剂倒在干冰上面即可完成这一加成反应。

5. Perkin 反应法

一种芳香醛与酸酐在碱催化剂存在下缩合即可得到β-取代的丙烯酸。这一方法常用于羧酸类香料的生产。例如肉桂酸的制备，就是以苯甲醛与乙酐在乙酸钾存在下进行缩合、脱水而得（图 6-49）。

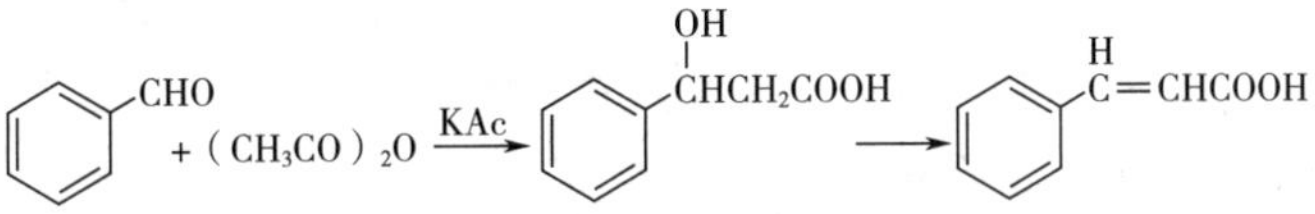

图 6-49 Perkin 反应制取丙羧酸

6. Stobbe 缩合反应法

醛或酮类在碱性催化剂存在下与丁二酸酯缩合，随后经脱水、水解和脱羧，可制得β，γ-不饱和羧酸。香料中的β，γ-壬烯酸即采用这一方法，用己醛和丁二酸二乙酯制得（图 6-50）。

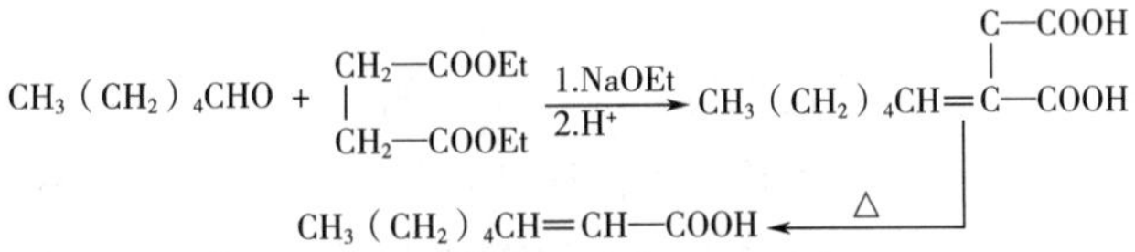

图 6-50 Stobbe 缩合反应制取羧酸

（二）酯类香料的合成

1. 直接酯化法

在酯类香料的生产中，最常用的方法就是直接酯化法。直接酯化法就是将羧酸与醇在无机酸或有机酸催化剂存在下，生成酯和水。

为了使反应有利于酯的生成，工业上常采用三元共沸脱水分馏法，使反应中生成的水与共沸剂苯或甲苯一起经分馏塔蒸出，在油水分离器中将水分出，而共沸剂则返回酯化锅继续脱水，从而迅速完成酯化反应。

酯化反应中，通常采用质子催化剂如硫酸、盐酸、氯化氢、对甲苯磺酸、三氟化硼、阳离子交换树脂或阳离子交换树脂。近年来，有一种耐高温的吸水性大孔径强酸性阳离子交换树脂问世，它既具催化作用又兼吸水功能，故无须共沸脱水装置就能快速完成酯化反应。此外，还可以利用脂肪酶催化合成酯类香料。

2. 酰化法制取酯类

采用酸酐或酰氯与醇类直接反应制取酯类。这种反应是不可逆的，故收得率较高，尤其对一般难以用直接酯化法制备的酯类，或在直接酯化中产生副反应的酯类较为适宜。如乙酸芳樟酯、乙酸柏木酯、苯乙酸对甲酚酯等香料，均可采用酰化法制取。

在酯类香料中有许多甲酸酯类具有珍贵的香气。例如甲酸香叶酯具有玫瑰甜香；甲酸苄酯具有茉莉、玉簪花香；甲酸苯乙酯有兰花、菊花香气；甲酸芳樟酯具有香柠檬样香气。然而利用通常的酯化法制取甲酸类相当困难，这是由于很难得到无水甲酸，且反应中甲酸在无机酸存在下容易分解。

3. 卤代烃与羧酸盐反应制取酯类

当用羧酸与醇直接酯化比较困难（如叔醇的酯类）时或卤代烃原料易于获得且成本低廉时，就宜采用这一方法（图 6-51）。

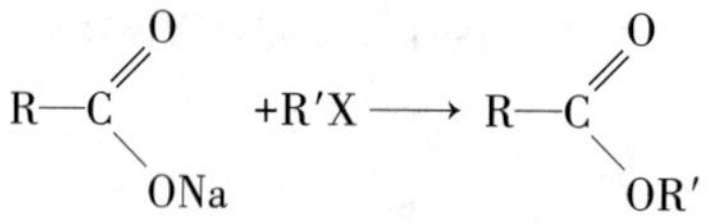

图 6-51　卤代烃与羧酸反应制取酯类

例如具有脂香、蜜香香气的桂酸苄酯的制备就可以以桂酸钠与氯化苄在二乙胺催化剂存在下进行反应而得。

4. 交换反应制取酯类

（1）醇交换法　这是一种可逆反应，为了使平衡有利于正向反应，反应物料之一需超过理论量，并应将生成物之一不断移去以破坏可逆反应的平衡，从而提高得率。这种醇交换反应要求被交换出来的醇沸点比加入的醇沸点尽可能低，这才有利于交换出来的醇能通过分馏移除，从而使反应完全。醇交换法采用酸性或碱性催化剂，一般可用对甲苯磺酸、醋酸锌阳离子交换树脂、金属钠、醇钠和纯碱等。

（2）酯交换法　酯交换法一般用于不易直接酯化制得的酯类制备（图 6-52）。

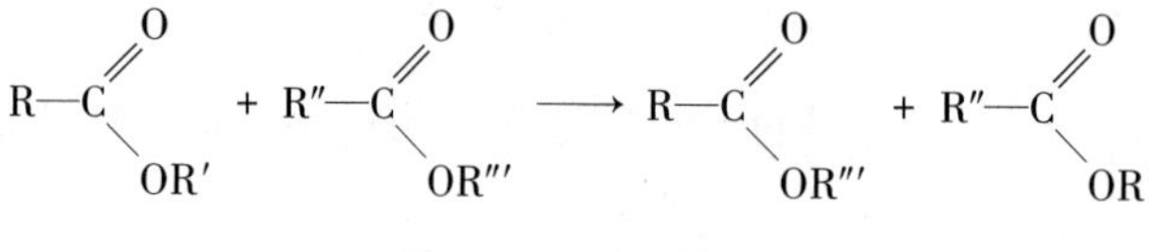

图 6-52　酯交换法

例如邻氨基苯甲酸芳樟酯的制备，就是采用邻氨基苯甲酸甲酯与乙酸芳樟酯在乙醇钠存在下进行酯交换反应。

还可以利用脂肪酶催化发生酯交换反应制备酯类香料。

(3) Prins 反应制取酯类　将烯烃与甲醛在酸性条件下缩合，在不同介质中可得到不同的酯类产物。如将 α-烯烃与甲醛在乙酸中进行反应，可制得二乙酸酯-〔1,3〕类化合物（图 6-53）。

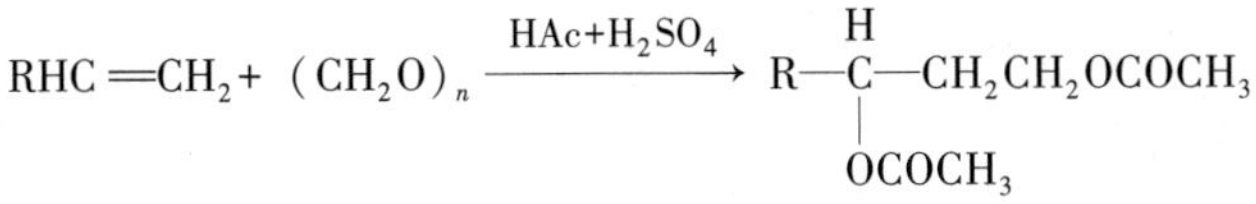

图 6-53　Prins 反应制取酯类

(三) 内酯类香料的合成

如果在一个脂肪族化合物的分子内既含有一个羟基又含有一个羧基，那么就有可能产生分子内的酯化反应，生成内酯。

内酯类化合物具有酯的特性，它在香气上与相应的酯类有一定相似之处。但当其位置和环的大小不同，香气就有很大差别。大部分 γ-内酯具有果香香气，而 δ-内酯类则富有乳香香味。

1. γ-内酯的制备

制备 γ-内酯有多种合成途径，现将具有实用价值的制备方法作简要介绍。

(1) Reformatsky 反应合成法　通常利用 Reformatsky 反应，将一羟基化合物（Ⅰ）与 α-卤代酯（Ⅱ）在锌存在下进行缩合，可得到丙位羟基羧酸酯（Ⅲ），在酸催化下脱水生成相应的 γ-内酯（Ⅳ）。其反应式如图 6-54 所示。

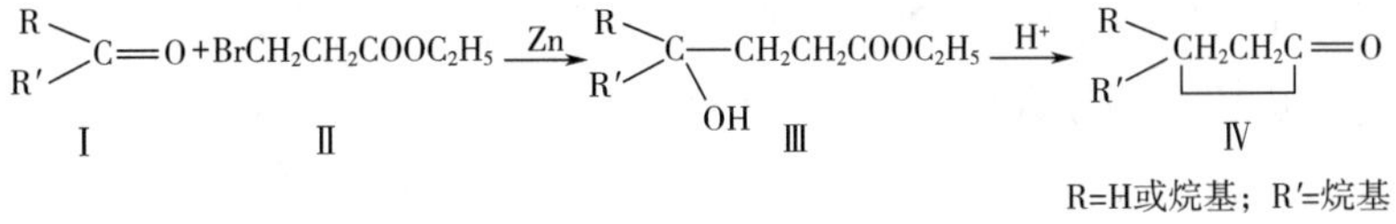

图 6-54　Reformatsky 反应合成法

(2) 丙二酸与脂肪醛缩合法　一个更为直接的合成 α, β-不饱和酸的方法是将丙二酸（Ⅰ）与脂肪醛（Ⅱ）进行缩合，先制得 α,β-不饱和酸和 β, γ-不饱和酸（Ⅲ），然后再内酯化成 γ-内酯（Ⅳ）。这一方法的优点是原料易得，可用于合成多种 γ-内酯，尤其适用于 γ-壬内酯（椰子醛）的制造。其反应式如图 6-55 所示。

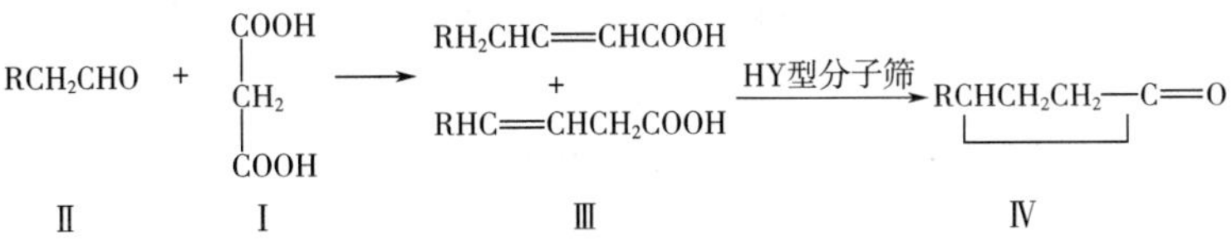

图 6-55　丙二酸与脂肪醛缩合法

（3）取代环氧乙烷与丙二酸酯缩合法　这条路线是利用烷基环氧乙烷（Ⅰ）与钠代丙二酸二乙酯（Ⅱ）的缩合，然后脱羧成为γ-内酯（Ⅲ）。其反应式如图 6-56 所示。

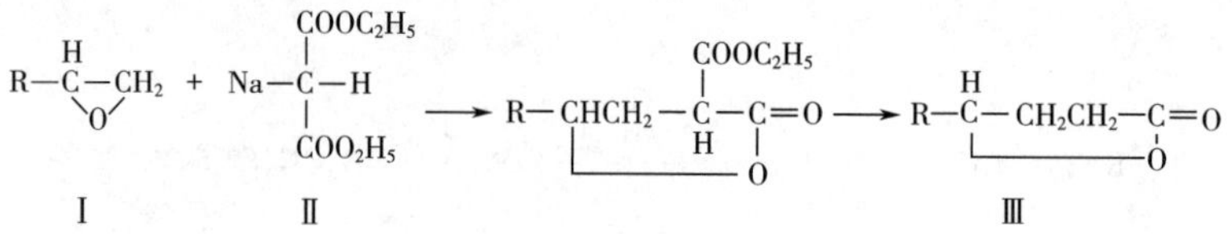

图 6-56　取代环氧乙烷与丙二酸酯缩合法

（4）利用醇类与不饱和酸的游离基加成反应合成γ-内酯　醇类在游离基引发剂如二叔丁基过氧化物等存在下可成为游离基，然后与不饱和羧酸酯进行加成反应，最后生成γ-内酯。其反应式如图 6-57 所示。

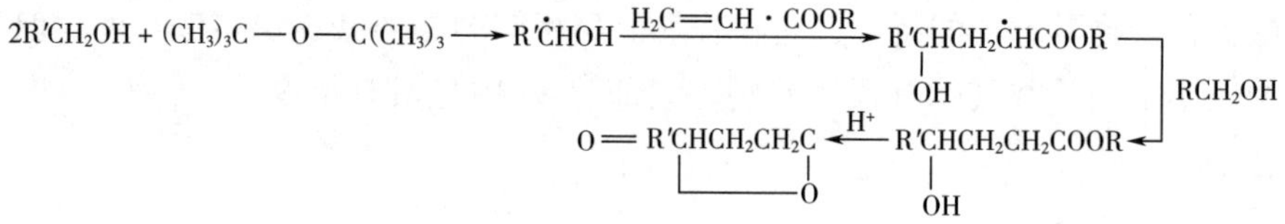

图 6-57　利用醇类与不饱和酸的游离基加成反应合成γ-内酯

2. δ-内酯的制备

δ-内酯主要使用于食用香精中，但也少量添加于某些化妆香精和香水中，有画龙点睛之妙。δ-内酯的香气和香味与相应的δ-内酯相比更为柔和，在配方往往起到关键性作用。例如δ-十二内酯对于冰淇淋和干酪香精配方中是必不可少的重要成分。

δ-内酯的合成比相同碳数的γ-内酯更为困难。虽然合成δ-内酯已有多种路线，但是很长时间没有找到一种步骤比较简单、收率比较高的合成方法。现介绍几条新的合成方法，它们在工艺改进和提高收率方面均有新的突破。

（1）乙烯基酮与丙二酸酯缩合路线　将取代的乙烯基酮与丙二酸二乙酯缩合，再经水解、脱羧、还原生成羧酸，最后在酸性催化下进行环化生成δ-内酯（图 6-58）。

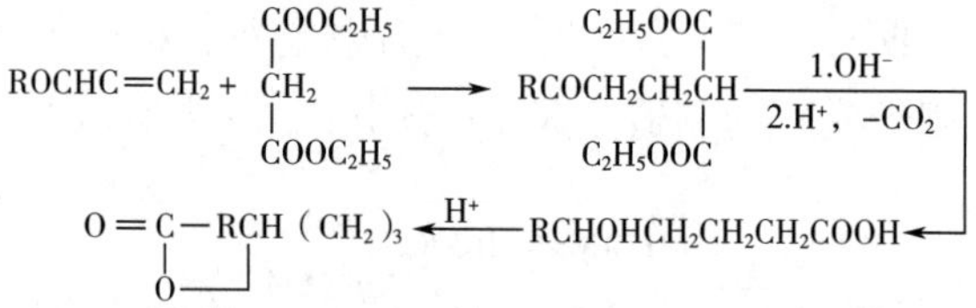

图 6-58　乙烯基酮与丙二酸酯缩合路线

（2）用 Grignard 反应制取δ-内酯　将格氏试剂与戊二醛反应，先制得戊二醛的半缩醛，然后经氧化、环化成δ-内酯（图 6-59）。

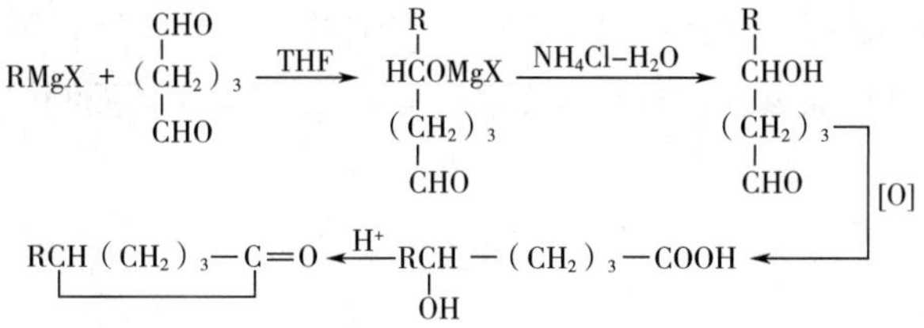

图 6-59 用 Grignard 反应制取 δ-内酯

（3）环己二酮合成路线 1,3-环己二酮为起始原料，先与卤代烷烃烷基化，然后开环成酮酸。最后经催化加氢或异丙醇铝还原同时环化成 δ-内酯（图 5-60）。

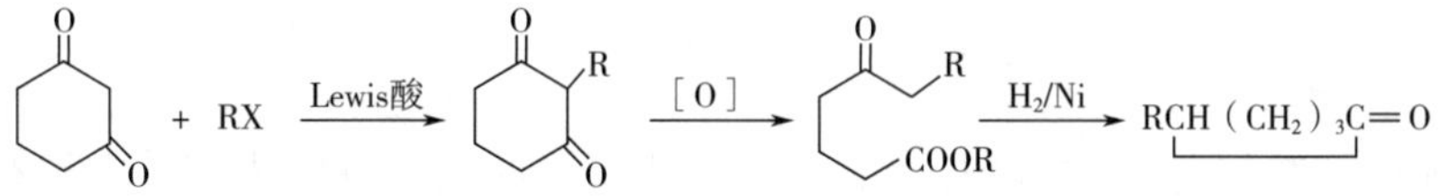

图 6-60 环己二酮合成路线

（4）烷基环戊酮路线 以 α-烷基环戊酮为起始原料，用 Caros 试剂氧化，制得酮酸，然后再经还原、环化生成 δ-内酯（图 6-61）。

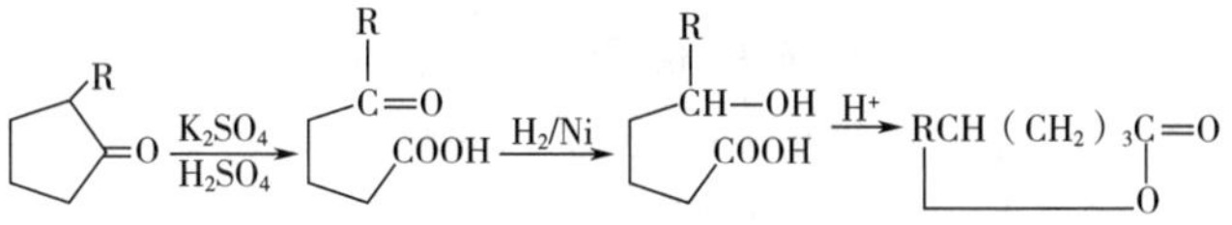

图 6-61 烷基环戊酮路线

（5）脂肪醇与乙烯基乙酸酯缩合路线 这是最近研究成功的一条较简单的合成路线。将脂肪醇与乙烯基乙酸乙酯缩合，生成 δ-羟酸，经环化即得 δ-内酯（图 6-62）。

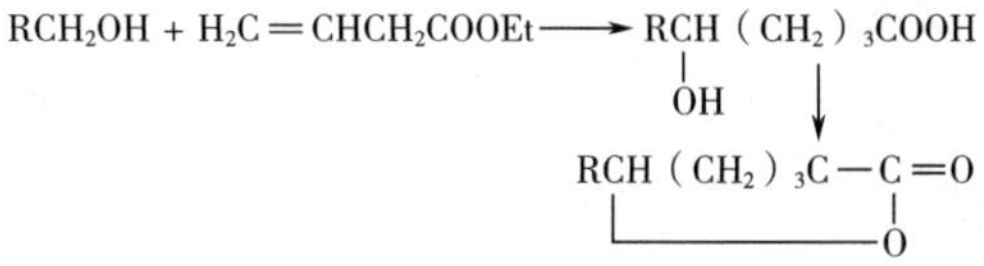

图 6-62 脂肪醇与乙烯基乙酸酯缩合路线

（6）烷基环戊酮扩环法 以 α-烷基环戊酮为原料，如用过氧乙酸为氧化剂，则扩环成为六元环的 δ-内酯，仅一步反应。其反应式如图 6-63 所示。

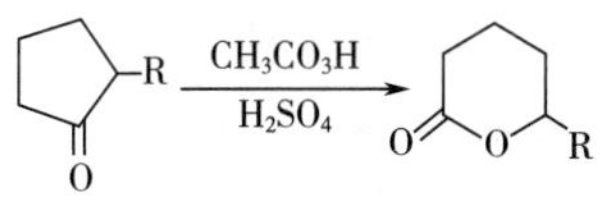

图 6-63 烷基环戊酮扩环法

（7）环戊酮与脂肪醛合成路线　这条路线是用环戊酮与脂肪醛在碱性介质中缩合成烯烃基环戊酮，随后再经选择加氢、过氧乙酸或双氧水-尿素氧化扩环而制得δ-内酯（图6-64）。

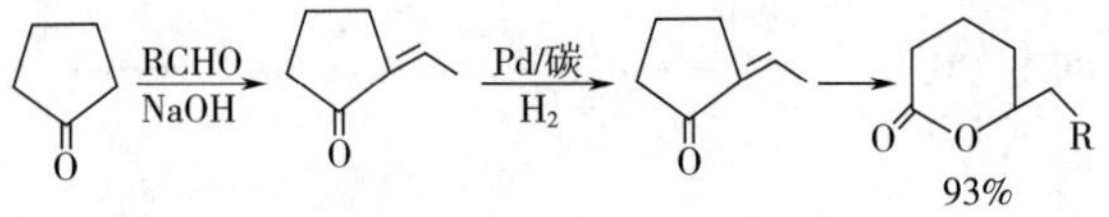

图 6-64　环戊酮与脂肪醛合成路线

当 $R=C_4H_9$ 或 C_6H_{13}，所得产物分别为δ-癸内酯和δ-十二内酯。

（四）合成实例

[实例 1] 草莓酸的合成

草莓酸又叫2-甲基-2-戊烯酸。它是天然草莓中的关键香味成分。它具有甜的浆果样水果香味。

在一装有搅拌器、温度计、滴液漏斗的三口烧瓶中，加入2-戊酮（Ⅰ）与粉状氰化钠，外用水浴冷却至10~15℃。在搅拌下滴加冰冷的浓硝酸，反应温度需控制不超过20℃，反应完毕生成羟基腈（Ⅱ）。用盐酸将反应液酸化至pH=3，加热至60℃搅拌1h，冷却。移至分液漏斗中静置分层，将油层减压蒸馏，前段为未反应的2-戊酮，主馏分为2-羟基-2-甲基戊酸（Ⅲ）。将此羟基羧酸加热脱水，得粗制（*Z*）-2-甲基-2-戊烯酸（Ⅳ）（图6-65），经减压分馏，收集93~95℃（13Pa）馏分，得纯品。

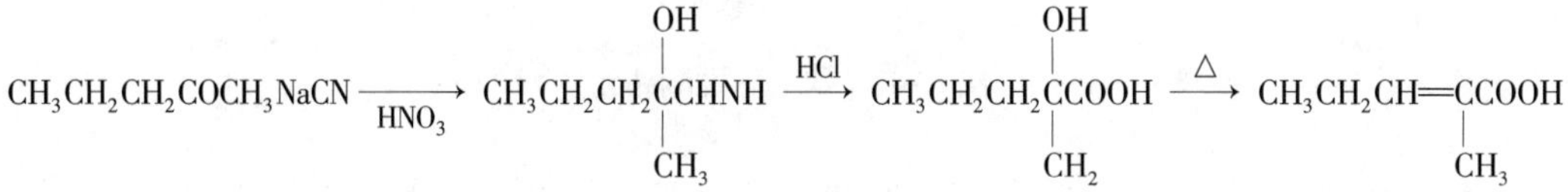

Ⅰ　　Ⅱ　　Ⅲ　　Ⅳ

图 6-65　草莓酸的合成

[实例 2] β-乙酰基丙酸的合成

β-乙酰基丙酸又称γ-戊酮酸或4-戊酮酸。以六碳糖为原料，失水生成呋喃衍生物羟甲基糖醛，再失水重排得β-乙酰基丙酸。

在反应器内加入一定量的蔗糖水溶液，再加入一定量的盐酸。将反应器置于蒸气浴上，加热24h，此时发生剧烈的碳化作用。用吸滤法滤去黑色固体。并用清水洗涤数次。滤液置于大蒸发皿中在蒸气浴上蒸发过滤。次日清晨，将得到的黑色固体残渣研磨成粉并放在折叠滤纸上，滤纸再放在漏斗上，用乙醚洗涤萃取6~8h。蒸除滤液中的乙醚，残留液在减压下分馏，收集150~160℃（1999.88Pa）或135~140℃（1333.26Pa）馏分。该馏分为颜色颇深的液体，冷却后并不完全凝固。在减压下再蒸馏，收集137~139℃（1333.26Pa）馏分，得率21%。

［实例 3］乙酸异戊酯的合成

乙酸异戊酯具有强烈的果香，略带花香，但主要是香蕉、生梨的香气，故俗称香蕉水。

乙酸异戊酯的制备可采用直接酯化法（图 6-66），为提高产率，可通过三元恒沸物不断将水分蒸除，直至没有水分蒸出为反应终点。

$$CH_3COOH+(CH_3)_2CHCH_2OH \xrightarrow{H_2SO_4} CH_3COOCH_2CH_2CH(CH_3)_2$$

图 6-66 乙酸异戊酯的合成

反应过程中形成的三元恒沸混合物的恒沸点为 93.6℃，组成是异戊醇 31.2%、乙酸异戊酯 24%、水 44.8%。具体制法如下。

（1）酯化反应阶段 在 900L 的反应锅内，加入冰醋酸（工业品）320kg、硫酸 32kg 和异戊醇［128~132℃馏分，含量大于 95%（体积分数）］240kg。先使冷凝器及油水分离器的水通入，然后以蒸汽加热至反应的回流温度，维持此温度，直至反应产生的水分蒸尽后，即油水分离器内不再见有水滴下降时且酯化物液温已达 140℃或以上时，即达到酯化反应终点。此时，原来的加热蒸汽应立即换成冷水，使酯化物液温降至 60~70℃。

（2）中和与洗涤阶段 在洗涤锅内先放入 150kg 清水，再加入前段工序的酯化产物溶液，搅拌 0.5h 后，静置洗涤液。待分层后，弃去下层水。上层油状液体，以 50~70g/L 的碳酸钠水溶液中和 1~2 次，即得中性的粗乙酸异戊酯，含酯量≥97%（质量分数）。

（3）精制阶段 将上述粗乙酸异戊酯，经常压分馏，收集 138~142℃的馏分即为正品。

［实例 4］δ-癸内酯和 δ-十二内酯的合成

δ-癸内酯和 δ-十二内酯都是珍贵的食品香味香料，广泛用于糖果、软饮料、冰淇淋、烘烤食品、人造奶油、糕点等香精之中。

这里介绍以环戊酮为原料的三步合成路线：环戊酮（Ⅰ）与脂肪醛（Ⅱ）进行缩合，经选择加氢生成取代的环戊酮（Ⅳ），最后用双氧水-尿素氧化、扩环成 δ-内酯（Ⅴ）（图 6-67）。

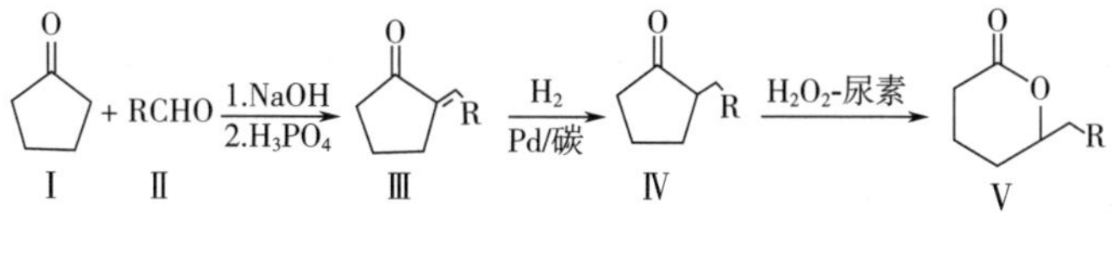

图 6-67 δ-癸内酯和 δ-十二内酯的合成

R═C_4H_9，C_6H_{13}。

1. δ-癸内酯（R═C_4H_9）的合成

（1）2-戊叉基环戊酮的制备 在一装有搅拌器、温度计、滴液漏斗的三口烧瓶中，加入 10g/L 氢氧化钠溶液 15mL，于 25℃搅拌下加入环戊酮 8g，然后再在 35℃时滴加正戊醛 4.3g，约 15min 加毕，再在此温度搅拌 1h。冷却，用磷酸中和，在分液漏斗中静置分层。水层用甲苯萃取，甲苯溶液与油层合并，加入一装有带油水分离管的回流冷凝的三口烧瓶中，加磷酸 10 滴，加热回流并分去水分。当不再有水分出时，冷却。反应物依次用饱和食盐水、50g/L 碳酸钠溶液和水洗涤。蒸去甲苯后，剩余物在 98～100℃（399.9Pa）下蒸得 2-戊叉基环戊酮 6.5g，得率 85%。

（2）2-戊基环戊酮的制备　在一加热釜中加入 2-戊叉基环戊酮 5g、5%（质量分数）钯/炭催化剂 200mg 和 40mL 无水乙醇。密闭后用氢置换空气，开动搅拌进行常压加氢反应，当不再吸氢时停止搅拌。滤去反应物中的催化剂，用无水乙醇将催化剂洗涤一次；蒸去乙醇，减压蒸馏，收集 82~83℃（266.6Pa）馏分，得 2-戊基环戊酮 4.8g，得率 95%。

（3）δ-癸内酯的合成　在 100mL 三口烧瓶中，加入双氧水-尿素加合物，在室温下搅拌使融化，加入 2-戊基环戊酮 10g，然后在 30℃搅拌 1h。加水 30mL 后，移至分液漏斗中分出有机层。水层用甲苯萃取 1 次，与有机层合并。有机层用水洗至中性，减压下蒸出甲苯，然后收集 118.5～119.5℃（133.3Pa）馏分，获得 δ-癸内酯 9.6g，得率 94%，折光率 $n_D^{25}=1.4550$，FEMA 编号 2361。

2. δ-十二内酯（R ═C_6H_{13}）的合成

用上述同样方法，以庚醛和环戊酮为基本原料，经缩合、脱水、加氢和氧化反应，可制得 δ-十二内酯。δ-十二内酯沸点 129.0～130.5℃（133.3Pa），折光率 $n_D^{25}=1.4564$，FEMA 编号 2401。

［实例 5］“椰子醛”的制备

“椰子醛”化学名为 γ-壬内酯，商业上又称“十八醛”。它是一种食用香料，具有椰子香味，稀释时有杏仁或桃子香味。

γ-壬内酯的合成可以采用庚醛和丙二酸为原料，用吡啶催化缩合生成壬烯酸，然后在硫酸存在下重排环化成 γ-壬内酯。

为了避免使用有一定毒性的吡啶，改用三乙胺为催化剂使庚醛与丙二酸缩合成 α-壬烯酸然后在固体酸存在下，使 α-壬烯酸重排成 β-壬烯酸并立即环化成 γ-壬内酯。反应式如图 6-68 所示。

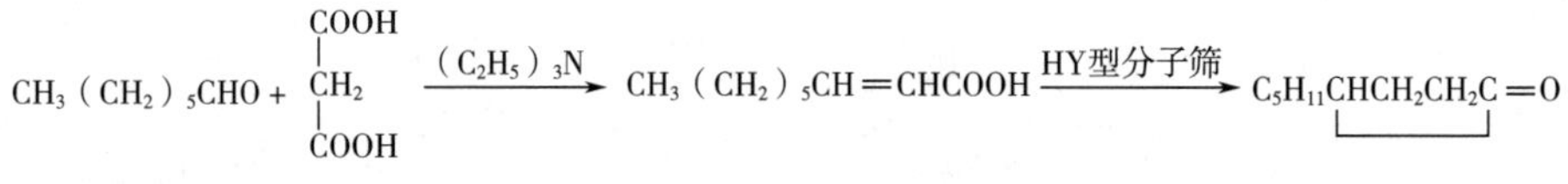

图 6-68　“椰子醛”的制备

（1）α-壬烯酸的制备　在一装有搅拌器、滴液漏斗、温度计和回流冷凝器的 3000mL 三口烧瓶中，加入丙二酸 520g、三乙胺 700g，搅拌使丙二酸完全溶解，滴加重蒸过的庚醛 570g，于 30～50℃下 1h 滴加完毕，再在 75～85℃搅拌 2h 左右，到不再有二氧化碳气体放出。在 20～30℃时，剧烈搅拌下在反应物液面下加入 20%（质量分数）盐酸 900mL。置分液漏斗中分层，水层用苯 2×300mL 萃取，萃取液与有机层合并，水洗至中性后，用无水硫酸钠干燥。蒸馏回收苯，减压蒸馏，收集 130～135℃（666.5Pa）馏分，得 α-壬烯酸 587g，得率 75%，折光率 $n_D^{20}=1.4467$。

水相中的三乙胺盐酸盐可加碱处理，在 85~93℃常压下蒸馏回收三乙胺。

（2）γ-壬内酯的合成　在一装有搅拌器、温度计的 100mL 三口烧瓶中，加入 α-壬烯酸 18g 和 HY 型分子筛 2g，在 170℃搅拌 3h。冷却，滤出分子筛，用二甲苯 2×7mL 洗涤，与滤液合并。减压下回收二甲苯，然后收集 123~128℃（800Pa）馏分，获 γ-壬内酯 14.7g，得率 81.6%，折光率 $n_D^{20}=1.4465$，FEMA 编号 2781。

七、醚类香料的合成

醚类香料也是合成香料中重要的一类，不仅由于它们具有各种优美的香气，而且其化学性质特别稳定，一般不易与碱性物质作用，因此在化妆品、烟用、洗涤剂、织物调理剂等香精中尤为适用。

（一）醚类化合物的制备

1. 醇的脱水醚化

其反应式如图 6-69 所示。

$$ROH+H_2SO_4 \longrightarrow ROSO_3H+H_2O$$
$$ROSO_3H+ROH \longrightarrow R—O—R+H_2SO_4$$

图 6-69　醇的脱水醚化

在上述反应中，由于生成的水会使硫酸稀释，故实际生产中常采用过量的浓硫酸［93%（质量分数）以上］。而且在硫酸中不应含有硝酸、硫酸盐，尤其不可含铁。

对于不对称醚类化合物，有时也可采用同样方法制取，如图 6-70 所示。

$$ROH+H_2SO_4 \longrightarrow ROSO_3H+H_2O$$
$$ROSO_3H+R'OH \longrightarrow R—O—R+H_2SO_4$$

图 6-70　醇脱水制备不对称醚类

2. 硫酸烷酯与酚类反应制取醚类

其反应式如图 6-71 所示。

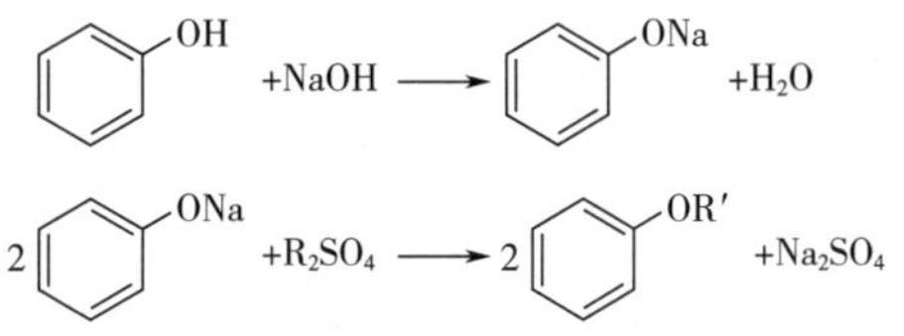

图 6-71　硫酸烷酯与酚类反应制取醚类

3. 卤代烷烃与醇类反应制取醚类

其反应式如图 6-72 所示。

$$RX+R'OM \longrightarrow R—O—R'+MX$$

图 6-72　卤代烷烃与醇类反应制取醚类

这一反应对制取醚类香料非常重要。因为它可适用于各种羟基化合物和酚类的醚化，也可以制备分子质量大的烷基单醚或混合醚类，而且还可制取脂肪基芳香基醚类化合物。

4. 利用乙烯基烷基醚与醇类制取新的醚类

从羟基二氧呋喃酮衍生物与乙烯基乙醚或1-烷氧基-1-烯烃在少量酸催化剂存在下可以制得另一种醚类香料。例如，在通氮气条件下，将1g浓盐酸在10℃时滴加到含有1mol非菠萝酮衍生物（Ⅰ，$R_1=R_2=Me$）和2mol $EtOCH=CH_2$ 的非均相溶液中，在室温下生成醚衍生物（Ⅱ，$R_1=R_2=R_4=Me$，$R_3=Et$）。反应式如图6-73所示。

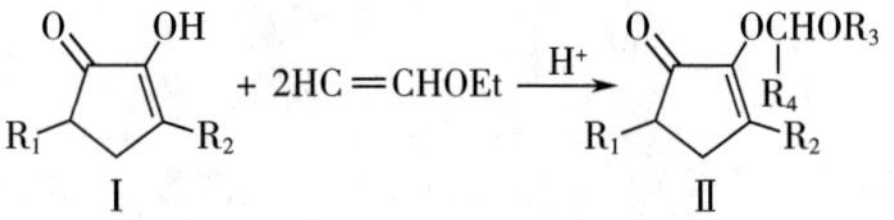

图6-73 利用乙烯基烷基醚与醇类制取新的醚类

将这种新香料0.2%（质量分数）添加到口香糖中，就能起到明显的增香和扩香作用。

5. 利用相转移催化反应制取醚类

醇或酸的*O*-烃基化，用相转移催化反应可获得高收率的醚。它比通常必须使用醇的Williamson合成反应更为方便，在氢氧化钠存在下即可反应。例如具有温和花香的“栀子醚”——异戊基苄基醚，可以采用苄基三乙基溴化铵（TEBA）为催化剂，得率可达80%左右（图6-74）。

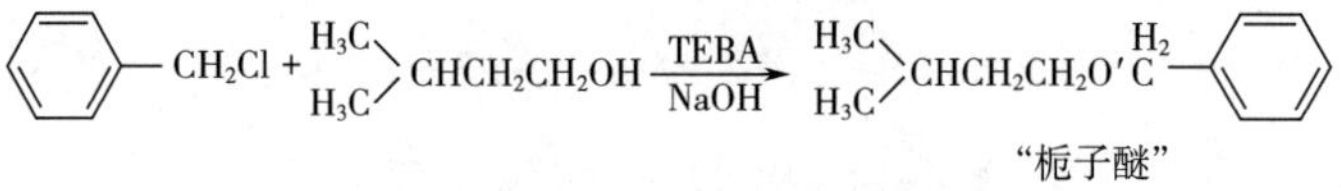

图6-74 利用相转移催化反应制取醚类

一些酚醚类香料同样也可用相转移反应制得，如图6-75所示。

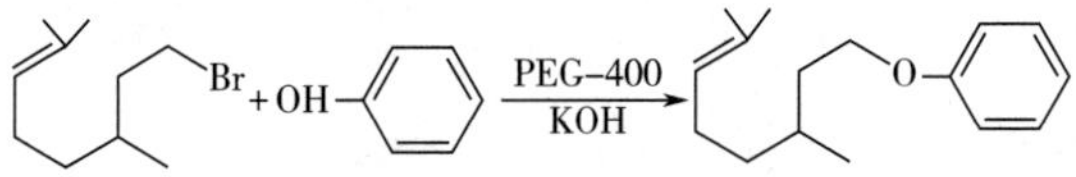

图6-75 利用相转移制得酚醚

用这种方法制取3,7-二甲基辛烯-6-基苯基醚的收得率可达78%。

（二）合成实例

［实例1］2,6-二甲基橙花醚的合成

2,6-二甲基橙花醚（Ⅰ），化学名2-（2-甲基-1-丙烯基）-2,4,6-三甲基-4,5-

二氢吡喃。这一香料不仅本身具有优美的花香香气，且对玫瑰型香精起增香作用，并带来新鲜感。它的合成可由异丙叉丙酮（Ⅱ）和2-甲基-2,4-戊二醇（Ⅲ）在浓硫酸催化剂存在下进行醚化而得。反应式如图6-76所示。

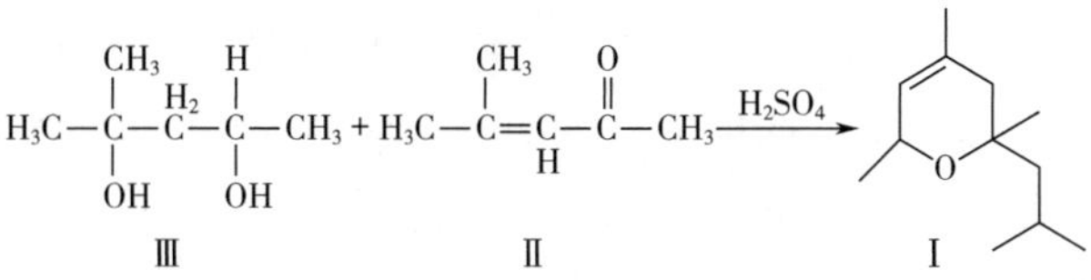

图6-76 2,6-二甲基橙花醚的合成

在装有搅拌器、回流冷凝管、滴液漏斗和温度计的250mL三口烧瓶中，依次加入5mL水及1mL浓硫酸。在剧烈搅拌下，加入异丙叉丙酮98g（1mol）和2-甲基-2,4-戊二醇、氢氧化钠乙醇的混合液130g（1.1mol），加热回流24h。冷却后，用氢氧化钠乙醇溶液中和。油状物减压蒸馏，收集72～83℃（133.3Pa）的馏分，得成品45g，得率25%。

[实例2] 从香紫苏醇合成龙涎类香料

从香紫苏醇可以合成四种龙涎类香料，即龙涎醚（Ambraoxide）（Ⅰ，R=H，*n*=2），降龙涎醚（Ambrox）（Ⅰ，R=H，*n*=1），甲基龙涎醚（Methyiambraoxide）（Ⅰ，R=Me，*n*=2）和龙涎缩醛（Ⅱ）如图6-77所示。

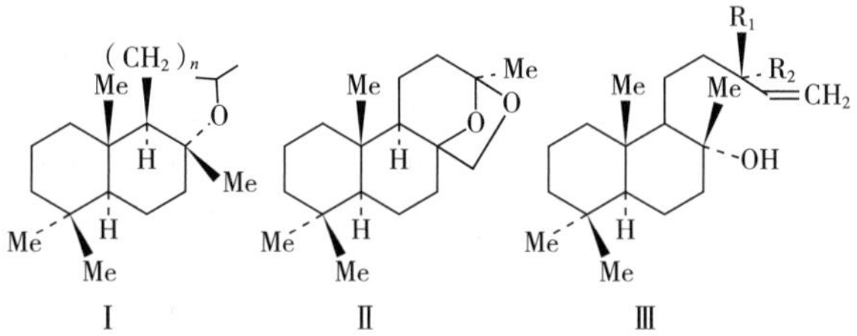

图6-77 龙涎香类香料化合物

（1）采用工业上供应的香紫苏醇为起始原料，这种香紫苏醇是90∶10的香紫苏醇和表-香紫苏醇的混合物。将香紫苏醇用正磷酸在苯中回流2h，可得到收得率为85%的泪杉醚和表-泪杉醚的混合物。

将香紫苏醇和香紫苏醇的乙酸酯在三苯膦存在下，于100℃二氧六环中反应15min时，可获得乙酸二烯香紫苏酯的3个混合物。将混合物用$LiAlH_4$在乙醚和酸性介质中还原2h，就得到相应的新冷杉醇。异冷杉醇和冷杉醇的混合物，得率为96%。异冷杉醇可以用高锰酸钾氧化成龙涎内酯和香紫苏内酯（60∶40），其得率为80%。这两个衍生物可以很容易地用硅胶柱层析予以分离。龙涎内酯和香紫苏内酯分别用$LiAlH_4$在乙醚中在对甲苯磺酰氯存在下反应2h，可分别得到龙涎醚和降龙涎醚，得率均达90%。

香紫苏乙酸酯用 PdCl（CH_3CN）$_2$ 试剂在溶剂四氢呋喃中，25℃反应 4h，得到一得率为 100%的关键中间体，其结构式如图 6-78 所示。

关键中间体再用 $LiAlH_4$ 在乙醚中和酸性介质中，25℃时还原反应 2h，获得得率为 98%的异香紫苏醇。异香紫苏醇在甲醇、二氯甲烷、二甲基硫醚存在下，70℃通入 O_2 反应 24h，得到香紫苏醚，香紫苏醚在甲醇中，用 Pd/C 催化剂在 25℃加氢 12h，可获得甲基龙涎醚，得率 98%。将关键中间体溶于甲醇或二氯甲烷中，在-70℃时，臭氧化 24h，得到中间体甲基酮，得率 90%。甲基酮在 80℃（399.96Pa）时减压蒸馏，获亚甲基酮（图 6-79），得率 82%。

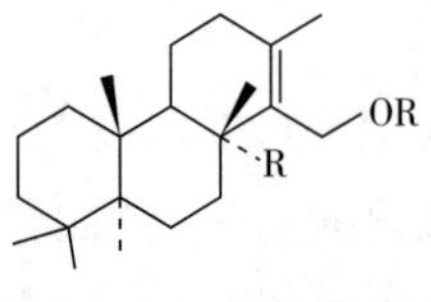

图 6-78 关键中间体

R＝Ac。

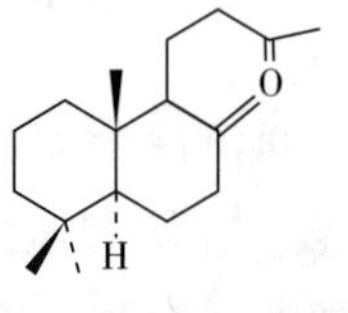

图 6-79 亚甲基酮

亚甲基酮的氧化采用四氧化锇为氧化剂，再加入甘露糖醇、氢氧化钾和乙醇在 25℃时反应，然后在苯中回流，得到龙涎缩醛，得率为 75%。

（2）将香紫苏醇用过锰酸钾两步氧化法先制得降龙涎内酯，然后带钾硼氢和氯化锂将此内酯还原成降龙涎二醇，最后将降龙涎二醇用樟脑磺酸环化而制得降龙涎醚和双环高金合欢醇。其反应式如图 6-80 所示。

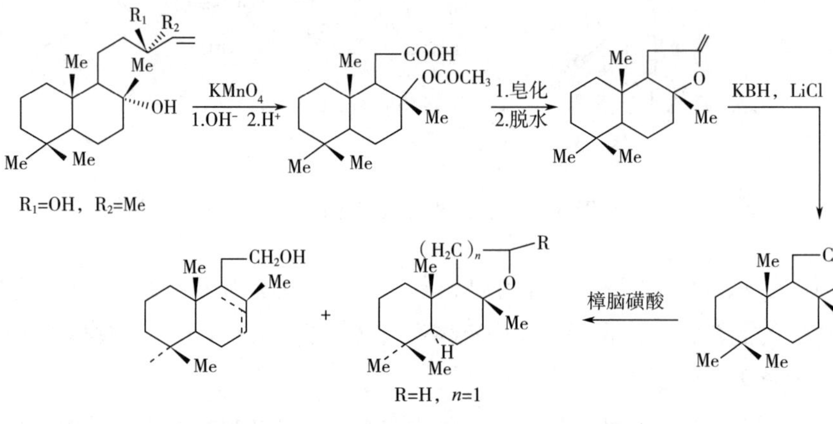

图 6-80 降龙涎醚和双环高金合欢醇的制备

①降龙涎内酯的制备：在一装有搅拌器、温度计、滴液漏斗、导气管和回流冷凝管的四口烧瓶中，加入水 700mL、氢氧化钠 35g、过锰酸钾 211g，在 30~35℃搅拌使溶解后，从滴液漏斗中滴加香紫苏醇，约 2h 加毕，再分批加入高锰酸钾 96g，继续搅拌 1h，将反应温度降低至 20~25℃后迅速加入乙酸 700g，此时有大量气体放出，再加乙酸 50g，将温度降到 8~10℃，搅拌反应 2h，放置过夜；搅拌下加入 1000mL 水和 20%（质量分

数）H_2SO_4 500mL，冷却至 10℃，然后把二氧化硫气体通入反应液内，温度控制在 15℃以下，通二氧化硫气体直到反应物中 MnO_2 沉淀消失为止。搅拌 0.5h，过滤，洗涤，干燥。将此中间体加到三口烧瓶中，加乙醇 750mL、氢氧化钠 40g，加热回流 3h。冷却后，蒸馏回收乙醇，加 30%（质量分数）盐酸，使反应液呈强酸性，此时有大量白色沉淀析出。过滤，水洗至中性后干燥，得中间体羧酸。在烧瓶中加入中间体，搅拌，加热至 135~140℃，反应 2h 后冷却，得粗制内酯约 70g。用 100g/L 碳酸钠溶液约 100mL 将粗制内酯洗涤一次，烘干，得降龙涎内酯 61.1g（气相色谱法测试纯度 96.6%、酸值 1.0、酯值 215.8、熔点 124~125℃），得率 65%。

②降龙涎醚的合成：在装有搅拌器、温度计的 1000mL 三口烧瓶中，加入制得的内酯 200g、异丙醇 700mL。在搅拌和冰浴冷却下，缓慢加入 $KBH_4$108g 和 LiCl 120g，反应温度保持 10~20℃。约在 1h 内加毕，加毕后，再在室温搅拌 1h，滴加入丙酮使剩余的 KBH_4 分解。蒸馏回收异丙醇后，用 5%（质量分数）硫酸酸化至强酸性。用热甲苯萃取反应物，蒸馏回收甲苯萃取液中大部分甲苯后，放置室温下冷却，即有降龙涎二醇析出，过滤后，再重结晶一次，得白色结晶，得率 70%（熔点 132~133℃）。在一装有搅拌器、温度计、短颈分馏柱和冷凝器的三口烧瓶中，加入二醇 10g、d-樟脑-β-磺酸 20mL，在搅拌下加热，并减压至 2666Pa 脱水，至不再有水分蒸出时，再搅拌 0.5h。然后在 119~140℃（266.6Pa）蒸得粗制醚，得率约 88%。用石油醚重结晶，得龙涎醚、降龙涎醚与双环高金合欢醇的混合物（内含龙涎醚 65.5%、降龙涎醚 2.2%、双环高金合欢醇异构体 30.5%）。此混合物的凝固点为 47℃以上。鉴于双环高金合欢醇也是龙涎香型香料，因而在商品中一般无须分离。

上述产物经石油醚重结晶，可制得降龙涎醚，熔点 76℃。

降龙涎醚具有强烈特殊的龙涎香香气，但对于新鲜蒸馏出的纯净产品，香气反而不太突出。当以酒精稀释至 100g/L 并暴露于空气中一段时间后，其香气会变得柔和而优美。降龙涎又是一种杰出的定香剂，它在香精中所起的特殊作用被称作“龙涎香效应”，能极大提高香精的扩散透发作用。虽然它在香精中的用量通常只有 0.1%~0.2%（质量分数），但其提升及增强作用非常明显，这种作用从香精的头香开始一直贯彻于始终。

八、杂环类香料的合成

杂环化合物是指成环元素除碳原子外，还含有氧、氮、硫、硼等原子的环状化合物。近年来，由于对精油成分、食品香味成分和烟草中香味成分的分析研究，人们发现杂环化合物往往具有独特的香气或香味，有时则是关键性香味成分。由于氮、氧、硫杂环化合物存在于食品香味成分中，并且具有很高价值的感官特性，所以这类化合物是目前最令人感兴趣的香味物质。尽管它们在各种食品中存在甚微，但是由于它们有很强的气味和较低的阈值，使它们在增强食品的基本天然香气特性方面起重要作用。在白肋烟中发现存在着多种吡嗪化合物，它们对白肋烟的香味起着重要作用。噁唑类已在咖啡、可可和肉中鉴定出来，它们的香气与坚果香、木香、青香相联系，在加热食品衬托香韵中是比较有价值的香料，也可用于新鲜食品及化妆品加香中。吡啶及其衍生物存在于范围较广的食物系统中，包括存在于咖啡、茶叶、番茄、烟草等天然产物中。烷基吡啶也存在于某些精油（如茉莉油）中。2-二甲硫醇基吡啶具有青香、酚香和爆米花香气味，是一种人造肉香味香精中占主导地位的香气成分。吲哚和甲基吲哚也归属氮杂环化合物，它们在天然精油（如茉莉油和晚香玉油）中存在。吡嗪类化合物香气特征非常突出，大多数具有咖啡香味、巧克力香味、坚果样香味、焙烤焦香样香气。吡嗪类化合物的阈值低、香势特别强。总之，杂环化合物越来越引起人们的重视，成为一类极有前途的香料。现将各种杂环类及杂原子类香料的一些主要合成方法简要阐述。

（一）五元杂环类香料的合成

在香料化合物中，含有一个及两个杂原子的五元环中最重要的是呋喃类、吡咯类、噻吩类、噻唑类、吡唑类和异噁唑类等衍生物。

1. 呋喃类香料的合成

（1）呋喃甲醛及其衍生物的合成　α-呋喃甲醛，最初是用米糠与稀酸共热而取得，故俗名称为糠醛。糠醛可以用玉米芯、稻米糠等为原料制取。

糠醛与苯甲醛极其相似，可以发生康尼查罗反应，生成糠醇和糠酸（图 6-81）。

在 400℃下，糠醛的蒸气经过氧化物催化剂，可以生成呋喃（图 6-82）。

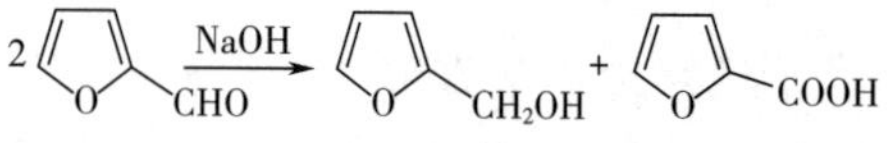

图 6-81　糠醇和糠酸的生成

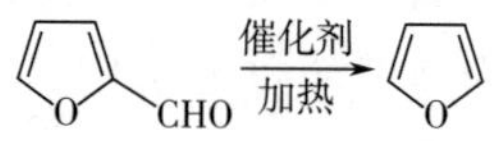

图 6-82　糠醛生成呋喃

（2）烷基呋喃的合成　1,4-二羰基化合物在无水的酸性条件下脱水，得到呋喃及其衍生物（图 6-83）。这是合成呋喃类香料化合物最常用的方法。此法称为帕尔-克诺尔（Paal-Knorr）合成法。

呋喃在弱酸催化下，适当控制反应条件可以发生烷基化反应而生成烷基呋喃（图 6-84）。

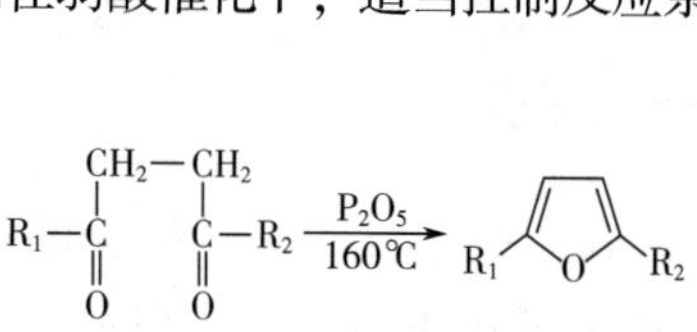

图 6-83　帕尔-克诺尔合成法合成烷基呋喃

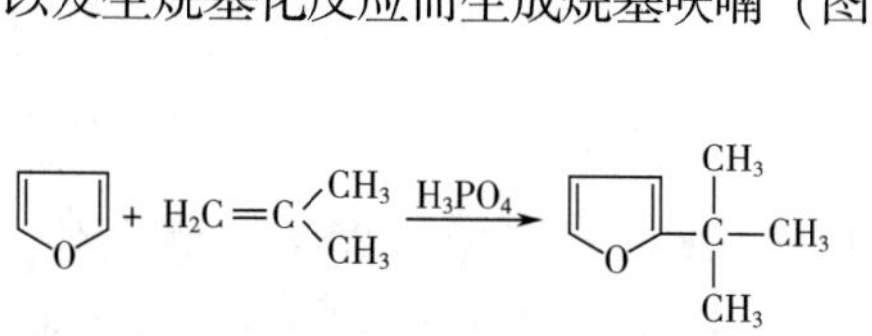

图 6-84　弱酸催化生成烷基呋喃

（3）酰基呋喃的合成　一般是以呋喃或烷基呋喃为原料，通过弗氏酰基化反应制取（图 6-85）。

（4）糠醇酯的合成　糠醇酯可以糠醇为原料与酸酐或酰氯反应合成（图 6-86）。

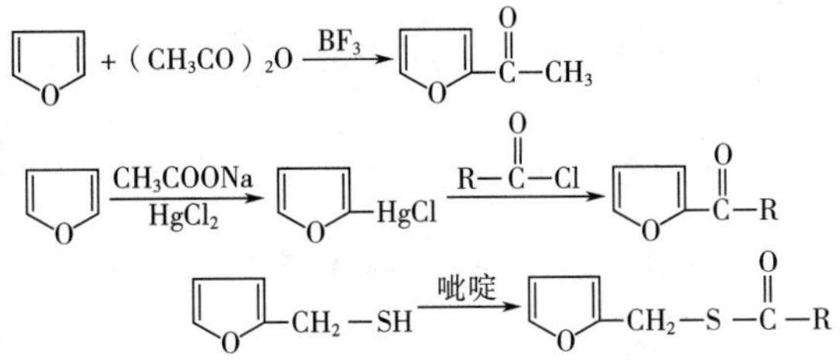

图 6-85 弗氏酰基化反应制取酰基呋喃

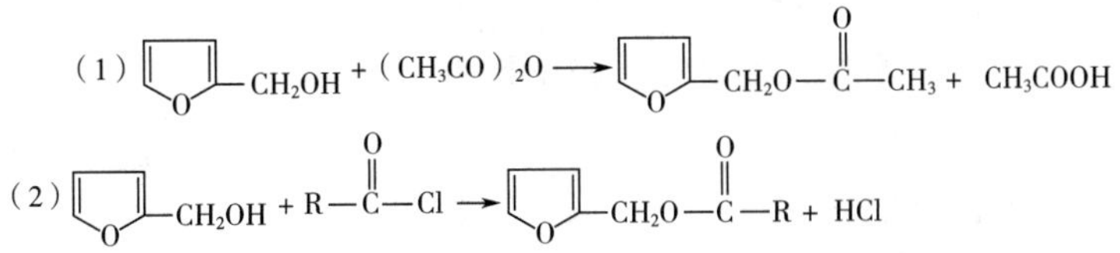

图 6-86 糖醇与酸酐（1）或酰氯（2）反应合成糠醇酯

以 2-甲基呋喃为原料，与溴代琥珀酰亚胺（NBS）生成糠基溴，然后再与乙酸钾反应也可以生成糠醇酯（图 6-87）。

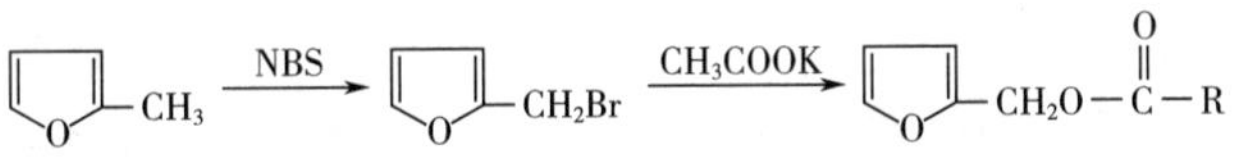

图 6-87 以 2-甲基呋喃为原料生成糠醇酯

（5）糠基醚的合成 以糠醇或糠基氯为原料，经下列反应可以合成糠基醚（图 6-88）。

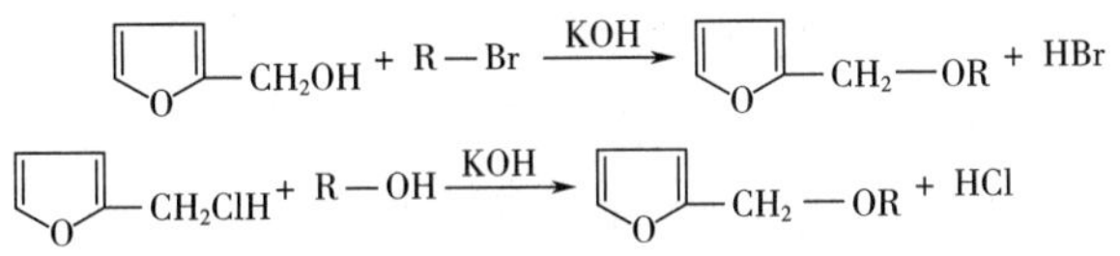

图 6-88 以糠醇或糠基氯为原料合成糠基醚

2. 吡咯类香料的合成

吡咯类香料可分为 3 类：*N*-烃类取代吡咯、*N*-硫属取代吡咯、*N*-杂环取代吡咯。由于取代基的不同，香味也各不同。

（1）*N*-烃类取代吡咯的合成 如 *N*-辛烷基吡咯，它具有果香、桃子香、甜橙香、茉莉样香气和鸡肉及蔬菜香味；再如 *N*-环辛基吡咯则具有微弱花香，在水溶液中具有青香、叶香和蔬菜的风味。

N-烃类取代吡咯类香料可以采用相转移催化反应来制取。一般是将吡咯或它的衍生物与卤代烃类（或卤代杂环化合物）进行 *N*-取代反应即可。其反应式如图 6-89 所示。

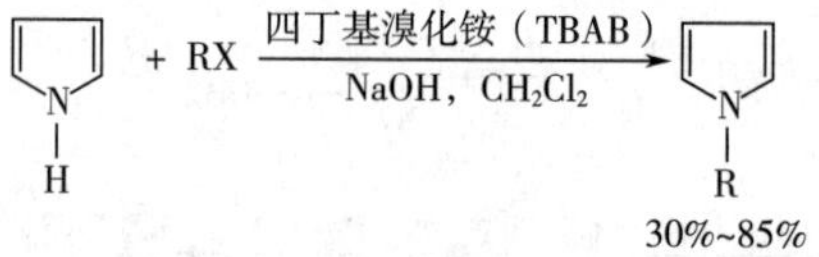

图 6-89　相转移催化制取 *N*-烃类取代吡咯

（2）*N*-杂环取代吡咯的合成　*N*-杂环取代吡咯具有坚果、蔬菜、咖啡等独特的香味。例如 *N*-（2-吡嗪基）-吡咯在稀释溶液中有花生般香味并带动物香韵，而在较高浓度时，则是焙炒的坚果香味（图 6-90）。

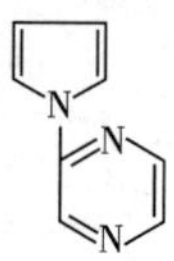

图 6-90　*N*-杂环取代吡咯结构式

又如咖啡中的关键香味成分 *N*-糠基-2-乙酰基吡咯，它可在相转移催化条件下实现 *N*-烃基化反应而制得（图 6-91）。

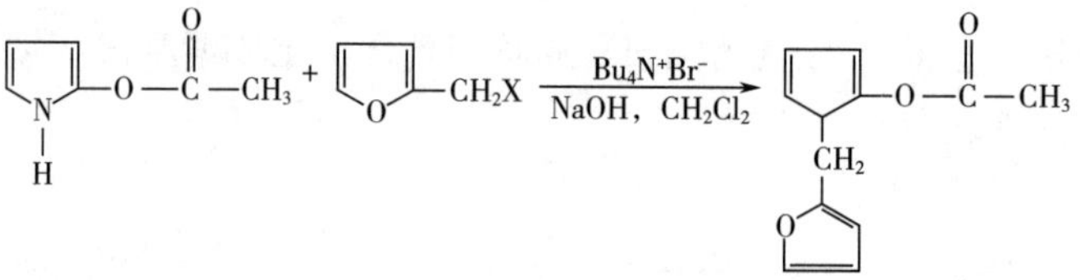

图 6-91　相转移催化制取 *N*-糖基-2-乙酰基吡咯

3. 噻吩类香料的合成

由于噻吩类化合物在动植物食品如罐头牛肉、炒洋葱、炒花生、茶叶及啤酒中的含量极低，其在香料中的重要地位到近年来才被人们所发现。噻吩类化合物香势特别强，虽然含量极微，但对食品的感官特性却有极大贡献。噻吩类化合物大多具有焦香、肉香、坚果香和葱蒜香，例如，2-乙酰基-3-甲基噻吩可以给糖浆提供蜜样香味，3-乙酰基-2-甲基噻吩可以用来修饰香烟的香气和味道。部分噻吩类化合物的结构式及香气特征见表 6-4。

表 6-4　噻吩类化合物的结构式及香气特征

化合物名称	结构式	香气特征
2-甲基噻吩	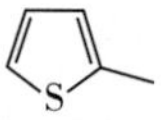	洋葱香
2-乙基噻吩	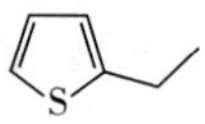	苏合香
2-乙酰基噻吩	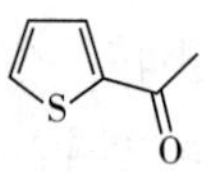	炒麦芽香

续表

化合物名称	结构式	香气特征
2-乙酰基-5-甲基噻吩	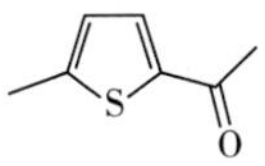	甜花香
2-甲基-3-巯基噻吩	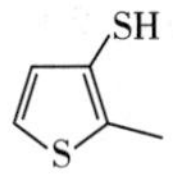	烤肉香
4-羟基-5-甲基-3（2*H*）-噻吩酮	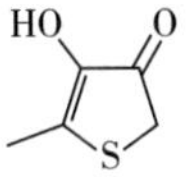	坚果香
双（2-噻吩基）-二硫醚	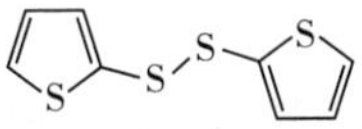	烤肉香
2-噻吩酸丙酯	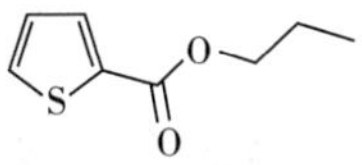	焦香

噻吩类化合物合成方法分为 3 种。

（1）缩合环化法　由共轭的二烯或二炔与硫源通过环化缩合制备噻吩。共轭二烯与硫在气相中反应可以制得噻吩（图 6-92）。

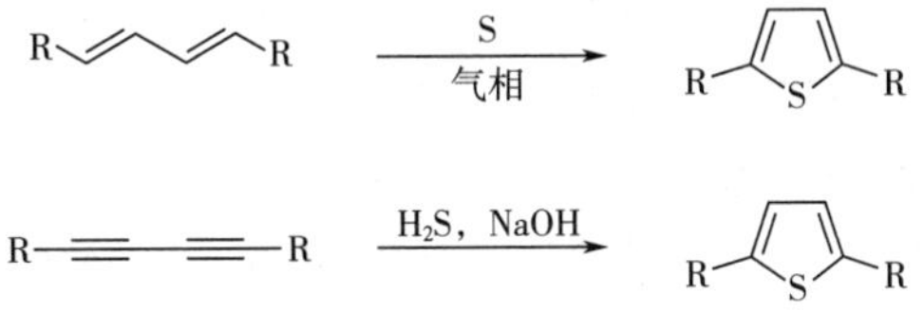

图 6-92　缩合环化法制得噻吩

（2）Paal-Knorr 合成法　1,4-二羰基化合物与一个硫源在酸的催化作用下脱水可得噻吩化合物（图 6-93）。传统的硫源是用磷的硫化物，后来经常用劳森（Lawesson）试剂或双三甲基甲硅烷硫化物。

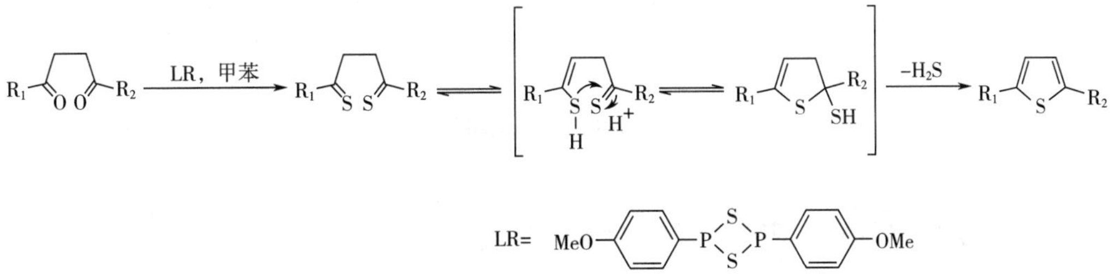

图 6-93　Paal-Knorr 合成法制得噻吩

当使用1,4-二羧酸作为二羰基化合物时，反应必须在某个阶段完成还原步骤，因为需要的结果是生成噻吩而不是2-/5-氧化噻吩（图6-94）。

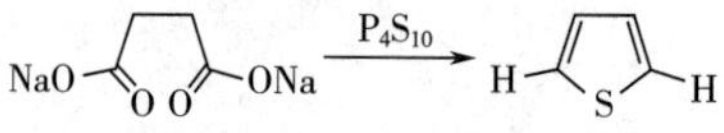

图6-94　1,4-二羧酸作为二羰基化合物制得噻吩

（3）Hinsberg合成法　采用一个1,2-二酮和一个硫代二乙酯在碱作用下反应（图6-95）。1,3-二酮和巯基乙酸酯也能发生类似的反应。

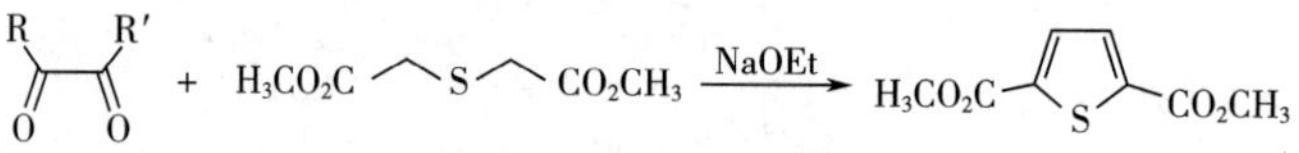

图6-95　Hinsberg合成法制得噻吩

（二）含有一个杂原子的五元环稠环类香料的合成

这一类香科中具有代表性的就是吲哚及其衍生物（图6-96）。

吲哚广泛存在于多种香花中，如素馨兰、茉莉、橙花和紫丁香花的挥发成分中均含有吲哚或其衍生物。令人感兴趣的是，在我国珍贵的动物香科——小灵猫香膏中，已发现有少量的吲哚和甲基吲哚存在。纯的吲哚具有令人不愉快的臭气，但当极度稀释时，却会散发出幽雅的花香。因而可广泛地用于茉莉、紫丁香、橙花、栀子、忍冬、荷花、水仙、依兰、草兰、白兰等花香型香精中。吲哚和3-甲基吲哚也微量地应用于巧克力、悬钩子、草莓、苦橙、咖啡、坚果、干酪等食品及果香复方等香精中。

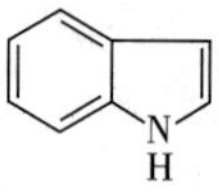

图6-96　吲哚结构式

吲哚的合成主要有3种方法：邻氨基苯乙醛脱水缩合法、*N*-甲酰基-邻甲基苯胺法、邻氨基乙苯催化脱氢法。

目前在生产上经常采用的是第3种合成方法，如图6-97所示。

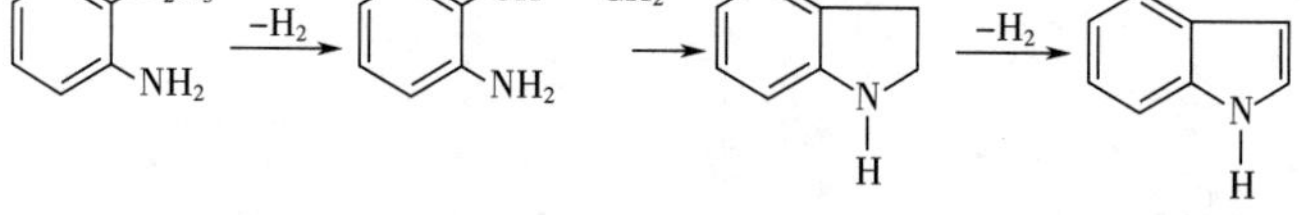

图6-97　邻氨基乙苯催化脱氨法制吲哚

（三）吡唑、咪唑、噻唑类香料的合成

吡唑、咪唑、噻唑类香料均是含有两个杂原子的五元杂环类化合物（图6-98）。

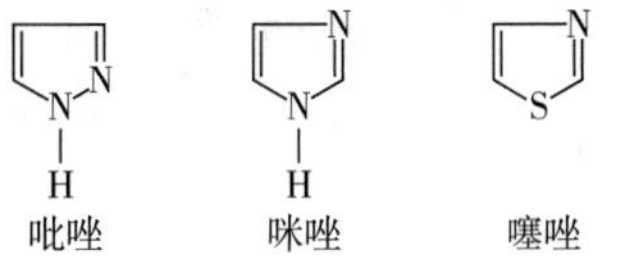

图 6-98 吡唑、咪唑、噻唑结构式

在以上3类五元杂环类香料中，以噻唑类香料应用最为广泛。例如2-异丁基噻唑，是番茄中的主香成分，它可由脂肪族酰胺和 α，β-二溴醚的环化作用制得；又如2,4,5-三甲基噻唑，可用于冰淇淋、肉类和糖果等的加香，它可由2,4-二甲基噻唑-5-乙酸脱羧制得，或可将五硫化磷与甲基-α-溴乙基酮和乙酰胺反应制取；再如4-甲基-5-噻唑基乙醇，它具有令人不愉快的噻吩类化合物气味，但在高度稀释时，却具有好闻的坚果香气。它可以由4-甲基噻唑-5-乙酸乙酯，经LiAlH还原，或由硫代甲酰胺与溴代乙酰丙醇缩合制得（图6-99）。

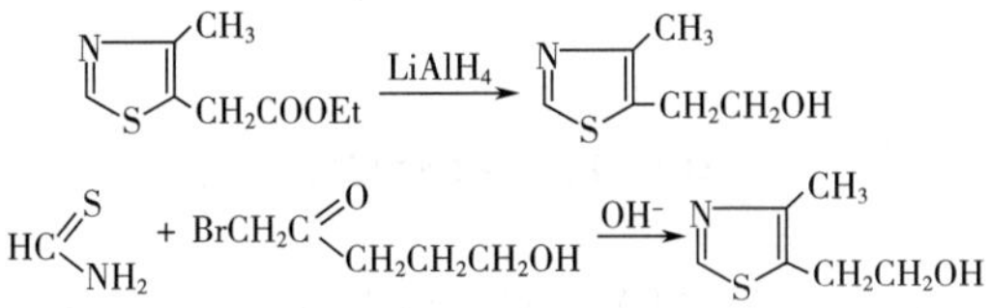

图 6-99 4-甲基-5-噻唑基乙醇的制备

（四）六元杂环类香料的合成

吡啶、吡喃、嘧啶和吡嗪类香料均属于六元杂环类化合物。

1. 吡啶类香料的合成

（1）烷基吡啶的合成　烷基吡啶是吡啶香料中品种最多的一类，其合成方法也较多，比较常用的有以下8种。

①Hantzsch合成法：该法主要用于合成2,6-烷基吡啶类香料或2,4,6-烷基吡啶类香料（图6-100）。

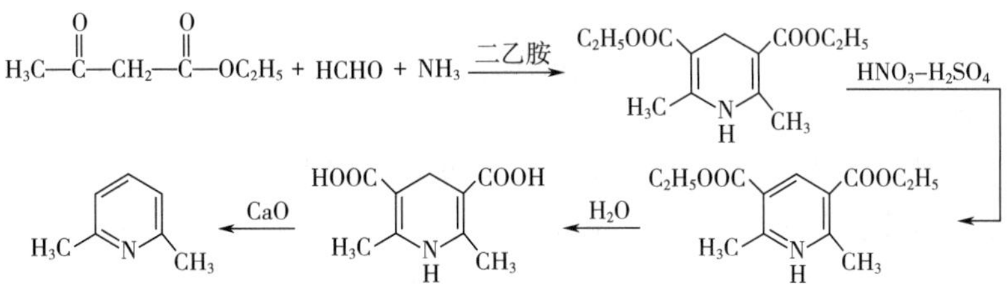

图 6-100 Hantzsch合成法

②Chichibabin合成法：该法可用于2,5-二烷基吡啶类香料的合成（图6-101）。

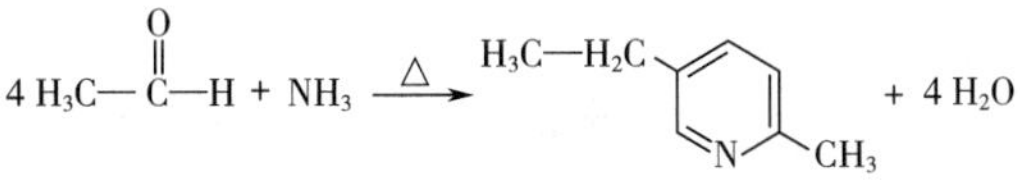

图 6-101 Chichibabin合成法

③Wibaut-Arens 吡啶烷基化法：该法适用于 4-烷基吡啶类香料的合成（图 6-102）。

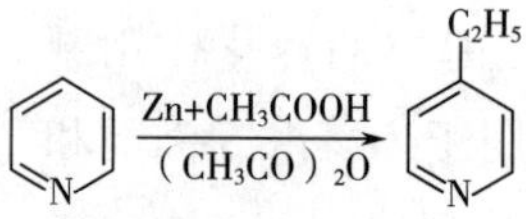

图 6-102 Wibaut-Arens 吡啶烷基化法

④Emmert 吡啶烷基化法：该法适于 2-烷基吡啶类香料的合成（图 6-103）。

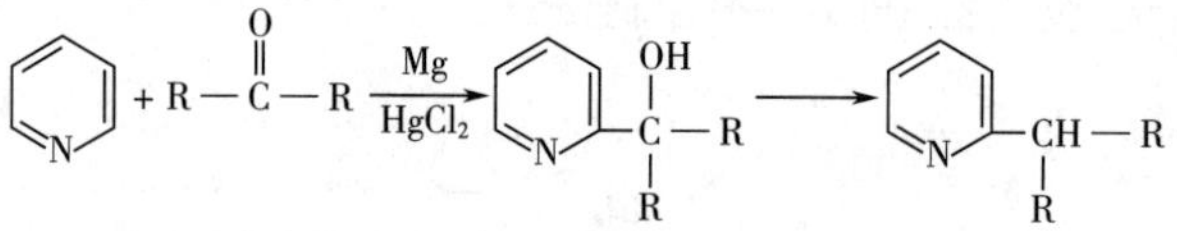

图 6-103 Emmert 吡啶烷基化法

⑤Wolff 还原法：酰基吡啶可以经 Wolff 还原法转变为烷基吡啶（图 6-104）。

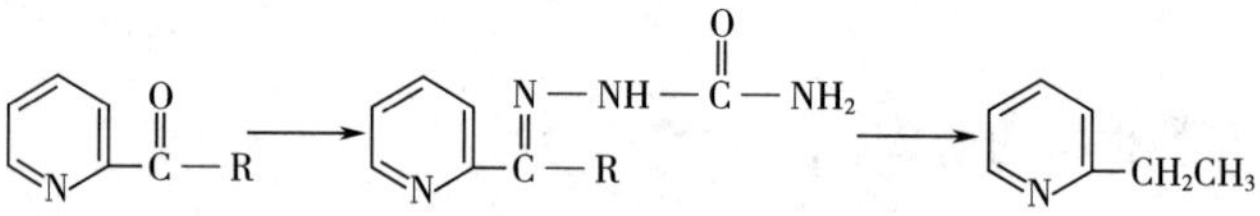

图 6-104 Wolff 还原法

⑥甲基吡啶与溴代烷反应：某些烷基吡啶类香料可以通过甲基吡啶与溴代烷反应制备（图 6-105）。

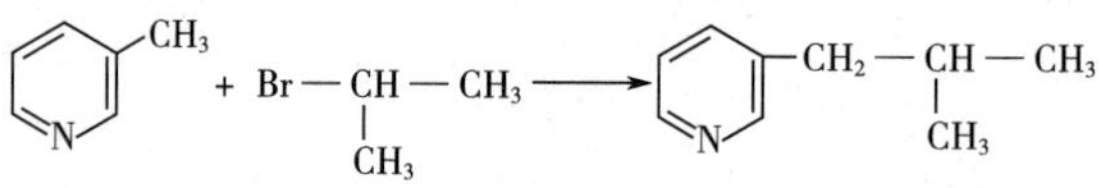

图 6-105 甲基吡啶与溴代烷反应

⑦吡啶甲基锂与溴代烷反应：吡啶类香料可以通过吡啶甲基锂与溴代烷反应制备，这是合成烷基吡啶常用的方法（图 6-106）。

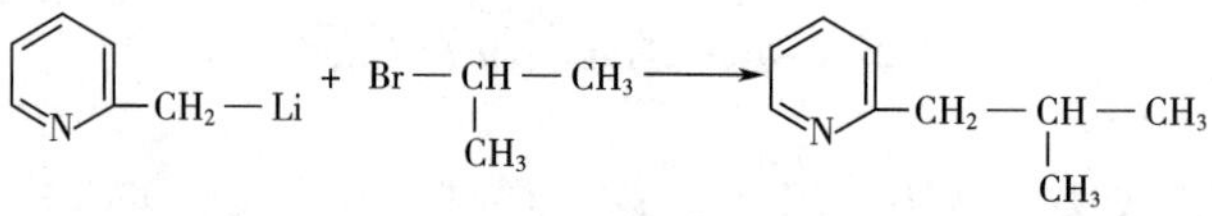

图 6-106 吡啶甲基锂与溴代烷反应

⑧烯基吡啶还原法：烯基吡啶还原也是制备为烯基吡啶类香料的方法之一（图 6-107）。

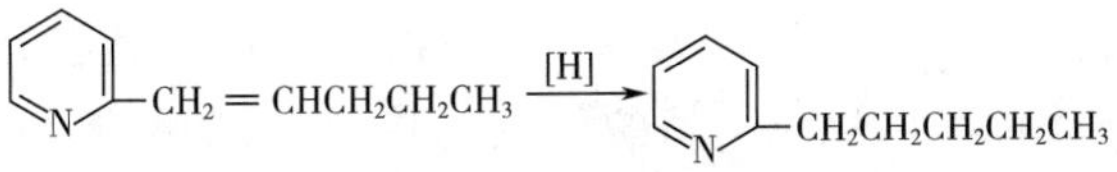

图 6-107 烯基吡啶还原法

（2）烷氧基吡啶的合成 烷氧基吡啶类香料合成路线主要有如下两种。

①以氯代吡啶为原料：氯代吡啶烷氧基化是合成烷氧基吡啶香料最常用的方法（图 6-108）。

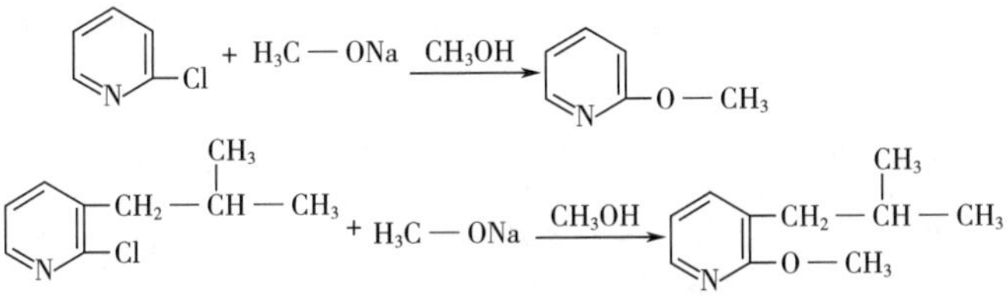

图 6-108 以氯代吡啶为原料合成烷基吡啶香料

②以羟基吡啶为原料：羟基吡啶在相转移催化条件下烷氧基化，可用于合成烷氧基吡啶香料（图 6-109）。

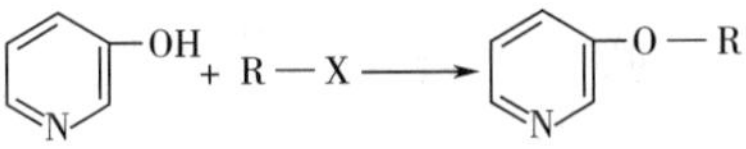

图 6-109 以羟基吡啶为原料合成烷基吡啶香料

（3）酰基吡啶类香料的合成 目前调香中使用的酰基吡啶类香料只有为数不多的几种乙酰基吡啶，其合成方法无一定规律。通常，2-乙酰基吡啶由 2-吡啶甲酸乙酯制备，3-乙酰基吡啶由烟酸钙和乙酸钙一起干馏制备。

2. 吡喃类香料的合成

吡喃类化合物有两种异构体，即 α-吡喃及 γ-吡喃（图 6-110）。

α-吡喃及 γ-吡喃本身并不单独存在，但它们的某些衍生物却具有珍贵的香料价值。例如麦芽酚和乙基麦芽酚就是两种十分重要的食品香料。

麦芽酚和乙基麦芽酚的化学名为 2-甲基-3-羟基-γ-吡喃酮和 2-乙基-3-羟基-γ-吡喃酮（图 6-111）。

图 6-110 α-吡喃与 γ-吡喃结构式

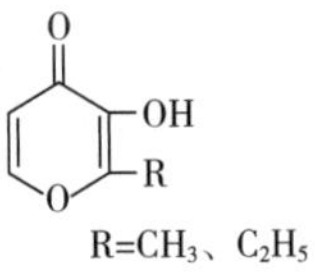

图 6-111 麦芽酚和乙基麦芽酚结构式

麦芽酚的合成有半合成和全合成路线。半合成路线是以淀粉为原料，经犁头霉（*A*-

bsidia）发酵制得曲酸（Ⅰ）。曲酸（Ⅰ）与氮化苄（Ⅱ）经醚化反应生成曲酸苄醚（Ⅲ）。将（Ⅲ）用二氧化锰氧化成考门酸苄醚（Ⅳ）；考门酸苄醚在盐酸存在下脱苄基生成考门酸（Ⅴ），再经脱羧成为焦袂康酸（Ⅵ）；焦袂康酸用甲醛缩合，然后还原成麦芽酚（Ⅶ）。其反应式如图 6-112 所示。

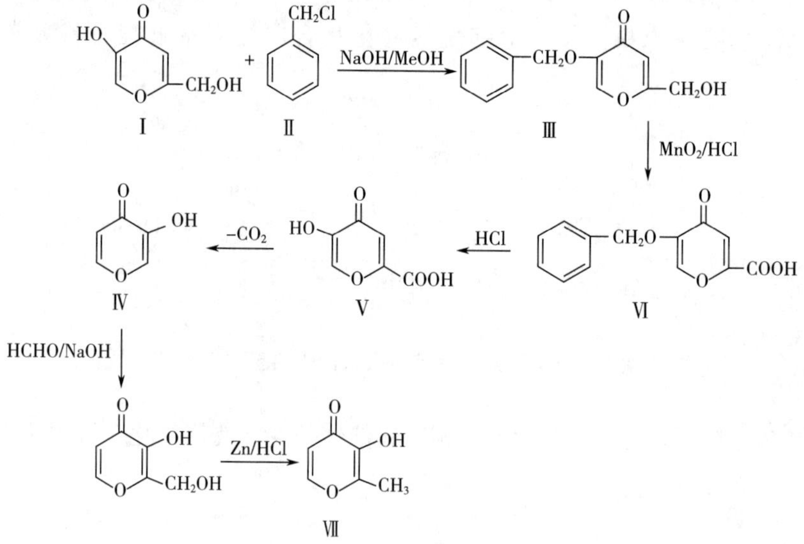

图 6-112 麦芽酚半合成路线

由于麦芽酚和乙基麦芽酚的需要量迅速增长和全合成工艺路线的突破，目前已有以糠醇或糠醛为起始原料的不同合成路线。

3. 吡嗪类香料的合成

（1）烷基吡嗪的合成　烷基吡嗪是最早在天然食物中发现的，也是最早人工合成的吡嗪衍生物，其合成方法主要有以下几种。

①由 α-卤代甲基酮合成：α-卤代甲基酮和氨在高压釜中于高温下进行反应，卤素首先被氨基取代得到 α-氨基酮，α-氨基酮进一步缩合闭环得到二氢吡嗪，它被空气中的氧气氧化为稳定的吡嗪，此法用于合成 2,5-二取代吡嗪（图 6-113）。

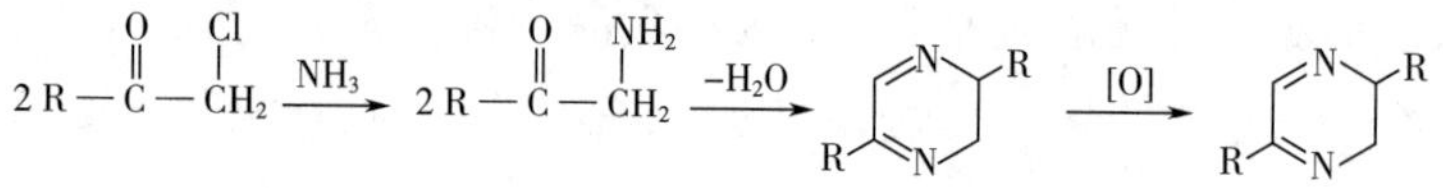

图 6-113 由 α-卤代甲基酮合成 2,5-二取代吡嗪

②邻二胺与 1,2-二羰基化合物缩合：邻二胺与 1,2-二羰基化合物缩合先生成二氢吡嗪，然后由空气自动氧化或催化脱氢得吡嗪环（图 6-114）。

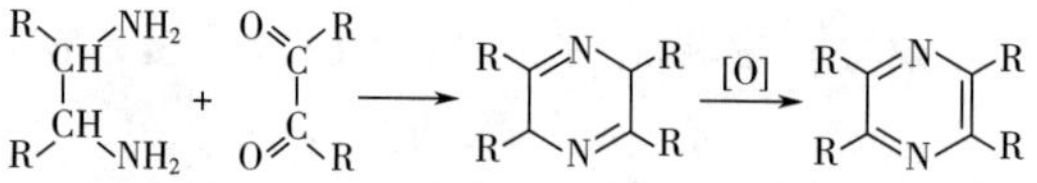

图 6-114 邻二胺与 1,2-二羰基化合物缩合

③吡嗪或烷基吡嗪与醛或酮反应：吡嗪或烷基吡嗪与醛或酮在钠和液氨存在下反应，这是由吡嗪或烷基吡嗪制备多一个烷基取代基的吡嗪的方法（图 6–115）。

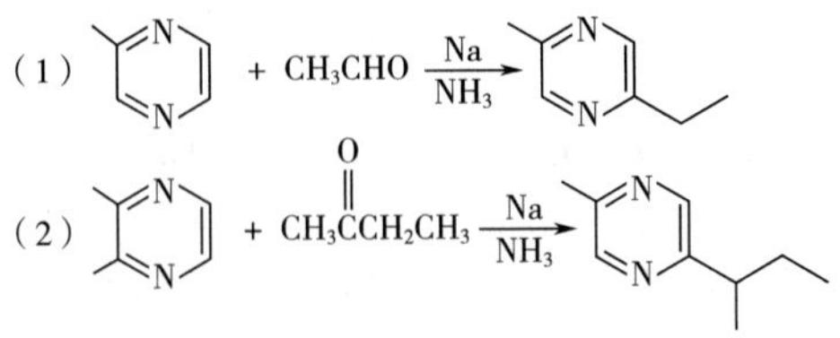

图 6–115 吡嗪（1）或烷基吡嗪（2）与醛或酮反应

④邻二醇与邻二胺反应：这是合成烷基吡嗪的常用方法（图 6–116）。

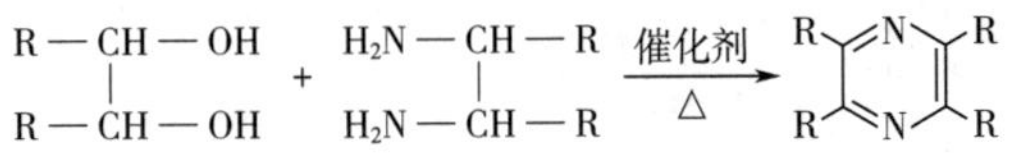

图 6–116 邻二醇与邻二胺反应

⑤吡嗪与格氏试剂反应（图 6–117）。

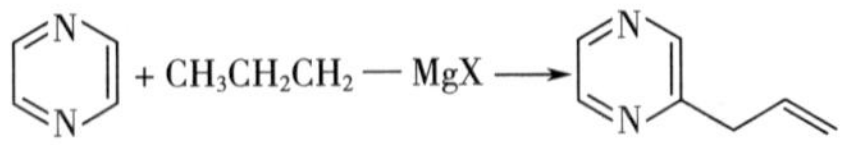

图 6–117 吡嗪与格氏试剂反应

（2）烷氧基吡嗪的合成 烷氧基吡嗪是目前研究和应用得较多的一类吡嗪衍生物。这类化合物的合成路线主要有以下几种。

①卤代吡嗪与醇钠反应：这是合成烷氧基吡嗪的一般方法（图 6–118）。

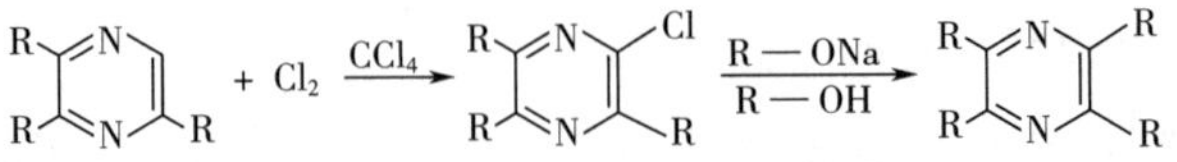

图 6–118 卤代吡嗪与醇钠反应

②由 α–氨基酰胺和 α–二羰基化合物合成：α–氨基酰胺和 α–二羰基化合物在氢氧化钠的作用下，于低温下发生缩合作用，得到取代的羧基吡嗪，后者与烷基化试剂反应得到相应的醚，这是制备烷氧基吡嗪常用的方法（图 6–119）。

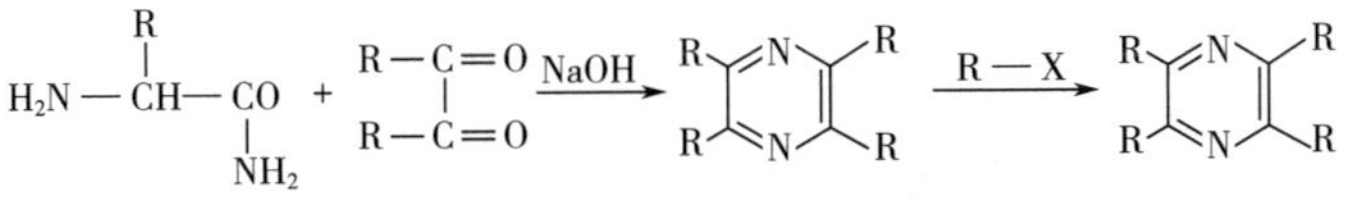

图 6–119 α–氨基酰胺和二羰基化合物合成

③烷氧基吡嗪与酮反应：这是制备烷氧基吡嗪的方法（图 6-120）。

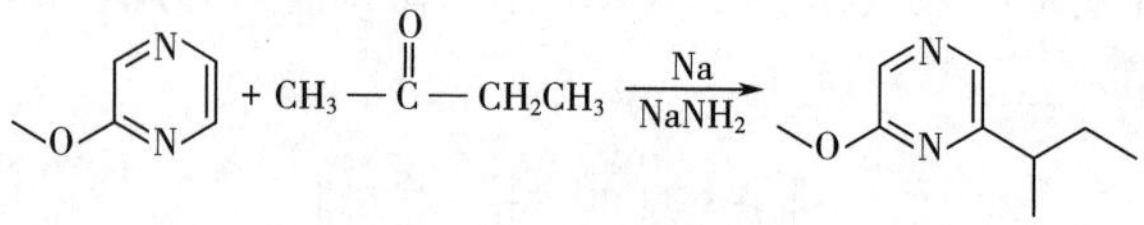

图 6-120　烷氧基吡嗪与酮反应

（3）乙酰基吡嗪的合成　乙酰基吡嗪是一类特别有价值的天然产物，其合成方法如下。

①由氰基吡嗪合成：酰基吡嗪可以由氰基吡嗪与格氏试剂反应制得，例如 2-乙酰基吡嗪的合成（图 6-121）。

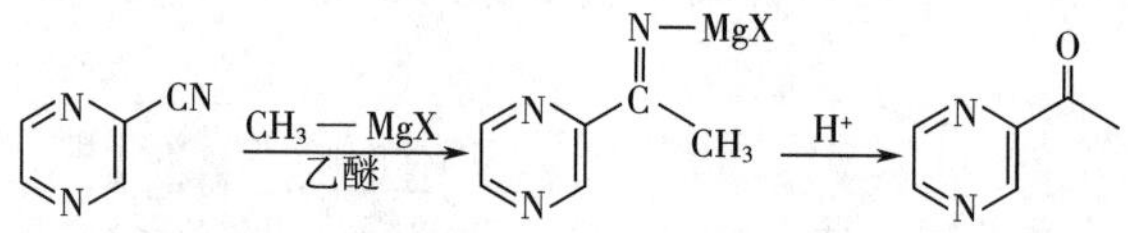

图 6-121　由氰基吡嗪合成 2-乙酰基吡嗪

②由 2-乙基-3-烷基吡嗪合成：2-乙基-3-烷基吡嗪与 *N*-卤代琥珀酰亚胺作用生成 2-（1-卤代乙基）-3-烷基吡嗪，然后用碱金属和 2-硝基丙烷处理得到相应的 2-乙酰基-3-烷基吡嗪（图 6-122）。

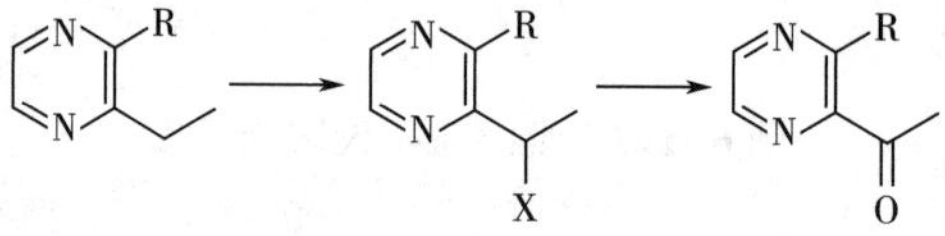

图 6-122　由 2-乙基-3-烷基吡嗪合成 2-乙酰基-3-烷基吡嗪

（五）合成实例

［实例 1］2,3-二甲基吡嗪的合成

2,3-二甲基吡嗪是新型的食品香味料，它可应用于饮料、糖果、肉类制品及调味品和烟草的加香。2,3-二甲基吡嗪可以由乙二胺与丁二醇缩合环化而得，也可由乙二胺和丁二酮缩合，先制得 2,3-二甲基四氢吡嗪，随后在碱的醇溶液中脱氢而成。但前一方法需在高温下反应，产物香气质量较差；后一方法则常因反应的二氢吡嗪不易分离而不易制得纯品。这里介绍采用二乙胺和丁二酮缩合，然后用金属氧化物脱氢的一步法工艺合成 2,3-二甲基吡嗪。反应式如图 6-123 所示。

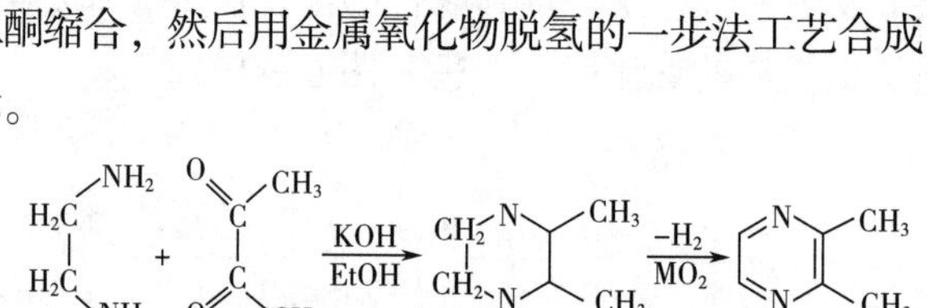

图 6-123　2,3-二甲基吡嗪的合成

在一装有搅拌器、回流冷凝器、温度计和滴液漏斗的 500mL 三口烧瓶中，加入 18.5g 乙二胺和 200mL 95%（体积分数）乙醇，在搅拌下冷却到 0℃。在此温度时，在搅拌下滴加 20g 丁二酮溶于 160mL 95%（体积分数）乙醇，加热回流 0.5h，稍冷后，加入氢氧化钾 52g 和金属氧化物 0.46mol，再在搅拌下加热回流 18h。冷却，滤去催化剂后，蒸馏回收乙醇，剩物用乙醚萃取，萃取液用无水硫酸钠干燥。减压蒸馏，收集 75~78℃（6666Pa）馏分，得 2,3-二甲基吡嗪 20.1g，得率 80%。经分馏精制，纯度达 99%，沸点 156℃，FEMA 编号 3271。

[实例 2] 三甲基吡嗪的合成

反应式如图 6-124 所示。

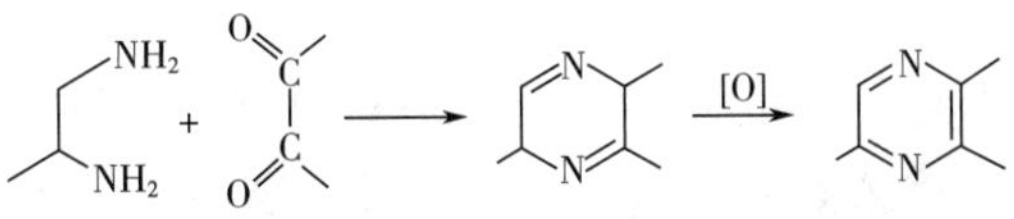

图 6-124 三甲基吡嗪的合成

在装有搅拌器、温度计、回流冷凝管和滴液漏斗的 500mL 四口瓶中，加入 0.15mol 的 1,2-丙二胺和 100mL 无水乙醇中，在 0℃搅拌下滴加含有 0.14mol 的二酮的 26mL 无水乙醇溶液，约 20min 滴完。然后在室温下搅拌至澄清，在水浴中回流 1h。待反应液冷却至室温时，加入 0.14mol 的 KOH、0.42mol 的金属氧化物、100mL 无水乙醇，水浴中回流。冷却后抽滤，将滤液浓缩，加入 50mL 饱和食盐水，用 4×50mL 苯萃取，苯层用无水 $MgSO_4$ 干燥。过滤，蒸去溶剂，减压蒸馏，收集 90~92℃（6.67kPa）的馏分为产品。

[实例 3] 氧杂玫瑰醚的合成

玫瑰醚是保加利亚玫瑰油中关键香气成分之一，虽然它可以由多种路线合成，如用香茅醇或二氢吡喃衍生物等为原料合成，但成本较为昂贵。有化学家发现，如以氧原子取代玫瑰醚分子中的次甲基，它的香气特征仍与玫瑰醚近似。

1959 年，人们首次在保加利亚玫瑰油中发现该化合物，后来又发现它存在于香叶油中。早期认为它具有四氢呋喃类型的结构，后来证明了它为六氢吡喃类型的化合物，该化合物除具有 *trans*-、*cis*-构型外。还具有旋光性。

氧杂玫瑰醚具有很强的香叶油头香及胡萝卜叶气味。在配制玫瑰油和香叶油以及具有玫瑰或香叶香韵的香精时，氧杂玫瑰醚是十分有用的。从保加利亚玫瑰油中分离出的玫瑰醚物理常数为：沸点 70℃（1.6kPa），d_4^{20} 0.8751，n_D^{20} 1.4566，$[\alpha]_D^{20}$-41.5°。

氧杂玫瑰醚有两种对映体，(+)-氧杂玫瑰醚有木草药、藏红花及花香香气；(-)-氧杂玫瑰醚有浓郁的玫瑰香叶香气并带青香；而(±)-氧杂玫瑰醚的香气与(-)-对映体接近而更为柔和，令人喜爱。氧杂玫瑰醚可用于日化及食品、烟草香精中。

1. 3-甲基-2-丁烯醛的合成

(1) 异丁醇路线如图 6-125 所示。

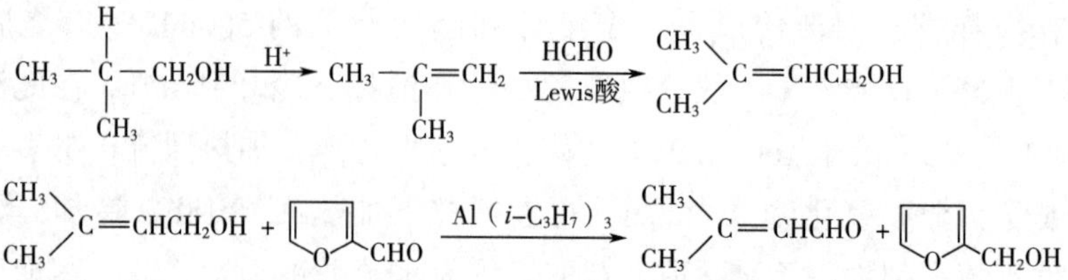

图 6-125 异丁醇路线

在 250mL 烧瓶中，加入适量磷酸，加热至 160~180℃，在搅拌下滴加异丁醇。生成的异丁烯气体导入含硫酸及 Lewis 酸的甲醛水溶液中（物质的量的比 H_2SO_4 ：HCHO = 1 ：10）。反应物用乙醚萃取，萃取液用碳酸钠溶液、水洗涤，蒸去乙醚后，减压蒸馏，制得 3-甲基-2-丁烯醇。

在一装有搅拌器、滴液漏斗和回流冷凝器的三口烧瓶中，加入含 1mol 3-甲基-2-丁烯醇、0. 1mol 异丙醇铝的甲苯溶液。搅拌 15min 后，滴加糠醛 2. 5mL，再在室温下搅拌 3h，放置过夜。用乙醚萃取，萃取液经洗涤，干燥后，蒸去溶剂，减压分馏，收集 60~62℃（266. 6Pa）馏分，即 3-甲基-2-丁烯醛，得率为 30%。

（2）交叉醇醛缩合路线如图 6-126 所示。

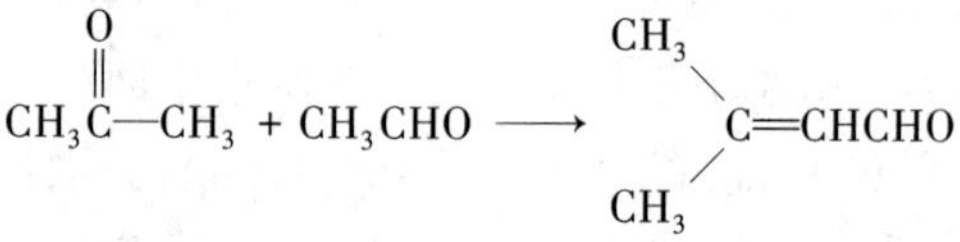

图 6-126 交叉醇醛缩合路线

在 500mL 三口烧瓶中，加入丙酮 2mol，在搅拌下，于 20℃左右分别滴加 35%（质量分数）乙醛水溶液 0. 3mol 及碱金属氢氧化物 0. 01mol 的悬浊液，约 1h 滴加完毕，再搅拌 10h。反应液用稀乙酸中和，蒸馏回收丙酮，剩余物用乙醚萃取。萃取液经过滤和蒸去溶剂后，加入适量抗氧剂 2，6-二叔丁基对甲酚，减压蒸馏，收集 75~78℃（800Pa）馏分，即 3-甲基-2-丁烯醛，收得率 12%。

2. 氧杂玫瑰醚的合成

将 3-甲基-2-丁烯醛与 1，3-丁二醇在 Lewis 酸催化剂存在下进行环缩羰基化反应，制得氧杂玫瑰醚。反应式如图 6-127 所示。

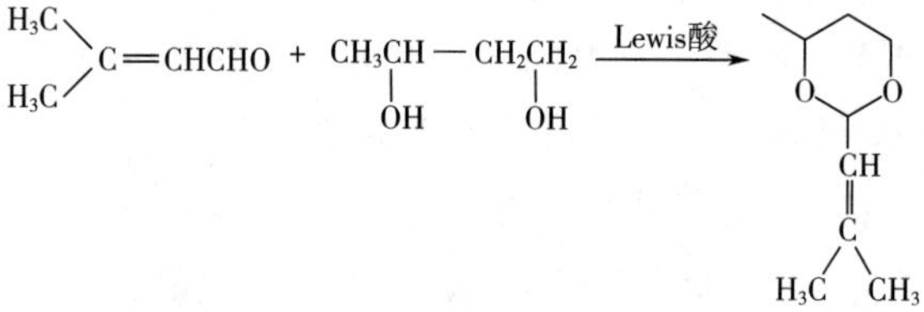

图 6-127 氧杂玫瑰醚的合成

在装有搅拌器、滴液漏斗、分水器和回流冷凝器的三口烧瓶中，加入 1mol 1，3-丁二醇、0.5mol 3-甲基-2-丁烯醛、适量甲苯及0.7g对甲苯磺酸。在搅拌下，于室温滴加含有0.5mol 3-甲基-2-丁烯醛和0.3g对甲苯磺酸的混合物，加毕后继续搅拌1h。

加热反应混合物至回流，不再有水分出时停止反应。反应液呈浅黄色。冷却，在分液漏斗中分去底部酸液，再依次分别用食盐水、100g/L碳酸钠溶液水洗至中性。蒸馏回收溶剂后，减压蒸馏，收取74~76℃（160Pa）馏分，获氧杂玫瑰醚，得率84%。产品为无色至微黄色液体，有浓郁的玫瑰香叶样香气。

第三节 单离香料的制备

单离香料是利用物理或化学方法从天然香料中分离出来的单体香料化合物。单体香料属于天然香料，例如，在薄荷油中含有70%~80%（质量分数）的薄荷醇，用重结晶的方法从薄荷油中分离出来的薄荷醇就是单离香料，俗称薄荷脑。从天然精油中分离出来的单离香料，绝大多数也可以用有机合成的方法获得，因此单离香料和合成香料除来源不同外，在结构和香味特征上并无太大差异。单离香料有时被归入合成香料领域。单离香料的制备包括物理方法和化学方法。

（一）物理方法

加工精制单离香料的分馏过程主要是精馏和减压蒸馏，而水蒸气蒸馏和简单蒸馏很少使用，是因为单离香料的分离纯度一般要求很高，而且很多精油都是热敏性的，在较高温度下很容易发生分解、聚合等化学反应而影响产品质量。松节油是通过蒸馏作用或其他方法从松柏科植物松脂提取的液体，主要成分是萜烯。松节油的成分随树种、树龄和产地的不同而异，用马尾松松脂加工的优级和一级松节油，其主要成分是α-蒎烯，其次是β-蒎烯、柠檬烯等。还有少量的倍半萜烯，即长叶烯和石竹烯。

1. 分馏法

分馏是从天然香料中单离某一化合物最常用的一种方法，适用于在常压或减压下要单离化合物的沸点与其他组分沸点有较大差距的天然香料。例如，从芳樟油中单离芳樟醇，从香茅油中单离香叶醇，从松节油中单离蒎烯等。分馏法的主要设备是填料塔，为防止分馏过程中温度过高引起香料组分的分解、聚合，通常均采用减压分馏。

2. 冻析法

冻析法是利用低温使天然香料中的某些化合物呈固体析出，然后将析出的固体化合物与其他液体成分分离，从而获得较纯的单离香料。适用于单离化合物与其他组分凝固点有较大差距的天然香料，例如，从薄荷油中提取薄荷脑，从柏木油中提取柏木脑，从樟脑油中提取樟脑等。

3. 重结晶法

某些在天然精油中含量较高的香料组分，在常温下呈固态，通过蒸馏的方法加以分离后，可通过重结晶的方法进行精制，最终得到合乎要求的单离香料。例如，用溶剂萃取过的香紫苏花（或叶）的残渣或水蒸气蒸馏后的残渣，内含香紫苏醇 35%～40%（质量分数），可再用乙醇、乙酸乙酯等重结晶即得香紫苏醇，可制备浸膏。

4. 分子蒸馏法

分子蒸馏是一种特殊的液-液分离技术，它不同于传统蒸馏依靠沸点差实现分离，而是靠不同物质分子运动平均自由程的差别实现分离。简而言之，就是在高真空状态下，蒸发的分子从蒸发面跳跃到冷却面之间距离小于分子自由程的蒸馏方法，例如，可以用分子蒸馏法制备小花茉莉精油。

（二）化学方法

利用可逆化学反应将天然精油中带有特定官能团的化合物转化为某种易于分离的中间产物以实现分离纯化，再利用化学反应的可逆性使中间产物复原成原来的香料化合物，这就是化学处理法制备单离香料的原理。化学处理法包括亚硫酸氢钠加成物分离法、酚钠盐法和硼酸酯法。

1. 亚硫酸氢钠加成物分离法

天然精油中的醛、酮类化合物与饱和亚硫酸氢钠溶液作用（加成反应），生成不溶于有机溶剂的 α-羟基磺酸钠晶体。加成产物的水溶液与稀酸或稀碱共热可分解析出原来的羰基化合物。由于该反应是可逆的，会有稳定的二磺酸盐加成产物生成，为了防止二磺酸盐加成物的生成，常用亚硫酸钠、碳酸氢钠的混合溶液。

2. 酚钠盐法

酚类化合物与碱作用生成的酚钠盐溶于水，将天然精油中其他化合物组成的有机相与水相分层分离，再用无机酸处理含有酚钠的水相，便可以实现酚类香料化合物的单离。在各类香精中有广泛应用的有丁香酚、异丁香酚和百里香酚。

3. 硼酸酯法

精油中的醇类化合物与硼酸反应生成高沸点的硼酸酯，再利用精馏的方法分离，硼酸酯经过水解即可得到醇类单离香料。如对芳樟木油、芳樟叶油、白玉兰油、玫瑰油、伽罗木油、芫荽籽油等进行单离获得粗芳樟醇，再与硼酸反应得到硼酸芳樟酯，经过加热水解可得到纯芳樟醇。

重点与难点

1. 制备不同天然香料的基本原理与方法。
2. 制备不同单离香料的物理化学原理与方法。
3. 制备各类合成香料的原理与方法。
4. 典型香料的制备工艺案例。

思考题

1. 天然香料的常见制备方法有哪些?
2. 水蒸气蒸馏法的原理是什么?
3. 溶剂萃取大致可分为几种萃取方式?
4. 吸附法主要分为哪3种?
5. 超临界流体萃取的特点及其分类是什么?
6. 膜分离的模式有哪些?
7. 醇类香料的制备方法有哪些?
8. 简述酮类香料的一般制法。
9. 简述酯类、内酯类的合成方法。
10. 吡嗪类化合物的一般制备方法有哪些?试举出一些实例。
11. 单离香料的制备方法主要有哪些?

第七章
调香技术原理

课程思政点

【本章简介】

本章先介绍了香料香精的概念、常用调香术语以及国内外的香气分类方法；进而介绍了香料香精持久性、稳定性和安全性的概念以及检测香精稳定性的方法；最后，介绍了香精处方要求和方法，阐明了调香的基本原理和关键技术。

调香技术是香料香精工业的核心技术，其调配技能水平的高低与香料香精产品的质量和风格特色密切相关。因此，研究和探索卷烟调香关键技术，揭示卷烟调香的基本原理，对于提高烟用香精的风格特色和质量水平具有重要意义。

第一节　香料香精与调香概述

香料香精是具有挥发性的气味物质。它们所具有的特定香气和香味，可以在带给人们嗅觉和味觉愉悦享受的同时，丰富和美化人们的物质生活。

一、香料香精

（一）香料

从广义上说，香料是指“香料”（香原料）与“香精”的统称，通常说的“香料工业”就是指生产香料与香精的工业。从狭义上说，香料只是指“香原料”，而不包括“香精”。平时说的“合成香料”“天然香料”中的“香料”两字就是狭义概念。为了避免词义上的混淆，下面提到的“香料”两字都是采用它的狭义概念。

香料是一种能被嗅感嗅出香气或味感尝出香味的物质，它可能是一种“单一体”，也可能是一种“混合体”。香料分为天然香料和合成香料两大类。一种香料在具有一定质量规格的情况下，应具有自己的香气或者香味特征。

天然香料组成十分复杂，是一种天然的混合物。这些混合物所含的组分有烃、醇、酸、酯、杂环、卤代物、腈类等化合物。每一种组分又有各自的香气特征和挥发、扩散特点。因此由它们混合起来组成的某一种天然香料就具有一定香味特征和物理化学性质。

同一种天然香料，因产地、动植物品种不同及加工方法不同，其质量特色也有所不同，因此在使用上要区别对待，在调香处方时要加以注明。如茉莉浸膏有“小花”与“大花”之分，橘油或橙油有蒸馏、冷磨、冷榨或除萜之分等。

作为一种香料，不管是天然香料还是合成香料，都应具备以下几个重要条件。

（1）具有一定的香气和香味特征，这些香气和香味是能通过人们的嗅觉或味觉感官感觉到的。

（2）要达到一定的卫生标准，主要表现在两个方面：①本身对人体是安全的；②不应含有对人体有害的杂质或污染物。

（3）要有一定范围的理化指标。

（4）对加香介质要有相应的适应性和稳定性。

（二）香精

一般来说，香精是一种由人工调配出来的含有两种以上乃至几十种香料的混合物。

作为直接加入加香产品中的香精需要加入一定比例的溶剂，如甘油、含水乙醇、丙二醇、邻苯二甲酸二乙酯等。

另外还有些香精，它们不是直接加到加香产品中的，而是在调配直接加香用的香精时作为“香料组分”之一使用的，如某些专用的香基、配制精油和配制浸膏等。香精的剂型一般可以划分为液态（包括水溶性香精、油溶性香精、乳化香精）、固态（包括粉碎型、微胶囊型等）两类。香精按香型可分为花香型、果香型、辛香型、药香型、木香型、动物香型等。

由此可见，作为一种香精，应具有以下主要条件。

（1）具有一定的香型、香气或香味特征。

（2）有一定的香料（包括载体、辅料、溶剂添加剂）配合比例及配制工艺。

（3）对人体是安全的。

（4）适合一定的加香应用要求（包括适合加香工艺条件、价格要求等）。

（5）与加香介质的性能和效用相适应，并能保持一定的稳定性和持久性。

（6）符合规定的剂型。

二、调香

（一）概述

调香技术简称为调香，是指调配香精的技术与艺术。调香由来已久，古代用香料植物调香，用于熏香或香囊。后来天然香料出现，人们开始用精油和浸膏等来调配香精，直到合成香料的陆续问世，才出现了近代调香技术。调香就是将有关香料经过调配达到具有一定香型或香韵（香气和香味）且具有一定用途的香精的一种技艺。它是香料香精工业中的重要一环。因此，调香工作的目的就是调配出令人们喜爱而又安全，适合于加香产品要求，使加香产品在使用或食用过程中具有一定香味效果的香精。

要掌握调香技艺须具有两方面的基本功：一方面要有调配处方的技艺，即要具有“辨香”“仿香”和“创香”三方面的知识和基本功；另一方面要有香精应用技术的基本知识，要了解有关加香产品介质（如烟草）的特性、加香要求、工艺条件以及加香产品的使用方法等。

香精的调配与处方技术中的“辨香”“仿香”和“创香”三个方面是互相联系的，也是学习调香技艺过程中的三个阶段。这三个阶段，既可循序进行，也可适当交叉进行，使之相辅相成而不断深化。

所谓“辨香”简单地说就是要能够区分、辨别出各类或各种香气特征，能评定它的质量优劣以及鉴定其品质等级。如果是辨别一个香料混合物或加香产品，还要求能够说出其中香气和香味大体上是来自哪些香料，辨别出其中“不受欢迎”的香气和香味是来自何处。练好“辨香”这一基本功，首先要掌握目前国内常用的数百种香料的性能，熟悉其香气特征、香韵特性等。熟悉香气和香韵的分类、各香料间的香气异同等。坚持不懈地锻炼、熟记，并在实践中加深体会，才能辨别出风格的真伪和质量的优劣，以便在调配过程中做到调配合理和使用得当。

所谓“仿香”就是运用辨香的知识，将多种香料按适宜的配比调配成需要模仿的香气或香味。仿香一般有两种要求：一种是模仿天然香气，这是因为某些天然香料价格较贵或来源不足，要求应用其他的香料特别是来源较丰富的合成香料仿制出与仿制对象具有相同或较近似香气的“香精”（如配制精油），从而可以代替或部分代替这些天然产品；另一种是对某些国内外加香产品的香气或香味特征的模仿。对于模仿天然品，往往可以借助文献走捷径，但对模仿一个加香产品的香气或香味，则要复杂和困难得多，要有足够的辨香基本功和仪器分析技术。

所谓“创香”，简单地说就是运用科学与艺术的方法，在“辨香”与“仿香”的实践基础上，设计并创拟出新颖的香气或香味（或香型）的香精，来满足某一特定的产品的加香需要，要使创拟出的香精能经济、运用合理，并与加香产品的特点相适应。

不论是“仿香”或“创香”，都要掌握好香料的应用范围，然后才能选用合适的香料品种来调配各种香精。在调配时要参考分析资料，运用香料的香气特点，按照香韵格调（即类型）掌握好配方格局（指配方的组成格式及布局），掌握好应用技术知识来进行处方。按照“论香气，定品质，拟配方”的方法步骤，经过反复地修改完善，再经过加香产品的加香试验验证，直到满意时才能使配方定型。

不同的加香产品要调配不同的香精，其共同的要求是：①香韵要吻合选定的要求；②不同用途用不同香料来处方；③不同等级要选用不同香料来适应成本要求；④要注意各香料的组成，正确选用主体、辅助或修饰与定香等香料；⑤头、中、尾三层香气要前后协调、稳定，头香还要有好的扩散力，体香要浓厚，基香要持久；⑥处方中要注意各香料间化学反应的可能性，如酯交换、水解、氧化，聚合、缩合等，谨慎选用香料品种；⑦必须符合卫生标准。

关于香精应用技术知识方面，要了解有关加香产品（介质）的物理化学性质，香精加到加香产品（介质）中的条件（包括温度、时间、搅拌混合等），加入香精后的香气或香味实际效果（包括在产销过程中的变化及使用后的效果等）。

（二）辨香与评香

辨香是识辨香气。评香是对比香气或鉴定香气。

1. 辨香与评香的目的

（1）识辨出被辨评样品的香气特征，如香韵、香型、香势强弱、扩散程度和留香持久性等。作为调香工作者，尤其是初学者，必须每天安排一定时间来认辨、熟悉和记忆香气。

（2）要辨别出不同品种和品类的样品，包括了解其真伪、优劣、有无掺杂等，尽可能了解样品的来源、产地、加工方式和使用的起始原料情况等。

（3）在香料或香精或加香产品的生产企业中，评香人员要对进厂的香料或香精的香气做出鉴定，并对本厂每批产品的香气质量进行评定，做出是否合格的结论。

（4）在研究配制香精的过程中（包括加入介质后），嗅辨和比较其香韵、头香、体香、基香、协调程度、留香程度、香气的稳定程度和色泽的变化等。

2. 辨香与评香的注意事项

（1）要有合适的评香场所。工作场所要通风良好，清静而温暖。室内在不使用时不能放置任何有香物质。进入室内不能穿着有香味的工作服，不宜吸烟。

（2）思想要集中。应舒适地坐着辨评，全神贯注，根据样品香气的强弱和特点，辨评者根据自身嗅觉能力来掌握辨评的时间间隔。一般而言，一次辨评香气的时间不宜过长，要有间歇，有休息，以便嗅觉在饱和、疲劳和迟钝下能恢复其敏感性。一般说，开始时的间歇是每次几秒钟，最初嗅的三四次最为重要；易挥发香料要在几分钟内间歇地嗅辨；香气复杂、有不同挥发阶段的，除开始外，可间歇 5~10min，再延长至 0.5h、1h乃至 1d，或持续若干天，重复多次，观察不同时段香料的香气变化。

（3）要有好的标样。

（4）不同品种、不同地区、不同起始原料、不同工艺、不同等级，都应详细标明。装标样的容器，最好是深色（蓝、棕、绿）的玻璃小瓶，标样要新鲜，满装于瓶中，盖紧（用后也要盖紧），在冷藏柜中保存好，到一定时间要更换。

（5）辨嗅时要用辨香纸。通常使用厚度适宜的吸水纸，纸条适用于液态样品，宜为0.5~1cm宽，10~18cm长。最好一端窄一些，以便在窄口瓶中蘸样。对固态样品宜用纸片，宜为8cm长，10cm宽。辨香纸在存放时要松散些，要防止沾染或吸入任何香气。

（6）辨嗅时的香料香精要有合适的浓度。过浓，嗅觉容易饱和、麻痹或疲劳，因此有必要把香料香精用纯净无臭的95%（体积分数）乙醇或纯净邻苯二甲酸二乙酯稀释到1%~10%（质量分数），甚至更淡来辨别，特别是香气强度高的或固态树脂品种。

（7）辨香的准备和要求：首先要在辨香纸上写明被辨评对象的名称、号码，甚至日期和时间；之后，如果采用的是条形辨香纸，将其一端1~2cm浸入拟辨香料或香精中，对比时辨香纸要蘸入相等的长度；如果采用的是纸片，可将固态样品置于纸片中心，辨嗅时，样品不要触及鼻子，要有一定的距离，刚嗅到即可。

随时记录辨嗅香气的结果，包括香韵、香型、特征、强度、挥发程度，并根据自己的体会，用贴切的词汇描述香气。要每阶段记录，最后写出全貌。若是各种香料评比，则写出它们之间的区别，如有关纯度、香势强度、挥发度等意见，最后写出评定好坏、真假等评语。

三、香料香精名词简介与调香术语

香料制品的专门名词是有规定意义和其制备工艺要求的。调香者了解其确切意义很有必要，以便在调香工作中应用香料制品时有所选择或免生差错。

用于描述调香技艺术语的词汇，也是有其特定意义的，但这些词汇的确切含义，有时由于主观因素，往往会因“流派”的观点不同而有些差别，从而在术语描述上有所差别。

（一）香料香精名词简介

1. 精油

广义上，精油是指从香料植物或泌香动物中加工提取所得到的挥发性含香物质制品的总称。狭义上，精油是指用水蒸气蒸馏法、压榨法、冷磨法、干馏法（极少数）从香料植物中所提取到的含香物质的制品，是植物性天然香料的主要品种之一。这些制品，在常温下多呈液态，只有少数品种呈固态。“精油”这个名词相当于英语中的“Essential oil”。在称呼某一种“精油”时，往往出于简便的原因，将“精油”中的“精”字省略，如“薄荷精油”可简称为“薄荷油”。

2. 除萜精油

为了提高某些精油在低浓度乙醇或某些食用有机溶剂中的溶解度（防止浑浊），并使之用于低溶度乙醇加香剂或含水量较高的饮料中能呈澄清溶液而不发生油/水分层，或者为了提高或改进某些精油的主要香气与香味，或者为了减少精油中某些香气或味感不良的萜烯类化合物，或者能使某些精油在贮藏时不易产生酸败气息或生成树脂状聚合物等原因，通常采用减压分馏法、选择性溶剂萃取法或分馏-萃取联用法将精油中所含的单萜烯类或倍半萜烯类化合物除去或部分除去，这种处理后的精油，前者习称为“除单萜精油”（Terpeneless oil），后者习称为“除倍半萜精油”（Sesquiter peneless oil）。为了简便起见，也可将“精”字省略，如称“除单萜香柠檬油”及“除倍半萜甜橙油”等。

3. 精制精油

再蒸馏或真空精馏处理精油，其目的是将精油（原油）中某些对人体不安全的，或带有不良气息的，或含有色素的成分除去，以改善质量。这类成品总称为“精制精油”（Refined oil）。如果是用再蒸馏法取得的精油成品，称为“再蒸馏油”（Redistilled oil）；如果是用真空精馏法取得的精油成品，称为“精馏精油”（Rectified oil）。

4. 浓缩精油

为了适应某些香精调配时香气或香味以及强度的要求，采用真空分馏、萃取或制备性层析等物理分离的方法，将精油（原油）中某些无香气价值的成分除去，有效成分加以浓缩后所得的精油产品，称为“浓缩精油”（Concentrated oil）。根据浓缩的程度，可冠以“两倍”“五倍”或“十倍”等的称呼。如由原来100份（质量）原油浓缩至50份（质量）者，称为“两倍油”（Two-fold oil）；如浓缩至10份（质量）者，则称为“十倍油”（Ten-fold oil）。

5. 配制精油

为了降低成本或弥补天然品的供应不足，采用人工调配的方法，制成近似该天然品香气和其他品质要求的精油，习惯称这种制品为“配制精油”（Artificial oil）。

6. 重组精油

有些精油中含有对人体皮肤有害的成分（如引起光敏中毒或有较大的刺激性等），为了使其符合安全应用，人们采用一定的方法去除有害成分，不补入或补入一些其他物质，使其香气和其他品质要求与该天然品相近似，这种精油称为重组精油（Reconstituted oil），如“重组香柠檬油”“重组香茅油”等。

7. 浸膏

从广义上说，浸膏是指用有机溶剂浸提香料植物器官（有时包括香料植物的渗出物）所得的香料制品，成品中应不含原用的溶剂和水分。不过浸膏通常是指用有机溶剂浸提不含有渗出物的香料植物组织（如花、叶、枝、茎干、树皮、根、果实等）所得的香料制品，成品中应不含原用的溶剂和水分。在大多数情况下，浸膏中含有相当量植物蜡、色素等。在室温时，它呈蜡状固态；有时有结晶物质析出，也不全溶于乙醇中。“浸膏”在英语中为“Concrete”。

8. 单离品

单离品是指用物理或化学方法从天然精油中分离出来的某种致香化合物。如从薄荷油中取得薄荷脑。用这种方法取得的香料产品统称为单离品。单离香料使用时需要注明来源，如香叶醇（单离自香茅油）、香叶醇（单离自香叶油）、柠檬醛（单离自山苍子油）。“单离品”这个名词在英语中为“Isolate”。

9. 辛香料

一般来说，辛香料是指专门调味用的香料植物（其枝、叶、果、籽、皮、茎、根、花蕾等），有时也指从这些香料植物中制得的香料制品。“辛香料”这个名词在英语中为“Spice ”。

10. 香精基

香精基又称为香基。香精基是一种香精，但它不作为直接加香使用，而是作为香精中的一种香料来使用。香精基应具有一定的香气特征或代表某种香型。

11. 净油

从广义上说，凡是用乙醇萃取浸膏、香树脂、香脂或含香蒸馏水（用水蒸气蒸馏某些香料植物的过程中，冷凝后的水液中含有溶于水中或难以进行油水分离的致香成分的馏出液）的萃取液，经过冷冻处理，滤去不溶于乙醇的全部物质（多半是蜡质，或者是脂肪、萜烯类化合物），然后在减压低温下，谨慎地蒸去乙醇，所得产物统称为净油。具体地区分这些制品应分别是浸膏净油、香树脂净油、香脂净油和含香蒸馏水净油。在绝大多数情况下，净油是液态，它应全部溶于乙醇。“净油”这个名词在英语中为“Absolute”。

12. 酊剂

酊剂分为冷法酊剂和热法酊剂。冷法酊剂是用一定浓度的乙醇在室温下（不加热）浸提天然香料所得的乙醇浸出液，经过澄清过滤所得的制品，相当于英语中的“Tincture”。热法酊剂是用一定浓度的乙醇在加热（一般>60 ℃）或加热回流的条件下，浸提天然香料或香脂所得的乙醇浸出液，经冷却、澄清过滤的制品，相当于英语中的“Infusion”。这些天然香料包括香料植物（或药用植物）及其渗出物以及泌香动物的含香分泌物。酊剂中都含有相当量的乙醇。

13. 定香剂

定香剂是一种物质，它可能是一种“单一”的化合物，也可能是两种或两种以上化合物组成的混合物，也可能是一种天然的混合物。定香剂是香精的组成之一，它在香精中的作用是使香精中某些容易挥发的成分减慢挥发速率，从而使整个香精的挥发期限较不加入该定香剂者有所延长；或者是使整个香精的挥发过程中都带有某一种香气。定香剂本身可以是一种香料，也可以是无臭的物质。“定香剂”这个名词在英语中为“Fixative”。

定香剂大体可分为 4 种类型。

（1）真正定香剂　是运用它的高分子结构的吸附作用，来延缓香精中其他成分的蒸发作用。这类定香剂的典型品种为安息香树脂。

（2）“专门”定香剂　这类定香剂本身具有一种特殊香韵，加入香精中后，能使该香精在整个蒸发过程中都带有该特殊香韵。这类定香剂对延缓香精的蒸发期限作用并不显著。典型的“专门”定香剂有橡苔浸膏、橡苔净油。

（3）提扬定香剂　这类定香剂在香精中是作为“香气的载体”或增效剂来使用，使香精的其他组成的香气有所增强和改善，同时使香精整个香气扩散力与持久力都有所提高。这类定香剂常用于香水香精，典型的品种有天然麝香与灵猫香。

（4）所谓定香剂 这类定香剂多半是无臭或者香气较弱的结晶体或黏稠液态物质，沸点较高。用在香精中，主要是取其能提高香精沸点的作用，它们本身的香气（如果有的话）对香精香气仅起次要作用，还能使香精中某些香气的不够平衡与粗糙之处有所改善，这类定香剂虽不够理想，但使用较广。典型的品种有邻苯二甲酸二乙酯、脂檀油等。

14. 香膏

香膏是香料植物由于生理或病理的原因而渗出带有香成分的树脂样物质。香膏大半呈半固态或黏稠液体，不溶于水，而全溶或几乎全溶于乙醇，在烃类溶剂中只部分溶解。“香膏”这个名词在英语中为“Balsam”。

15. 树脂

是指天然树脂和合成树脂（经过加工的树脂）。天然树脂是植物渗出植株外的萜类化合物因受空气氧化而形成的固态或半固态物质，不溶于水，如黄连木树脂、枫香树脂等，但大多数天然树脂是没有香气的。合成树脂是将天然树脂中的精油去除后的制品，典型的品种如松香。“树脂”这个名词在英语中为“Resin”。“岩蔷薇树脂”和“橡苔树脂”都是误称，前者是指岩蔷薇浸提物的一个馏分，后者是指用热乙醇法浸提橡苔所得的制品，还常常加入少许合成香料。

16. 树胶

有天然的也有合成的，严格地说树胶应是水溶性物质。在调香工作中有时将这个名词用来代表树脂。“树胶”这个名词在英语中为“Gum”。

17. 香树脂

香树脂是指用有机溶剂浸提香料植物渗出的树脂样物质所得的香料制品，成品中不应含有原用的溶剂和水分，香树脂多半呈黏稠液态，有时呈半固态或固态。“香树脂”这个名词在英语中为“Resinoid”。

18. 油树脂

通常是指允许用于制备食品香料的有机溶剂萃取辛香料所得的既有味感又有香感的香料制品，对成品中含有残留溶剂量有严格的要求。这类制品多用于调味或食品用香精。

19. 香脂

用脂肪（或油脂）冷吸法将某些鲜花中的香成分吸收在纯净无臭的脂肪（或油脂）内，这种含有香成分的脂肪（或油脂）称为香脂。“香脂”这个名词在英语中为“Pomade ”。

20. 泄馥基

泄馥基是含氨基的香料（通常是邻氨基苯甲酸的酯类）与醛类香料的缩合产物。一般说来，泄馥基的香气较持久，但有导致变色的因素。“泄馥基”这个名词在英语中为“Schiff base”。

（二）调香中常用的术语

在调香工作中所用术语，大体上可划为有关香气或香味方面的描述用词，对香精香气结构解析时的用语，以及叙述香精中不同香料组分作用方面的术语。

1. 气息

气息是用嗅觉器官所感觉到的或辨别出的一种感觉，它可能令人感到舒适愉快，也可能令人厌恶难受。“气息”这个术语在英语中为“Odor”或“Odour”。

2. 香气

香气是指令人感到愉快舒适气息的总称，它是通过人们的嗅觉器官感觉到的。在调香中香气包括香韵或香型的含义。“香气”这个术语在英语中为“Scent”或“Fragrance”或“Perfume ”等。

3. 气味

气味是用来描述一个物质的气息和味感的总称。“气味”这个术语在英语中为“Aroma”。

4. 香味

香味是指令人感到愉快舒适的气息和味感的总称，它是通过人们的嗅觉和味觉器官感觉到的。香味这个词在调香中是用于描述食用香料或香精香和味的特征。“香味”这个术语在英语中为“Flavor”或“Flavour”。

5. 香韵

香韵是用来描述某一香料或香精或加香制品的香气中带有某种香气韵调而不是整体香气的特征，这种特征，常引用有代表性的客观具体实物来表达或比拟，如“××带有玫瑰香香韵或带有动物香香韵或带有木香香韵”等。香韵的区分是一项比较复杂的工作，描述不同香韵的用词选择问题一般是比较困难的，这将在香气分类一节中述及。“香韵”这个术语在英语中为“Note”。有时也可用感觉上的特征来表达，如甜韵、鲜韵等。

6. 香型

香型是用来描述某种香精或加香制品的整体香气类型或格调。如“××的香气属于花香型、果香型、茉莉型、东方香型或古龙型”等。“香型”这个术语在英语中为“Type”。

7. 头香

头香也可称为顶香，是对香精（或加香制品）嗅辨中最初片刻时的香气印象，也就是人们首先能嗅感到的香气特征。它是香精整体香气的一个组成部分，一般是由香气扩散力较好的香料所形成。“头香”这个术语在英语中为“Top note”。

8. 体香

体香也可称为中段香韵，是香精的主体香气，每个香精的主体香气都应有其各自特征，它代表这个香精的主体香气。体香应是在头香之后被立即嗅感到的香气，而且能在相当长的时间中保持稳定和一致。体香是香精的主要组成部分。“体香”这个术语在英语中为“Body note”或“Middle note”。

9. 基香

基香也可称为尾香。是香精的头香与体香挥发后，留下的最后香气。这个香气一般是由挥发性很低的香料或某些定香剂组成。“基香”这个术语在英语中为“Basic note”。

10. 和合

和合是指将几种香料混合在一起后，使之发出一种协调一致的香气。这是调香工作中的一种技巧。“和合”这个术语在英语中为“Blend”或“Blending”。用作和合的香料称为和合剂。

11. 修饰

修饰是用某种香料的香气去修饰另一种香料的香气，使其在香精中发出特定效果的香气。它也是调香工作中的一种技巧。“修饰”这个术语在英语中为“Modify”。用作修饰的香料，称为修饰剂，在英语中为“Modifier”。

12. 谐香

谐香是由几种香料在一定配比下所形成的一个既和谐又有一定特征性的香气，它是香精中体香的基础。“谐香”这个术语在英语中为“Accord”。

13. 稳定性

在调香技艺中，稳定性有两层含义：一是指香精香气的稳定性，这就是说香精的整体香气，尤其是它的体香特征要在较长时期内不能有明显变化，换句话说，就是要在较长的时期内，其香型稳定不变；另一层是指这个香精在加香介质中除了香气特征、香型能稳定外，还应不影响加香介质的色泽、澄清度、乳化等理化性能以及原有功能。

14. 香势（气势）

香势也可称为香气强度。这是指香气本身的强弱程度。这种强度可通过香气的槛限值来判断。槛限值越小则强度越大。“香势”这个术语在英语中为“Odor concentration”。

第二节　香气分类

调香工作者经常要使用几百种甚至上千种的香料，这些香料各有其不同的特征、强度、浓度以及不同的理化性质。在调香工作中，为了便于根据仿香或创香要求去选择和应用香料，因而对各种香料进行香气分类是非常必要的，对初学调香者来说，更是不可忽略的基本知识。对香气进行确切的分类是很不容易的，国外文献中记载的香气分类论述，各有所长，有的在调香工作中应用是较适用的，有的则过于抽象笼统而难以掌握。从调香工作应用方面考虑，香料香气分类可概括为 3 个方面：一是从香料本身的香韵或香型特征去划分归类，如花香、果香、木香等；二是从香料在香精中的香气组成层次或作用分类，如头香、体香、基香等；三是从香料的香气性能来分类，如对人们生理或心理上的反应或效应（清醒气等）。

一、亚里士多德香气分类法

较早的香气分类研究者有希腊哲学家亚里士多德（Aristotle，公元前 384—公元前 322 年），他将各种气息归为五大类，即甜的（Sweet）、粗冲的（Harsh）、收敛性的（Astringent）、刺鼻的（Pungent）、丰满浓郁的（Rich）。

可能是限于当时的客观条件，这种分类方法是将各种气息对人的生理感觉效应分为 5 类，似乎过于简单，而且个人的主观因素也较强一些。

二、李迈尔香气分类法

1865 年，李迈尔（Rimmel）根据各种天然香料香气特征，将香气分为 18 组，在各组中，用人们比较熟悉的一种香料来代表该组的香气，并另列出类似这组香气的其他香料品种，具体见表 7-1。这对初学调香者来说也比较容易理解。

表 7-1　　　　李迈尔香气分类

香气类型	代表香料	属于同类别的香气
杏仁样	苦杏仁	月桂、桃仁、硝基苯
龙涎香样	龙涎香	橡苔
茴香样	大茴香	八角茴香、芫荽香、葛缕子、欧莳萝子、小茴香
膏香样	香荚兰豆	吐鲁香、秘鲁香、安息香、苏合香、黑豆香
樟脑样	樟脑	迷迭香、广藿香
香石竹样	丁香	香石竹、丁香石竹
柑橘样	柠檬	香柠檬、甜橙、香橼、白柠檬
果香样	梨	苹果、菠萝
茉莉样	茉莉	铃兰
薰衣草样	薰衣草	穗薰衣草、百里香、甘牛至、野百里香
薄荷样	薄荷	留兰香、滇荆芥（Balm）、芸香、鼠尾草
麝香样	麝香	灵猫香、麝葵子、麝香植物
橙花样	橙花	刺槐、紫丁香、橙叶
玫瑰样	玫瑰	香叶、欧蔷薇、玫红旋花木油
檀香样	檀香	岩兰草、柏木
辛香样	玉桂	肉桂、肉豆蔻、肉豆蔻衣、众香子
晚香玉样	晚香玉	百合、黄水仙、水仙、风信子
紫罗兰样	紫罗兰	金合欢、鸢尾根、木樟草

李迈尔是较早的一位以人们的主观感觉与客观实际相结合的方法来认识和区别香气的人。但当时的香料品种几乎都是天然香料，而在现今香料品种已逾 5000 种的情况下，应适当加以补充完善，使香料香气的分类更趋于完整。

三、扑却香气分类法

1954 年 4 月，英国著名调香师扑却（Poucher）在《化妆品化学会志》中发表了按香料香气挥发度来进行分类的结果。他评定了共 330 种天然和合成香料及其他香料物质，依据它们在辨香纸上挥发留香的时间长短，将香料分为头香、体香和基香三大类。首先他将各种要试验的香料，经过细致的筛选，保证是真正的货源和纯净的质量，包括确定它们的来源（天然品是产地，合成品是其起始原料）。尤其是有些贵重的香料，为了防止进货的掺假，他花费了很多时间进行质量验证工作。

扑却把香气挥发不到 1d 就嗅不到的香料，定系数为“1”，其他香料以此类推（即挥发不到 2d 就闻不到的系数为“2”），把这 330 种香料分别定为 1~100（最高为 100，此后不再分高低）。当他发现有疑问时，就重复操作。这项工作他整整花了 4 年才完成。他将 1~14 的划为头香，15~60 的划为体香，62~100 的划为基香或定香剂，兹将这一分类表摘录于表 7-2，以供查阅。

表 7-2　　香料香气挥发时间表

系数	品名
1	苯乙酮、苦杏仁油、乙酸异戊酯、苯甲醛、乙酸苄酯、乙酸乙酯、乙酰乙酸乙酯、苯甲酸甲酯、绿花白千层（Niaouli）油
2	甲酸苄酯、玫瑰木油、苯甲酸乙酯、蒸馏白柠檬油、芳樟醇、橘子油、水杨酸甲酯、乙酸辛酯、乙酸苯乙酯、甲酸苯乙酯、丙酸苯乙酯、水杨酸苯乙酯
3	桂酸苄酯、芫荽籽油、对甲酚甲醚、乙酸对甲酚酯、异丁酸对甲酚酯、莳萝醛（Cuminic aldehyde）、丁酸环己酯、甲酸癸酯、二甲基苄基原醇、乙酸二甲基苄基原酯、癸炔羧酸乙酯、水杨酸乙酯、对甲基苯乙酮、没药油、麝香酊［3%（质量分数）］、异丁酸辛酯、胡薄荷（Pennyroyal）油巴拉圭橙叶油、黄樟油、留兰香油、松油醇
4	二甲基辛醇、小茴香籽（Cumin）油、香茅醇、桉叶油、苯甲酸香叶酯、薰衣草油、丁酸甲酯、香桃木（Myrtle）油、壬醛、苯乙醇、鼠尾草（Sage）油、对甲基水杨酸甲酯
5	二甲基苯乙酮、苯乙酸乙酯、意大利橙花油、乙酸壬酯、乙酸松油酯、对甲基苯甲醛
6	桃金娘月桂（Bay）叶油、香柠檬油、葛缕子油、香橼油、甲酸香茅酯、苯乙酸异丁酯、苯甲酸芳樟醇、苯甲酸乙酯、乙酸甲基苯基原酯、葡萄油
7	丙酸异戊酯、茴香油、异丁酸苄酯、丙酸苄酯、庚酸苄酯、香叶醇（单离自爪哇香茅油）、姜油、辛炔羧酸甲酯、壬醇、三色堇（Pansy）油、亚洲薄荷油、芸香油、艾菊（Tansy）油、百百里香油、紫罗兰净油、异丁酸香叶酯、乙酸癸酯
8	水杨酸异戊酯、水杨酸苄酯、柏木油、斯里兰卡香茅油、乙酸香茅酯、邻氨基苯甲酸乙酯、香叶醇（单离自玫瑰草油）、苯甲酸异丁酯、水杨酸异丁酯、柠檬油、丙酸芳樟酯、橙花醇、玫瑰醇、法国玫瑰油、土荆芥油、异戊酸苯乙酯

续表

系数	品名
9	二甲基壬醇、丁酸香叶酯、麝香素（Lva）油、月桂（Laurel）叶油、大茴香酸甲酯、乙酸橙花酯、美国薄荷油、穗薰衣草油、万寿菊（Tagete）油、红百里香油
10	苦艾（Absinthe）油、洋甘菊油、二苯甲烷、二苯醚、大茴香酸乙酯、杂熏衣草油、乙酸芳樟酯、甲基苯乙醛、苦橙油、丙酸苯丙酯、丁香酚甲醚
11	丁酸异戊酯、胡萝卜籽（Carrotseed）油、荜橙茄（Cubeb）油、癸醇、格蓬（Galbanum）油、风信子净油、脱色蜡菊（Immortelle）净油、大叶钓樟（Kuromoji）油、甲酸芳樟酯、独活（Lovage）油、狭叶胡椒（Matico）油、水仙净油、肉豆蔻（Nutmeg）油、辛醇、防风根（Opopanax）油、甜橙油
12	桂酸甲酯、庚炔羧酸甲酯、法国橙叶油、桂酸苯乙酯、丙酸松油酯、甲基苯基醚
13	苯乙酸对甲酚酯、榄香（Elemi）油、鸢尾凝脂、苯丙醇
14	罗勒油、卡南加油、小茴香油、柠檬草油、黄连木（Mastic）油、甲基紫罗兰酮、含羞花（Mimosa）净油、玫瑰草油、乙酸苯丙酯、异丁酸苯丙酯、木犀草（Reseda）净油
15	对甲氧基苯乙酮、乙酸桂醛、甲酸桂醛、爪哇香茅油、欧莳萝（Dill）油、愈创木（Guaiacwood）油、洋茉莉醛、甲基吲哚、苏合香油、保加利亚玫瑰油
16	大茴香酸异戊酯、丁香酚、苯乙酸苯丙酯、野百里香（Sepolet）油
17	蜜蜂花（Melissa）油、四氢香叶醇
18	菖蒲油、甘牛至（Marjoram）油、鸢尾净油、异丁酸苯氧基乙酯、异戊酸甲基苯基原酯、紫罗兰叶净油
19	异丁酸苯乙酯、优质防臭木（Verbena）油
20	香紫苏（Clary sage）油
21	苯甲酸异戊酯、圆叶当归籽（Angelica seed）油、大茴香醛、山菊根（Arnica root）油、榄香（Elemi）树脂、吲哚、甲位紫罗兰酮、乙位紫罗兰酮、邻氨基苯甲醛甲酯、没药树脂、法国迷迭香油、乙酸十一酯
22	异丁香酚苄醚、桂叶油、丙酸桂酯、丁香油、甲酸香叶酯、邻氨基苯甲酸芳樟醇、橙花水净油、苯基甲酚醚
23	金雀花（Broom）净油、甲氧基苯乙酮、欧芹（Parsley）油
24	乙酸大茴香酯、南洋杉木（Araucaria）油、苯甲烯丙酮、桂皮油、桂酸乙酯、糠基羟基丙酸乙酯、非洲香叶油、法国香叶油、西班牙香叶油、乙酸香叶酯、黄水仙（Jonquille）油、马尼拉依兰净油
25	异丁香酚甲醚
26	柠檬桉油、*N*-异丁基邻氨基苯甲酸甲酯、苯乙酸甲酯
27	苯甲酸香茅酯、二甲基对苯二酚
28	丁酸桂酯
29	香苦木（Cascarilla）皮油、波蓬香叶油
30	麝葵子（Ambretteseed）油、小豆蔻（Caedamon）、姜草（Gingergrass）油、白柠檬油、橙花净油
31	橙花净油
32	十二酸乙酯、对甲基苯丙醛
33	大根香叶（Zdravets）油
34	芹菜根（Celery root）油

续表

系数	品名
35	*N*-甲基邻氨基苯甲酸甲酯
38	酒花（Hop）油
40	海索草（Hyssop）油、丙酸玫瑰酯、波蓬依兰油
41	肉豆蔻衣（Mace）油
42	乙酰基异丁香酚、桂酸戊酯、桂叉基甲基原醇
43	甲酸丁香酚酯、桂酸异丁酯、大花茉莉净油、玫瑰净油、晚香玉净油
45	乙酸龙脑酯、肉桂油
47	大茴香醇
50	十二醇、十二醛、苯丙醛、十一醇、苦橙花油
54	乙酸柏木酯
55	橙花叔醇
60	苯乙酸苄酯、柠檬醛、甲酸玫瑰酯
62	苯乙酸异戊酯
65	天然桂醇
70	水氧酸芳樟醇、脱色大花茉莉油
73	金合欢净油
77	甲基萘基甲酮
79	灵猫香膏
80	羟基香茅醛
85	苯乙二甲缩醛
87	辛醛
88	“杨梅醛”（β-甲基-苯基缩水甘油乙酯）
89	兔耳草醛
90	格蓬树脂、防风根树脂、鸢尾油树脂、乙酸玫瑰脂、香脂檀（Amyris）油、龙蒿（Tarragon）油、脱色花框大花茉莉净油
91	苯乙酸苯乙酯、丙位-十一内酯（“桃醛”）
94	圆叶当归油、桦芽油
99	山菊（Arnica）花油
100	乙酰基丁香酚、龙涎香酊［3%（质量分数）］、甲位戊基异丁香酚、安息香香树脂、二苯甲酮、桦焦油、海狸香净油、人造桂醇、广木香（Codtus）油、香豆素、扁柏（Cypress）油、癸醛、乙基香兰素、丙位-壬内酯（“椰子醛”）、愈创木醇酯类、蜡菊（Immortelle）净油、异丁香酚、苯乙酸异丁香酚酯、岩蔷薇浸膏、苯乙酸芳樟酯、甲基壬基乙醛、人造麝香、橡苔浸膏、乳香（Olibanum）油及树脂、广霍香油、胡椒油、秘鲁香膏、苯乙酸、众香子（Pimento）油、苯乙酸玫瑰酯、东印度橙花油、苏合香香树脂、苯乙酸檀香油、吐鲁香膏、黑香豆浸膏、乙酸三氯甲基苯基原酯、十一醛、香兰素、岩兰草油

扑却还将紫丁香香精配方组成缩减到用 9 种主要香料来表明三层香气的组成和比例，如表 7-3 所示。

表 7-3　紫丁香（Lilac）香精配方组成

香料名称	用量（质量）/份	挥发系数		在香精中所占比例
乙酸苄酯	35	1	头香	37.5%
松油醇	100	3		
苯乙醇	240	4		
洋茉莉醛	180	15	体香	19.0%
大茴香醛	10	21		
桂醇	130	65	基香	43.5%
羟基香茅醇	290	80		
异丁香酚	5	100		
苯乙醛[10%（质量分数）]	10	100		
合计	1000			100%

扑却香气分类法的中心，是基于各种香料间香气相对挥发度（Relative volatility）的差别。用嗅觉去判定一个香料香气的相对挥发度（在常压室温下的挥发时限）的终点的确是个关键问题。因为有些香料，特别是天然香料（往往是一种复杂成分的混合物），它的最初香气与最终香气有可能是很不相同的，有的在挥发过程中会逐渐失去它本来的香气典型特征，这就要凭辨评者的嗅觉来判断。因此一个香料究竟列在头香或体香、体香或基香类别中，会因人而异。再者，调香师在创拟一个香精时，也可能运用相当多的体香香料，使之在头香和基香中体现出来；又有可能运用相当多的基香香料，使之在体香中形成香精特征香气的重要组成部分等。因此如何来说明一个香料属于头香、体香或基香的问题，也会因人而异。不过这种分类法对调香者来说很容易理解，且易于掌握利用。

四、我国香气分类法

1959 年，轻工业部香料工业科学研究所组织叶心农、汪清如、张承曾等调香专家对香料的香气分类工作进行了探讨。他们从调香应用入手，结合各类香气间的区别和联系，先将香料的香气划分为花香和非花香两大类。在花香方面又分为 4 个正韵和 4 个双韵；在非花香方面分为 12 类，并分别在花香香韵与非花香香韵内依次排列出香气辅成环，用于说明它们之间的前后联系环渡的意义。

实践证明，该分类方法适合国内调香工作的实际，现已成为香精经典调配方法。在烟草香精的调配中，使用的香料以非花香香料为主，这些香料的香气与烟草香气能较好协调，而花香香料使用的则相对较少。

现将分类类别以及代表各类香韵香气的香料品种分列如下，通过对实物的“辨香”实践取得相应的嗅感印象。

（一）花香香气分类

常见的35种香花归入8个香韵中。

（1）清（青）韵　属于正香韵，以梅花为代表，归入的香花还有山楂花、薰衣草、菊花、洋甘菊等。

（2）清（青）甜香韵　属于双香韵，以香石竹花为代表，归入的香花还有丁香花等。

（3）甜韵　属于正香韵，以玫瑰花为代表，归入的香花还有月季花、蔷薇花等。

（4）甜鲜香韵　属于双香韵，以风信子花为代表，归入的香花还有栀子花、忍冬花等。

（5）鲜韵　属于正香韵，以茉莉花为代表，归入的香花还有玳玳花、橙花、白兰花、依兰花、树兰花等。

（6）鲜幽香韵　属于双香韵，以紫丁香花为代表，归入的香花还有铃兰花、兔耳草花、广玉兰花等。

（7）幽韵　属于正香韵。以水仙花为代表，归入的香花还有黄水仙花、晚香玉花等。

（8）幽清（青）香韵　属于双香韵，以金合欢花为代表，归入的香花还有紫罗兰花、桂花、木犀草花、银白金合欢花（习称含羞花）、刺槐花、葵花、甜豆花、香罗兰花等。

它们的环渡是：清（青）→清（青）甜→甜→甜鲜→鲜→鲜幽→幽→幽清（青）→然后再回到清（青），成为花香韵辅成环。

（二）非花香香气分类

非花香分为12个香韵。

（1）青滋香（包括清香）　包括大茴香醛、大茴香醇、松油醇、乙酸松油酯、芳樟醇、乙酸芳樟酯、乙酸香叶酯、苯乙醛、苯乙醇、二氢茉莉酮、桉叶素、龙脑、薄荷脑、叶醇、四氢芳樟醇、“女贞醛”等合成香料，紫罗兰叶净油及浸膏、橡苔浸膏、橙叶油、玫瑰木油、松针油、芳樟油、薄荷油、桉叶油、留兰香油等天然香料。

（2）草香（包括芳草及药草）　包括香茅醛、苯乙酮、二苯醚、水杨酸异戊酯、水杨酸丁酯、香荆芥酚、百里香酚、水杨酸甲酯、苯甲酸甲酯等合成香料，香茅油、柠檬桉油、缬草油、鼠尾草油、百里香油、姜黄油、冬青油、白樟油等天然香料。

（3）木香　包括檀香醇、柏木醇、乙酸柏木酯、人造檀香、乙酸檀香酯、岩兰草醇等合成香料，檀香油、柏木油、愈创木油、岩兰草油、广藿香油、桦焦油、香苦木皮油等天然香料。

（4）蜜甜香　包括甲基紫罗兰酮类、紫罗兰酮类、桂醇、苯丙醇、橙花醇、香叶醇、香茅醇、玫瑰醇、乙酸桂酯、鸢尾酮、金合欢醇、十四酸乙酯、丁酸香叶酯、苯乙酸苯乙酯、苯乙酸丁酯等合成香料，香叶油、玫瑰草油、鸢尾凝脂、姜草油等天然香料。

（5）脂蜡香（包括醛香） 包括辛醛、壬醛、癸醛、十一醛、十二烯醛、辛醇、癸醇、十一醇、乙酸辛酯、庚醇、庚醛、甲酸辛酯、丁二酮等香料。

（6）膏香（包括树脂香） 包括苯甲酸、苯甲酸苄酯、桂酸、桂酸苄酯、桂酸苯乙酯、苯丙醛、水杨酸苯乙酯等合成香料，吐鲁香树脂、秘鲁香树脂、安息香香树脂、苏合香提取物、乳香油等天然香料。

（7）琥珀香 包括水杨酸苄酯、苯甲酸异戊酯、苯甲酸异丁酯、甲位柏木醚、降龙涎香醚、岩蔷薇浸膏、麝葵子油等香料。

（8）动物香 包括十五酮、十六酮、十五内酯、葵子麝香、酮麝香、佳乐麝香、粉檀麝香、麝香酮、灵猫酮、吲哚、对甲基喹啉、对甲酚甲醚、乙酸对甲酚酯等合成香料，龙涎香、麝香、灵猫香、海狸香等天然香料。

（9）辛香（包括焦香、烟草香、革香） 包括丁香酚、大茴香脑、黄樟素、桂醛、乙酰基异丁香酚、莳萝醛等合成香料，茴香油、丁香油、黄樟油、月桂叶油、肉桂油、肉豆蔻油、姜油、月桂皮油、花椒油、菊苣浸膏、咖啡浸膏、桦焦油等合成香料。

（10）豆香（包括粉香） 包括香兰素、香豆素、对甲基苯乙酮、苯乙酮、洋茉莉醛、乙基香兰素、水杨醛等合成香料，香荚兰豆浸膏（酊）、黑香豆浸膏（酊）、茅香浸膏、可可酊等天然香料。

（11）果香（包括坚果香、浆果香与瓜香） 包括“桃醛”“杨梅醛”“椰子醛”“悬钩子酮”、苯甲醛、柠檬醛、乙酸异戊酯、丁酸苄酯、邻氨基苯甲酸甲酯、异戊酸异戊酯、丁酸乙酯等合成香料，苦杏仁油、甜橙油、柠檬油、柚皮油、香柠檬油、柠檬草油、山苍子油、白柠檬油、山楂浸膏等天然香料。

（12）酒香 包括庚酸乙酯、壬酸乙酯、异戊醇、乙酸乙酯、甲酸乙酯、丙酸乙酯等香料。

它们的环渡是：青滋（清）香→草香→木香→蜜甜香→脂蜡香→膏香→琥珀香→动物香→辛香→豆香→果香→酒香→然后再回到青滋（清）香，成为非花香韵辅成环。

为了能更好掌握重要的青滋香、蜜甜香和果香，再把它分为更细一点的小类，以便进一步理解和更好地运用。

（1）青滋香 ①叶青：以紫罗兰叶油、叶醇（己烯-3-醇）、“女贞醛”为代表；②苔青：以橡苔为代表；③茉莉青（清）：以茉莉酮、茉莉酮酸甲酯、二氢茉莉酮酸甲酯、异二氢茉莉酮酸甲酯为代表；④梧青：以松油醇为代表；⑤茴青：以大茴香醛为代表；⑥萼青（带甜）：以苯乙醇为代表；⑦木青：以芳樟醇为代表；⑧梅青：以苯甲醛为代表；⑨草青：以香茅醛为代表；⑩凉青：以薄荷脑为代表。

（2）蜜甜香 ①醇甜或玫瑰甜：以玫瑰醇为代表；②柔甜或蜜甜：以鸢尾酮为代表；③辛甜或焦甜：以丁香酚为代表；④膏甜或桂甜：以桂醇为代表；⑤蜡甜或蜜蜡甜：以壬醛为代表；⑥酿甜：以康酿克油为代表；⑦清甜或橙花甜：以橙花醇、香茅醇、苯乙醇为代表；⑧盛甜或金合欢甜：以金合欢醇、甲基紫罗兰酮为代表；⑨果甜：以“桃醛”（丙位十一内酯）为代表；⑩豆甜：以乙基香兰素为代表；⑪木甜：以愈创木油、岩兰草油为代表。

（3）果香 ①柑橘果香：以柠檬醛或柠檬油为代表；②浆果香：以杨梅醛（草莓醛）或悬钩子酮为代表；③坚果香：以苦杏仁油为代表；④瓜香：以瓜醛为代表。

（三）非花香韵辅成环的环渡和香气解说

1. 青滋（清）香

植物的青绿部分，常伴有清凉爽快的青滋气息，犹如人们在青色草原旷野间，阵风吹来，吸嗅到的一种新鲜清爽的绿叶气息。这种绿叶的青气，统称为“青滋香”。草本植物中的紫罗兰（Violet）叶片的青滋气，在调香应用中曾是最名贵的青滋香，是天然“叶青”的代表，在合成香料中以3-己烯醇、2,6-壬二烯醛和羟炔酸酯类为代表。橡苔中的青香称为“苔青”，其品级不及前者。

树木青翠的枝叶和树干，也有青滋香，但其中有自“青”转为“清”（花香韵）者，例如苦橙叶、玳玳叶、白兰叶、玫瑰木等，这些精油中的主要香成分常为芳樟醇、橙花醇及其衍生物，此类青滋气可概称为“木青”香。

此外，木本中的松针、柏叶、桉叶，草木中的薄荷等，虽也是从绿色部分中提取青滋气香料，但这些精油中含有较多的蒎烯、龙脑、乙酸龙脑酯、桉叶素、薄荷脑或薄荷酮等，它们的青滋香中凉气突出，是一种凉青之香。这种青滋香虽品级不高，在调香处方中用量甚微，但有时却是不可不用的。

青滋香是非花香韵辅成环中的一个起点，这可以说是人们日常生活中接触到的由千万种绿色植物所形成的自然气息。尚有一些植物的绿色部分，不是以青滋香为主，而是专有的青草香。从论香气角度而言，青草香与青滋香是有区别的，所以可从青滋香过渡到草香这一环。

2. 草香（包括芳草香和药草香）

植物绿色部分的香气，除具有上述清爽的青滋香外，尚有一类带有青涩草香（芳草香或药草香），芳草香多半是指茎叶在青鲜时的草香，药草香多半是指茎叶在干枯时的草香。例如香茅、柠檬桉叶，其中含有较多香茅醛的青涩青草香气，因此它们属于芳草香。迷迭香、冬青等也有青涩的草香，但它们属于药草香而不是一般的草香。草香香气在调香配方中，如使用得当，可以取得犹如在旷野间嗅到的大自然的气氛。有些草本植物在干枯之后，其叶茎或茎根中却带有干的或干甜的木香，如甘松、椒草等，这种由草香渐渐转变为有木香的风趣，成为草香能环渡到木香之说。

3. 木香

植物青绿时的香气，在青色变枯黄后，会转为干甜之气，有木香格调。木香的主要本质就是要有干甜木香香气，如檀香木、柏木、愈创木、岩兰草（根）等。木香一般都是富厚浓郁，所以常用于重香型或重调香型中，且多作为基香或体香。木香也可区别为干甜木香［如岩兰草（根）等］、干枯甜木香（如香附子等）和焦木香［如桦焦（干馏树皮）］。木香干而甜的本质可视为由木香环环渡至蜜甜香的理由。

4. 蜜甜香

甜香之美，除花香之外，干草香中有甜，木香中有甜，但木香及干草香中之甜香均是附属香气，更有以甜香为主的蜜甜香，应成为环中的单独一类。花香中以玫瑰为正甜韵。在非花香中的蜜甜香，可以香叶等精油为代表。在调香上，蜜甜香是最重要的香气，其应用不仅限于玫瑰香型中，还可广泛地作为蜜甜香韵用于许多香型中。

蜜甜香也可按其互相间的香调分为若干小类，其中有些小类还交叉在环中的其他类别中：①玫瑰甜（或醇甜）；②柔甜（或蜜甜）；③辛甜（或焦甜）；④膏甜（或桂甜）；⑤酿甜；⑥蜡甜（或蜜蜡甜）；⑦宵甜（或橙花甜）；⑧盛甜（或金合欢甜）；⑨果甜；⑩豆甜；⑪木甜。

以上几种蜜甜香的小类用途不同。一般地，鸢尾柔甜香属上乘，不仅在花香型如紫罗兰花、桂花等中合用，在许多高档香精中，还常用于增添美好香韵。

蜜甜香中的主要小类——玫瑰甜及柔甜，均往往带有微微的蜜蜡或脂蜡香气。玫瑰油中含有玫瑰蜡，鸢尾油中含有十四酸，都是显示蜜甜香与脂蜡香的亲近关系，故可从蜜甜香环渡至脂蜡香。

5. 脂蜡香（包括醛香）

常绿常青植物的枝叶中常含有蜡质，这有助于御寒越冬或减少水分蒸发。籽实、坚果薄壳上也往往含有脂蜡，这些物质常是高碳烷烃或高碳酸及其酚类，有时也含有醛或酮类，这些物质是脂蜡香气的来源，例如橙、柑、橘、柚、柠檬、香柠檬、白柠檬的果皮精油中，就含有辛醛、壬醛、癸醛、十二醛等脂蜡香气。鸢尾茎根精油中含有十四酸的脂蜡香气。脂蜡香气包括醛香香气，多半来自脂肪族醛类，是近代“醛香型”中的重要香韵。

6. 膏香

有些草木不但有来自萜、酸、醛类等的脂蜡香，而且有膏香。膏香来自草木在生长期间因生理关系或人工诱变所生成的分泌物（其中有些是萜类或醛的聚合物）。它们的形式有的是树胶，有的是树脂（萜类或醛类的聚合），有的是树胶树脂或油树胶树脂，有的是香膏。这些物质多少都包含着具有香气的物质，如苯甲酸及其酯类、桂酸及其酯类或其他具有沉浓膏香的物质。如乳香油树胶树脂的香气中有十二醛的脂蜡香，这或可作为脂蜡香能进一步转变环渡到膏香的解释。

膏香具有谐和诸香与温柔众香的作用。通常膏香香料的挥发速率较为缓慢，所以可作为定香剂使用。但用量要适当，勿使之影响香精香型的稳定性，因为膏香易沉底而显露，反而使香气累赘不清灵。

膏香有膏甜，如秘鲁香树脂、吐鲁香树脂、苏合香浸膏、桂酸苄酯、桂酸桂酯、桂酸苯乙酯等，又有格蓬油（在淡时）、苯甲酸桂酯等动物香格调。黄连木香膏、桂酸甲酯等则有宛如琥珀之香。这可作为膏香环渡至琥珀香再至动物香的依据。

7. 琥珀香

琥珀原是树脂年久历变而成为凝固体，香气极弱，但难散失。在调香中，琥珀香时常与龙涎香相混用。欲加区别，主要是将兼以木香、烟熏气与龙涎香为主的香料称为琥珀香，因此又可称为木质龙涎香。而不带木香的香料称为龙涎香。岩蔷薇、圆叶当归籽与根的制品等，是自膏香环渡至琥珀香的代表性天然香料；水杨酸苄酯、苯甲酸异丁酯、三甲基环十二碳三烯甲基甲酮等是合成香料中的代表。这些香料在调香中的用量一般均宜小，多用反而不好。麝葵籽油是琥珀香，但有稍多的龙涎香-麝香样的动物香香韵，这可作为自琥珀香环渡至动物香的解说。

8. 动物香

动物香是属于有浊气的香料，动物泌出的香泽，既温暖又有浊气，似有情感，这是动物香的主要特点。如天然品中的麝香、龙涎香、灵猫香与海狸香等。化学合成的“单体”如麝香酮、葵子内酯、灵猫酮等，其结构虽与天然动物香中的主香成分相同，但单一使用，终难达天然动物香香韵的效果。所以天然动物香较名贵，而多用于高档加香产品。它们能增香、提调，留香较久，又有定香能力。浊香重者以喹啉类、甲基吲哚及苯乙酸对甲酚酯为代表，用量应小而慎重。

动物香都具有温暖气息，可以环渡至辛香。

9. 辛香

辛香来自辛香料。天然辛香料可从有关香料植物的叶、枝、茎、花、果、籽、树皮、木、根等中提取。辛香料一般都有一种辛暖气味，既可祛腥膻气，又可提振食欲。在日用化学品香精中使用辛香，多见于东方香型、素心兰型、香薇（馥奇）型等中。常用的天然辛香有八角茴香、小茴香、花椒、丁香、桂皮、肉桂、月桂叶、肉豆蔻等；合成品中有反式大茴香脑、丁香酚、肉桂醛等。辛香原多作食用加香，但在日用化学品香精中，适当选用可取得独特的风格效果。有较重豆香而带温辛气的辛香料，如香荚兰豆、香兰素、香豆素等，因其用途特殊，故另列为一环，称为豆香，编排于辛香之后。

10. 豆香（包括粉香）

具有豆香的有豆（籽）类香料植物中的香荚兰豆、黑香豆、可可豆制品，在调香上早有应用。豆香的合成品如香兰素、乙基香兰素、香豆素、洋茉莉醛等，它们是许多香型的日用化学品香精中必用的豆香兼粉香香料。豆香香料中有的兼有果香，如丙位辛内酯（似椰子果香）、香豆素（坚果样香）等，在调香中，豆香与果香也常相辅并用，因此豆香环渡到果香也属合适。

11. 果香

果香包括类别较多，可大体区分为坚果香、浆果香与鲜果香。

苦杏仁油或苯甲醛兼有豆香的坚果香，是由豆香转入果香的一例，坚果香在日用化学品香精中，目前应用面还比较小。

浆果香可用草莓醛、悬钩子酮等来代表，可用作香气修饰剂。

鲜果香又可分为若干小类，例如：①柑橘果香，其中以橙、橘、柚、柠檬和香柠檬等果香为代表，合成或单离品中的柠檬醛、柑青醛、香柠檬醛等均归此类，适用于古龙、花露水香型；②桃、李、杏、椰子果香，以丙位壬内酯等为代表，适用于栀子、晚香玉等香型；③苹果、生梨、香蕉类果香，以异戊酸异戊酯、乙酸丁酯等为代表；④凤梨香，以己酸烯丙酯等为代表。后两类鲜果香适用作果香头香香料使用。

有不少果实在成熟、过熟后有熟果气，如经发酵处理，可产生酒香，这是由果香环渡至酒香的理由。

12. 酒香

酒香也有不少类别，但可简要概括为果酒香、糖蜜酒香、谷物酒香等。在日用化学品香精中，多用前两者。酒香大多数是由酯类组成。果酒香以康酿克油、庚酸乙酯和壬酸乙酯等代表，多用于提调香气，组成头香，或用于需要酿甜的香型中。糖蜜酒香以乙酰乙酸乙酯、丙酸乙酯等为代表，它们在香精中主要组成头香。

酒香具有清灵、轻扬、飘逸、新鲜的气息。酒香在日用化学品香精中虽然用量较小，在许多花香型香精（如玫瑰、桂花、紫罗兰、苹果花等）中，能取得新奇效果。

香气辅成环的编排及解释有助于初学调香者掌握，对各类香气之间相辅关联、协调、配合的关系能加以理解和遵循。但这种主观因素较多的论点，还需进一步完善和改进。

第三节　香料香精的持久性、稳定性和安全性

香料香精的质量，除表现在其香韵和扩散性能上外，它们香气的持久和稳定程度，在加香产品中是否会引起变色、变质或影响其使用效果以及对人体是否安全无害等问题，也都是极为重要的因素。所以，调香工作者在香精处方时必须根据加香产品的特点要求，慎重地选择合适的香料品种和恰当的用量，并且要在通过应用试验，符合各方面的要求后，才可确定配方。不然，有些香精在初配时，香气香型是令人满意的，可是经过存放或是加入产品中后，发生香型不稳定或变型，或是香气持久性减退，留香时限缩短，影响加香品的色泽和使用效果。

香精是由香料（有时还有辅助原料或溶剂）组成的，通常，如果选用香料的品种与数量都恰当，基本上可以判断该香精的各项质量情况。但是，香精在配制完成后，在贮存过程中或在加香介质（基质）中，各个香料之间、香料与介质（基质）中的组成分之间，往往会发生物理化学上的变化。其中有些变化会影响该香精的香气持久性、稳定性，甚至安全性。

一、持久性

在调香技艺中，香气的持久性或留香能力与定香（保香）作用密切相关。所谓香气持久性，是指香料或香精在一定的环境条件下（如温度、湿度、压力、空气流通度、挥

发面积等)，于一定介质或基质中香气存留时间的限度。换言之，也就是留香能力。时间长者持久性强（留香久长)，时间短者持久性弱（留香短暂)。除了特殊的原因或要求外，总是希望持久性越强越好，留香越久越好。消费者对加香成品的香气要求，往往也是这样的。不过，对调香工作者来说，仅仅是香气持久还不能认为是完好的，还要使香气尽量长久地保持其原来的香型或香气特征，才为上乘。

香料香气的持久性，大体上与它们的相对分子质量（或平均相对分子质量）大小、蒸气压高低、沸点（或熔点）高低、化学结构特点、官能团的化学活泼性等有关。一般认为，持久性强的香料作为香精中的体香与基香组分，而持久性弱的且有一定扩散力的香料，就适合用作头香组分。

香精香气持久性诚然是与其中各个香料的香气持久性与用量有关，但还要与其中有些香料间的香气和合或定香性能有关，当然，也与其中所用定香剂的性能有关。在调香技术中，所谓“定香作用”，是由于物理或化学的因素，使某些较易于挥发散失的香料香气能保持较久的作用，也可以说，定香作用是延缓香料或香精蒸发速率的作用，或者说是降低香料蒸气压的作用。这种作用旨在达到某种程度的定香效果和目的。

此外，即使是同一香精或同一香精的几种相同香料与定香剂的组合，它在不同介质或基质中所表现出的定香效果，也会有差异。

如果要发生定香作用，至少要有两种或两类物质，一是“定香剂”，二是“被定香的香料”（可简称为香料)。有人解释定香作用是由于定香剂能在被定香的香料分子或颗粒外层表面形成一种有渗透性的薄膜，从而阻碍了该香料迅速地、自由地从香精中挥发散逸出来，这样该定香剂就对该香料起了一定的定香作用。也有人解释定香作用是由于定香剂与香料之间，甲香料与乙香料之间的分子静电吸引、氢键作用或分子缔合作用，导致某香料的蒸气压降低或是某组合的蒸气压降低，从而延缓其蒸发速率，达到持久与定香的目的。也有人认为定香作用，是由于定香剂的加入，使香精中某些香料的槛限浓度降低，或者是改变了它的黏度。因此，同样量的香料，就相对地使人们易于嗅到，或是延长了被人嗅到的时限，这也达到了提高香气持久性与定香的效果。总体来看，理论上可以说定香作用是与降低香料或香精的蒸气压有较密切的关系。

定香剂本身可以是一种香料，也可以是一种没有香气或香气极弱的物质。必须指出，一种定香剂对某些香料的定香效果，会因客观环境条件的不同而有变化（主要是香气时限上的变化，香气香型上可能没有明显变化)。所以对定香剂的选择，要根据具体要求与情况斟酌，并通过实践考察结果来判定。

综上所述，定香作用的目的就是要延长香精中某些香料组分或者是整个香精的挥发时限，同时使香精的香气特征或香型能保持较稳定且持久（也要表现在加香产品及消费者使用过程中)。这种目的，可以通过加入某些特效的定香剂，或通过香精中香料与香料组分之间适当搭配（品种与量）来实现。同时可以看出，香气持久性与定香作用之间的关联是十分密切的。要求无限期地延长持久性和要求稳定到在整个挥发过程中“一丝不变”是不合理且不可能的。

在创拟香精中，对香料与定香剂的选用，应该从香型、香气等级、扩散力、持久性、稳定性、安全性、与介质或基质适应性等方面一起综合加以考虑，其中安全性这一要素必须严格，不能疏忽丝毫。

延长香精的持久性和提高定香作用是一项比较复杂的工作，因为涉及不同香型、不同档次或等级、不同的加香介质或基质、不同安全性的要求等复合因素，同时这些因素自身往往又是比较复杂的。可从原则上和在选用香料及定香剂的品种和用量上做出一些总的规定，例如，在不妨碍香型或香气特征的前提下，通过使用蒸气压偏低的、相对分子质量稍大一些的、黏度较高一些的香料或定香剂等来达到持久性与定香作用较好的目的。不过同时还要照顾到香精香气（包括其加香成品）的扩散力与香韵间的和合协调，也就是要使香精的头香、体香与基香三者密切协调，并能使整个香气缓缓而均衡地自加香成品中散发出来。这个问题，在香水、古龙水、加香水剂等所用的香精调香处方时尤其要加以重视，以防顾此失彼。

有些调香师，把作为基香的香料同时看成为定香剂，这是不够完整的。因为蒸发速率低的香料，虽然它们的持久性较好，但它们中的有些品种并不一定同时具有好的定香性能。它们之中也确有不少品种是同时具有好的持久性和定香作用，但其适用范围与香型有关。

常用定香香料和定香基的植物性定香剂品种较多，以精油、香膏、香树脂、净油、净膏或酊剂等形式使用。它们除具有定香作用外，又因为香气不同而有时兼有调和、修饰或变调的作用。常用的精油品种有檀香油、广藿香油等。这些精油与其他较易挥发物质混合，可阻止它们很快消失，而成为气息较持久的混合物。为了和合和修饰，可用愈创木油、广藿香油于玫瑰当中而成为白玫瑰型，又能使其留香长久。有些精油是花香香精最好的定香剂，如在紫罗兰型中，鸢尾油和檀香油是不可缺少的。大多数香树脂、香膏、油树脂和浸膏是良好又有香气的定香剂，它们既含精油又含能溶解于乙醇或油类的高沸点、高相对分子质量、高黏度的树脂或蜡质。常用的有安息香树脂、橡苔浸膏、树苔浸膏、鸢尾浸膏等。它们的持久性较好，但缺点是扩散力小，有时多用还会影响香水和香精的香气扩散力。在使用这类定香剂时，一方面要考虑它的香气是否和香型协调，另一方面要注意它的用量，既要达到定香的效果又不应过分影响香精的扩散力。有些净油有好的定香性能，但价格昂贵，只限用于较高级的香精中，如鸢尾净油、橡苔净油、香荚兰豆净油等。天然动物性定香香料，有时也以配剂形式使用，如麝香酊、龙涎香酊等。

可用作定香剂的合成香料很多，一般是沸点较高、蒸气压较低的品种。它们中多数是有一定强度的香气的，有些则是无香或香气极微弱的。有一定香型和气势的品种多数具有动物香的大环内酯、大环酮及类似衍生物，如许多大环内酯类（如十五内酯、十六内酯等）、大环酮类（如十五酮、麝香酮等）、大环酯类（如昆仑麝香）等，还有硝基麝香类（如葵子麝香、酮麝香等）、茚满麝香类等。豆香中常用的有香豆素、香兰素等。青滋香中有邻氨基苯甲酸芳樟酯、二氢茉莉酮酸甲酯等。草香中常用的有二苯甲烷等。

木香中常用的有合成檀香、岩兰草醇等。蜜甜香中有鸢尾酮、甲基紫罗兰酮等。脂蜡香中常用的有正十二醛、甲基壬基乙醛等。膏香中常用的有苯甲酸甲酯、桂酸桂酯等。琥珀香中常用的有甲位柏木醚等。辛香中有异丁香酚甲醚、乙酰基异丁香酚等。果香中常用的有丙位壬内酯、草莓醛等。酒香主要用于头香，主要是香气极微弱甚至没有香气的品种，有苯甲酸丁酯、邻苯二甲酸二乙酯、十四酸异丙酯等。

二、稳定性

香料香精的稳定性主要表现在两个方面：一是在香型或香气上的稳定性，即它们的香气或香型在一定时期和条件下，是否基本上相同，还是有明显变化；二是它们自身以及在介质（或基质）中的物理化学性质是否保持稳定，特别是在贮放一定时间内遇热、遇光照或与空气接触后是否会发生质量变化。这两种稳定性往往是相互联系或互为因果的。

香料的稳定性，可分别通过对合成与单离香料、天然香料来考察。合成与单离香料由于它们是“单一体”，在单独存在时，如果不受光、热、潮湿、空气氧化的影响或不贮放过久、不受污染，它们的香气大多数是前后较一致的，所以是相对比较稳定的。而天然香料，由于它们是多成分的混合物，这些成分含量多少不一，物理化学性质也不同，特别是蒸发速率不同，所以相对来说，它们的香气稳定性要差一些。有些品种的香气，前后差异是较明显的。如有些精油类的天然香料，因含有较多较容易聚合或变化的萜稀类成分，从而会导致香气上的明显变化。香料化学成分的分子结构特点、官能团的活泼性和物理性质等方面，是关系到它们在某加香介质中是否适应或配伍相容的重要因素。如某加香介质由于加入了某香料而发生浑浊、沉淀、乳层破坏、变色、着色、应用效能变异或包装容器内壁质量变化等现象，这就表明，这种香料在这种加香介质中和这类包装材料间是不稳定的。

香精的稳定性，在某些程度上与天然香料相仿。由于香精是由用量不等的合成香料、单离香料、天然香料、定香剂所组成的，有时根据应用上的需要，还含有一定量的溶剂和载体。这些组分各自都有其物理化学性质，当混合在一起后，就会产生复杂的变化。这些变化都关系着香精的稳定性。就香精本身来说，如果它整个挥发过程的蒸发速率比较均衡，换言之，香精在相当时间的挥发过程中香气变化较小时，可以说它的香气比较恒定，就应认为是稳定的。但是仅达到这个要求还不够，还要考察它在加入某个介质中后以及使用过程中，它的香型是否仍能比较稳定；与原香精的香型是否基本上保持一致（即头香、体香与基香的演变是否稳定）；它的香气扩散程度是否仍与该香精相仿，提高了还是降低了；它的香气持久性及定香效果是否变化了。

香精的组成要比天然香料复杂得多，往往是由数十种以至数百种不同分子结构的化合物组成的混合物。这些化合物的物理化学性质往往是很不相同的，最突出的是它们在蒸气压或蒸发速率上的差异。如果配比恰当，它们可以形成一些共沸混合体，这些共沸混合体如果能紧密连贯地、均衡地、有节奏地从香精和加香介质表面挥发出来，那么就可以取得香型或香气较稳定的产品。所以，调香工作者在为某一加香产品设计香精处方时，既要详细了解该加香介质的性能（包括它本身有无特殊气息），又要根据香型、安全性以及经济上的要求来选择合适的香料和定香剂品种，并通过香精的合理调配及应用实验，来取得定型的香精配方。

综上所述，形成香精不稳定的原因可以归纳为以下几个主要方面。①香精中某些分子之间发生的化学反应（如酯交换、酯化、酚醛缩合、醇醛缩合、醛醛缩合、醛的氧化、泄馥基形成等）；②香精中某些分子和空气之间的氧化或聚合反应（醛、醇、不饱和键等）；③香精中某些分子遇光照后发生物理化学反应（如某些醛、酮及含氮化合物等）；④香精中某些成分与加香介质或其中某些组分之间的物理化学反应（如受酸碱度的影响而皂化、水解，溶解度上的变化，表面活性等方面的不适应等）；⑤香精中某些成分与加香产品包装容器材料之间的反应等。

要考察某香精在某加香介质中是否稳定，最能说明问题的方法是通过“架试”，即在模拟正常存放或使用条件下，在不同的间隔时间内，用感官（嗅觉、视觉、必要的味觉）或物理化学方法，做必要的评估、测试或分析工作，但这样往往需要几个月或一年的考察过程。目前人们可以采用以下快速强化的方法来检验。

（1）加温法　对香精可将它在超过室温的温度条件下，保温一段时间之后，辨评其香型或香气的变化。对加香成品在相宜的加温温度下，除辨评其香型或香气外，还观察其色泽或其他方面的变化。

（2）冷冻法　将香精或加香成品在低温条件下放置一定时间后，观察其黏度、澄明度的变化。对液态加香成品，观察有无发生浑浊、沉淀、分层等现象。

（3）光照法　用紫外光或人造光照射香精，在一定的时间内，观察其色泽、黏度变化，辨评其香型或香气变化。

至于对加香成品的实际应用效果试验，一般都采用按正常习惯的使用条件与方法来考察其香型或香气（头香与留香往往是考察的主要方面）和使用效能有无明显的变化。

总之，香料与香精尤其是香精的稳定性问题，是调香工作者在处方时不能忽视的一个重要方面。对香料的物理化学性质要心中有数，对使用任何一种新香料品种，都要经过配比试验和仔细探讨，发现问题要随时记录。香精的处方，既要使其在加香介质中香型或香气稳定，又要使其与介质在物理化学性能上协调。因此，对所用的香料，要严格检查其质量规格，保证香精小样试配与批量生产的一致性。设计任何一个新配方，都要针对设计目标，通过应用试验做到心中有数，确保加香成品的质量稳定，这是调香工作者的责任。

三、安全性

香料香精的应用量与应用范围日益扩大，人们在日常生活中与之接触的机会日益增多，因此其安全性问题越来越引起人们的关注。

联合国粮食及农业组织（FAO）和世界卫生组织（WHO）所属的食品法典委员会

(CAC)下设食品添加剂联合专家委员会(JECFA)负责对食用香料(作为食品添加剂)的安全性进行客观评价，这一机构评价的结果具有世界最高权威。但是该机构对食用香料的安全性管理的品种还不是很多。有些可同时作为药用的香料，在相关国家各自的药典中作了相关规定。《中华人民共和国药典》中也规定了一些品种。对于食用香料的安全卫生管理，各国都有其自己的法规和管理机构。如美国主管食用香料安全使用的政府组织——食品药品监督管理局(FDA)编订了《美国食品化学法典》。自1965年以来，美国香料与提取物制造者协会(FEMA)以“一般认为安全”(GRAS)列表的形式对食用香料进行管理。目前GRAS列表允许使用的食用香料有2600多种。欧洲委员会(Council of Europe，COE)对食用香料的安全使用也有正式规定。日本的《食品添加剂公定书》中规定了若干种食用香料的使用要求。我国对食用香料安全使用问题在《食品添加剂卫生管理办法》中也做了相应规定，《中华人民共和国食品安全法》也规定了食用香料香精的安全卫生管理要求。现行的GB 2760—2024《食品安全国家标准　食品添加剂使用标准》规定了食品添加剂的使用原则、允许使用的食品添加剂品种、使用范围及最大使用量或残留量，该标准适用于所有的食品添加剂生产、经营和使用者。

香精的安全性依赖其中所含的香料与辅料是否合乎安全性，所以调香工作者在为某加香产品设计香精配方时，就要根据该加香成品的使用要求来选用持久性、稳定性与安全性均合适的香料与辅料，三者不可偏废。

第四节　香精处方要求和方法

适用于日用化学品香精的香料，目前已有数千种之多，尚在不断增加。适用于烟草调香的香料少于此数量，但也十分丰富。因此，这就要求调香工作者不断地辨认遇到的新香料品种。对辨香这个基本功要持续地锻炼和实践，以求巩固已知的和辨认新知的香料品种香气。在掌握了一定数量的天然、单离与合成香料品种的香气(包括香气特征、持久性、稳定性、安全性)与应用范围后，就可开始进入仿香乃至创香阶段的实践。调香工作者在仿香与创香的实践过程中，将进一步对香料香气与应用加深认识。所以，调香技艺中辨香、仿香与创香三方面的基本技能，既可循序进行，也可适当地交叉进行，使之相辅相成不断深化与提高。

仿香与创香，是香精处方工作的范畴。香精处方工作应有一定的要求和方法，是调香技艺的具体表现。通过十多年的实践与探讨，在叶心农的主持下，日用化学品香精的调香技艺被总结为“论香气、定品质、拟配方”三部曲。就是说要进行香精处方，首先要明白各种香气的性质，能辨认各种香气的品类等级，随后才能根据要求进行香气的拟配，直至取得符合应用的香精配方。可将其概括为“明体例、定品质、拟配方”三要点或称为“三步法”。

一、明体例

简单地说，明体例就是要求调香工作者运用论香气的知识和辨认香气的能力，明确要设计的香精应该用哪些香韵去组成哪种香型。这是进行香精处方的基本要求，也是第一步。

所谓论香气，就是运用有关香料分类、香气（香韵）分类、香型分类、天然单离与合成香料的理化性质、香气特征与应用范围（包括持久性、稳定性、安全性、适用范围）等方面的理性知识，以及从嗅辨实践所积累的感性知识和经验，去明确要仿制（仿香）或创拟（创香）的香精中所含有或需要的香韵，弄清它应归属的香型类别。先说仿香，倘若要去仿制某种天然香料（精油、净油等），就要弄清它归属的香气类别（针对拟仿制的试样），尽可能地查阅有关成分分析的资料，用嗅辨的方法或用仪器分析法与嗅辨相结合的方法，对其主要香气成分及一般香气成分有所了解，做到心中大体有数。仿制天然香料，被视为单体方，就是说它是一种香韵类别，如配制的玫瑰油是甜香韵的单体方（一种香韵类别的处方称为单体方，两种或两种以上香韵类别的处方称为复体方），白兰花净油为鲜香韵的单体方，桂花净油为幽清香韵的单体方，香柠檬油为果香韵的单体方等。

如果要仿制某一个香精或加香产品的香气，调香工作者首先用嗅辨的方法，大体上弄清其香气的特征、香气香型类别以及挥发过程或使用过程中的香气演变情况，判别它具有哪些香韵（是单体方还是复体方）和该香韵大体上主要是来自哪些香料。如果有条件，最好与分析工作者配合，用仪器分析（色谱、质谱、核磁共振、光谱、顶空等方法）和感官嗅辨相结合的方法来判定其中主要含有哪些香料及其大致的相对配比情况。

在创香时，调香工作者要根据香精的使用要求（也就是要与加香介质的性质相适应），先构思拟出香型的主要轮廓和其中各香韵拟占的大小，也就是它的格局（多半是复体方，如创拟一种以青滋香为主的花香-青滋香-动物香香型，或稍突出花香的花香-古龙香型等），随后再按香型格局，考虑其中应有香韵中的主要香韵。如在花香中，是拟用单体花香（即一种花香），还是复体花香（即两种或两种以上的花香），也就是说拟用哪种或哪些花香韵，是鲜韵还是清韵或是清甜韵等。又如在青滋香中是拟用哪种或哪些青滋香，叶青还是苔青或是草青等，以哪个为主等；在动物香中是拟用麝香还是龙涎香或是灵猫香，以哪个为主等。最后再拟定该香型中各个香韵拟占的大小。

以上就是香精处方的第一步——明体例，在这一步中，无论是仿香还是创香的处方，调香工作者的审美与想象力都是很重要的。

二、定品质

在明体例之后，香精处方工作的第二步是定品质。这就是说，在明确了香精香型与香韵体例的前提下，按照香精的应用要求，选定需要的香料品种及其质量等级。

香料品种及其质量等级的选择，一是要根据香精中各香韵的要求；二是要根据香精应用的要求，也就是要适应加香介质特性和使用特点的要求；三是要根据香精的档次，也就是价格成本的要求。换言之，就是从香料品种的选用来确定要仿制或创拟香精的品质。

一种香韵是由几种香气形成的香气韵调。天然香料是多种香成分所组成的混合物，按照它的香气特点，归属于某一类香韵。合成香料与单离香料，虽然它们是单一体，但它们中有些也是由几种香气形成自身的香韵类别。在同一香韵（不论是花香还是非花香）中，都有许多香料品种（天然的、合成的、单离的）可以选择（根据香精的香型特点、应用与价格要求）。所以，在明确了香精香型所需要的各种香韵后，对其中每一种香韵要选用哪些香料品种去组成香精的体香，是香精处方的第二个关键步骤。调香工作者在创拟一种香型时，由于香精的应用要求和价格要求不同，在该香型中各个香韵中所采用的香料品种应是有差别的；再者组成这个香型的各香韵所占大小也是有一定灵活性的，这些都应在“定品质”中明确下来。在仿制某一个特定的香型时，其中各香韵的组成与各香韵应占有的大小，应与被仿制的对象相等或十分近似（当然，在仿制某一个特定香型时，调香工作者可与分析工作者配合，用仪器分析与感官嗅辨相结合的方法来进行）。在创拟香精处方中，要处理好香型中各香韵间的比例关系，去形成具有创新的体香。这在很大程度上，取决于调香工作者的想象力、审美观与处方经验。

现举例来说明“定品质”的概念，如所创拟的香型已明确为以青滋香为主的花香-青滋香-动物香，香精应用于高档香水中。花香是以鲜韵、幽鲜韵与甜鲜韵为主的复体花香；青滋香是以叶青为主，苔青为辅的青滋韵；动物香是以龙涎香与麝香并列，以琥珀香为辅的香韵。因是以青滋香为主的花香-青滋香-动物香型，所以从体香中这三类香韵的质量比来说，青滋香应稍多一些。在具体香料品种的选用中，如对青滋香香韵（叶青及苔青）可从紫罗兰叶净油，除萜玳玳叶油、除萜苦橙叶油、橡苔净油、叶醇、庚炔羧酸甲醋、二氢茉莉酮酸甲酯等中选用；花香可从小花茉莉净油、依兰油、树兰花油（以上代表鲜韵）、铃兰净油、紫丁香净油（以上代表鲜幽韵），以及乙酸甲基苯基原酯、丙酸甲基苯基原酯（用于比拟栀子花的甜鲜香韵）、鸢尾酮、甲基紫罗兰酮、玫瑰醇（用来外充甜韵）等中选用；动物香可从环十五内酯、环十五酮、龙涎香醚、麝香酊（以上代表动物香）、甲基柏木基醚、麝葵籽油、岩蔷薇净油、除萜香紫苏油（以上代表琥珀香）等中选用（以上在天然香料中多采用净油与除萜精油，是为了提高香精在乙醇溶液中的溶解能力，防止香水浑浊，减少过滤过程中的损耗）。此外，木香、辛香、果香等有时也可酌量使用，作为修饰之用。

三、拟配方

香精处方工作的最后一步是“拟配方”。这就是在明确了要仿制或创拟香精的体例（明体例）和根据香精的用途、用法、质量等级所选出的香料（包括香精基、定香剂等）品种（定品质）后，进入具体的处方工作阶段。拟配方这一步的最终目的和要求，就是通过配方试验（包括应用效果试验）来确定香精中应采用哪些香料品种（包括其来源、质量规格，或特殊的制法要点、单价）和它们的用量，有时还要确定香精的调配工艺与使用条件等。

拟配方，一般要分两个阶段进行。第一个阶段是用选出的各个香料，通过配比（品种及用量）试验来初步达到原提出的香型与香气质量（包括持久性、稳定性）要求。从香型、香气上说，也就是使香精中各香韵组成之间，香精的头香、体香与基香之间达到互相协调，持久性与稳定性都达到预定的要求。在这个阶段中，主要是用嗅辨方法进行配比小样的配方调整（如是仿制，必要时可结合仪器分析来进行），以取得初步确定的香精整体配方，即先从香精试样的香气上做出初步结论。第二个阶段是将第一个阶段初步认为满意的香精试样进行应用试验，也就是将香精按照加香工艺条件的要求加入介质中，观察评估其效果，这个阶段也包括对第一个阶段初步确定的配方做进一步修改，通过应用试验，除了最后确定香精的配方外，还要确定其调配方法、在介质中的用量、加香条件以及有关注意事项等。

为了取得这些具体数据，需要进行的试验与观察的内容主要包括以下方面。

（1）确定香精调配方法，如配方中各个香料（包括辅料）在调配时，加入的先后次序、香料的预处理要求、对固态和极黏稠的香料的熔化或溶解条件要求等。

（2）确定香精加入介质中的方法及条件要求。

（3）观察与评估香精在加入介质后（结合介质质量的特点）所反映出的香型、香气质量与该香精在单独使用时所显示的香型、香气质量是否基本相同（必须时可结合仪器分析方法来对照比较）以及与介质的配伍适应性。

（4）观察与评估香精加入介质后，在一定时间和条件下（如温度、光照、贮藏试样架等），其香型、香气质量（持久性与稳定性）是否符合预期。

（5）观察与评估香精加入介质后的使用效果是否符合要求。

（6）确定该香精在该介质中最适当的用量，其中包括从香气、安全性及经济性上的综合性衡量。

在最后确定香精配方时，调香工作者除征求原委托者或提出试配者的意见外，还应多征求供销人员、熟悉该类加香产品市场动向人员，甚至能代表消费者爱好人员的意见，以便集思广益，使试制香精有较好的成功基础。

一个香精，从配方结构来剖析，可分为头香、体香与基香三个相互衔接的组成部分，也可以视为香精香气的三个层次。这三个组成部分或层次中所用全部香料品种与其配比数量，形成了香精的整体配方。在拟配方的第一个阶段中，调香工作者们会有其各自具体试配处方方法，但总体说来都属于尝试与误差法，仍可分为两类方法概括。

第一类方法是先通过试配取得香精“体香部分”的配比，随后以此“体香试样”为基础，进行加入基香或头香香料的试配，最后取得香精的初步整体配方。在试配“体香部分”时，可从少数几个体香“核心”香料品种（包括规格，下同）开始，先找出最适宜的配比（也就是先去形成香精体香的“谐香”），然后再逐步增加试入其他组成体香的香料品种，以取得“体香部分”的配方。如果是创拟性的香精，就要求“体香部分”的香型符合原构思设想要求，而且应该有“与众不同”的香气特征。“体香部分”的香料从质量配比来衡量，一般宜占香精整体的一半以上。在确定“体香部分”的配比后，先在其中试入“基香部分”的香料，最后再试入“头香部分”的香料，去取得香精的初步整体配方。当然，在取得“体香部分”配比后，在试人基香和头香香料的过程中，也有可能对已初步确定的体香中香料的配比略作调整，以求得在香气上的和谐、持久和稳定。

第二类方法是直接进行香精初步整体配方的试拟与配制试样。虽然在试拟配方时，也包括头香、体香和基香3个组成部分所需的香料（包括品种与用量），但不同于第一类方法分阶段进行3个组成部分的试配过程。在采用第二类方法时，调香工作者在处方时是根据仿制或创拟对象的香型与香气质量要求，经过仔细思考后，在配方单（纸或簿）上，写出所用的香料品种与其配比用量，一般是先写下“头香部分”，其次是“体香部分”，最后是“基香部分”。当然，其中应包括有关和合（协调）、修饰、定香的香料或辅料。经过小样试配、评估、修改配方、再试配、再评估直到认为满意后，确定香精的初步整体配方。

调香工作者可按具体情况自由选定以上两类处方方法。对初学调香者来说，第一类方法较为适宜。一方面是由于初学者对不同香料之间香气和合、修饰与定香的效应，以至它们之间的相互抵触或损伤作用还不太熟悉，而且对香料香气记忆积累也比较少，所以采用分层（体香、基香、头香）分步试配、评估的方法，可以取得比较殷实而深刻的体验。尤其是在开始进行创拟性的工作中，将会有更多机会去发现和锻炼如何取得新颖、独特的香韵组合。另一方面，用这类方法进行处方，还有助于调香者培养有条理的处方方法，减少“盲目性”。对于已获得一定香精处方经验的调香工作者，一般多偏向于采用第二类方法，特别是在进行“配制精油”（已有一定成分分析资料的品种）的拟方时，或在已“定型”（有配方的或已有大体配比资料的）的香精基础上，进行部分改变格调或增加香韵的处方时，或在仿制一个已有大体成分分析结果香精的时候。

在试配小样时，要注意以下几点。

（1）要有一定试样的拟方单、配方纸或配方簿，应注明：香精名称或代号，委托试配单位及其提出的要求（香型、用途、色泽、档次或单价等），处方及试配的日期，试配次数编号，所用香料及辅料等的品名、规格、来源、用量（如有特殊制备方法应加附注说明），处方者与配样者签名，各次试配样的评估意见。

（2）在试配小样时，对香气十分强烈而配比用量又较少的香料，宜先用适当的无臭有机溶剂（如十四酸异丙酯、二聚丙二醇等）或香气极微的香料（如苯甲酸苄酯等）稀释至10%、5%、1%或0.1%（质量分数），按配方中该香料的用量占比计算后配入（从配方总量中扣除其中含溶剂的量）稀释后溶液。

（3）香精配方中各香料（包括辅料）的配比，一般宜用质量百分比或千分比。如遇特殊情况也可兼用质量体积比。

（4）在试配小样时，每次一般宜为10g（便于计量及节约用料）。在试配“体香部分”时，如所用香料品种较少且配比大小不悬殊，每次小样试配量可减少至5g或更少一些；如配方中香料品种较多且配比大小较为悬殊，每次配样可大于10g，以减少称量中的误差。

（5）对于在室温中呈极黏稠或呈固态而不易直接倾倒的香料，可用温水浴（40℃左右）小心融化后称用。对粉末状或微细结晶状的香料，则可直接于试样容器中称量，并通过搅拌使其溶解于配方中其他液态香料中，如必须通过加热使其溶解，则也要在温水浴上，小心搅拌使其迅速溶解。要尽量缩短受热时间。

（6）在称量小样前，对所用的香料，都要按配方纸上注明的内容逐一核对和嗅辨，以免出现差错。

（7）称量小样时，所用的容器与工具均应洁净、干燥，不沾染任何杂气。

（8）对初学香精处方的调香工作者来说，在配小样时，最好在每称入一种香料混匀后，即在容器口上嗅辨一下其香气。

（9）对每次试配的小样，都要注明对其香气评估意见和发现的问题。

（10）对整体配方，都要先粗略地计算其原料成本，以便衡量是否符合要求。

重点与难点

1. 香料香精概念及调香常用术语。
2. 我国香气分类法的核心内容。
3. 香精稳定性的影响因素及检测方法。
4. 香精调配的要求和步骤。

思考题

1. 名词解释：调香、精油、除萜精油、浸膏、辛香料、香精基、净油、冷法酊剂、热法酊剂。
2. 简述定香剂的定义及其分类。
3. 简述国内外主要的香气分类法及其基本内容。
4. 造成香精不稳定的原因有哪些？如何考察某香精在某加香介质中是否稳定？
5. 简述进行香精处方“三步法”的基本步骤。

第八章

烟用香精及其调配

课程思政点

【本章简介】

本章主要介绍了烟用香精的作用和特点，烟用香精的类型、调配方法以及卷烟料液在卷烟中的作用、加料依据、加料方式等方面的内容，以及我国目前卷烟香精、料液的发展状况。

所有的烟草制品，无论是卷烟、雪茄烟、电子烟、加热不燃烧卷烟，还是斗烟、水烟及旱烟，所赋予人们的生理享受，即生理强度（劲头）、香气和吃味等，大都来源于烟叶的天然成分。然而在其加工制造过程中，为了更好地克服烟叶自身质量的局限性，矫正、弥补和提高烟草制品的香味，遮盖杂气，减少刺激性和辛辣味，会广泛应用加香加料技术。烟草制品，尤其是卷烟，更是把加香加料看成一项决定产品风格和质量优劣的重要技术。

卷烟具有的香气和吃味是紧密相连而难以分割的，即香中有味，味中含香。加香技术主要是改进和增补香气并赋予产品特殊的香气风格；加料技术主要解决卷烟的吃味和口感舒适度，除去辛辣刺激味使烟味更加醇和。在生产上，两者对香精和料液的选择、配制和添加方法因其侧重点不同而有较大区别，但必须做到相互呼应，和谐一致，使之成为一个有机整体。

第一节　加香的作用和特点

一、加香的作用

卷烟消费已成为吸烟者心理、生理或习惯上的需要。吸烟者要求在打开烟盒时就能嗅到芬芳馥郁的烟香而引起抽烟欲望，抽吸时又有津润爽口的烟味劲头。而且吸烟者往往对某种烟香风格形成习惯或偏爱，希望能保持不变，形成品牌忠诚度。但是，烟草是一种非常复杂的有机体，它的化学和物理性质取决于许多因素。卷烟的香气和吸味主要来源于烟草具有的天然香味物质，以及经过调制、复烤、发酵和陈化形成的香味物质，但这些常受客观条件的影响，会使烟草品质出现波动。因此，在卷烟生产过程中，常遇到产品质量与配方要求之间存在一定的差距，产品表现出香气不足或平淡，或吃味欠佳等缺陷。出现这种差距时，一方面可以选用适当的原料以调整叶组配方来补救；另一方面就是通过加香来提高产品质量，达到均质化加工的目的。尤其当香味好、品质高的上等原料缺乏时，发挥加香作用对提高产品香气浓度及掩盖不良气息具有显著的效果。

（一）增补和改进烟草的天然香味

不同年份的烟叶中含有的天然芳香成分，包括其中能产生香味的母体，经常会发生变化，此消彼长，给烟草香味带来差异，因此有必要按实际情况调整叶组配方。同时，还要以加香的方法来丰富和矫正烟香，使其香味保持稳定。弥补由于降低卷烟焦油量造成的香味损失也需要增加香味浓度。

烟草薄片是由卷烟制造过程中的废料重组制成的，这些废料缺乏香味或来源未知而香味均一性差，且在制造过程中香味又有损失，因此需要加香补香和改进吃味。此外，梗丝中含有的香味物质明显少于烟丝，同样也需要加香弥补。

（二）掩盖杂气与改进吃味

烟草制品不仅要有馥郁芬芳的烟气，更要有津甜、柔绵、爽口的烟味以及协调的初味、后味。

每种卷烟的烟丝，都是使用不同品种、不同等级和不同产地的烟叶调配而成的。由于烟叶产地的自然条件、栽种品种、施肥水平、栽培管理技术和调制工艺的差别等都会影响烟叶风格特色和质量差异，也会产生一定的质量缺陷，如地方性杂气、刺激性、吃味不够干净醇和等，因此可利用某些香料对某种气味具有遮蔽作用的特性，研制烟用香精对杂气予以掩盖、稀释、中和等来克服。

（三）创造新颖独特的烟香风格

卷烟香料的香气必须与烟草天然香气协调一致，但它在保证与烟草协调一致的基础上，可以发挥调香技术的优势，巧妙地赋予卷烟以青香、浓香、甜香、果香、巧克力香、辛香、酒香、坚果香等不同香气风格，达到满足不同吸烟口味消费者需要的目的，形成自己的品牌风格特征。

万宝路（Marlboro）香烟对加香、加料进行了深入的研究和极为恰当的应用。Marlboro 产品有很多规格，不同国家和地区产品的香气和吃味并不完全相同，采用的方法是：所有的 Marlboro 产品都采用相同料液，采用的香料不一定完全相同，但却有 3 种特征香气，即巧克力香、茴香和玫瑰香。当然，这 3 种香气的配比也一定完全相同。

二、各类型卷烟加香特点

（一）烤烟型

烤烟型卷烟是烟叶经过精心调制和醇化过后自然产生的香味为主，为突出优质烤烟的香味特征，添加少量香料，以调整和充实香气。卷烟加香贵在自然，不宜明显带有非烟草特征的香味气息。尤其是选用优质烟叶配方的高档烤烟，最讲究芳香清雅，柔绵津甜的吃味，吸后口感纯净。故调配烤烟香精的选料，应能突出其馥郁的烟香，滋润爽口的吃味，吸后不残留涩口滞舌的余味，能衬托烤烟自然香味的特征。滤嘴烟更要考虑具有适当的劲头，并抑制和掩盖其存在的辛辣糙刺或令人厌恶的苦味杂气，在此基础上再做必要的润饰和增强其原有的香味。

中档烤烟型产品的加香，就其叶组配方来讲，由于使用的烟叶等级多为中等和少量的下等烟叶，燃吸时既有香气，也有杂气。因此，在加香时需考虑的因素较多，除了应该考虑到衬托、辅助和增进产品的香气外，还要使加香起到掩盖不良气味的作用。

低档烤烟型产品的加香，由于叶组配方中使用的均是下、低、次等烟叶，各种不良气息较多，甚至口腔苦涩以及出现熄火现象（口腔苦涩和熄火应在加料中加以解决）。这就要求在加香的使用比例上较中、高档产品大一些，在香精的品种选择上多用沸点高、留香力强的香精或香料，避免因为低档产品在生产加工过程中多采用高温高湿的工艺处理方法而造成香味损失。当然，也可采用加料加香的方法来提高质量，一般多采用可可酊、巧克力、胡萝卜酊等香料。在香精型号的选择上，多选用香气浓烈、稳定性好的型号。同时也可以多种型号共同使用，即进行第二次配方。

（二）混合型

混合型产品由于使用不同类型的烟叶原料，若配方比例适宜，则能产生一种浓郁、细腻的混合香气，故在加香上不同于其他类型的卷烟，这种类型的卷烟特点是重加物料加香。

混合型产品的加香要求是，只要不因为加香物料而产生异味怪气，并能增强卷烟香味，能克服烟气中不良气味的香料和添加剂则都可以使用，故香精的用料和品种范围较大。但考虑到混合型卷烟生产工艺的特点，对加料用香精（指对白肋烟处理）应选用易加料载体吸收渗透的和在“烘烤”干燥时有抗热敏性的香料，以及能掩盖生青味、苦涩味和克服白肋烟特有不良气味的香料香精。此外，焦甜香、面包香、可可香的香味和能改善香气的花香、水果香都是必不可少的香味组成。我国的混合型烟用香精更要考虑应用能衬托出香料烟和白肋烟特征的香料。

混合型产品一般采用加料加香和冷筒加香共用的方法进行产品加香。

总之，混合型卷烟产品的加香，无论是加料加香，还是冷筒加香，都应做到协调各类型烟叶香气，使混合型卷烟的香气更浓郁、细腻，切勿突出某种人工加香的香气。

（三）外香型与雪茄型

外香型产品是指突出某种人工加香而具有特定香气的卷烟产品，如薄荷香、可可香、玫瑰香、奶油香、丁香、酒香等香气。

外香型产品加香，应针对产品的叶组配方结构类型，采用冷筒加香或加料加香。甚至必要时采用黏结物加香、包装物加香、滤嘴加香、爆珠加香的方法，以保证产品质量和风格特征稳定，保持产品的风格。在同时采用多种加香方法时，应注意尽可能使用同一类型的香精或香料，以免相互干扰，影响加香效果。

在加香上，应做到既突出某种人工加香的香气风格，又不遮盖烟叶本身的香气，使消费者在感官上、生理上、心理上同时得到满足。

雪茄型产品也是我国传统的烟草制品，传统的加香多采用天然精油、单体化合物、植物酊剂以及各厂自行浸提的香料。浸提物多为桂皮、月桂叶、可可壳、蚕豆花、烟草以及甘松等香料。

雪茄烟产品加香的一个显著特点就是一般都加入酒类物质。其目的一是取其酒香，二是减轻杂气，三是改进燃烧性。在添加方法上视其具体情况而采取不同的方法。若以增香为目的，一般采用冷筒加香（也可作为香精的稀释剂）；若以去除杂气为目的，则在堆发酵时添加；若以改进燃烧为目的，则在发酵和加香时添加均可。

值得注意的是，所用酒必须是好酒，决不能使用有杂气的劣质酒，如薯干酒或其他回笼酒。

第二节　卷烟香精的配制

卷烟的类型等级很多，产品香气风格也各具特色，这就必须有针对性地选择使用不同香型风格的烟用香精，以达到增补烟香、矫正烟味、满足不同配方设计的要求。配方技术人员不仅要对烟草本身的香味成分及香气特点有清晰认识，研究各种烟叶之间的配伍性，以取得较好的叶组配方效果，而且应该熟悉如何通过加香加料手段克服产品缺点，改进产品质量。这就需要有一定的调香知识，了解烟用香精的结构特点、各种香原料的香气特征及加香效果，以叶组配方为依据，选择适宜的香原料，调配出风格独特的专用香精，使得烟香与外加香浑然一体，相辅相成。

一、烟用香精的特点及要求

（1）烟用香精除了应使卷烟具有优美和令人愉快的嗅香外，还要经过燃烧后在主流烟气和侧流烟气中体现出良好的加香效果。

（2）烟用香精的调配是技术与艺术的结合，是在一定科学理论基础上综合经验和个人的调香才能，经过不断试验和实践的结晶。因此，仍然是调配烟用香精的重要手段。

（3）由于烟用香精的特殊性，质量控制始终以感官评价为主。一般国际上总是将烟用香精的感官评价放在首位，只有通过了感官评价，才有可能进行理化指标的检测。

（4）烟用香精的适用性，即烟用香精对卷烟能够起到增香调味的作用，并赋予卷烟一定的特征香味。

（5）烟用香精的稳定性，即烟用香精本身质量的稳定性和加入介质后效果的稳定性，以保持卷烟香味特征、香味品质的一致性。

（6）烟用香精的安全性，即烟用香精所用的香原料和辅料必须符合最新的国际和国家法律法规和有关规定，如香豆素类原料已不被允许额外添加。

二、卷烟香精类型

卷烟用香精在烟用香精中占主导地位。此外，还有嚼烟用香精、鼻烟用香精、斗烟用香精、雪茄用香精以及电子烟用香精等几种。加热不燃烧卷烟由于还未批准在境内上市，相关的香精法规还未发布。我国历年生产的烟用香精，90%以上供卷烟使用。因此对于有关烟用香精的研究和调香技术等，主要是讨论卷烟用香精。

（一）按卷烟的类型分类

1. 烤烟型烟用香精

烤烟型卷烟是由烤烟或大部分烤烟叶掺入少量近似烤烟香气的晾晒烟叶配制而成的一类卷烟。除通过特殊的烟叶发酵醇化等措施来改进烟叶品质和自然产生的烟香吃味外，还可以另外加入香精修饰，增补并突出其优质烟特征的烟香风味，以显示出某一种牌号卷烟的独特香型。

我国目前的烤烟用香精可分为：甲级烤烟用香精、乙级烤烟用香精和通用烤烟香精。

此外，还有各种各样名牌卷烟的专用香精。低档卷烟一般是使用通用香精加香。有些厂家往往将几种不同牌号的香精以适当比例混合使用，或再加几种单体香料，配出具有自己风格的香精使用。

2. 混合型烟用香精

混合型卷烟与烤烟型卷烟在配方上的区别在于使用烟叶种类不同。混合型是纵向利用烟株上的烟叶，烤烟型是横向选用烟叶。由于各国具体情况的差异，混合型卷烟形成了三大类：美国式混合型、以德国为代表的欧式混合型（中国式混合型）。此外，还可分出一类特色混合型。因此，混合型烟用香精分为以下3类。

（1）美式混合型烟用香精　适用于接近这一传统配方的混合型卷烟制品，以突出其混合的烟草特征香气，要体现烤烟和晾晒烟结合的烟香风味。

（2）欧式混合型烟用香精　这类香精要具有香味浓郁、风格多样、有一定典型性的添加剂香气。我国目前所产的混合型卷烟用香精，可归入此类。

（3）特色混合型烟用香精　主要是模仿国际上流行的混合型名牌烟香风格的香精和独创的香型。

3. 外香型烟用香精

外香型烟用香精具有非烟草原有香味或与烟草香味根本无关的突出气息，如风行一时的“可可奶油”香型（凤凰烟型）、薄荷型、丁香型（印度尼西亚多采用此型）、疗效烟的药草香型等烟用香精品种。

4. 雪茄型烟用香精

这种香精突出雪茄烟类似檀木香、松木香的优美香气，清凉、浓郁、飘香。

5. 香料型烟用香精

纯粹用香料烟叶调制的东方型卷烟，是利用烟草本身具有的自然烟香，一般不添加香料或很少加香修饰。香料型烟用香精指的是仿各种名优香料烟特征香味的烟用香精，如土耳其型、埃及型、拉塔基亚型、伊兹密尔型、巴斯马型等烟用香精。随着电子烟的兴起，电子烟用香精也成为一类重要的香精。

（二）按使用功效分类

1. 烟草特征烟用香精

如具有白肋烟、香料烟、优质弗吉尼亚烟特征香味的烟用香精。

2. 代用品烟用香精

如配制的枫槭香精、甘草香精和秘鲁香膏、吐鲁香膏代用品等品种。

3. 香味型烟用香精

如巧克力香、乳香、果香、坚果香、木香、花香、辛香、蜜香、膏香、豆香、面包香、焦糖香、酚香、烟熏香、酒香、丁香等。这种香精的特点是突出某一种香韵，可以根据自己的配方风格要求决定选用。

4. 烟用增效香精

烟草增效香精是一类能加强各种低弱香气烟叶的香味浓度和增进香精的烟香吸味，或能强化烟草中某种香味特征的香精。

5. 烟草矫味剂

烟草矫味剂具有能增添甜味、抑制辛辣苦刺和令人厌恶的杂味等作用。

上述几种香精可视作香基，作为调制各种烟用香精的配料，也可供卷烟企业根据调节烟香味的需要选择使用，或者与选定的烟用香精配合，按照自己的设想，添加其中某些品种，制成自己特色的烟香风味卷烟，后两种香精可能是香气很微弱甚至是无香的，常作为加料香精使用。

此外，烟用香精按加香方式不同又可分为加料香精（将香精和料液混合在一起加入烟草中的香精或料液中配有多种香料），表香香精、滤嘴用香精、爆珠香精等。

三、烟草制品的加香原料

烟草制品的香气来源有3个方面，即烟草本身具有的香味物质、来自非烟草的天然香料以及人工合成的单体香料（包括合成烟草中含有的香气成分）。

调配烟用香精的香料分天然和合成两大类。早期调配烟用香精所用的香料几乎都是天然的，现在越来越多地使用合成香料，尤其是那些烟草本身具有的、对烟草香气起关键作用的香味物质。这些香料运用于卷烟调香中，其增香效果非常显著，因而受到烟用香精调香师们的普遍重视。

（一）合成香料对烟草香气的贡献

合成香料（其中包括烟草中含有的单离体）的香味与化合物的官能团结构之间呈现一定的规律性，这对研究香料香气有很好的参考作用。

（1）烃类　气息一般较弱，在自然界中普遍存在，如柑橘油中占主要成分的萜烯，对香气香味并没有多大作用，相反，在贮藏中会氧化而产生酸败气味，燃烧后产生焦臭气，因此天然香料常作除萜处理。但是某些二烯烃类在烟草制品中对改善烟气香味是颇为有效的，如新植二烯。

（2）醇类　几乎存在于一切有香味的物质中，但除了某些烯醇类外，一般对香味不起决定作用。烤烟中含有的香叶醇、芳香醇、茄尼醇、苯乙醇等有很好的甜香、青香和花香香韵。薄荷脑（薄荷醇）有清凉味，植醇是青香带微弱的胡椒香味，松油醇具有紫丁香香味，它们都是很好的调香原料。

（3）醚类　只在少数香味食品中存在。缩醛类香气较温和而且较稳定，往往会在香精的贮藏过程中产生，如酒类和陈化烟叶中都有发现。

（4）酚类　能影响香味的典型性，是因为很多酚类物质具有药草香和辛香特征，如愈创木酚、丁香酚、异丁香酚、白里香酚等。值得重视的γ-吡喃酮衍生物，如麦芽酚、乙基麦芽酚等，具有增香增效或防腐作用，能改良和提高香味原有的风味，增加甜香味，克服苦涩的后味。

（5）含硫化合物　虽在香味成分中含量极微，但对香气起相当大的作用，在烟草香味中逐渐崭露头角。

（6）挥发性胺类　气息很强，许多胺类共存时能给予香味物质典型风格。烤烟中含有的2-甲基马来酰亚胺、2-乙基-3-甲基马来酰亚胺、2-甲基琥珀酰亚胺、2-丙基马来酰亚胺、琥珀酰亚胺等具有甜香、坚果香和烤烟香气。腈类化合物在烟草香味中已有发现，作为烟草制品甜味剂和添加剂的胡椒腈已有专利报道。

（7）醛类　几乎存在于一切有香味的物质中，由于其气味强烈，所以能左右烟草的特征香气，如苯甲醛的樱桃风味、4-羟基-3-甲氧基苯甲醛（香兰素）的甜清带粉气的浓郁豆香香气等。此外烟草中还含有带烤烟香味可增加丰满度的5-羟甲基呋喃醛、具有强烈樱桃香的3-甲基苯甲醛、具有甜香特征的5-甲基呋喃醛、甜香且可以增加丰满度的β-环化柠檬醛、甜味且具有肉桂样辛香的肉桂醛等。

（8）酮类　较普遍地分布在有香味的各类物质中。白肋烟烟叶中含有对白肋烟香气特征影响很大的酮类香气成分，如具有圆和酮香的茄呢酮、降茄呢二酮（氧化茄呢酮）、2-乙酰基-3-异丙基-6-甲基四氢呋喃、5-异丙基-3-壬烯-2,8-二酮等成分，具有甜的花香并带有木香的α-紫罗兰酮、β-紫罗兰酮、3-羟基-β-紫罗兰酮、4-氧-β-紫罗兰酮等成分，具有白肋烟样香气的异佛尔酮、4-氧代异佛尔酮、β-大马酮、β-二氢大马酮、4-（2-丁烯叉）-3,5,5-三甲基环己-2-烯-1酮、2-甲基四氢呋喃-3-酮、2-异丙烯基异佛尔酮等成分，可以增加烤烟丰满度且具有甜香风格的4-羟基-α-紫罗兰醇，具有巧克力样香气的4-苯基-3-丁烯-2-酮等成分。

（9）羧酸类　存在于绝大多数的香味物质中，有时可起主宰香气的作用。在烟草中，异戊酸和3-甲基戊酸是香料烟的特征香组分。那些被认为与烟叶和烟气成分有较好的亲和性，尤其经抽吸分解出$C_3 \sim C_6$有机酸的化合物，是改进烟香味的有效原料。脂肪酸能显著地赋予烟气香气和香味，大多数高碳脂肪酸增加烟气的蜡味、脂肪味和醇和的气味。低碳脂肪酸对烟气的香味也明显有利，如香料烟中3-甲基戊酸含量高，它赋予烟气甜味、干酪味和水果味。

烟草中常见的酸（如苯甲酸）能圆和烟气，苯乙酸有蜜甜香气，亚油酸、硬脂酸（十八烷酸）、油酸、亚油烯酸等能赋予烟草脂肪和脂蜡样香气，2-甲基丁酸有圆和的奶油坚果香，3-甲基丁酸有甜的水果和干酪香，对-羟基苯甲酸、对-羟基苯乙酸能增进优质烟的香味。

（10）酯类　以极大的比例存在于香味物质中，并且往往与醇类、醛类配合对香味起着决定性作用。烟草香味中含有花果香、酒香等韵味主要以来自酯类为基础的香味物质的组合。烤烟中含有许多具有甜果香味的酯，如异戊酸甲酯、乙酸丙酯、丁酸苄酯、异戊酸苄酯、乙酸乙酯、异戊酸乙酯、苯乙酸乙酯、癸酸乙酯、辛酸乙酯、9-十七碳烯酸乙酯等，具有脂蜡样烤烟香气并能提升烟草香气的丰满度。

（11）内酯类　与酯类一样，对香味起着重要作用，在烟草制品中对改善烟气香味有明显效果。香料烟香味组分中比较突出的具有青香的龙涎内酯、脱氢龙涎内酯，具有柏木香的降龙涎内酯（即香紫苏内酯）、脱氢降龙涎内酯，具有微凉香气的二氢猕猴桃内酯等是很好的香料，还有略带白肋烟香气的4-羟基丁酸内酯、带有清淡烤烟香气的5-羟基-3-甲基戊酸-δ-内酯，以及带有微弱水果香薄荷香味的4-羟基-4-甲基-5-乙酸内酯、呈甜的焦糖香并增加丰满度的4-羟基-3-甲基戊酸内酯、带有椰子香的4-羟基壬酸内酯、呈豆香的γ-已内酯（可作为香豆素的代用品）等。

（12）杂环类化合物　在烟草中虽然含量极微，但常能对烟草的香味起到至关重要的作用，其中含有烷基、烷氧基取代的吡嗪，其香气强度一般比醛类、酯类香料高出几万倍以上。吡嗪类化合物是白肋烟的重要香味成分之一，例如，2-乙酰基吡嗪和6-甲基-2-乙酰基吡嗪具有强烈的奶油香和爆米花香气。从烤烟叶中分离出来的四甲基吡嗪、三甲基吡嗪、5-异丙基-2-甲基吡嗪也具有白肋烟的典型香气。吡咯类与呋喃类杂环化合物，如2-乙酸吡咯，具有芳香醛（如苯甲醛）类似的香气。吡啶和3-（1-丙烯基）吡啶具有烤烟体香香气，吲哚稀释后具有茉莉花香香气，它们均可以起到圆润烟气，增加白肋烟特征香气的作用。

（二）部分常用烟用香料

目前，调香上能应用的天然香料有300余种，合成香料（包括单离物）有5000余种。香料是个庞大的家族，但实际上经常用于调制香精的各类香料为1000种左右，用于调配烟用香精的香料品种可能要少于此数。关于烟用香料的使用规范，我国先后出台了YQ 52—2015《烟草制品许可使用的添加剂名单》、YQ 53—2015《烟草制品临时许可使用的添加剂名单》以及2022年的GB 41700—2022《电子烟》中规定的香料清单，共1100余种。目前，国内已有生产或可使用的香料约600种，可供烟草香精使用的香料有200~300种。

下面把香料按花香型和非花香型分类，并对香料的香气特征和在烟草中的加香效果进行逐一评述。

1. 花香型香料

花香型香料多数具有典型的鲜花香气，与烟草香气不能很好协调，因而用于烟草加香的香料品种较少，常用于烟用香料的有以下5类。

（1）薰衣草油　青香带甜的花香，有清爽感，整个香气尚持久。对低等级烟和晒烟型卷烟有作用，不宜多用。

（2）洋甘菊油　青香香气强烈，与烟香协调。

（3）玫瑰油　青香甜韵，与烟香协调，可以柔和烟气。

（4）白兰纯油　清新鲜幽花香，少量使用有改善杂气的作用。

（5）树兰花油　青香鲜韵，与烟香协调，少量使用有改善杂气的作用。

2. 非花香型香料

此类香料为烟草加香加料的主要类型，共有12种香韵。其中，青香、蜜甜香、膏香、果香、豆香、酒香、辛香等香气的香料，大多能与烟香协调，起到增香、矫味和掩盖杂气的作用。

（1）青滋香

①树苔浸膏：青香香韵，苔青香味，香气平和而浓郁多韵、留长，可作为定香剂，能改进烟草香气并增加青嗅，稍有青气。

②留兰香油：有留兰香气，香质优美，有甜味感，对烟质改进较明显，但不宜多用。

③蚕豆花酊：青香香韵，能改进烟草香气，多用于雪茄型和混合型卷烟。

④大茴香醛：又名茴香醛、对甲氧基苯甲醛，具有茴青香气，似山楂花香，还有药草辛香甜味，与烟香协调，可改进吃味，烟味增浓。

⑤芳樟醇：又名里那醇、沉香醇、3,7-二甲基-1,6-辛二烯-3-醇，浓青香带甜的木香气息，香气柔和，但不甚持久，与烟香协调，增加青香风格。

⑥薄荷脑：具有清凉的、清鲜的、令人愉快的薄荷凉味，适量使用可去除辛辣杂味，多用于薄荷型卷烟中。

⑦苯乙醛：有杏仁玫瑰香，近似风信子香的香气，微量使用，可增强苯甲醛香味，并有一定的定香作用。

⑧苯乙醇：清甜的玫瑰气息，香气柔和而不甚持久，不纯品往往带有泥土气、辛辣气以及风信子、紫丁香样的头香，与烟香协调，可增加烟香，改进吃味。

⑨正丁酸苯乙酯：清甜的玫瑰气息，香气浓郁，与烟香协调，可增加烟草的青香香气。

⑩丙酸苯乙酯：清甜香韵，带有果香、辛香、膏香气息，有玫瑰样的香气特征，与烟香协调，是最常用的香料之一。

⑪异戊酸苯乙酯：清甜带涩，颇似菊花气息，略带果香和玫瑰样香气，它是配制烟用香精的重要香料。

⑫正苯戊酸乙酯：比异戊酸苯乙酯具有较多的药草香-烟草香气息，与烟香协调，少量使用对烟味有改进，用量大时易产生杂味。

⑬乙酸苄酯：有青香的茉莉花香，留香时间长，适量使用可以改进和调和烟味。

⑭乙酸芳樟酯：有强烈的水果青香香味，能增加香气，醇和吃味。

⑮乙位突厥酮：又名乙位二氢突厥烯酮、β-二氢大马酮。具有青香、玫瑰花香和白肋烟的香韵。存在于白肋烟精油、香料烟精油和红茶的香味成分中，能增进混合型卷烟的香味，是烟用香精的重要香料之一。

⑯乙位突厥烯酮：又名β-大马酮，具有强烈的玫瑰花香以及类似葡萄汁并带有微凉感的气息，有菜叶味。在烟草中能使烟叶甜润醇和，提增天然烟味，是烟草香味的增效剂，通常与乙位环高柠檬醛混合使用，提香效果明显。

（2）草香

①缬草油：利用缬草根茎蒸馏制得，具有药草香带温甜木香，质量好的还带膏香，留香长久。是烟用香精中的主要香料品种，能与烟香协调，矫正和增补其辛香，有干甜木样的烟香风味。

②烟草浸膏：可用任何类型的烟草制取，供不同用途的需要。我国早在20世纪50年代后期已利用烟厂的下脚废料烟末，用溶剂萃取制成了烟草浸剂。但因烟末的品种、等级、来源等混合掺杂，且含有尘土等杂物，因此质量参差不齐，尤其经过不同加香的烟末，更难保持制品的质量一致和稳定及保留自然的烟香成分。因此有必要选定烟叶类型、品种、等级，规定标准，采用烟厂或复烤厂提供的烟梗、碎片和烟末（未加香的），提取有规格标准的烟草浸膏或酊剂。

A. 烟草浸膏或酊剂分类：烟草浸膏或酊剂可分为以下几个大类。

a. 清香型：以云南栽培的红花大金元（Mammoth gold）或其他优质云烟的烟草碎片为原料。

b. 浓香型：以黄淮烟区的烤烟烟叶碎屑为原料。

c. 中间香型：选定一种质量较优的贵州、四川、福建等地的中间香型烤烟烟叶碎片为原料。

d. 晒烟型：选择香气好的晒烟叶废料，或香气好而不宜供卷烟使用的晒烟叶（可分产地和品种）为原料。

e. 白肋烟型：以白肋烟梗和废料为原料。

f. 香料烟型：以香料烟叶片碎屑为原料。

B. 烟草浸膏或酊剂的提取：提取时以乙醇或石油醚萃取制成浸膏或酊剂供不同的烟制品加香加料使用，选择其中合适的配入烟用香精中，增补烟叶配方中某种烟草类型特征香味的不足，或赋予香精天然感的烟草香味。

烟草浸膏用作烟草制品香味添加剂，在传统上被认为是比较理想的调制烟用香精原料。但有可能增加烟气中焦油生成量而不利于安全烟的生产。因此可将浸膏通过水蒸气蒸馏取得精油使用，浸膏也可用冷冻法浓缩后再蒸馏。

C. 几种烟草浸膏或酊剂的特征：几种烟草浸膏或酊剂的特征如下。

a. 烟草绿叶中提取的香料：利用杂种烟草绿色叶片或普通烟草的绿叶和打顶抹杈下来的材料，先除去叶片表面的类脂，然后通过溶剂萃取再单离其有效香味组分。例如，西柏烯、西柏烯双萜、新植二烯、巨豆甾三烯酮、茄酮等及其衍生物，都是改进和提高烟草香味品质的重要化合物。国外已有不少相关的专利报道。这些烟草原有的香味物质和其前体物，在当前尚未找到适合工业化的合成工艺线路之前，采用这种方式提取是可行的。

b. 烟草花浸膏：是由贵州、云南、福建、河南等地的有关单位，利用普通烟草花的丰富资源，成功地研制出的新香料。其香气为柔和的烟草花清甜香、并带些脂蜡和木质香韵。其口味开始似甜乳味，爽口，而后味微苦。可赋予优质烤烟的青香香气，具有提调烟香、改进品质、矫正吸味的作用。

c. 甘草浸膏：又名甘草膏。具有膏香、药草香香气，味甜、微苦。甘草浸膏作为矫味剂大量应用于美国的混合型卷烟生产中，我国烟用香精中也有使用。但原膏有较重的药草气味，且在乙醇溶液中有大量沉淀析出，故常用其甘草酸钠盐。甘草甜味属回味型，即入口不是立即感到甜味而是经过一段时间才能缓慢地释放，还带有不太令人愉快的苦辣口味。近年发展的甜叶菊，已制成甜菊苷产物，它的呈味作用入口即能感觉，因此两者可结合使用。甘草对低档烟的吃味有改进，多用于混合型卷烟，但用量大时有药味产生。

d. 独活酊：焦甜且带有巧克力样风味、药草香气息，能改善烟气品质、矫正吸味、增强烟香，尤其在混合型卷烟的加料中使用，有使烟香味变浓郁的效果，能减轻青杂气。

e. 白芷酊：从白芷中制取的香味物质，常与当归合用，具有坚果仁酸甜辛香气息，味甘甜，香味强而持久，能与烟香和谐，抑制烟草的辛辣刺激感，协调烟香风味。

f. 葫芦巴浸膏、酊剂：香气香味为令人愉快的焦甜烤香、焦甜坚果香，稍带苦味。胡卢巴全株和种子都含有丰富的挥发油成分［约0.014%（质量分数）］，在烟草加香中使用从其果实籽粒中提取的浸膏或酊剂，能抑制烟叶的辛辣刺激性和掩盖杂气，矫正吸味，增添烟香。常用于配制可可、咖啡、坚果、枫槭糖浆和焦糖香味，供烟草的加料加香。

（3）木香

①广藿香油：木香、膏香，且带有甘甜药草香和辛香。与烟香协调，常用作定香剂。

②香苦木皮油：又名长藜油枯木之香，兼有多种辛香，香气浓郁，在高档烟用加香中增香效果较好。

③桦焦油：焦枯木香，有气，有些干甜香，与烟香协调，能起醇和烟气的作用。

④岩兰草油：又名香根油，香气为干甜木香，兼有酿香，香气平和，具有特征性香韵，与烟香协调，常用作定香剂。

⑤檀香油：主要指东印度檀香油（白檀油），另外还包括西澳大利亚檀香油（细叶沙针木油、穗檀香油）、西印度檀香油（香脂檀木油）等，其中以白檀油为最佳，穗檀香油次之。

白檀香油具有极柔和、温暖而甜的木香，又微有玫瑰香、膏香及动物香，香气前后一致而十分持久，为檀香油中的上品；穗檀香油虽也是甜的木香，但不及白檀香油，木香重而膏香与甜香略少，气势稍弱，但留香甚久；非洲檀香油有微弱甜的木香，稍有似东非柏水油和岩兰草油的香气，留香持久；香脂檀香油有微弱甜的木香，带特殊的膏香，气势弱而较差，但持久性好。檀香油与烟香容易协调，对低次烟作用大，多用于雪茄型卷烟。

⑥乙酸柏木酯：甜的木香，常用作定香剂。

（4）蜜甜香

①鸢尾油：甜的花香，香气平和，留长，是蜜甜香中的隽品，一般多使用酊剂，与烟香协调，留香持久。

②香叶油：又名香叶天竺葵油、天竺葵油蜜甜，香气稳定，与烟香协调，为常用香料，可以改善吸味。

③甲醇：有极微弱的淡甜气息，它只是一种和合剂，微量使用。

④苯乙酸乙酯：酸甜带浊的不甚新鲜的蜜香、玫瑰香气息，可调和烟气，减少烟叶杂气，鲜甜感强，更适用于雪茄型卷烟。

⑤苯乙酸苯乙酯：重的甜香，有近似玫瑰花香、膏香的气息，香气持久，与烟香协调，常与桃醛共同使用，具有提香和定香的作用。

⑥玫瑰醇：又名 *l*-香茅醇，有玫瑰样甜香、花香香气，可改进卷烟吃味。

⑦香叶醇：玫瑰样甜香，可增进烟香。

⑧香茅醇：轻的清甜玫瑰样花香，可改进烟香。

⑨正戊酸香叶酯：沉重甜香，有一种特殊的玫瑰、烟草、药草香韵，与烟香协调，可改进烟香。

⑩乙酸香叶酯：浓郁的玫瑰样香气，少量使用可起调和烟味的作用。

⑪丁酸香叶酯：有强烈的玫瑰香气，用量适宜可起调和烟味的作用。

⑫乙位紫罗兰酮：甜的花香兼木香，并带有膏香和果香香气，一般少量使用。

⑬麦芽酚：又名麦芽醇、3-羟基-2-甲基-4-吡喃酮、2-甲基-3-羟基-4-吡喃酮，具有焦甜香与温和的果香香气。其稀释后的溶液具有凤梨、草莓、果酱样香气。在丙二醇溶液中多偏草莓香，在苯乙醇溶液中呈更多的膏香并带果香底韵。香气持久，与香兰素、洋茉莉醛和其他甜香香料共同使用时，更具浓郁香味，可协调烟气，改善吸味，多用于烤烟型一类、二类卷烟。

⑭乙基麦芽酚：又名 3-羟基-2-乙基-4-吡喃酮，简称乙麦。具有十分甜蜜的香气，非常持久的焦糖样香味，开始时酸苦后来为甜味的水果样风味，其效力比酚强 4~6 倍，常用于烟草加料加香。

⑮苯乙酸：甜带酸气，有酸败蜜的气息，起调和烟气，掩盖杂气的作用，适用于低等级卷烟。

⑯洋茉莉醛：具有淡弱的青香，多适用于女式卷烟中。

⑰乙酰基吡嗪：又名甲基吡嗪基酮，具有近似爆米花的风味，存在于烟草中。

（5）脂蜡香

①山获油：具有清甜而带有醛香、蜡香和花香，香气浓烈而持久。能与烟香味协调，可增添清新、脂香蜜甜的烟草自然风味。

②丁二酮：香气强烈飘逸，稀释后有似奶油香气，极易挥发，与烟香协调，增香明显，多用于混合型烟用香精。

（6）膏香

①秘鲁浸膏：甜的膏香，带有香兰素风味，与烟香协调，可增进烟香。

②吐鲁浸膏：甜鲜的膏香、淡花香香气，与烟气很协调，可增香增味。

③枫槭浸膏：甜润的奶油味，易与烟气协调、可改善吃味。

④菊苣浸膏：焦糖样的烤香，味苦似咖啡。

⑤苯甲酸：极弱的膏香，作为定香剂，常用于烟用香精。

⑥桂酸乙酯：甜的琥珀膏香，可少量用于烟草加香。

（7）琥珀香

①香紫苏油：以琥珀-龙涎香气息为主要特征的香味物质，带有甜而柔和的药草香、果香香气，香气强烈而留长，能掩盖辛辣的刺激性，改进吃味，提高烟香味。

②岩蔷薇浸膏：具有动物香的植物性膏香，香气为温暖醇厚的琥珀-龙涎样膏香，

略带花香香韵，透发而浓郁。能抑制卷烟刺激性，增补烟支闻香，适用于混合型卷烟，有时也可用于修饰烟气香型。

③香紫苏浸膏：具有清甜柔和的草香、鲜果酯香和龙涎香-琥珀香样干木的底香，其头香有近似烟草香味风格的韵味，能使香精圆熟自然。浸膏中的香紫苏醇能改进烟草的品质，是烟草加料加香具有特征性的重要香料。

香紫苏油已应用于某些烟用香精中，但其使用效果比不上浸膏。

烟草中使用含有香紫苏油和浸膏成分的香精，能掩盖烟气的辛辣刺激性，改进吃味，提高烟香典型性，是改进烟草品质难得的理想香料。

（8）动物香

①龙涎香：清灵而温雅的动物香，其酊剂可用于烟草加香。

②海狸香：动物香并带有桦焦油样焦熏气，用于加香主要是利用它的桦焦油的香味。

③麝香：清灵而温存的动物样香气，一般用量极微。

④环十五内酯：细致麝香样的动物香气，少量用于烟用香精当中。

⑤吲哚：极度稀释后有茉莉花样的香气，微量用于混合型香精中。

（9）辛香

①芹菜籽油：辛香且带有特殊青香气息，扩散而持久，可赋予烟草的辛香味，但用量要适当。

②葛缕籽油：具有辛香、温甜并带有药草香的气息，与烟香协调。

③小豆蔻油：具有鲜温膏木香及辛香气息，可调和烟气。

④草豆蔻油：具有药草香和青香的气息，并略有温暖感，口味浓香凉爽。用于烟草制品可缓和刺激性，掩盖杂气，并能增进其清凉风味和透发烟草的自然烟香，尤其在薄荷烟中能与薄荷脑协调而增强其清凉的头香。叶油香味与籽油香味相似而较浓厚，后味有坚果仁实的木香气息。

⑤芫荽籽油：温和辛香且有近似香菜的香气，香气透发但不持久，是传统的烟用香料，能给烟草制品增添柔和的辛香、青香及胡椒样的香气，可以修饰和矫正烟香的自然风味，为烤烟型卷烟增补芬芳的青香。

⑥胡萝卜籽油：具有辛甜芳香的气息，带有近似酒中的脂肪族酸类和酯类的酒香味，咸香而丰满，能缓和烟气的刺激性，掩盖其苦辣的口感。

⑦姜油：具有辛香、姜香的气息，与烟香协调，可改进吃味。

⑧小茴香油：具有清甜的茴香、辛香气息，甜而微焦，与烟香协调。

⑨丁香油：辛香略有酸甜和焦糖气息，香气飘逸。为烟用香精中的一大类香料，能掩盖草青气和萜类气息，印度尼西亚烟草制品常用。

⑩丁香罗勒油：辛甜的丁香样香气，并带有青香香气，与烟香协调，可增加辛甜香气。

⑪欧莳萝油：具有强烈刺鼻的辛香香气，微带有清凉味，与烟香协调，可衬托烟草的自

然风味，掩盖其土杂气，矫正烟香吸味，尤其用在高级烤烟型中加香效果更为优良。

⑫桂叶油：具有干甜而温暖的辛香气息，有类似丁香的香气特征，可掩盖烟草的土杂气，起矫正吃味的作用。

⑬桂皮油：温暖辛香并有桂醛甜香的气息，适用于斗烟加香，但使用过量会产生油脂气。

⑭肉桂油：辛烈而暖甜的香气，带焦膏香。

⑮肉豆蔻油：有强烈的药草气，近似一种野薄荷气味，与烟香欠协调，用量不当会使口腔内不太舒适。

⑯桂醛：又称肉桂醛，清甜温暖的辛香，似肉桂香味，并带有膏香气息，与烟香协调。

⑰丁香酚：具有干甜的花香和辛香香气，是常用的烟草香精之一。

⑱ 丁香酚甲醚：具有清甜的丁香-茴香香气，可作为丁香香气的提调剂。

⑲异丁香酚甲醚：具有清甜花样的辛香，带有茶叶样的香气，可用于烟草香精。

（10）豆香

①黑香豆酊：香气为清甜醇和的豆香、膏香气息，浓郁而多韵，是一种很好的定香剂，常与香荚兰制品同用。

②香荚兰豆酊：具有清甜的豆香，并带有膏香、烟草香的气息，有近似烟草发酵后甜的膏香特征，可增加烟香的浓郁丰满度。

③茅香浸膏：豆香且有近似黑豆香的气息，可广泛用于各类烟草制品的加料加香，具有抑制烟草的刺激性、改善吃味、增补烟香作用。

④排草浸膏：具有香荚兰豆和黑香豆样的混合浓香，但香兰素香气较明显，并且有陈化烟草醇厚的自然气息，能与烟香协调，香气清雅，更适用于混合型卷烟的加香加料。在混合型卷烟中能缓和烟草的刺激性，抑制辛辣味，改善香味。但因其香势较重，应控制用量，否则会掩盖烟气中其他芳香气息。

⑤洋茉莉醛：清甜豆香，近似葵花样的香气，一般用于低中档卷烟加香。

⑥香兰素：又名香子兰醛、香草醛、香兰醛、4-羟基-3-甲氧基苯甲醛。具有甜青带粉气的豆香，有香荚兰的豆香气息，香气浓郁，留香持久，与烟香协调，常作为烟用香精的定香剂使用。

⑦乙基香兰素：与香兰素相似，但甜香味更浓且透发性好，与烟香协调，常作定香剂使用。

⑧丙位己内酯：温和且带有药草香的香豆素样香气，焦糖样的味感，适合于烟草加香，可增加烟香。

⑨苯乙酮：豆香且有类似大茴香醛的香气，一般用量较少。

⑩对甲基苯乙酮：温甜豆香，与苯乙酮香气近似，可少量用于烟草香精中。

（11）果香

①香柠檬油：清甜的果香香气与烟香协调，能增进烟草香气。

②柠檬油：柠檬样果香香气，与烟香协调。

③白柠檬油：清甜的柑橘样的果香香气，与烟香协调，改善烟香较佳。

④甜橙油：清甜的柑橘样果香，香气飘逸，与烟香协调，可增强头香。

⑤苦杏仁油：坚果香兼豆香样的温存干苦气息，与烟香协调，适量使用可改进烟草吃味。

⑥枣子酊：具有枣子的甜香味，可改进吃味，增加烟香。

⑦可可酊：香气平淡，稳定，具有可可香味，与烟香协调，具有增加烟香，调和烟味的作用。

⑧咖啡酊：具有坚果样、咖啡的香气，与烟香协调，可改善烟香味。

⑨橘子油：具有清甜的橘子香味，调和烟气，改进吃味。

⑩杏核、桃核和核桃壳浸剂：具有坚果的弱香和焦糖香的气息。可抑制烟草的辛辣、粗糙、刺激而改善卷烟的香吃味。

⑪葡萄干浓缩汁：主要用作烟草的加料加香，既是增香矫味剂，又可起保润的作用。在烟制品中能增进甜味，提高烟香品质。

⑫乙酸异戊酯：具有较强的新鲜果香，近似于生梨、香蕉、苹果样的香气，与烟香协调，能减轻卷烟中的土腥味，但似有辣喉感觉。

⑬丁酸乙酯：具有清灵强烈的甜果香，有近似于梨、苹果样的香气。在烟制品中能增进甜味，提高烟香品质。

⑭异戊酸异戊酯：具有浓郁的甜果香，有类似于熟苹果的香气，可少量使用。

⑮苯甲醛：清甜带有苦杏仁样的香气，微量使用。

⑯柠檬醛：具有柠檬、柑橘样的果香，并带有生姜的辛香气味，适量使用可起到提香作用。

⑰凤梨醛：有菠萝样的香气，可改进卷烟吃味。

⑱乙酰乙酸乙酯：有平淡的苹果香和青香香气，能改进烟香，醇和吃味。

⑲辛酸乙酯：甜润的枣子香气，适量使用可增进烟香，用量偏大时会产生杂气。

（12）酒香

①康酿克油：蜜甜带清，类似于葡萄酒香，可增添卷烟的头香香气。

②朗姆醚：较纯正酒香香气，与烟香协调可增进烟香，调和烟气。

③乙酸乙酯：具有酒香、果香的香气特征，可调和烟气。

④丙酸乙酯：带有朗姆酒香和水果香香气，可增进卷烟香气，改善吃味。

四、卷烟香精配方示例

（一）烤烟型卷烟香精配方示例

1. 明体例（论香气）

烤烟型卷烟配方由于全部或接近全部使用烤烟烟叶，其香气浓郁或清雅，具有优美的烤烟香气。

烤烟型卷烟的加香贵在自然，不宜带有明显的非烟草气息。尤其选用优质烟叶配制的高档卷烟，更要注重芳香清雅，柔绵津醇的吃味，突出馥郁的烟香，吸后口感纯净。不残留涩口滞舌的余味，衬托出烤烟自然香味特征。

对于甲级以下的各等级卷烟，随着等级的降低，因其配方中使用的烟叶等级相应降低，香气依次变为充实、淡薄、低劣，其无论香气质还是香气量都有所欠缺，并伴有杂气、刺激性、余味不干净等缺陷。这就要求通过加香加料来衬托和增补烟香气，并能掩盖杂气，减轻辛辣刺激，改善余味。

烤烟型卷烟本身有清香、浓香、中间香型等风格特征，调香时也必须针对这些特点，在香精的组成上，应细心调整青香、辛香、果香、膏香、花香、酒香和乳脂香等香韵韵调相互之间的配比，使得香精的香气与叶组配方的烟草香气浑然一体。同时，也可以充分发挥调香师的创造力和想象力，在满足加香要求的前提下，赋予产品独特的香气风格，如赋予产品浓香、清香、清甜香、果香、辛甜香或膏香风格特征。烤烟香精宜带有轻微胡椒样辛香的头香，以增进生动的烟香自然风格，尤其要注意带有令人有垂涎感的果酱蜜样酸甜津醇的陈化烟风味。

2. 定品质（选香料）

（1）头香　甜橙油、香柠檬油、柠檬油、橘子油、白柠檬油，丁酸乙酯、乙酸异戊酯、柠檬醛、凤梨醛、辛酸乙酯等果香韵香料，能增添果甜的头香风味，改进吃味。丁香罗勒油、芫荽籽油、肉豆蔻油、莳萝醛、姜油等辛香韵香料，能赋予产品辛香气息，掩盖杂气。

γ-壬内酯（椰子香）、γ-十一内酯（桃子香）、庚酸乙酯、乙酸乙酯、康酿克油等起着添加果甜酒样香气。

（2）体香　薰衣草油、忽布（酒花）酊、紫罗兰叶浸膏、苔青（树苔、橡苔）浸膏、叶醇及其酯类、薄荷醇等香料可增添烟草的青香。乙位突厥酮、乙位突厥烯酮、乙位环高柠檬醛、麦芽酚、乙基麦芽酚等香料为增效添加剂。一般以枣子酊、甘草酸钠、甘草膏、甜叶菊苷、浓缩果汁、大茴香醛、蜜香香精、丙二醇和甘油等为甜味剂和保润剂。

葫芦巴酊、白芷酊、独活酊、茅香浸膏、菊苣浸膏、排草流浸膏、鸢尾浸膏、欧莳萝浸膏、小茴香油、坚果核壳浸剂、非酶褐变反应产物等，作为矫味、抑制、增强、修饰烟香味的加料加香香精的用料。姥姆醚、除萜柑橘类精油、异丙基二氢吡喃、姥姆香精、白兰地酒香精、各种果味香精、苹果酸、乳酸、糠醛及其衍生物等，为烟草制品增添酒香、果香、酯香和发酵陈化烟的醇厚柔绵的烟香风味。香紫苏油、甲基紫罗兰酮、呋喃酮、琥珀酸胺、异佛尔酮、氧化异佛尔酮、法尼基丙酮、百里香酚、3,5-二甲基吡啶、缬草油、茉莉净油、玫瑰油，香苦木皮油等香料在增香矫味方面均有明显作用。

（3）基香　黑香豆酊、可可酊、咖啡酊、香兰素、乙基香兰素、吐鲁浸膏、秘鲁浸膏、枫槭浸膏、香叶油、岩兰草油、檀香油、广藿香油、愈创木酚等香料起增香和稳定香精香气的功用。

（4）和合剂与修饰剂　苯甲醛、苯乙醛、苯乙酸、芳樟醇、苯乙酸苯甲酯、苯乙酸乙酯、玫瑰醇等起修饰花香香韵及和合香气的作用。

（5）增加天然感香料　云叶酊、贵叶酊、豫叶酊等可增加烟草清香、中间香和浓香的天然烟样香气。

3. 拟配方

烤烟型卷烟香精配方举例见表 8-1、表 8-2。

表 8-1　　烤烟型卷烟香精配方一

香料品种	配比/份	香料品种	配比/份
氧化异佛尔酮	0.50	香叶基丙酮	0.20
枣精	5.00	丙二醇	10.0
乙基麦芽酚	0.10	秘鲁浸膏	0.20
甜橙油	0.20	乙醇	60.0
氧化芳樟醇	0.15	二氢大马酮	1.0
小茴香油	0.10	水	余量
丙酸乙酯	0.15	合计	100
琥珀香基	0.40		

表 8-2　　烤烟型卷烟香精配方二

香料品种	配比/份	
	一类烟	二类烟
香豆素	70	50
玫瑰精油	20	—
丁香油	10	15
薰衣草油	80	—
香柠檬油	40	30
苦香木皮油	30	—
甜橙油	100	20
香叶油	400	50
戊酸异丁酯	50	—
鸢尾酊	100	500
香荚兰豆浸膏	40	—
烟草提取物	60	—
柠檬油	—	30
戊酸苯乙酯	—	20

续表

香料品种	配比/份	
	一类烟	二类烟
肉桂油	—	5
豆香香基	—	30
香荚兰豆酊	—	250
合计	1000	1000

烤烟香精中精油和单体合成香料在总配方中用量一般为4%（质量分数）左右，酊剂和稀释后的浸膏类用量为10%～15%（质量分数），丙二醇或甘油的用量约为10%（质量分数），并以70%（体积分数）乙醇加满到100%。香精如果喷洒在已烘干到规定含水量的烟丝上，则要控制乙醇中的水分。最好以丙二醇代替乙醇。

烤烟型卷烟产品的香精使用比例：以叶丝质量计香精添加量为0.025%～0.3%（质量分数）。高档烟加香轻些，低档烟适当多加以增补烟香。成品香精在加香之前一般不需要稀释。若要稀释，必须慎重，不能破坏香精香气，产生沉淀沉或分层等。

（二）混合型卷烟香精配方示例

1. 明体例（论香气）

混合型卷烟是当前国际上最流行的卷烟产品，对混合型卷烟香精的研究已成为卷烟香精的主攻方向。混合型卷烟配方是以烤烟、白肋烟、香料烟和地方晾晒烟等按适当比例混合而成。烟草用料是全株纵向利用，其中的白肋烟需要经过特殊的加料处理。因此，混合型卷烟的香味就是由烤烟、白肋烟和晾硒烟相结合而成的混合香气。在调配香精时必须使这几种香气相互协调，并加强白肋烟和香料烟的特征香味，使它们发出的香气能充分结合，达到最佳效果。根据产品设计的要求，可调配出枫槭香、巧克力香、烤香、辛香、岩蔷薇香等风格的混合型香精。

2. 定品质（选香料）

根据混合型卷烟配方及加工工艺特点，一般进行两次加料（里料和表料），就香精来说分为白肋烟加料香精及表香香精。白肋烟加料香精，应着眼于选择渗透力强又能与烟叶组织紧密结合的香料，且能经受较高温度，受热后较少挥发散逸的品种，尤其属于香味前体物的衍生物，如新植二烯等。这类香料往往嗅香似乎淡弱，但制成卷烟后，在燃吸过程经过降解、分解、缩合等反应产生的新香味物质对提高和改进烟香烟味的效果较佳。更值得研究的美拉德反应产物，很可能是十分重要的香味潜在来源。

影响混合型卷烟香味品质的关键，除了叶组配方外，在很大程度上取决于加料时使用的香精和加料技术是否恰当。混合型卷烟的生产着重于烟叶的加料工。加料时烤烟要加得轻些，香料烟一般不加料，而白肋烟则是重加料。由于白肋烟叶组织结构疏松，并具有能吸收比较多的料汁、香精和保润剂的特征，因此作为加料的重点对象，并兼当里料的载体。为使它吸收渗透更多的料液和香精，应把里料和表料分开加。前者着重于改变烟味，去除辛辣刺激，后者除了提高增补吃味外，更多着重于烟香。

混合型加料加香用香精大致的选料依据如下。

（1）甜味剂 甘草酸二钠、甘草酸三钠、甜叶菊、二肽甲酯（APM）、胡椒腈、大茴香醛、紫苏肟、山梨糖醇、丙二醇、丙三醇等可用于加料加香。

（2）矫正吸味和抑制刺激杂气香料 可可粉或壳酊，咖啡酊，菊苣浸膏，茅香浸膏，葫芦酊，红茶酊，美拉德反应物，桃、杏、核桃等坚果壳浸剂，浓缩果汁（新果或干果），巧克力香料，枫槭香精等加料用的品种，也可用于增补烟香味。

（3）膏香 秘鲁浸膏、吐鲁浸膏、苏合香浸膏、岩蔷薇浸膏、香杜鹃浸膏、排草流浸膏、灵香草浸膏、香荚兰素浸膏、黑香豆浸膏、香兰素、肉桂酸和肉桂醇衍生物、苯甲酸酯类等，调整香味并使吸味丰满醇厚。

（4）酚类和烟草特征香味 甲基环戊烯醇、香紫苏内酯、异戊酸、甲位和乙位甲基戊酸，戊酸苯乙酯、二氢甲基呋喃酮、鸢尾酊、苹果酸、豆蔻酸、乳酸酯类、苯甲醛、呋喃茄尼酮、1-异丙基环戊基甲基酮、茄尼酮、法尼酮、六氢法尼酮、龙涎香衍生物、吡啶类衍生物等，可以增补白肋烟、香料烟的固有风味和果仁乳脂风味。

（5）蜜甜香 苯乙酸、苯乙酸酯类、壬酸乙酯、山萩油、胡萝卜籽油等可以赋予烟草陈化烟香味。

（6）芳香花香 包括玫瑰精油或浸膏、烟花浸膏、树兰浸膏、金合欢浸膏、洋甘菊浸膏、橙花油、橙叶油、薰衣草油、苯乙醇、玫瑰醇及其酯类、苯乙醛、吲哚、灵猫香膏等。

（7）青香 包括叶醇及其酯类、忽布酊、橡苔和树苔浸膏、2-甲氧基-3-仲丁基吡嗪、格蓬香膏等。

（8）辛香 包括缬草、欧莳萝、肉豆蔻、丁香、芹菜籽、丁香罗勒、小茴香、肉桂、芫荽籽、香苦木皮等的精油或浸剂、锡兰桂叶油、大茴香脑、肉桂酸、肉桂醛等。

（9）酒香与果香 柑橘精油、草莓呋喃酮、覆盆子酮、草莓酸、异丙基苯基二氢呋喃、甲基戊烯酸衍生物、内酯类和各种果味香精、朗姆醚、朗姆酒、白兰地酒等，可增进果香和发酵陈化烟叶的酒香风味。

（10）酚香和特征烟香 包括丁香酚及其衍生物、4-羟基愈创木酚、糠醛及其衍生物、二甲基醚、2-乙氧基噻唑、烟熏香料、海狸香等。

（11）香味增效剂 包括麦芽酚、乙基麦芽酚、乙位突厥酮、乙位突厥烯酮、乙位环高柠檬醛、石竹烯、十五内酯、桉叶素等。

3. 拟配方

混合型卷烟香精配方举例如表 8-3、表 8-4。

表 8-3 混合型卷烟配方一

香料品种	配比/份	香料品种	配比/份
可可酊	200	美拉德反应产物	125
葡萄浓缩汁	100	排草流浸膏	80
（或其他果汁）		核桃壳浸膏	50
菊苣浸膏	50	芫荽籽浸膏	20
茅香浸膏	40	烟花浸膏	50
葫芦巴酊	100	丙二醇	余量
白芷酊	30	合计	1000
甲基环戊烯醇酮	5		

表 8-4 混合型卷烟配方二

香料品种	配比/份	香料品种	配比/份
美拉德反应产物	100	香兰素［10%（质量分数）］	15
可可酊	80	含氮杂环化合物（稀释剂）	30
葫芦巴酊	40	大茴香醛	10
排草流浸膏	15	胡椒腈［10%（质量分数）］	20
白芷酊	5	β-紫罗兰酮［10%（质量分数）］	20
菊苣浸膏	20	香紫苏油［10%（质量分数）］	15
红茶酊	30	辛香香料［10%（质量分数）］	50
乙基香兰素［10%（质量分数）］	40	朗姆醚和脂类香料	50
乙基麦芽酚［15%（质量分数）］	40	茅香浸膏［10%（质量分数）］	50
甲基环戊烯醇酮［10%（质量分数）］	80	脂肪酯类［10%（质量分数）］	12
香味增效香料［稀释剂（质量分数）］	20	乙醇［95%（体积分数）］	余量
丙二醇	100	合计	1000
苯甲醛	8		

注：10%、15%均为用95%（体积分数）乙醇稀释。

混合型香精中精油和单体合成香料在配方中总用量为5%（质量分数）左右。酊剂和稀释的浸膏类用量为20%~50%（质量分数），丙二醇为10%~15%（质量分数），其余则为70%（体积分数）的乙醇。混合型以用95%（体积分数）乙醇作溶剂为宜。加料用的香精以丙二醇为溶剂。

（三）其他类型烟用香精配方

其他类型烟用香烟配方如表8-5、表8-6、表8-7。

表 8-5　香料型烟用香精配方

香料品种	配比/份	香料品种	配比/份
玫瑰花油	5	晚香玉净油	3
橙花净油	5	薰衣草油	8
茉莉净油	2	苯乙酸甲酯	1
广藿香油	2	鸢尾酊剂	800
黑香豆净油	5	香荚兰酊	160
香叶油	9	合计	1000

表 8-6　雪茄烟用香精配方

香料品种	配比/份	香料品种	配比/份
卡藜油	20	香豆素	15
香荚兰浸液［10%（质量分数）］	100	白檀油	10
玫瑰花油	5	乙醇	余量
茴香油	70	合计	1000
肉桂叶油	30		

表 8-7　烟用仿奶油、爆玉米香精配方

香料品种	配比/份	香料品种	配比/份
2-乙酰基吡嗪	0.50	丁酸乙酯	9.24
亚苄基丙酮	2.64	苯并二氢吡喃酮	11.88
桂醛	3.74	乳酸	45.54
洋茉莉醛	4.62	丁酸	338.58
香兰素	36.72	丁二酮	532.22
戊酸	5.51	合计	1000.00
丁酸桂酯	8.81		

五、加香方法

概括地说，烟草制品的加香是以改善产品香气特性，掩盖杂气和赋予产品独特风格为目的。因此，必须根据产品风格来确定香精的选择与用量，即必须选择与烟香协调并能体现产品风格的香精，在用量上要恰如其分，不宜过多，否则不但不能提高产品质量，而且会损害产品原来的风格。加香时的温度对加香效果有较大影响，因为在香精配方中，有些香原料的沸点较低，极易挥发。此外，加香均匀与否对产品质量影响重大，必须采取足够的措施加以保证。例如要确保合适的烟丝水分，水分过低则香精浸润太快，均匀性差；水分过高，则香精难以充分扩散至烟丝内部，均匀性也较差；水分一般控制在10%~12%。

目前，根据烟厂的实际生产条件，一般采用对烟丝、滤嘴、包装物进行加香。近几年卷烟爆珠也较为流行。

（一）对烟丝加香

这种加香方法是传统的加香方法，在生产中被普遍应用。它具有工艺简便、均匀性好和适应面广等优点。

1. 润叶加料兼加香

这种加香工艺常用于生产混合型、新混合型卷烟。具体方法是把香精掺和在糖料中，在润叶时喷洒在烟丝上。然后将烟叶贮存一段时间（4h以上），使香精、糖料或药物酊剂被烟叶充分吸收，既改善了烟叶的物理性能，同时也增进了烟的香味，减弱刺激和杂气。

由于这种加香方法所用的香料是和糖料混合在一起使用的，而且切丝后要经过高温烘丝的过程，所以对所有香料或香精有两方面的要求：一是具有水溶性；二是有能耐高温、高沸点及留香时间长。

2. 烘后烟丝加香

这种方法是用压缩空气将香精喷成雾状加入烘后烟丝中。特点是加香均匀、操作方便，对卷烟产品的嗅香及吸香效果较好。

为了确保加香效果，提高卷烟产品质量，在烘后烟丝的加香工作中应注意以下几点。

（1）为防止低沸点香料因烘丝温度较高而挥发，要求烘后烟丝经冷筒降温到30~35℃。

（2）用压缩空气喷洒香精，要求喷成雾状，喷香细而均匀。不能用蒸气喷香，以防止低沸点香精挥发，破坏香韵，浪费香精和污染环境。

（3）冷筒加香工序，若采用风力送丝，则冷筒应设在风送设备之后，以减少香气损失。

（4）严格控制加香比例，若香精需要稀释，最好使用75%（体积分数）的酒精。

（5）不同牌号的卷烟应有专用的香精桶，以防止互相串香和混杂，影响产品质量。

（二）对滤嘴加香

通过滤嘴对卷烟产品进行加香的方法，一般用于具有特殊用途的香料香精的加香。往往用吸附剂吸附香料来控制香精的挥发性，使烟支在燃吸过程中，香气能够前后均匀一致地挥发出来，让消费者始终享受到充足的香气。这里对吸附剂的吸附性能要求较高，既不能过强，使香气不容易脱附；也不能太弱，使香精挥发较快。也有一些卷烟厂家在醋酸纤维丝束成形过程中把香料溶解在增塑剂中，添加到滤嘴上。还有厂家把香料浸润到棉线上制备成香线与醋酸纤维，制成滤嘴。

（三）对包装物加香

包装物加香是指在盒皮、铝箔纸和其他装潢物上加香。其作用在于保持产品加香效果和吸引消费者购买。使用包装物加香，最重要的一条是包装物所施加的加香品种及比例搭配必须与烟丝加香的品种一样，否则会造成严重的串香，不但得不到预期效果，而且会影响产品质量。

（四）制备成爆珠加香

爆珠，又称香丸、脆性胶囊。爆珠有大有小，直径 2.6~4.6mm，是可挤破的珠子。爆珠内添加相应的香精，在吸烟时挤破，主要在卷烟过滤嘴中使用，也就是常说的爆珠烟。常见的有薄荷爆珠、“茅台”爆珠、石斛爆珠、陈皮爆珠、人参爆珠等。

第三节 卷烟加料

一、加料的作用与料液的种类

（一）加料的作用

料液指在烟上施加的一种水溶性添加剂。它一般由糖料、增香料、保润料、助燃料和防霉剂等物质组成。

烟草制品加料与加香作用不同，是制品在加工工艺上两个不同的概念，具有不同的加工目的和效果。加香为的是改善卷烟的香气，掩盖和去除杂气，使卷烟产品的香气更为优美、丰满；而加料的目的总的来说是为了减轻烟的刺激性，使烟气和顺，改善吸味，增进卷烟的香吃味，同时也是为了增强其物理性能（如保润性燃烧性和韧性等），减少制作过程中的碎损。当然。加料与加香是密不可分、相辅相成的，各有侧重而已，不能把它们截然分开，须做到前呼后应才行。

加料有以下作用：①调和烟气，改善吸味，使得余味舒适，减少辛辣刺激性；②增加烟草的香味；③增强卷烟保润、保湿能力；④防霉；⑤在相应的水分、车间温湿度及制作时间的条件下，能使烟丝色泽转向红润。

（二）料液的种类

根据烟草类型和加工的特定工艺过程，料液可分为：①烤烟料液，是指针对烤烟烟叶特性而配制的用于生产烤烟型卷烟所施加的料液。②混合型料液，又分为里料和表料两种。里料是专指处理晾晒烟的料液，是针对白肋烟、地方性晾、晒烟叶的特点而配制的；表料是指烤烟与经过加里料处理后的晾晒烟混合之后所用的料液。③雪茄型料液，是指雪茄型卷烟使用的料液。④梗丝料液，是指单独处理梗丝时所添加的料液。⑤其他料液，如新混合型、外香型卷烟所使用的料液等。

二、加料的依据

（一）以烟草的化学成分和物理特性为依据

我国各类烟草制品使用烟叶有烤烟、白肋烟、雪茄烟、香料烟以及各种不同的晾晒烟。由于烟草的类型、品种、栽培方式、调制方法、土壤及气候等自然条件不同，烟叶在化学成分含量和物理特性上有较大差别。表现为烤烟含糖量最高，烟碱含量居中，总氮含量居中，烟叶组织较细密，烟叶的吸料性较弱；白肋烟和其他晾晒烟含糖量少，烟碱和总氮含量高，烟叶组织疏松，有较强的吸料性能；香料烟含糖量居中，总氮含量中偏低，烟碱含量低，组织细密至疏松，吸料性居于中间。

因此，从各种烟草理化特性可以看出，烤烟，特别是中、上等的烤烟烟叶的含糖量一般较高，pH 较低，烟气呈酸性，在加料上应考虑少加糖类物质，以免造成 pH 过低，使烟味平淡，缺乏香气，甚至过于偏酸性而产生刺激性。对于低次等级烤烟烟叶，由于其含糖量低，香气平淡而刺激性大，杂气重，甚至余味苦涩。在加料上应适当多加糖类物质，以增补它的含糖量，减轻刺激性和苦涩性，提高柔和度。此外，还应施加适宜的增香剂，以改善烟气质量。

在混合型卷烟中，当含糖量较低的晾晒烟与含糖量高的烤烟及中等含糖量的香料烟相混合时，烟叶中的化学组分之间的平衡受到了严重影响，这样就要加入足够糖料使得卷烟产品中的总糖含量保持在一定水平，用以重新恢复烟叶化学成分之间的平衡，从而使得烟气中酸性成分和碱性成分达到平衡，以达到较好的吃味效果。根据白肋烟和其他晾晒烟含糖量极低，总氮、烟碱含量高，烟气呈碱性，同时其烟叶组织疏松，具有较强吸料性能的特点，可以多加糖料，以圆和烟气。因此在加工时，一般采用两次加料措施。

（二）以叶组配方和产品风格为依据

由于产品的类别等级不同，在叶组配方上所使用的烟叶种类等级也不同。因此，在使用加料的品种和比例上应分别对待。

对烤烟型卷烟来说，高档烟加料主要是协调香气，减轻刺激性及醇和烟气。低档烟加料主要是掩盖杂气，增加香气，去除苦、辣、涩和刺激性。对于混合型产品来说，加料显得尤为重要，应起到降低 pH 的目的，同时要协调不同类型烟叶的香气，以及减轻刺激性和改善口腔余味等。外香型产品的加料，不仅要根据叶组配方结构，尤其还要根据产品风格来具体决定加料的品种和比例。

产品的风格，实质上就是指某一产品与其他同类产品相比，在具有的共性基础上，所突出的产品个性。一般来讲，产品的风格包括产品的香气香型风格和产品的吃味风格。产品吃味包括生理强度的大小和烟气浓度的浓淡两个方面。例如，烤烟型卷烟香气风格有清香型、中间香型和浓香型等；外香型卷烟有薄荷香、可可香、玫瑰香、丁香等香气风格；混合型卷烟有浓味、中味和淡味等多种吃味风格。

不同风格的产品，在加料上应区别对待。因为加料物质品种繁多，料液组成不同所起作用也不同，若施加不得当，则可能会干扰、破坏甚至改变产品的风格。例如，清香型卷烟产品中施加了奶油或可可类物质，必将使烟叶本身的清香气受到干扰，甚至被掩盖。对于浓味混合型产品加料时，若使用过多的糖类和酸类物质，必将降低其产品的浓度，从而改变原有的吃味风格。因此，选用加料物质时必须慎重，针对叶组配方和产品风格来确定，不能为加料而加料。

此外，加料时还应考虑生产的季节和产品销售的地区。在潮湿和梅雨季节，必须施加防霉剂，以防烟支受潮霉变。反之，在干燥季节（冬季）和地区必须多加些保润料，以保持烟丝水分，防霉剂可少加或不加。

三、烟草加料类型

可供烟草加料的物质种类很多。不同的物质具有不同的作用效果，根据其所起的效果可分为：调味料、增香料、保润料、助燃剂和防霉剂等。

（一）调味料

这类物质具有调和烟气的吃味强度，减轻辛辣刺激性和改善余味的作用。常用的调味料是具有甜味的糖类、酸类和果味浓缩汁等。

1. 糖类

糖类物质作为烟草制品重要的调味剂，它适用于所有烟草品种，特别是适用于含糖分低而含氮化合物和烟碱含量高、烟气 pH 偏高（偏碱性）的烟草，如白肋烟、晒烟和低等级烟叶。

目前较常用的糖类有：白糖、红糖、转化糖、饴糖、蜂蜜、甘草膏、木糖醇、枣酊、甘草浸膏、甜叶菊浸膏、果味浓缩汁等。这些糖类物质又有结晶糖和液糖之分。

（1）结晶糖　白糖、红糖均为蔗糖，属于结晶糖。它们作为加料物质不宜直接使用，如果直接使用会在烟叶表面产生结晶，烟叶组织细胞吸收不进去，造成燃吸时产生一种焦煳气息，加工时在切丝机内和供丝筒壁上有大量糖垢；卷成烟支后，烟支在一定温湿度条件下，烟叶表面的糖晶体熔化渗透到卷烟纸上会产生黄斑烟；在贮存销售过程中易发生霉变和生虫。因此应当在使用前先用转化剂将结晶糖转化为单糖，有利于糖液渗透到烟叶组织中，被充分吸收。

通常会将蔗糖在有机酸或酶的作用下，通过加热熬制，促使蔗糖部分水解、转化，制得无色透明黏稠状难以结晶的转化糖再使用。

转化糖的制法：将白糖（或红糖）加适量水溶化，加入 1%（质量分数）柠檬酸［柠檬酸的用量范围为占糖量的 0.25%~3%（质量分数）］，待温度升至 116~118 ℃，继续加热 30~40 min。有机酸也可以用酒石酸或乳酸。

一般来说，烤烟型卷烟用糖量以 0.5%~2%（质量分数）为宜。混合型卷烟加糖量以里料中不超过烟叶质量的6%，表料中不超过烟叶质量的4%为宜，具体应视叶组配方而定。

(2) 液糖　液糖如蜂蜜、饴糖、枫槭糖浆、枣酊等，用于加料使用方便，同时起到保润作用。

蜂蜜的品种较多，有紫云英蜜、枇杷蜜、苹果花蜜、菩提树花蜜等。不同花源生产的蜂蜜，其香气和甜度都不一样，要慎重选择，以不影响烟香气为宜。

2. 酸类

许多有机酸可以作为烟草调味剂使用，它们对协调吃味和减轻刺激性都有一定的效果。特别是对混合型卷烟，由于其中的晾晒烟会使叶组配方烟丝的 pH 偏高，碱性也偏高，吸起来辛辣刺激，因此适当加酸有利于中和烟叶的碱性化合物，调整烟叶的酸碱度，使吃味变得醇和舒适。有些有机酸加入烟叶中经过燃烧后还会体现烟叶本身特有的香气。高档烤烟型卷烟不宜加酸类，否则会降低吃味强度。低档烤烟有辛辣刺激则可以适量使用。此外，有些有机酸嗅起来有一些令人不愉快的气味，有些酸加大用量会产生涩口、滞舌等缺点，所以用量上要注意适当。一般乳酸用量为0.01%~0.20%（质量分数），异戊酸的用量为0.001%（质量分数）左右。

常用的有机酸有乳酸、醋酸、异戊酸和酒石酸等。

(二) 增香料

增香料的作用是增进和协调产品的香味，掩盖杂气，同时兼有改进吃味的效果。

料用增香料的选择，首先必须是水溶性的，只有水溶性的香料才能均匀地混合在料液中。其次是其香味要稳定，沸点较高，不易挥发散失。料用增香料种类很多，下面介绍几种常用的增香料。

1. 可可粉或可可酊

可可粉效果较佳，它具有衬托烟香，与烟香协调的作用，是混合型卷烟加料的主要增香料。

2. 甘草浸膏、甘草酸钠和甘草酊

甘草浸膏和甘草酸钠效果较好，甘草酊稍差。它们主要能协调烟香，使烟气呈甜味，降低刺激性。在混合型卷烟中用量为1%~3%（质量分数），在低级烤烟型卷烟中用量为0.2%~5.0%（质量分数）。甘草产品具有甜味，但也容易残留苦味，用量过多会产生药味，并使色泽加深，因此高档烤烟型卷烟中不宜使用。

3. 菊苣浸膏

它有协调烟味和增香的效果，适用于调香和调料。

4. 茅香浸膏

具有香豆素香气，能衬托烟香，在混合型卷烟料液中经常使用。根据行业最新要求，香豆素不被允许作为添加剂或香料在烟草制品中使用。但是含有香豆素的原料有很多，如茅香、香草、杏仁等，且烟用香料安全指标中增加了香豆素的含量检测控制，因此在使用时应特别注意。

5. 灵香浸膏

它似枫槭香韵，焦甜香气中带有草药味，香气强烈，适量用于调料。

6. 葫芦巴酊

它的香气较强，呈浓的焦甜味，能增强烤烟及混合型烟香，增加吸味强度，并能起到掩盖杂气的作用。

7. 果味浓缩汁

它主要是利用果味浓缩液中的各种香味成分及有机酸酯等来调节烟叶的 pH，可以消除或抑制烟草制品的刺激性及不良吃味。常用的果味浓缩汁有：无花果浓缩汁，葡萄干浓缩汁，桃、李、杏、枣浓缩汁等。

8. 合成香料

合成香料品种多、香型广、成本低、质量稳定，大量用于烟草制品的加料加香中。特别是从烟草中分离鉴定出的大量香料，现已有人工合成的产品，加入料液中，可显著改善烟草的香吃味。下面介绍几种合成香料。

（1）β-甲基戊酸或异戊酸　它存在于香料烟中，是香料烟的致香成分之一。低浓度时有似青香或水果香气，但高浓度时其味难闻，用于加料可增强香料烟香气。

（2）香兰素或乙基香兰素　呈甜香韵，有协调烟香，增强烟气甜感的作用，但用量应适宜。

（3）麦芽酚或乙基麦芽酚　其性质和作用效果类似香兰素，呈焦糖、坚果香味，是良好的香味增效剂。

9. 美拉德反应产物（非酶褐变反应产物）

美拉德研究发现，糖与氨基酸之间的反应产物具有很好的香味，能广泛用于食品和烟草等加香中，其反应物的香味随反应条件不同变化极为复杂。在烟草加香中，可以根据需要选择不同香气的产物，这些产物归纳起来共分为 4 个主要类别。

第一类是含氮杂环化合物，如吡嗪、吡啶、吡咯等，它们主要产生坚果、焙烤或面包香味、巧克力香、咖啡香、爆米花香等。

第二类是环状烯醇酮结构化合物，如麦芽酚等，它们主要产生焦糖香。

第三类是多羰基化合物，如丙酮醛等，产生的是焦香。

第四类是单羰基化合物，产生各种醛酮类香气。

现已证实，烟叶在调制、陈化、加工和燃吸期间都可能发生美拉德反应，是形成烟草特征香味的重要途径之一。通过向烟草中加入适量美拉德反应产物，能显著增加烟香浓度，改进吃味。

10. 红枣精

它具有枣的甜香味，能掩盖某些地方性杂气和改进卷烟的吸味，增加香气。

（三）保润料

保润料能改善叶片或烟丝的物理性能，增加韧性，保持水分从而减少破碎。同时，也有利于产品香味挥发出来，因此，保润剂是各类烟草必用的添加剂之一。其中最常用的添加剂有甘油、山梨醇、木糖醇、1,2-丙二醇、1,3-丁二醇等。此外，加入的糖类物质也具有一定的保润作用。

与传统使用的保润剂甘油相比，木糖醇的保润性能更优。

(四) 助燃剂

燃烧性是卷烟产品的一个重要质量指标。若烟支熄火，不论其他质量好坏，一律视为不合格产品。影响卷烟燃烧性的因素较多，从烟叶本身来讲，有烟叶含氯量过高，或者说 K/Cl 的物质的量的比值小于 1 时，会造成烟支熄火。从工艺上看，影响因素有卷制时烟丝水分过大，卷制过紧或有大的梗签以及使用的盘纸透气度小，燃烧性较差等。

对于解决熄火问题，必须首先找出造成熄火的原因，才能对症下药。若是工艺上的原因造成的，就应采取相应措施加以克服。若是原料本身的问题，一般添加金属钾的有机酸和无机酸盐类，用来增加烟叶中起助燃作用的钾元素的含量，调整烟叶钾氯比值，以便达到助燃目的。此外，也可以采用烟丝膨胀技术提高烟丝燃烧性。

值得注意的是，这类物质虽有助燃作用，但对完全熄火的烟草来说，作用并不大。一般说来，在卷烟生产中是很少使用助燃剂的。因为，制作卷烟的原料通常都具有理想的燃烧性质，助燃剂只是在遇到燃烧性不好的情况下才使用，以促进其燃烧性，或者是在有一定要求的生产中使用，如在考虑降低产品焦油时，用其来提高静燃速率，使之燃烧加快而减少抽吸口数。由于抽吸口数的减少，焦油的摄入量也就相应减少了。

常用的助燃剂为：有机酸类的柠檬酸、酒石酸、乳酸、甲酸、乙酸的钾盐，无机酸中的硝酸、碳酸的钾盐。目前我国使用较多的一种助燃剂是酒石酸钾钠，用量一般为 0.01~0.40%（质量分数）。

(五) 防霉剂

烟草制品是易发生霉变的一种商品。在外界温度和相对湿度较高的条件下，烟草制品含水率超过 15%，环境空气的相对湿度超过 65%，气温达 30℃以上时，霉菌就很容易在烟丝上繁殖。为了保证产品在销售期间不致发生霉变，控制产品的含水率和提高包装的防潮性是十分必要的。同时，在烟丝中施加一定量的防霉剂，对抑制霉菌的繁殖有一定效果。

食品中使用的防霉剂均可选用，如苯甲酸及其盐类，苯甲酸乙酯、丙酯，对羟基苯甲酸及其盐类，山梨酸及其盐类，1,2-丙二醇。

上述 5 类添加料中，前三种为最常用的物质，后两种只在一定条件下使用，如雨季等。总之，卷烟生产上使用的料液，或多或少地都包含了以上各种添加剂。各种成分的用量不同，用多用少主要取决于卷烟配方质量水平和产品的风格特点。

四、加料料液的基本组成

加料是卷烟制造过程中的一个基本组成部分，料液中的糖、酸、保润剂、助燃剂和香料的组成要根据产品需要进行选择。

（一）烤烟型卷烟的料液组成

1. 烤烟型卷烟加料的目的

烤烟型卷烟加料的目的主要有：①增进烤烟型的香吃味；②减少或除去不良气味；③使烟叶变柔软及减少烟叶损失。

2. 烤烟型卷烟常用的加料原料

烤烟的含糖量较高，加入糖分时用量要适当，否则糖不易被吸收并可能在烟叶表面结晶。叶组配方含糖量较高时，可以少用或不用糖。在烤烟中加入适量的果味浓缩汁会使烟香更柔和、更丰满。

（1）烤烟常用的加料原料　糖、烟草萃取物、保润剂、植物萃取物、果味浓缩汁、合成或天然香料、甘草（可加可不加）。

（2）加料配方示例（按质量分数计）　红糖1%、甘油1%、柠檬酸0.3%、苯甲酸钠0.2%、浓缩苹果汁3%、烟叶酊1%。

（二）混合型卷烟的料液组成

1. 混合型卷烟的一级料液组成（里料）

（1）白肋烟加里料的目的　①减少烟气吃味中的刺激性和苦涩味；②减少氨气（阿摩尼亚气）和消除地方性杂气；③经烘焙处理形成吡嗪类、麦芽酚和类似可可、咖啡等香味的物质；④增强白肋烟香特点。

（2）常用的加料原料　①糖：增强烟气丰满度及甜味；②保润剂：调节水分，增加烟叶韧性；③甘草：增强甜味；④可可：增加巧克力香、白肋烟香；⑤有机酸：调和香气；⑥植物萃取物：改进吃味。

（3）里料配方示例（按质量分数计）　红糖1.5%、异戊酸0.1%、甘油1%、乳酸0.1%、甘草酸0.1%、酒石酸钾（钠）0.05%、可可粉0.5%、丙酮0.2%、芽香液0.2%。

2. 混合型卷烟的二级加料（表料）

（1）白肋烟加表料的目的　白肋烟经高温处理后，为进一步完善白肋烟中各种化学成分和香味成分的平衡以保持同其他种类烟叶之间的平衡，需要进行二级加料。

（2）表料配方示例（按质量分数计）　红糖1.5%、乙基麦芽酚0.02%、甘油0.5%、酒石酸钾钠0.4%、乳酸0.02%。

（三）梗丝料液组成

（1）梗丝加料的目的　①减小烟梗木质气；②减轻刺激性；③改善香吃味。

烟梗的化学成分无论在种类上还是在含量上与烟叶相比都有较大的差异，烟梗在烟叶占比可达1/4~1/3。烟梗中含木质素和纤维素较多，含糖量低，燃烧后产生显著的刺激性和木质气，且香味平淡。但梗丝中钾含量一般较高，可以促进卷烟的燃烧。因此对卷烟中的梗丝进行处理，充分利用梗丝原料，是一项值得重视的工作。

（2）加料配方示例　糖、植物萃取物、保润剂、烟草萃取物、果味浓缩汁、棕化反应料剂、甘草（可加可不加）、香料。

五、配料、煮料、加料

（一）配料及煮料

料汁是由多种物料调制而成，其中有固体、液体或粉末状物质。固体物质须预先溶化，粉末状物质须调开，才能混合均匀。配料所用的容器，多用夹层蒸汽锅，减少蒸汽加热烧煮。煮料的目的有两个：一是将结晶糖变为转化糖，避免糖液出现结晶，使烟支产生黄斑；二是将各种精料在一定的温度下，煮成充分混合的料液，加料时易被烟叶吸收。由于用料种类较多，因而采用不同的煮料方法。

1. 多品种结晶糖的煮料法

如果加料配方中包括白糖、甘油、蜂蜜、甘草膏、可可粉及转化剂柠檬酸、防霉剂苯甲酸钠等原料，煮料的方法要按以下程序进行：①先将水煮沸，倒入白糖溶化，同时把甘草膏倒入煮锅内，继续用高温煮沸，边煮边搅；不使各种物料沉淀，黏结锅底，直至各种物料全都溶解混合，改为中温再煮；②将柠檬酸或酒石酸加入糖液中，继续以中温煮 0.5h 以上，使蔗糖转变为转化糖；③倒入事先用水溶解的苯钾酸钠，再用低温煮 0.5h 后，停止加热；④最后倒入蜂蜜、可可粉等，充分搅拌后即可使用。

在煮料过程中，应注意充分搅拌防止糖料沉淀，并注意锅内水分的蒸发量，随时补足，保持糖料浓度一定。已煮成的糖液，应保持不低于 70℃ 的温度，以便加料喷洒均匀。

2. 香糖料的煮料法

混合型卷烟的里料，是香精与糖类的混合，在润叶时一次完成加料任务。香精料的煮料方法，是按上述程序煮成糖液，待糖液温度降到 70~80℃后，再将加料香精倒入糖液中搅拌，保温备用。

（二）加料

1. 喷料法

一般是在润叶时进行，叶片进入润叶滚筒，用蒸气喷洒料液，贮叶 4h，使糖液充分渗透于叶片内。为了改善烟质，必须严格控制加料均匀一致。否则，一部分叶片加料不足，降低了加料作用，另一部分叶片又因加料过多烘丝时不易祛湿。含糖料多的烟丝，卷制后与卷纸接触易产生黄斑，影响外观和内在质量。

2. 浸料法

此法多用于处理晒烟和晾烟，如雪茄烟和斗烟丝等。对混合型卷烟中的白肋烟，因加料较多，可采用此法。

浸料法通常在浸料槽内进行，使定量的叶片浸泡在料液中，经过预定的时间后捞起、挤干、抖松、烘干，然后与配方中的其他烟叶掺和在一起。这种方法吸料均匀、充分、效果好，但设备较复杂，干燥时消耗能量较大。目前，这种加料方法已经被喷料法所取代。

重点与难点

1. 卷烟加香的目的和作用。
2. 不同类型卷烟加香的特点。
3. 卷烟香精的分类及香料香精特点。
4. 不同风格卷烟主要用香差异。
5. 卷烟加料的目的和作用。
6. 卷烟加料的依据和方式。

思考题

1. 加香的作用有哪些？
2. 简述各类型卷烟的加香特点。
3. 香精按卷烟的类型分为几类？
4. 香精按使用功效分为几类？
5. 简述烤烟型卷烟香精调配的一般步骤。
6. 简述加料的作用与料液的种类。
7. 卷烟加香方式有哪些？

第九章

香料香精质量的感官评价

课程思政点

【本章简介】

本章主要介绍了香料香精样品的制备方法和主要的感官评价技术，进而介绍了对卷烟加香加料后的效果评价方法与技术。

香料工业与人们的生活紧密相关，香料的质量与人们的身体健康关系极大。因此，无论是天然香料、合成香料或单离香料，都要进行严格的质量检验。检验的项目包括：①感官检验，包括香气、香味和外观的鉴定；②物理常数测定，包括相对密度、折射率、旋光度、熔点、凝固点、闪点、沸点、乙醇中的溶解度、蒸发后残留物的定量测定；③化学常数测定，包括酸值、酯值、醇量、羰值、酚量。

为了确定香料的质量，有时还要进行食用卫生指标检验，如重金属的含量测定。为了确定香料的纯度，还要做气相色谱的测定。

第一节　香料香精样品的制备

一、取样方法

取样是指从批容器或个容器中取出在品质和组成上都具代表性的样品，以便进行分析检验。取样中应用的一切工具，在使用前均应洗净和干燥，所使用的工具应该采用不受试样腐蚀的材料制成。

（一）大容量容器的取样

如果产品是由大槽或槽车等大容量容器盛装，在每个大容量容器内，从上层表面算起，取出 1/10 总深度、1/3 总深度、1/2 总深度、2/3 总深度、9/10 总深度的 5 个局部样品，把在每个容器内所得的 5 个局部样品集中起来，混合均匀，再从中取出 3 个有代表性的样品，做质量检验和核对分析使用。

（二）一般容器的取样

如果产品是由桶、坛罐或瓶子盛装，应按表 9-1 中所列要求取出容器的最低数，分别从每个容器中取出不同深度的样品，然后集中混合均匀，再从其中抽取 3 个代表性的样品，做质量检验和核对分析。

表 9-1　　取样数量表　　单位：个

委托分析容器总数	取样容器的最低数	委托分析容器总数	取样容器的最低数
1~3	每个容器	61~80	5
4~20	3	81~120	6
21~60	4	120 以上	每 20 个容器取 1

二、精油试样的制备

为了获得合格的检验试样，应采取下列操作程序。

（一）样品的灌装

如果精油在室温下是液体，在室温下即可将其注入锥形瓶中，装入量不超过该容器体积的 2/3。如果精油在室温下是固体，则应置于烘箱内，控制在合适的温度进行液化，然后灌装。在以后操作中，要始终使精油保持处于液态的最低温度。

（二）样品的干燥

在天然精油中，样品往往含有微量的水分。为了除去水分，应将新干燥的中性脱水剂硫酸镁或硫酸钠加入装有待测样品的锥形瓶中。加入量为精油质量的 15%左右，至少在 2h 内不断地猛烈振荡。

（三）样品的脱色

对于因金属或金属氧化物存在而色泽较深的样品，可用柠檬酸或酒石酸进行脱色处理。将适量的柠檬酸或酒石酸与精油一起搅拌，可以除去其中使精油产生颜色的金属离子。

(四) 试样过滤

样品经过干燥、脱色等处理后，要进行过滤。过滤后的样品装在清洁干燥的容器中，按照要求，立即进行各项检验。

由于使用的原料来源不同、制备方法不同，或由于合成路线的不同，即使使用同种香料，其香气或香味也会有差别。因此，一个好的调香师，必须了解香料的制备。

第二节 香料香精的感官评价

一种香料或香精的好坏，除了理化指标可判断外，其香气和香味只能靠人的感官评价。所有的原材料在用于调配香精前都要进行感官评价，所有配好的香精在送达客户之前也要进行感官评价。因此，感觉是能否接受的最后保证。

一、感官评价概述

感官评价具有质量控制功能，是工业企业典型的质量评价方法。

质量控制实验室的功能是准备样品。配好的香精样品从调配人员处直接送到质量控制实验室，每个样品上都附有一张表格，上面写有香精名称、号码、生产数量、生产日期、配制者姓名和客户姓名，这样可以让质量控制部门获得有关香精的信息。

质量控制部门把最近一批送至客户的香精样品作为已配好香精的比较标准。所有这些香精样品满瓶后贮藏于冰箱内。样品的保留视客户购买每种香精的频繁程度而定，通常将最近三批送达客户的产品样品保留下来，当新的一批香精生产出来，就将老的一批样品扔掉。

将样品排列起来进行比较来评价香精的颜色、香气和香味。对于香味评价，通常有3种不同的评味介质，即水、糖浆水溶液、糖浆-柠檬酸-水溶液。

水用于品尝肉类、洋葱、大蒜、黄油、咖啡等食品香精和大多数辛香料。

糖浆水溶液是由250mL 68°Bx的糖浆与750mL自来水混合而成，这样得到约为17%（质量分数）的糖溶液，用于品尝薄荷、留兰香、椒样薄荷、冬青、香荚兰和香蕉等香精。

糖浆-柠檬酸-水溶液是由250mL 68°Bx糖浆、0.3mL 50%（质量分数）柠檬酸溶液和750mL水混合制得的。大多数水果香精在糖酸溶液内进行香味评价。

用这些不同介质而不是单纯用水对所有香精进行评价，目的在于使香精置于含有与该香精的最终产品相类似的介质中。糖浆和柠檬酸起香味增效剂的作用。

评价的浓度取决于每种香精的强度。但是，也有一些香精可以遵从一般性指导原则。

天然食品香精是指以果汁为基础的食品香精。天然食品香精评价时一般为0.5%~

1.0%（体积分数）浓度，这一浓度是在100mL评味介质中加入0.5~1mL香精得到的。大多数调味香精和WONF香精（用其他天然食品香料强化的香精），以及多数人造食品香精在0.01~0.05mL/L浓度品尝。为达到这一浓度，将0.1mL的香精加到10mL乙醇中，制得1%（体积分数）的溶液，再取0.1~0.5mL上述溶液加入100ml评味介质中。通常天然和WONF喷雾干燥香精在适当品尝介质中的浓度约为1%（体积分数），人造喷雾干燥食品香精一般为浓度范围品尝。喷雾干燥香精具有水溶性，1%（体积分数）浓度的溶液可以用水代替乙醇作为溶剂。对于喷雾干燥香精来说，一般含有80%的惰性载体，只有20%为有效香味成分，在品尝时其浓度要稍大于液体香精。对于标准样品和新样品，两者要用同一浓度，这一点很重要。0.1mL的差别在评价时就会被看成不同的香味强度。在适当介质中以适当浓度调配好样品后就可以进行评价。

大多数香精公司只由一个或两个人作出质量控制上的感官评价结论，也有某些实验室对于即将发送给客户的香精，由一个专门小组进行感官评价。尽管组成小组作评价更可取些，但会使到达质量控制实验室的样品太多，从而使这种做法几乎不可能。在一个较大的公司内，通常每天要评价50个以上的样品。

当评价香味时，必须同时考虑香味的性质和强度。随着香精的陈化，发生某些颜色和香味变化是正常的。例如果汁浓缩物和基于果汁的香精常常会受非酶褐变反应的影响。一个新生产的天然草莓香精为淡红色、味道新鲜，而同一香精较老的一批会变成棕红色，有更像果脯样的香味。又如柑橘类香精因陈化时发生氧化反应，在颜色上变得更淡，它们可能具有更像松节油样的香味。

如果贮存的样品比新样品老许多，则老样品会发生一种或数种变化。此时，保留样与新样品之间的差异不一定是拒绝新样品的原因。但是，如果新样品显示出颜色和香味改变的信号，这是值得注意的信息。假定保留样稍有变质，则拒绝一个香精的标准在于新生产的香精和较老的保留样之间是否有颜色或香味上的差别。香味性质和强度最为重要。颜色上的微小差别常是被允许的，这取决于加香产品是什么颜色。

样品通过评价后，需要在这一香精的一份记录卡上（或电子计算机档案上）写下日期、批号和客户。同时在一本簿子上也要记下这些信息，将样品保留，成为该香精最新的贮存样品。将卡片送到装运部门，并将香精送到客户手中。

质量控制实验室的另一个功能是进行感官评价和验收原料。香料和精油既可以由自己公司原料厂制造，也可以外部购买。不管是什么情况，这些香料和精油在成为库存料之前，应经质量控制部门批准。对原料评价的方法同配好的香精的评价方法十分相似，主要的不同是品尝介质，所有的原料在水中进行评味。评价原料的真正性质应没有甜味及pH干扰，这一点十分重要。大多数精油和香料在含量0.1mL/L时品尝，某些精油（如独活草、洋葱、大蒜）和大多数油树脂则在更低含量0.001~0.005mL/L时评味。对原料的评价是看其在颜色、香味强度和特征上的差别，因为它们中的大多数是澄清或浑浊的，所以颜色不是很重要。

质量控制实验室将分析和感官评价两者结合起来，以保证在制造香精时使用优质的成分，并保证配好的香精符合客户选择的规格。对一个香精公司来说，质量控制实验室是很重要的部门。因为香精公司要保持2000~4000种原料和至少相同数目配好的香精。质量控制实验室要从事解决问题的工作，质量控制部门发现问题后质量控制实验室就会被指派去解决问题。

二、感官评价技术

（一）香气的评价

香气评价时的条件很重要，绝不能让其他香气干扰评香人员的判断。评香人员在评香时必须全神贯注，即使稍不留意，也会严重影响评香结果。

评香首先要求以统一的，最好是标准的方式将样品暴露于鼻腔感受器。温度和相对湿度应尽可能保持稳定。评香方式可以是用两个鼻孔自然呼吸，也可以用一个鼻孔用力嗅闻。

一般按下列方法向评香人员出示样品。

（1）液体样品　用一标准嗅香纸（一般长140~150mm、宽56mm），不带任何其他气味。将嗅香纸浸入样品12cm深，离鼻腔2.5cm通过鼻孔吸气，每次2~3s，连续评香应有节奏。当比较两种香气时，不能一种香气用左鼻孔，另一种香气用右鼻孔。

（2）固体样品　可直接（或擦在清洁的手部皮肤上）嗅香，也可选择适当的溶剂配成液体样品，然后按嗅液体样品的方式进行评定。

（3）喷雾样品　用标准的嗅香卡片，在标准距离按标准时间喷雾，以确保样品剂量均一。

评香仅限于直接比较两个具有类似性质和强度的样品时最为可靠。对两种以上的样品进行多重比较或对无比较可能的样品加以比较是最不可靠的，因为评香人员必须靠记忆去区别所嗅闻的香气样品。

香气在一段时间里的格局往往是很能说明问题的。为此，评香应在如下间隔时间内进行：蘸后就嗅，再分别隔1h、2h、6h嗅一次，过夜之后或不少于18h后再嗅一次。每一间隔之间，嗅香纸应在室温下夹在合适的夹子上，同其他嗅香纸相互隔开，并远离高浓度杂气味。不用嗅香纸的另一种方法是将样品置于密封容器内，使样品蒸气在评香前达到平衡。如果是液体、油树脂等，就取5mL（g）样品置于一个100mL的瓶口塞紧的容器内。如果是干燥的原料，将具有代表性的样品置于试验容器内，样品数量为容器总高度的1/4。评香前，容器在恒温（20~25℃）下至少静放1h。评香必须有控制地嗅闻，使吸进的是气相部分。在重复嗅闻之间必须使挥发性气体达到平衡，一般间隔5min即可。

胶囊香精的香气不能直接评价，正确方法是：取5g物料，加入25mL沸水，放在盖得不紧的容器内打漩，静放使之达到平衡。20min后，温度降至50℃即可评价。

（二）香味的评价

香味评价的条件比评香要求更高。评香时应尽可能在专门的香味评定室进行。如果没有专用的香味评定室，那么最好能在房中腾出一块地方。

为获得有意义的结果，评香时必须集中注意力。经验表明，有其他评味人员存在或者环境不安静或匆匆忙忙的情况下都将严重影响评味的准确性。进行评味时还应谨慎对待下列情况。

（1）外来杂味　由于评香人员使用香皂、香水和盥洗水等，常随身带进异味。在评味前，所有评香人员应用未加香的肥皂或洗涤剂洗手，并停止使用有香气的化妆品等。吸烟者更是带进异味的来源，吸烟者必须在评味开始前至少30min内禁止吸烟。

（2）光照条件　在整个评味阶段，评味人员必须感觉舒适，光线太亮或太暗都将影响评判。利用特殊的有色灯可能会消除样品的各种颜色差异，但对评香人员有抑制作用。是否需要消除无关的特征，也需谨慎掌握。即使最终产品有外表特征，也最好以原状评定。如有必要，可在评味前向评香人员说明，然后决定哪些是有关的，哪些是无关的。

（3）用具　所有用具必须洗涤干净，没有异香或异味，最好用同样容器盛装样品，用后可弃去的器具也应仔细检查有没有异味。

（4）水　制备样品时要用饮用水，不应用蒸馏水或软化水。城市供水中任何能被感知的味道对所有样品都是一样的，因而可以不介意。

（5）试验条件　样品必须在同一条件下、同一时间内作比较。提供给评味人员的每个样品应有足够的量并处于适当的温度下，以便他们可以多次评味，直至提出评价意见。样品应吞还是嚼后吐弃，都由评味负责人决定。

（6）样品编号　所有样品必须能随意拿取，并标注任意的三位数以区别。

（7）结果　在所有评味人员结束评价之前，对于任何评定结果不得进行讨论。结论一般是由评味人员写在预先下发的纸上。

（三）色泽的鉴定

色泽的鉴定是天然香料中的第二个重要的外观质量指标。色泽鉴定的要求是，待检试样是否与标准试样相符，是否达到了质量标准。对液体标准样色泽，除特殊选用具有代表当前生产水平的产品作标准样外，一般采用无机盐配成标准色样供检验对比。为了求得准确的色泽情况，较先进的方法是用比色仪与标准样品对比，其操作方法可按轻工业部部颁标准 QB 794《香料统一检验方法》进行。

（四）味觉复原

对于在各种样品评味之间是否应该调整味觉的问题，研究人员看法不尽一致。如果评价最终样品，无需调整味觉。如果评价香味强度高的香精，在每结束一项评味后应当给予调整，使评味人员的味觉复原。只有这样，才能充分发挥每位评味人员的技能，这种技能只有始终一致地加以利用才能奏效。

为了使评味人员的味觉复原，注意应用下列物料。

（1）适宜在大部分水果香精、食用香精和温和调味品的评味后　水（饮用水或充碳酸汽水）、无盐薄脆饼干、爆米花、新鲜面包（去掉硬壳的白面包）、脱脂乳和白脱乳。

（2）适宜在苦味、香味强烈或有油性特征的或有后味的香精评味后　稀释白柠檬汁、苹果片和苹果汁（稍加糖的）。

（3）适宜在强烈而辛辣的辛香料评味后　天然酸牛乳、稀释糖浆［10%（质量分数）蔗糖］和土豆泥。

（五）特别措施

按照下列3条主要规则，人们很容易地评定香气强的原料或香味浓的最终产品：①被评定的原料必须稀释到适当浓度，不使嗅觉和味觉无法接受；②在各种样品和各批评定之间必须留有一定的时间使感觉恢复；③重复评定应在另一时间以相反顺序进行，以消除任何遗留的影响。

就第一项规则而言，稀释程度将取决于最初样品的强度以及所选用的评定介质，下列是有关各种原料稀释的一般建议。①合成香料：0.1g（液体0.1mL）溶于5mL 5%（体积分数）乙醇，将0.02mL溶液加至100mL介质中。②精油：将0.25mL精油与1mL 95%（体积分数）乙醇混合，加0.05mL溶液至100mL（g）的介质中。③油树脂：将0.25g油树脂溶于10mL 90%（体积分数）乙醇中，摇动均匀，并使任何不溶物沉淀，将0.5mL的上层清液加入100mL介质中；另一个方法是用一个合适的混合器将0.25g油树脂分散于100g盐内，取0.5g混合物放入评定介质中尝味。④香精：将0.02mL（如为粉末香精，取0.02g）的香精溶于50mL（g）的评定介质中。

某些产品具有特殊的感官性质，因此可能产生问题。下列情况需要特别注意。

（1）辛辣　辛辣是由于口腔或咽喉上部受到刺激或感觉到痛觉而被感受。刺激的位域常能表明是什么刺激物。一般剂量的辛香料有下列辛辣作用：胡椒被感觉于舌的前沿；姜被感觉于舌根；辣椒被感觉于咽喉底部；芥末被感觉于整个口腔。

由于辛辣迅速产生刺激，刺激使感官饱和并疲劳，对其他样品将不再产生感觉，因此，辛辣也使香味强度和质量评定产生困难。所以评定这类物质时应使这种刺激作用降低到最低点。方法是在接近阈值的低浓度时评定，留有足够时间使感官恢复知觉，以相反顺序进行重复评定。该方法限于评定一种性质。

（2）苦味　辛香料如肉豆蔻和肉豆蔻衣非常苦，这一特性将影响评定。由于味觉对苦味很敏感，因此其相对评定只能在低浓度时进行。

（3）生理作用　某些辛香料和精油对嗅觉和味觉有明显的生理作用，这将干扰质量的评定。如丁香含大量丁香酚（温和的麻醉剂）和鞣酸类化合物（收敛剂）。含大量薄荷醇的薄荷油在口腔内有强的清凉作用，在鼻腔内稍有麻醉作用。如果仔细稀释，并留有足够的恢复时间，这些作用可减低到最低。

第三节 卷烟加香加料效果评价

卷烟香味要经过燃烧才能提供给消费者令人愉快的香味，因此，卷烟香味是香味艺术的一个专门领域。它需要有资历、有经验、熟悉卷烟所需提供各类香味产品的调香专家参与，才能取得很好的效果。

一、卷烟加香效果评价指标

烟用香料香精在卷烟产品中的作用是提供令人满意和乐于接受的嗅感和味感，与其他加香产品的根本区别在于，卷烟产品的加香效果要经过燃烧才能最大限度地体现出来。

采用标度检验可以对卷烟产品香味风格和香味品质进行分析。标度检验广泛用于需要量化感觉、态度或喜好倾向性等的场合，标度技术基于感觉强度的心理物理学模型，即增强物理刺激的能量或增加烟气中某组分的浓度或含量，会导致其在感觉、嗅觉或味觉方面有多大程度的增强。

（一）卷烟加香效果评价表

表 9-2 所示是目前卷烟工艺对卷烟加香效果进行评定的量化表格示例。

表 9-2　　卷烟加香效果评定量化表格示例

样品	评价项目	标度检验		
		3	2	1
加香卷烟	嗅香			
	特征香气			
	加香与烟香的谐调性			
	香气的香势和持续性			
	烟气的甜润度和细腻感			
	杂气的变化			
	烟气的刺激性和生理强度			
	余味的干净舒适程度			

（二）评价表中各项指标的定义

1. 嗅香

是指燃吸前在烟支表面嗅到的香气，分为令人愉快（3）、较令人愉快（2）、尚令人愉快（1）3 个标度。

2. 特征香气

是指燃吸时具有明显而优美的特征香气，分为明显优美（3）、较明显优美（2）、尚明显优美（1）3个标度。

3. 加香与烟香的谐调性

是指燃吸时所加香精与烟草本香的谐调性，分为谐调（3）、较谐调（2）、尚谐调（1）3个标度。

4. 香气的香势和持续性

是指燃吸时香气的强度和稳定性，分为强（3）、中等（2）、弱（1）3个标度。

5. 烟气的甜润度和细腻感

是指燃吸时烟气的甜润程度和细腻程度，分为好（3）、较好（2）、尚好（1）3个标度。

6. 杂气的变化

是指燃吸时杂气的增减情况，分为无杂气（3）、微有杂气（2）、略有杂气（1）3个标度。

7. 烟气的刺激性和生理强度

是指燃吸时对感官各部位的刺激程度和烟碱对喉部的冲击强度，分为好，即无刺激性、劲头适中（3）；较好，即略有刺激性、劲头小（2）；尚好，即刺激性较大、劲头大（1）3个标度。

8. 余味的干净舒适程度

是指燃吸时口腔的残留程度和舒适度，分为纯净舒适（3）、较净较舒适（2）、尚净尚舒适（1）3个标度。

这种卷烟加香效果的评价方法，是将卷烟的香味特色与卷烟的感官质量相结合，使卷烟从风格和品质上得到一个较全面的评价。

二、感官评吸评价要求

采用标度检验评价方法，在评吸前应对评吸指标及标度的意义进行明确规定。

（1）为评吸员准备一系列试样和标准样品以及规定的表格，要求评吸员按照表格要求对试样规定的指标进行评吸。

（2）参加评价的评吸员都要经过标度检验评价方法的培训。

（3）对被评价试样的各种烟气特性应由专家组成的评吸小组预先进行一组试验，以确定出其重要的感官特性，用这些试验加工设计出一张描述性词汇表并确定评价试样的程序。评吸员经过培训掌握方法，特别是学会如何使用这些术语词汇。可使用标准样品来培训学员。

（4）评吸员的数量应为7位以上。

（5）评价程序为：向评吸员提供标准样品、编码的试样和表格，要求评吸员按照表格上的要求对各项指标进行评吸。

（6）结果表示方式为：所有评吸员的评吸结果均为有效。将各评吸员的单项评吸结果加和，求其算术平均值，结果保留至一位小数。

三、感官评吸评价方法

感官评吸评价已成为烟草科技的一个重要研究领域，并成为烟草行业进行烟草新品种培育、卷烟新产品开发、质量改进、成分替换、市场预测、质量控制的重要手段。

（一）评吸器官的作用

1. 口腔的作用

口腔对烟气的浓淡程度、烟气的细腻感和粗糙感、刺激性的种类和大小有明显的感觉，同时还可以感觉到烟味的酸、甜、苦、辣、涩等。

2. 鼻腔的作用

鼻腔能对香气的特征、香气的优劣、杂气的轻重、刺激性的大小做出判断。

3. 喉部的作用

喉部的作用有两个方面，一是可以感觉到刺激性的种类和大小，二是可以感觉到劲头的大小。

（二）评吸方式

1. 单一评吸方式

所谓单一评吸方式是指评吸时采用一个样品单独进行评吸。这种方式多用于按照标准规定去衡量某一样品是否达到了质量要求，如对一成品卷烟的评价，对某一批原料烟质量的评价等。

2. 对比评吸方式

所谓对比评吸方式是指评吸时采用两个样品同时进行评吸的方式。用这种方式评吸时，需要选择一个标准样烟，对另一个样烟进行比较，判断其是否达到或超过标准样烟。这种方式多用于对研制新产品的比较，各烟厂之间同类型、同风格、同等级卷烟的比较，国内外同类型烟产品的比较，以及会议评比、加香加料对比、发酵方法对比、不同烟草品种和不同栽培试验对比等。

3. 三点检验评吸方式

三点检验评吸方式是向评吸员同时提供一系列编组的 3 个烟样，其中两个是相同的，一个是不同的，要求评吸员从中挑选出哪一个是不同的样品。这种方式主要用于对两个烟样进行较为细微的鉴别，以区分出其细微的差别。这种方式也适用于农业和卷烟工业选择性试验。

应用这种方式时，需要对烟样按相等比例进行编组，编号后提供给评吸员。其顺序组合是：

XXY　YXX　XYX　YXY　XYY　YYX

4. 密封评吸方式

密封评吸也叫暗吸，即将烟支钢印和生产编号密封起来，使评吸员不了解样烟的来源。这样评吸较为客观，可以避免明吸的印象观念和心理作用对评吸员的影响，使评吸结果更为公正、真实。

（三）评吸的方法

不同的评吸方法得出的评吸结果不同甚至是相反的。一般在评吸时采用局部循环法和整体循环法两种。

（1）局部循环法　局部循环法又称小循环法，是指在评吸时只用部分感觉器官进行评吸。具体方法是：当烟气吸入口腔后，在口腔内稍作停留，然后通过鼻腔徐徐呼出烟气。这是应用部分器官——鼻腔，令烟气做一个小的局部循环。通过局部循环，评吸员对香气、杂气、刺激性及烟气浓淡等项目进行评价。这种方法多用于对香料香精的鉴定、调香鉴定，或其他烟质项目的某一单项进行比较。这种方法有一定的局限性，例如，虽然可以感受出烟气的刺激性，但仅仅是对鼻腔的刺激性，而不能感觉出刺喉的作用，此外，对苦涩味也很难感觉出来，对余味的感受也不全面。

（2）整体循环法　整体循环法又称大循环法，是指评吸员在将烟气吸入口腔后，通过喉部把烟气咽下去，然后通过鼻腔把烟气徐徐呼出，通过数次吸、咽、呼的反复过程，对烟气质量做出全面判断。应用这种方法评吸烟样，所得结论是综合性的，能真实地反映出样品的香味、协调性、杂气、刺激性、劲头、余味等各项品质。这种方法动用了全部评吸感官，又和吸烟者习惯相近，因此具有代表性，对烟草及其制品进行内在质量的评价接近真实，所以在评吸时多被采用。

整体循环法的评吸过程是：用最大抽吸量将烟气吸入口腔，使口腔内充满烟气，稍作停留，由鼻腔控制呼吸；由鼻腔呼出烟气后，改用口腔吸入空气，烟气自然向喉部运动；当烟气到达喉部时，关闭嘴唇，咽下烟气；然后迫使烟气从鼻腔呼出，完成整个吸烟过程。在这个过程中，当烟气在口腔内由前向后运动时，应判断烟气的浓度、细腻程度和对上颚的刺激性；当烟气接触喉部时，应及时判断喉部有无刺激性，以及劲头大小；当烟气由鼻腔缓缓呼出时，应判断香气质、香气量、香气特征，是否存在杂气，杂气多少，烟气的谐调性，以及对鼻腔的刺激性和刺激性大小等。然后再感受一下口腔内的余味和舌根处的苦涩味。反复多次评吸，最后做出综合评价。

在评吸时有几个问题值得注意：烟支前端和尾端不具有代表性的特点，所以不宜进行正式评吸，从第二、第三口烟，烟支正常燃烧后才开始评吸。评吸过程中，每次抽吸烟气量尽量争取一致，因为抽吸量不同，对香气、劲头、刺激性等的感觉是截然不同的。此外，要控制好评吸过程中的停顿、吸气速率和呼气速率；不能过快或过慢，要保持正常。每个吸烟过程之间，要休整，避免感觉器官过度疲劳。每天评吸烟支的数量不宜过多，最好控制在 10 支以下。最后强调一点，评吸员应充分发挥评吸器官的作用。

口腔是评吸的主要器官，能准确感受烟气的饱满程度、烟气的浓淡柔和与强烈程度。上颚对烟气的刺激最敏感。舌头可以感受酸、甜、苦、咸 4 种味道。舌头对甜味敏感，舌根对苦味敏感，舌尖两侧和舌外侧对咸味敏感，舌外侧中部对酸味敏感。喉部也可以感觉烟气刺激的强弱，还可以判断烟气劲头的大小。

鼻腔也是评吸的重要器官。鼻腔后上部嗅觉器官可以感受香气和杂气的多少以及刺激大小。

总之，在评吸过程中，要求评吸员把口腔、鼻腔的味觉和嗅觉器官充分调动起来，客观地评价烟样烟气的丰满程度、冲击程度、杂气、刺激性和余味等各项品质指标，从而对烟样优劣做出综合评价。

重点与难点

1. 感官评价技术。
2. 评吸评价要求。
3. 评吸形式。
4. 评吸方法。

思考题

1. 如何进行香料香精取样？
2. 为了获得合格的精油检验试样，应采取哪些操作程序？
3. 如何进行香料香精的感官评价？
4. 评吸器官的作用是什么？
5. 卷烟评吸方法有哪些？
6. 卷烟加香效果评价指标包括哪些？

第十章
香料香精质量的检测分析

课程思政点

【本章简介】

本章首先介绍了香料香精检测分析的基本内容、物理化学指标的定义及测定方法，进而介绍了一些常用的烟用香精检测的仪器分析技术。

烟用香料香精的内在质量及其稳定性对卷烟产品质量稳定性有相当大的影响，产品质量及稳定性的提高是重要的生产环节之一，因此，对香料香精产品检测分析的重要性日渐凸显。烟用香料香精内在质量的常规检测指标主要包括酸值、澄清度、挥发性成分总量、色度、密度、折射率、溶解度等理化检测项目，而这些传统检测指标对香料香精产品的内在质量控制起到了较好作用。近年来，随着卷烟企业和香料香精企业的仪器配备、操作技术水平方面的提高，对香精质量控制更加严格，更加强调烟用香料香精的内在成分检测分析，提高了对香料香精质量的控制水平，实现对香料香精产品内在质量成分的科学监控，有利于香料香精企业、卷烟企业对香料香精产品的理性把握和合理使用，从而促进产品质量稳定性的提高。

第一节　检测分析内容

一、取样与样品制备

在对香料香精进行理化检测分析前，必须进行科学取样，充分制备好合格的检验试样，因为取样与试样制备的效果关系到检测指标的准确度和香精质量的控制水平。有关试样的取样方法和制备程序见第九章第一节。

二、检测项目

香料香精可以是液体、乳浊液或干燥粉末。首先应对样品的外观（即颜色、透明度、乳光）进行评价，然后用适当的介质稀释样品，对其香气和香味进行评价。最好同保存在最佳条件下并按照规定时间更换的标准样品进行直接比较。

1. 一般检测项目

相对密度（通常在20℃测定，在其他温度下测定时要进行校正）、溶混度（在一特定稀释度的乙醇中的溶混度）、乙醇或其他特殊溶剂的含量、折射率（20℃）、旋光度（20℃）、色强度或色调、闪点（℃，用敞口杯或盖口杯法）。

2. 对组分的特定试验

酸值、醇类（采用乙酸化-甲醛化法测量总醇量、叔萜醇量，采用甲酸化法测量香茅醇量）、醛类和酮类（亚硫酸氢盐法、中性亚硫酸盐法、苯肼法、羟胺法）、含氯化合物、酯类（普通法、高沸点溶剂法）、重金属、酚类（游离酚、总酚）。

3. 仪器试验

气相色谱、液相色谱、红外光谱、紫外光谱测定同一性和来源，测定掺杂、组成变化和进行生产质量控制。指纹图谱数学模型的选择研究确定最佳的指纹图谱数学模型。烟用香料香精产品色谱指纹图谱允差指标的确定：通过不同生产批次香料香精、不同贮藏时间和贮藏条件，模拟原料和配比变化对色谱指纹图谱的影响，结合香气质量和香味质量的评价，确定烟用香料香精产品色谱指纹图谱允差指标。

第二节　物理指标测定

一、溶混度测定

（一）溶混度的定义

天然香料在乙醇水溶液中的溶混度，有时也称为溶解度。根据国际标准，精油在已知乙醇含量的水溶液中溶混度的定义是：在25℃时，当1体积的某种精油和V体积的一定浓度的乙醇水溶液混合后澄清透明，并再将该浓度的乙醇溶液逐渐加入乙醇总体积为20体积时仍能保持澄清，则认为此精油能与V体积或更多体积的该浓度的乙醇水溶液溶混。

（二）测定方法

用移液管将1mL烟用香精移入量筒或量瓶，把盛有香精的量筒放在恒温装置中，使温度保持在 25℃±0.5℃。用滴定管将预先调整到 25℃±0.5℃的已知浓度的乙醇加入香精中，每次加入量为 0.5mL，并激烈摇动，直至完全溶混。当混合液完全澄清时，记下所加入的乙醇和水的混合液的体积。继续加入这种乙醇，每次加入量为 0.5mL，并充分摇动，直至总体积为 20mL，如果在 20mL 加完前出现浑浊或乳色，记下开始出现浑浊时加入的乙醇体积（如可观察，记下使浑浊消失时的体积）。如加至 20mL，还不能得到澄清透明的溶液，则更换更浓一级的乙醇水溶液重新测定。

二、相对密度测定

（一）相对密度的定义

在测定烟用香精的相对密度时，应在 20℃下进行。即在 20℃时，一定体积试样的质量与 20℃时同样体积的蒸馏水质量之比。其表示符号是 d_{20}^{20}，根据测定温度不同，通常表示为 d_{20}^{20}、d_{25}^{25} 等。

（二）测定方法

1. 密度瓶法

（1）仪器设备　相对密度测定装置如图 10-1 所示。玻璃密度瓶：体积为 25mL 或 50mL；标准温度计：0~50℃，0.1℃或 0.2℃刻度；恒温水浴：水浴为 20℃±0.1℃；分析天平：精确到万分之一。

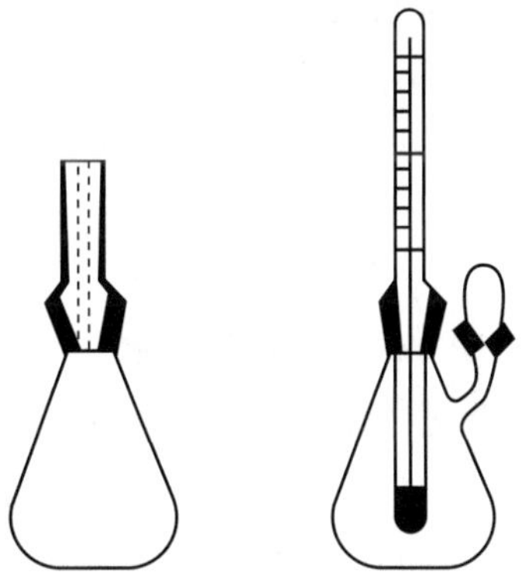

图 10-1　相对密度测定装置

（2）测定方法　将密度瓶洗净并干燥至恒重。用移液管吸取刚经煮沸并冷却至 20℃的蒸馏水，装满密度瓶，插入温度计，然后将瓶置于恒温水浴中，保持瓶中水温 20℃，20min。用滤纸吸去由毛细管渗出的水，盖上小帽，仔细擦干密度瓶的外部，置于天平上，使达室温后称重，按式（10-1）计算水的质量 W：

$$W = G_1 - G_0 \tag{10-1}$$

式中　G_1——装入水后密度瓶的质量，g；

　　G_0——空密度瓶的质量，g。

然后用移液管吸取 20℃的试样，小心装满于已知水值和瓶重的干燥洁净密度瓶中，插入温度计。恒温，擦干和称重如上。

相对密度 d 按式（10-2）计算：

$$d = \frac{G_2 - G_0}{W} \tag{10-2}$$

式中　G_2——装入试样后密度瓶的质量，g；

G_0——空密度瓶的质量，g；

W——含水量，g。

2. 韦氏密度秤法

将蒸馏水注入仪器所附的玻璃圆筒内，将圆筒置于恒温水浴中，调节温度至20℃±0.1℃。将悬于秤端的玻璃锤浸入圆筒内的蒸馏水中，秤臂右端悬挂游码于0.9982，倾去蒸馏水，拭干玻璃锤，装入试样，并将恒温水浴温度调节至20℃±0.1℃，再将拭干的玻璃锤浸入试样中，调节秤臂右端的游码数量与位置使平衡，读取数值，并将此值除以0.9982，即得试样的相对密度 d_{20}^{20}。

三、折射率测定

（一）折射率的定义

折射率又称为折射指数。光从一种介质射入另一种介质时，光的方向就会发生改变，这种现象称为光的折射。

物质的折射率不仅与其结构有关，而且与光线的波长、温度、压力等条件有关。外界条件确定之后，折射率只取决于物质的结构，所以不同的液态物质都有自己特有的折射率，如果被测定样品是纯品，则所测折射率应与标准文献值相符。

在测定有机化合物或精油折射率时，入射的单色光波长为589.3nm±0.3nm，相当于钠光谱中的D线，测定时的温度大多为20℃，其折射率用 n_D^{20} 表示。

（二）测定方法

调节通过折射仪的水流，使温度为20℃。分开折射仪的两面棱镜，用擦镜纸或脱脂棉蘸取乙醚拭净。待棱镜完全干燥后，用玻璃棒滴加1~2滴试样于下面的棱镜上，迅速闭合棱镜，静置数分钟，待试样达到20℃，调整反射镜；对准光源，由目镜观察；转动补偿器螺旋，使明暗两部分分界线明晰，转动标尺指针螺旋，使明暗两部分分界线恰好通过接物镜上“X”线的交点，检读标尺上折射率，同时核对温度，应为20℃。

四、比旋光度测定

（一）旋光度与比旋光度的定义

（1）旋光度　能使平面偏振光振动面旋转一定角度的性质称为物质的旋光性，旋转的角度大小称为旋光度。

（2）比旋光度　物质的旋光度与溶液的质量浓度、溶剂、温度、旋光管长度和所用光源的波长等都有关系，因此常用比旋光度来表示各物质的旋光性。

（二）测定方法

先将光源对准旋光计的中心轴，使通过目镜观察时有清晰的视野场，用蒸馏水校正至刻度盘上零点。将试样注入 100mL 旋光管中，再置于中心轴槽中用起偏镜与检偏镜观察。

调整目镜，使有清晰的视野场，转动检偏振镜的螺旋，直至视野场中明暗两部分的亮度相同，而由此微向左或向右转时，即出现明暗度的差别，读取此时在刻度盘上的度数，再缓缓转动检偏振镜的螺旋。用相同方法再读取刻度盘上的度数两次，取三次的平均数，即为试样的旋光度。

平行试验结果的允许差为 0.2°。

比旋光度计算式如式（10-3）：

$$[\alpha]_D^t = \frac{100 \times \alpha}{l \times \rho} \tag{10-3}$$

式中 $[\alpha]_D^t$——在温度 t（℃）时的比旋光度（钠黄光），(°)；

α——在温度 t（℃）时溶液的旋光度，(°)；

l——旋光管长度，dm；

ρ——溶液的质量浓度［以试样在 100mL 溶液中的质量（g）表示］。

五、闪点测定

（一）闪点的定义

香料香精等易挥发物质在规定条件下，加热到它的蒸气与空气所形成的混合气接触火焰发生闪火时的最低温度称为闪点。

闪点是一个安全指标，是有火灾危险出现的最低温度。

（二）测定方法

根据所用闪点测定器的形式，闪点可分为闭口闪点和开口闪点。由于香料香精产品的挥发性都比较大，所以大都采用闭口闪点法测定闪点。

将试样注入储存器到标线为止，装置安装好后，以每分钟升高 5~8℃ 的速率加热，同时开动搅拌器。加热到估计闪点 30℃ 以下时，加热速率减到每分钟升高 2℃。当温度低于估计闪点 10℃ 时，每经 1℃ 进行一次点火试验。在全部试验期间均进行搅拌，仅在进行点火试验时才停止搅拌。点火试验时，打开孔盖约 1min，火焰呈直径 3~4mm 的球形。如不闪火，即重新搅拌试样，重复进行点火试验。以试样表面上方最初呈现蓝色火焰时，温度计上所示的温度作为闪点。

六、蒸发后残留物测定

（一）蒸发后残留物的定义

蒸发后残留物就是在 100℃ 以下不会挥发的精油成分的质量分数，是精油纯度的一个重要标准。精油是复杂的混合物，要准确地测定其中的挥发残留物是很困难的。因为精油中的蜡类和其他高沸点不挥发成分会使低沸点成分保留在残留物中，使残留物不能顺利达到恒重。所以，必须规定一种操作方法以便测定操作。

（二）测定方法

取清洁的硬质蒸发皿，先在干燥器中放置 30min 后，准确称量（精确至 0.001g），放入待测样品后再称量，在水浴上加热至指定时间，取下蒸发皿放在干燥器中冷至室温后再称量。计算蒸发后，残留物的质量分数。对某些样品，取样量和加热时间列于表 10-1。

表 10-1　测定残留物时的取样量和加热时间

样品	取样量/g	加热时间/h	样品	取样量/g	加热时间/h
香柠檬油	5	5	肉豆蔻油	3	8
圆柚油	5	6	辣椒香膏	2	4
柠檬油	5	4.5	生姜香膏	2	4
白柠檬油	5	6	樟脑	2	4
橘子油	5	5	麝香草酚	2	4
橙子油	5	4.5	薄荷脑	2	2
红橘油	5	5	苏合油	2	2
松节油	5	4.5	古巴香膏	0.5	6

应注意的是，在这样的测定中，所用蒸发皿的大小和式样、样品的多少和加热的时间长短，均会影响所得结果。多数待测试样的取样应为 5g±0.05g，加热时间为 5h。蒸发皿在水浴中的位置如图 10-2 所示。

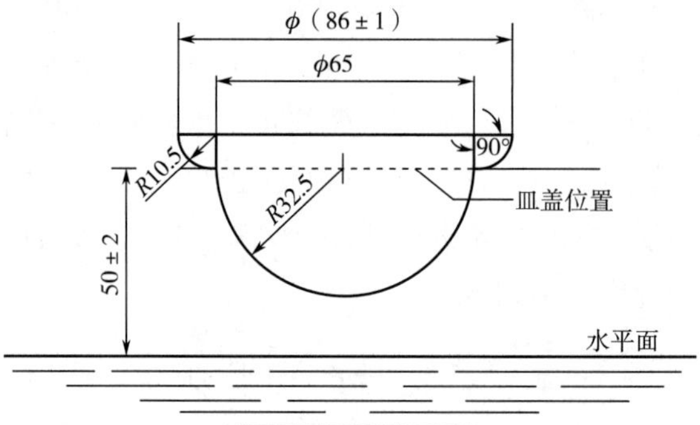

图 10-2　蒸发皿在水浴中的位置（单位：mm）

（三）结果计算

结果如式（10-4）：

$$残留物(\%) = \frac{m_1}{m_0} \times 100 \qquad (10-4)$$

式中 m——残留物的质量，g；

m_0——测试样品的质量，g。

第三节 化学指标测定

一、酸值测定

（一）酸值的定义

酸值是烟用香精的主要化学常数之一，指中和1g精油中所含游离酸时所需氢氧化钾的质量，以mg计。一般烟用香精游离酸量很小，但如果加工不当或贮存过久，由于烟用香精成分的分解、水解或氧化，都会使酸值变大。通过酸值的测定，可以辨别烟用香精的质量。

测定原理为：用标准的碱滴定液去中和游离的酸，如图10-3所示。

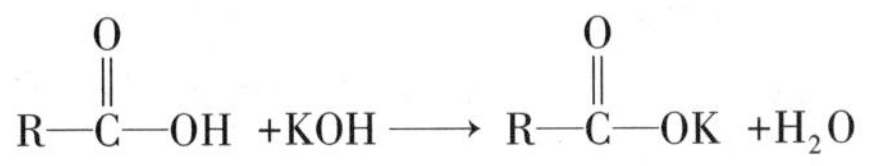

图10-3 酸值测定原理

（二）测定方法

称取试样约5g（精确至0.0001g）置于100mL锥形瓶中，加入20mL中性精制乙醇、3滴酚酞指示液，用氢氧化钾标准溶液（0.1mol/L）滴定至粉红色出现，维持10 s以上不褪色，即为终点。

酸值 A 按式（10-5）计算：

$$A = \frac{V \times c \times 56.1}{m} \qquad (10-5)$$

式中 V——滴定试样所耗碱标准溶液的体积，mL；

c——氢氧化钾标准溶液的物质的量浓度，mol/L；

m——试样的质量，g；

56.1——氢氧化钾的相对分子质量。

平行试验结果的允许差为：酸值在10以下的允许差为0.2，游离酸含量在10%（质量分数）以下的允许差为 0.2%；酸值在 10～100 的允许差为 0.5，游离酸含量在 10%（质量分数）以上的允许差为 0.5%；酸值在 100 以上的允许差为 1.0。

二、酯值测定

（一）酯值的定义

精油中的酯类化合物，往往是精油中的主要成分，酯值是表示含酯量的一种方法，指中和 1g 精油中酯在水解时放出的酸所需的氢氧化钾的量，以 mg 计。所以它是精油质量检验中的主要化学常数之一。

测定原理为在规定的条件下，用过量的标准氢氧化钾乙醇溶液水解精油中的酯类，然后用标准盐酸溶液滴定过量的碱，如图 10-4 所示。

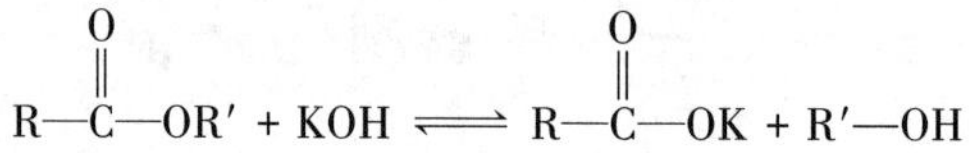

图 10-4 酯值测定原理

（二）测定方法

称取适量试样（精确至 0.0001g）于 150mL 皂化瓶中，加入 5mL 中性乙醇［95%（体积分数）］和 2 滴酚酞指示液，滴加氢氧化钾（或钠）溶液（0.1mol/L）以中和游离酸，用移液管准确加入 25mL 氢氧化钾乙醇溶液（0.5mol/L），连接空气冷凝器或水冷凝器，在沸水浴上回流 1h，冷却至室温，取下空气冷凝器，加入 5～10 滴酚酞指示液，用酸标准溶液（0.5mol/L）滴至粉红色消失为止。同时不加试样按上述操作程序进行空白试验。

酯值 C 按式（10-6）计算：

$$C = \frac{(V_0 - V_1) \times c \times 56.1}{W} \tag{10-6}$$

酯的结果也可用含酯量 D 来表示，如式（10-7）：

$$D = \frac{(V_0 - V_1) \times N \times 56.1}{m} \times 100\% \tag{10-7}$$

式中 V_0——空白试验所耗酸标准溶液的体积，mL；

V_1——滴定试样所耗酸标准溶液的体积，mL；

c——酸标准溶液的物质的量浓度，mol/L；

m——试样的质量，g；

56.1——氢氧化钾的相对分子质量。

平行试验结果的允许差为：酯值在 10 以下的允许差为 0.2，含酯量在 10%（质量分数）以下的允许差为 0.2%；酯值在 10～100 的允许差为 0.5，含酯量在 10%（质量分数）以上的允许差为 0.5%；酯值在 100 以上的允许差为 1.0。

三、羰值测定

醛或酮类化合物往往是天然香料的主要芳香成分，因此，羰值是天然香料的重要指标之一。

（一）羰值的定义

精油的羰值指 1g 精油与盐酸羟胺的肟化反应中，需要中和释放出的盐酸所用氢氧化钾的量，以 mg 计。

测定原理为：醛或酮的羰基与盐酸羟胺反应，转化为肟化物，同时释放出盐酸，用标准氢氧化钾溶液滴定所放出的盐酸，即可算出羰值，如图 10-5 所示。

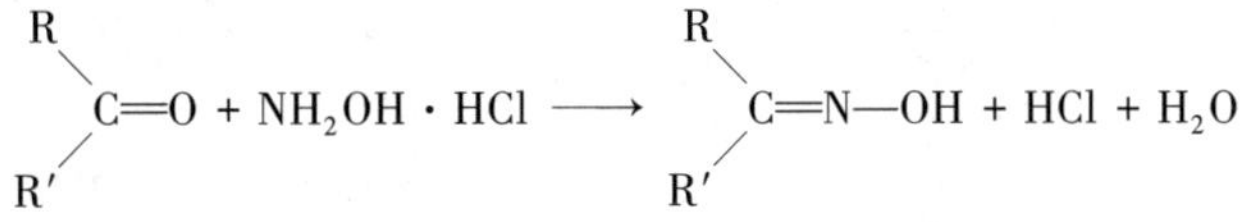

$$NaOH + HCl \longrightarrow H_2O + NaCl$$

图 10-5 羰值测定原理

（二）测定方法

称取一定量的试样（精确至 0.0001g），置于 250mL 锥形瓶中，用滴定管精确加入 75mL 羟胺溶液，摇匀，在室温下静置 1h（或按规定时间静置或回流），用盐酸标准溶液滴至绿黄色，同时不加试样按上述操作程序进行空白试验。

醛（或酮）含量 X 按式（10-8）计算：

$$X = \frac{(V_0 - V_1) \times c \times E}{m} \times 100\% \qquad (10\text{-}8)$$

式中 V_0——空白试验所耗盐酸标准溶液的体积，mL；

V_1——滴定试样所耗盐酸标准溶液的体积，mL；

c——盐酸标准溶液的物质的量浓度，mol/L；

E——醛（或酮）的相对分子质量的千分之一；

m——试样的质量，g。

平行试验结果的允许差为 0.5%。

四、含醇量测定

（一）测定原理

在天然香料中往往含有多种醇类，含醇量是决定天然香料质量的主要指标之一。含醇量的测定，常规方法为乙酰法。即是对精油试样用乙酸酐或乙酰氯先进行乙酰化，然后测定乙酰化后的精油试样中的含酯量，再从精油试样乙酰化前后的酯值计算含醇量。

（二）测定方法

1. 乙酰化法（测定总醇）

本法适用于某些伯醇和仲醇的测定。

（1）乙酰化　移取 10mL 试样、10mL 醋酐，并称取 2.0g 无水醋酸钠，置于 100mL 乙酰化瓶中，连接空气冷凝器，放在油浴内缓缓沸腾 1h，取出冷却 30min，加入 50mL 蒸馏水，在水浴上加热 15min 并不断振荡。冷却后，倾入分液漏斗中，静置分层，放去下层酸水溶液。加 50mL 食盐饱和溶液。充分振荡混合，静置使分层，放去下层水溶液，依次用碳酸钠饱和溶液和食盐饱和溶液各 50mL 洗涤。最后用蒸馏水洗涤数次，每次 50mL，直至洗液呈中性为止，静置使分层，放去下层水溶液。将所得乙酰化试样置于 25mL 锥形瓶中，加入 3g 无水硫酸镁干燥，干燥时将瓶塞塞紧，并不时振荡至澄清，用干燥滤纸过滤。

（2）皂化　称取干燥乙酰化试样 2g 左右（精确至 0.0001g）置于皂化瓶中，用移液管准确移入 50mL 氢氧化钾乙醇溶液（0.5mol/L），连接空气冷凝器，在沸水浴上回流 1h；冷却至室温，取下冷凝器，加 5~10 滴酚酞指示液，用酸标准溶液（0.5mol/L）滴至粉红色消失为止，同时，不加试样按上述操作程序进行空白试验。

游离醇含量（如原油中醇的含量甚少，可以忽略不计）可按式（10-9）计算：

$$X = \frac{(V_0 - V_1) \times c \times E}{m - (V_0 - V_1) \times c \times 0.042} \times 100\% \tag{10-9}$$

乙酰化后酯值：试样所含醇的组成结构不明者，用乙酰化后酯值 A 表示，如式（10-10）：

$$A = \frac{56.1 \times c \times (V_0 - V_1)}{m} \tag{10-10}$$

总醇（包括假定试样中酯值都是乙酸酯）占比 X 按式（10-11）计算：

$$X = \frac{(V_0 - V_1) \times c \times E}{m - (V_0 - V_1) \times c \times 0.042} \times \left(1 - \frac{42}{M + 42} \times \frac{e}{100}\right) \times 100\% \tag{10-11}$$

式中　V_0——空白试验所耗酸标准溶液的体积，mL；

V_1——滴定试样所耗酸标准溶液的体积，mL；

c——酸标准溶液的物质的量浓度，mol/L；

E——醇相对分子质量的千分之一；

0.042——乙酸酯与其醇相对分子质量差的千分之一；

e——试样中的酯含量，%；

$\frac{42}{M+42}$——乙酰基与乙酸酯相对分子质量比；

M——醇的相对分子质量；

m——乙酰化试样质量，g；

A——乙酰化后酯值。

平行试验结果的允许差为 0.5% 。

2. 氯化乙酰-二甲基苯胺法（本法适用于叔醇）

（1）乙酰化 移取经无水硫酸镁干燥的试样 10mL，置于 100mL 定碘瓶中，用冰水冷却至少 10min，加入 20mL 二甲基苯胺，摇匀后，在冰水中再冷却 15min，加入 8mL 氯化乙酰（打开安瓿瓶直接倾入）和 5mL 乙酸酐，继续冷却 10min，移入 20℃ 保温箱中（或恒温水浴中）静置 30min，浸入 50℃±1℃ 的水浴中 4h。瓶底距水浴底不少于 10mm，液面需低于水面 20~30mm。取出并倾入分液漏斗中，用冰盐水洗涤 3 次，每次用 75mL，然后用 25mL 硫酸［5%（质量分数）］洗涤 4~5 次，以洗去二甲基苯胺。用 10mL 碳酸钠溶液［10%（质量分数）］洗涤 1 次，用 50mL 食盐饱和溶液洗涤 2 次，最后用蒸馏水洗涤 1 次。静置使分层清晰，放除下层水溶液。将所得乙酸化试样置于 25mL 的锥形瓶中，加入约 3g 无水硫酸镁干燥，干燥时将瓶塞塞紧，并不时振荡，最后用干燥滤纸过滤。

（2）皂化 称取干燥乙酸化试样约 2g（精确至 0.0001g）于 150mL 皂化瓶中，用移液管加入 50mL 氢氧化钠乙醇溶液（0.5mol/L），连接空气冷凝器，在沸水浴上回流 1h。冷却至室温，取下空气冷凝器，加入 5~10 滴酚酞指示液，用酸标准溶液滴定至粉红色消失为止，同时不加试样按上述操作程序进行空白试验。

叔醇含量 X 按式（10-12）计算：

$$X = \frac{(V_0 - V_1) \times N \times E}{W - (V_0 - V_1) \times N \times 0.042} \times 100\% \qquad (10\text{-}12)$$

总醇含量（X）按式（10-13）计算（如试样中有酯存在，假定都是乙酸酯）：

$$X = \frac{(V_0 - V_1) \times N \times E}{W - (V_0 - V_1) \times N \times 0.042} \times \left(1 - \frac{42}{M + 42} \times \frac{e}{100}\right) \times 100\% \qquad (10\text{-}13)$$

式中 V_0——空白试验所耗酸标准溶液的体积，mL；

V_1——滴定试样所耗酸标准溶液的体积，mL；

E——叔醇的相对分子质量的千分之一；

0.042——乙酸酯与其醇相对分子质量差的千分之一；

$\frac{42}{M+42}$——乙酰基与乙酸酯质量比；

W——乙酸化后试样的质量，g；

M——醇的相对分子质量；

N——酸标准溶液的物质的量浓度，mol/L；

e——试样中酯含量，g。

平行试验结果的允许差为 0.5%。

五、含酚量测定

（一）测定原理

酚类与强碱作用，生成溶于水的酚盐，这是测定精油中含酚量的基础（图 10-6）。由于酚的钾盐比钠盐更易溶解，在应用时使用氢氧化钾效果更好。

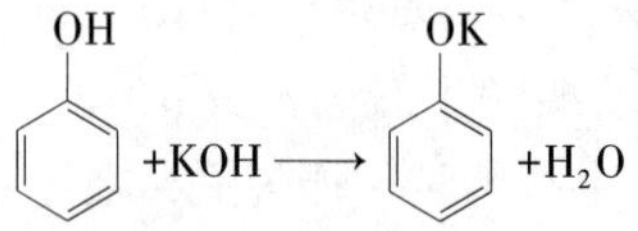

图 10-6 含酚量测定原理

（二）测定方法

1. 除去重金属

精油中如含有较多的重金属，其不含酚的油层与碱液不能很好地分清，为此应除去重金属。取 20mL 精油，加 1g 酒石酸粉末，充分振荡，然后过滤以除去重金属。精油试样待用。

2. 酚量测定

在精油瓶中加入 75mL 氢氧化钾溶液［5%（质量分数）］，用移液管准确吸取精油试样置于瓶中。在室温下充分振荡 10min，然后加入氢氧化钾溶液［5%（质量分数）］使油层上升到有刻度的瓶颈部，轻敲瓶壁，使黏附在瓶壁上的油滴升至瓶颈，静置数小时后，量读未作用的精油体积（mL）。

如在瓶颈中的精油呈乳浊状，可用移液管加 2mL 二甲苯，用玻璃毛细管搅拌乳化层，以便乳浊液消失，然后读出未作用的精油体积（mL）。

3. 结果计算

精油中酚的体积分数可用式（10-14）计算：

$$\text{酚的含量} = \frac{(10 - V)}{10} \times 100\% \qquad (10\text{-}14)$$

式中 V——未作用的精油试样体积，mL。

六、重金属限量测定

（一）铅测定法

1. 测定原理

样品经处理后加入柠檬酸铵、氰化钾和盐酸羟胺等，消除铁、铜、锌等离子的干扰。在 pH 8.5~9.0 时，铅离子与硫脲生成红色配合物，用三氯甲烷提取，与标准系列比较做限量测定或定量测定。

2. 测定方法

烟用香精的定量测定通常分为限量试验和定量测定。

（1）限量试验 吸取适量样品溶液及铅的限量标准溶液（含铅不低于 5μg），分别置于 125mL 分液漏斗中，各加 1%（质量分数）硝酸至 20mL。

向样品液及铅的限量标准液中各加 1mL 50%（质量分数）柠檬酸铵溶液、1mL 20%

(质量分数) 盐酸羟胺溶液和2滴酚红指示液，用氨水（1∶1）调至红色，再各加2mL 10%（质量分数）氰化钾溶液，混匀后，加入5.0mL二硫腙溶液，剧烈振荡1min，静置分层后，三氯甲烷层经脱脂棉滤入1cm比色杯中，于波长510nm处，以三氯甲烷调节零点，测定吸光度，或进行目视比色，样品液的吸光度或色度不应大于铅的限量标准液的吸光度或色度。

若样品经处理测铅标准液也应以同法处理。

(2) 定量测定　吸取10.0mL（或适量）样品液和同量的试剂空白液，分别置于125mL分液漏斗中，各加1%（质量分数）硝酸至20mL。

吸取铅标准溶液0.0mL、0.1mL、0.3mL、0.5mL、0.7mL、1.0mL（分别相当于0μg、1μg、3μg、5μg、7μg、10μg铅），分别置于125mL分液漏斗中，各加1%（质量分数）硝酸至20mL。

向样品液、试剂空白液及铅标准液中各加入1mL 50%（质量分数）柠檬酸铵溶液、1mL 20%（质量分数）盐酸羟胺溶液和2滴酚红指示液，用氨水（1∶1）调至红色，再各加入2mL 10%（质量分数）氰化钾溶液，混匀，各加5.0mL溶液，剧烈振荡1min，静置分层后，三氯甲烷层经脱脂棉滤入1cm比色杯中，于波长510nm处以零管调节零点，测定吸光度，绘制标准曲线。

3. 结果计算

铅含量计算如式（10-15）。

$$C = \frac{(A_1 - A_2) \times 1000}{m \times \frac{V_2}{V_1} \times 1000} \tag{10-15}$$

式中　C——样品中铅的含量，mg/kg或mg/L；

A_1——样品液中铅的质量，μg；

A_2——试剂空白液中铅的质量，μg；

m——样品质量或体积，g或mL；

V_1——样品处理后定容体积，mL；

V_2——测定时所取样品液体积，mL 。

（二）砷测定法

1. 测定原理

在碘化钾和氯化亚锡存在下，将样液中的高价砷还原为三价砷。三价砷与锌粒和酸产生的新生态氢作用，生成砷化氢气体，经乙酸铅棉花除去硫化氢干扰后，三乙醇氨基三氯甲烷或二乙氨基二硫代甲酸银溶液吸收并作用，生成紫红色配合物，与标准比较定量。

2. 样品处理方法

无机样品的处理可按各样品规定的方法进行，有机样品的处理除按各样品规定的方法外，一般可按下述程序进行。

(1) 湿法消解　称取5.0g样品，置于250mL凯氏烧瓶或三角烧瓶中，加10mL硝酸浸润样品，放置片刻（或过夜）后，缓缓加热，待作用缓和后，稍冷，沿瓶壁加入5mL硫酸，再缓缓加热，至瓶中溶液开始变成棕色，不断滴加硝酸（如有必要可滴加一些高氯酸，但需注意防止爆炸），至有机质分解完全，继续加热，生成大量的二氧化硫白色烟雾，最后溶液应无色或微带黄色。冷却加入20mL水煮沸，除去残余的硝酸至产生白烟为止。如此处理两次，放冷，将溶液移入50mL容量瓶中，用少量水洗涤凯氏烧瓶或三角烧瓶2~3次，将洗液并入容量瓶中，加水至刻度，混匀，该溶液10mL相当于1.0g样品。

取同样量的硝酸、硫酸按上述方法做试剂空白试验。

（2）干法消解　本法适用于不适合湿法消解的样品。取5.0g样品于瓷坩埚中，加10mL 15%（质量分数）硝酸镁溶液，再在上覆盖1g氧化镁粉末，混匀，浸泡4h，于低温或置水浴上蒸干，用小火加热至碳化完全，将坩埚移至马弗炉中，在550℃下灼烧至灰化完全，冷却后取出，加适量水湿润灰分，再缓缓加入盐酸（1∶1）溶液至酚酞红色褪去，然后将溶液移入50mL容量瓶中（必要时过滤），用少量水洗涤坩埚3次，洗液并入容量瓶中，加水至刻度，混匀。该溶液10mL相当于1.0g样品。

取相同量的氧化镁、硝酸镁按上述方法做试剂空白试验。

3. *测定方法*

（1）吸收液的选择　吸收液A或吸收液B的选择，可根据分析的需要来判断。但是在测定过程中，样品、空白及标准都应用同一吸收液。

（2）限量测定　吸取一定量的样品液和砷的限量标准液（含砷量不低于5μg），分别置于砷发生瓶中，补加硫酸总量至5mL，加水至50mL。于上述各瓶中加入3mL 15%（质量分数）碘化钾溶液，混匀，放置5min，分别加入1mL 40%（质量分数）氯化亚锡溶液，混匀，再放置15min。各加入5g无砷金属锌，立即塞上装有乙酸铅棉花的导气管，并使管的尖端插入盛有5.0mL三氯甲烷（吸收液A）或吡啶（吸收液B）的吸收管中，室温反应1h，取下吸收管，用三氯甲烷或吡啶将吸收液体积补充到5.0mL。经目视比色或1cm比色杯，于515nm波长（吸收液A）或540nm波长（吸收液B）处，测吸收液的吸光度，样品液的色度或吸光度不得超过砷的限量标准吸收液的色度或吸光度。若样品经处理，则砷的限量标准液也需用同法处理。

（3）定量测定　吸取25mL（或适量）样品液及同量的试剂空白液，分别置于砷发生瓶中，补加硫酸至总量为5mL，加水至50mL，混匀。吸取0.0、2.0、4.0、6.0、8.0、10.0mL砷标准溶液（1.0mL相当于1.0μg砷），分别置于砷发生瓶中，加水至40mL，再加10mL硫酸（1∶1）溶液，混匀。向样品液、试剂空白液及砷标准液中加入3mL 15%（质量分数）碘化钾溶液，混匀，放置5min。再分别加入1mL 40%（质量分数）氯化亚锡溶液，混匀，放置15min后，各加入5g无砷金属锌，立即塞上装有乙酸铅棉花的导气管，并使管的尖端插入盛有5.0mL吸收液A或吸收液B的吸收管中，室温反应1h，取下吸收管，用吸收液A或吸收液B将吸收液体积补充到5.0mL。用1cm比色杯，于515nm波长（吸收液A）或540nm波长（吸收B）处，用零管调节零点，测吸光度，绘制标准曲线进行比较。

若样品经处理，砷的标准系列也需同法处理，以对标准曲线进行校正。

4. 结果计算

砷含量计算如式（10-16）。

$$C = \frac{(A_1 - A_2) \times 1000}{m \times \frac{V_2}{V_1} \times 1000} \tag{10-16}$$

式中 C——样品中砷的含量，mg/kg 或 mg/L；

A_1——样品液中砷的质量，μg；

A_2——试剂空白液中砷的质量，μg；

m——样品质量或体积，g 或 mL；

V_1——样品处理后定容体积，mL；

V_2——测定时所取样品液体积，mL 。

第四节 仪器分析技术

一、仪器分析的前处理技术

烟用香料香精既有来自烟草的，也有来自天然产物和人工合成的物质，如非酶褐变反应产物或它们的混合物，因此烟用香料香精品种很多，组成十分复杂。而且不同的香料香精的性质差异很大。在一些情况下（包括浓的香精、香料、精油及纯化学品），对试样没有必要进行分离或浓缩就可以直接进行分析。而在另一些情况下，进行分析和鉴定之前必须从试样中分离出感兴趣的组分。通常先做一些小试管量的试验有助于选择合适的分离技术，同时在一些试验中，注意觉察香气持久与否，以便对感兴趣物质的稳定性、挥发性和功能性提供线索。这样，分析工作者就可以决定对烟用香料香精成分分析一般要先进行前处理，然后进行分离和鉴定。进行分析时，要根据香料香精不同的性质、不同的分析要求，选择合适的前处理、分离和鉴定技术与方法。

（一）取样方法

任何分析方案关键性的第一步是确保所取试样能代表被分析的物质。在香料香精分析时，一般来说，首先要仔细比较参比标准品的香气，其次是要注意可能存在的成分差别或是否有非代表性试样。

香料香精取样时经常会接触到一些典型情况，例如，试样是两相或多相，试样具有不均匀性（不均匀、不规则的块状固体组成的试样即属此类），试样是黏滞性的或半固体的物料等。因此，必须根据实际情况选择合适可靠的取样方法。

（二）分离方法

如果试样是浓的香味品、香精油或纯化学品，就没有必要进行分离或浓缩，可直接进行分析。在另外的情况下，着手进行分析和鉴定之前必须从试样中分离出被关注的组分。一般先做一些小样实验，根据小样的预试验，可以决定对总挥发物的分析是用常规方法，还是其他方法。对方法的选择主要应考虑：①分析的范围；②期望得到的分析内容；③不带有香味的基本物质的特性。

在分离或离析过程中，应注意香味成分的逸失和改变。检验的有效方法是对原材料和每一种分离出来的香料或馏分嗅香，进行香味评价，然后按适当比例重新组合各馏分，并和原材料的香味特性比较，以下对烟用香精常用的分离方法进行介绍。

1. 蒸馏

（1）水蒸气蒸馏　各种类型的水蒸气蒸馏方法都可用于许多香精油的制备和一些合成香料的提纯。水蒸气蒸馏方法与直接蒸馏方法相比，可使香味成分少受破坏，因为即使是在 1.01×10^5Pa 下，受热温度也不超过 100℃，而且压力降低，受热温度还会相应地降低。馏出液因密度不同可加以分离，或用溶剂萃取方法分离。

（2）同时蒸馏萃取　同时蒸馏萃取法（SDE）是近年来迅速得到发展与广泛应用的方法，它把水蒸气蒸馏和蒸馏液的溶剂萃取两个步骤结合在一起。同时蒸馏萃取法对比水蒸气蒸馏法有省时、省工、节省溶剂等优点。此方法已在烟草香味物质与烟用香料香精成分分析的前处理中得到广泛应用。

同时蒸馏萃取与水蒸气蒸馏对香气混合物的分离萃取效果是基本相似的。不过有试验表明，在所分离萃取的香气混合物成分中，对于低沸点成分的回收率，水蒸气蒸馏法略高于同时蒸馏萃取法，而对于较高沸点的成分回收率，同时蒸馏萃取法要略高于水蒸气蒸馏法，这是由于在 2～3h 的同时蒸馏萃取时间里，较低沸点的成分有一定的损失。为了避免香气成分较长时间受高温影响而使某些成分损失和可能产生某些热解成分假象，已有人对同时蒸馏萃取装置做了改进，把冷却自来水改为较低温度的冷冻液，并在抽真空状态下进行蒸馏萃取（V-SDE）。这样，同时蒸馏萃取可在室温条件下进行，既提高了香气成分的回收率，又减少了损失和热假象物的产生。

（3）分馏　根据沸点不同，用经典填充柱和高回流比的分馏操作，经常能够完成必要的分离。但是柱滞留容积相当大，在试样量小时妨碍了它的使用。而旋转蒸馏有较高的分离效率，较适合小量试样的分离。但是上述两种蒸馏技术都使样品的组分处于持续高温条件下，这会破坏或改变一些较敏感的组分。但是，如果感兴趣的组分是足够稳定的，那么蒸馏方法对于任一合适的规模都能容易地进行，并能提供大量物质供进一步研究。

（4）高真空蒸馏　此方法适用于从非挥发油中分离出少量挥发物，也适用于分离食品或烟草等体系挥发性物质，所要达到的真空度要看分离对象中是否有水。当无水时，此法真空度可达 0.133Pa 或更低，此时是分子蒸馏；当有少量水存在时，可实现高真空蒸馏。

图 10-7 所示是一种高真空蒸馏系统，用此方法分离香味成分，体系中不会产生新化合物。

（5）分子蒸馏　分子蒸馏技术不同于一般蒸馏技术，它是运用不同物质分子运动自由程的差别而实现物质分离，因而能够实现远离沸点下的操作。鉴于其在高真空下运行及其特殊的结构形式，因而它又具备蒸馏压力低、受热时间短、分离程度高等特点，能大幅降低高沸点物料的分离成本，极好地保护热敏性物质的品质。分子蒸馏技术已广泛应用于高纯物质的提取，它可摆脱化学处理方法的束缚，真正保持了纯天然的特性，所以特别适用于天然物质的提取与分离，在国际上被广泛应用于食品、医药、香料等工业中。

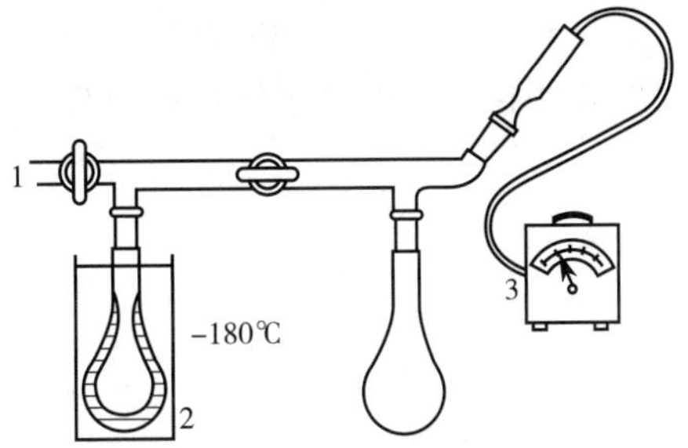

图 10-7 高真空蒸馏系统简图

1—抽真空 2—冷阱 3—压力表

2. 萃取

(1) 直接溶剂萃取 萃取技术因为简单，而且一般不损害试样成分，所以被广泛应用于香味领域。但是为了避免外来物或萃取物受到异味污染，溶剂的高纯度是重要的。选择溶剂的原则是根据溶剂的安全性、纯度、萃取率、是否易除去及有无气味改变等。

在香味领域的有关实验操作中，经常要应用萃取技术，因为操作简单，而且一般不损害试样成分。这项操作所使用的溶剂应该是高纯度的。此外，还应选择安全性好、萃取率高、易除去气味或无气味改变的溶剂。萃取常用溶剂见表 10-3。

表 10-3 萃取常用溶剂

类别	溶剂	沸点/℃	类别	溶剂	沸点/℃
烃	异戊烷	28	烃	三氯氟甲烷	24
	戊烷	36	含氧溶剂	二乙醚	35
	己烷	69		乙酸乙酯	77
	甲苯	111		甲醇	65
卤化溶剂	二氯甲烷	40		乙醇	78

溶剂萃取是分离香味组分的一种方法。例如，用戊烷或三氯氟甲烷等非极性溶剂萃取香皂、去垢剂或化妆品。在此类萃取操作中，若用较强极性溶剂，会从产品中萃取出较大量的碱性物质，从而干扰随后进行的分析工作。有时常用索氏提取法提取，由于试样和溶剂直接混合并反复多次萃取，因而可得到较高的回收率，借助于高速离心进行沉降和相对密度分离，能够使萃取相澄清。由于被提取产品的性质有差别，在提取过程中加入水，有时可以改善提取并易于分离；不过，有时会产生难以处理的乳浊态，对此，必须事前缜密考虑。

高纯度的三氯氟甲烷具有快速有效性和低沸点，所以，它是用途较广的溶剂。例如，它几乎不能从含水的醇溶液中萃取乙醇或甲醇，因而用于含醇量高的香料制品萃取是相当有效的。

采用比水密度大或比水密度小的溶剂均可进行液-液连续萃取，可采用如图 10-8 所示的装置来装比水密度大的溶剂去萃取各种各样的物质。这种渗滤溶剂的连续液-液萃取，其特点是可以避免强的混合，而且可以在仅用少量的溶剂、不形成严重乳浊液的情况下，较完善地萃取水溶液中的试样。

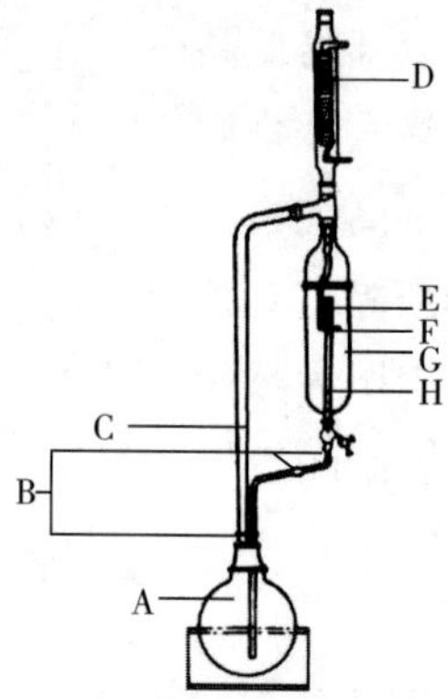

图 10-8 装有比水密度大的溶剂的连续液-液萃取装置

A—带有加热套的盛溶剂烧瓶 B—可调节的套式接头（该接头带有衬聚四氟氯乙烯的硅橡胶封口）
C—溶剂蒸气导管 D—溶剂冷凝器 E—内套管（可允许溶剂层在内部上升，然后通过溢流管返回）
F—溶剂分配管 G—供萃取的水溶液 H—溶剂溢流管（调节高度已达到合适的溶剂溢流）

为了从天然树胶、树脂及浸膏（其中一些是植物自身的溶剂萃取物）中分离重要的香味成分，经常选用溶剂萃取的方法。在标准条件下，可萃取物质的测定经常作为上述天然产物质量控制的工具。

萃取后除去溶剂是重要的一步，在这一步中必须避免试样成分的损失。Kuderna-Danish 浓缩器是商业上很好用的浓缩器，小心地使用合适的回流比可得到相当好的回收效果。有人曾指出高效分馏柱的重要性。用缓慢的惰性气流，例如氮气流简单地蒸发溶剂，通常也可以得到好的回收效果，特别是用低沸点的溶剂，当它们蒸发时，试样充分地被冷却。虽然旋转蒸发器是快速的，但是除感兴趣的物质是高沸点之外，一般不推荐用旋转蒸发器除去溶剂。因为在正常情况下，旋转蒸发不能达到分馏效果，而且压力和温度不易控制。

（2）选择萃取 选择萃取这一方法兼有离析法和分离法的特征，曾广泛应用并取得极好的效果。如果香味成分是在与水不混溶的溶剂中，则表 10-4 作为选择性萃取指导，一般能有选择地萃取带有酸性或碱性官能团的成分。

表 10-4 选择性萃取

萃取剂浓度（质量分数）	萃取剂	除去物
10%	$NaHCO_3$	羧酸
5%	NaOH 或 KOH	酚、内酯
5%	HCl	碱、胺、吡嗪

当酸性组分以它们的碱金属盐的形式被除去以及水层用溶剂回洗之后，即可将此水溶液酸化并用新的有机溶剂萃取游离酸性组分，以便浓缩和分析。进行选择萃取的一个

例子是从栀子花净油中分离碱类、酚类、酸类、内酯类及一个中性的部分。从闭鞘根、绿叶油及乳香油中选择分离酸性组分，可以使许多重要的酸性组分可以得到鉴定。通过小心调节酸的浓度，可以从格蓬香脂油中选择性分离和鉴定 3 个烷基吡嗪（0.1mol/L HCl）和 5 个甲氧基烷基吡嗪（0.25mol/L HCl），其中甲氧基烷基吡嗪对于格蓬香脂的特征气味具有特别重要的意义。

（3）超临界流体萃取　超临界流体萃取（Supercritical-fluid extraction，SFE）是一种较新的样品制备方法。尽管早在 1882 年，人们就开始注意到了物质的临界点，但是直至 20 世纪 70 年代，超临界流体才开始用于工业生产中有机化合物的萃取，用作分析技术还是 20 世纪 80 年代的事，而在最近不到 10 年的时间内，超临界流体萃取方面的论文却急剧增多。

超临界流体萃取是在超临界状态下得到最佳的萃取效果和分离效果的过程，与传统的水蒸气和低沸点的甲醇、乙醇、二氯甲烷有机溶剂萃取分离相比，具有显著的优点。CO_2 无毒、无味、无腐蚀、不燃烧、不残留，且可在常温下操作，既不污染产品也不污染环境。超临界流体萃取在化工生产中用于烃的分离、有机合成原料精制、共沸混合物分离、反应原料回收、香料和化妆品生产的各种香料的分离精制、食品工业上咖啡的脱咖啡碱、啤酒花和植物油的提纯、植物色素和色拉油的提取、发酵酒精的回收等，在制药和生物样品提纯等方面也有广阔的应用前景。

（4）固相萃取与固相微萃取　固相萃取（SPE）是以吸附剂把溶液中一些物质吸附在其表面，然后通过一定的溶剂进行洗脱。因吸附剂对不同性质的物质分子的吸附能力强弱不同，不同洗脱剂对不同性质被附物质的洗脱能力（即在洗脱剂中的溶解度）不同，使不同的化合物在吸附剂与溶剂之间分布不同而达到分离的目的。基于“相似相溶”的原理，极性相似的物质溶于相似溶剂而首先被洗脱分离。柱色谱、净化小柱就是利用此原理技术实现香气成分的富集、净化与分离。固相萃取中被吸附的物质一般不能完全从吸附剂洗脱回收而有损失。固相萃取实质上是一种液相色谱分离，其主要分离模式也与液相色谱相同，可分为正相、反相、离子交换、吸附等。固相萃取采用高效、高选择性的吸附剂，极大简化了样品处理过程。与液-液萃取相比，固相萃取处理过程不需要大量的纯溶剂，无相分离操作，不会产生乳化现象。

吸附-热脱附技术也是基于固体萃取基本原理，只是被吸附的物质成分是通过加热脱附而不是用溶剂洗脱。

固相微萃取（SPME）是 1990 年首次出现的萃取分离技术，它由于极大简化了固相萃取步骤和缩短了样品制备时间而迅速发展。SPME 是通过熔融石英纤维头表面涂布的高分子液膜层对样品中有机组分的吸附作用达到萃取富集。分析样品是溶液时，被萃取的是溶液中能被纤维液膜吸附的各种成分，若分析样品是溶液上方顶空成分，被萃取的是具有一定挥发性能被吸附的成分，它们随后可在气相色谱仪中进行分离和鉴定。但在溶液样品中吸附的高沸点成分，不能直接用气相色谱仪分离鉴定。

SPME 集采样、浓缩、进样于一体，具有样品量小，无需萃取剂、操作简便、快速、重复性好等特点，特别适用于挥发性、半挥发性组分的定性分析，但对组分较复杂样品的定量分析较困难。

（5）顶空分析技术　现代顶空分析技术已经形成了一个相对较完善的分析体系，主要可分为3类：①静态顶空分析（Static headspace analysis）；②动态顶空分析或称吹扫捕集（Dynamic headspace analysis or purge and trap analysis）；③顶空-固相微萃取（Headspace-solid phase microextraction analysis）。有趣的是，顶空分析法作为“气体萃取技术”，与经典的萃取技术有很大程度上的可比性，相应于溶剂萃取法的单次萃取法和连续萃取法，顶空分析也相应有静态平衡顶空分析法、动态顶空分析法。相应于固相萃取技术，顶空分析有顶空-固相微萃取分析法，这些方法的迅速发展和广泛使用，扩大了顶空分析法的应用范围。

（6）热脱附技术　热脱附技术的原理是，利用惰性气体在一定温度下吹扫固体或液体样品，使样品中的挥发性、半挥发性物质成分挥发出来，用吸附剂冷阱捕集，然后加热冷阱，使富集的挥发性、半挥发性组分脱附挥发，然后把挥发性、半挥发性成分输送至气相色谱仪或气相色谱-质谱联用仪进行分离分析。

热脱附技术具有无需有机溶剂、样品量少、灵敏度高、重现性好、操作简便快速等特点，便于与其他检测仪器联用，可用于样品中挥发性、半挥发性微含量组分的样品前处理。

二、色谱分离技术

（一）气相色谱分离技术

气相色谱（GC）分离技术是香味及香精油工业中的重要实验手段，几乎所有的香味成分都能用气相色谱的某种应用形式进行分析。气相色谱具有选择性强、分辨能力好、灵敏度高和高效快速等优点。气相色谱已成为高效快速的许多组成复杂混合物的分离分析技术，也是烟用香料香精成分分析最常用的分离分析技术。气相色谱除了应用广泛外，还是快速、灵敏的分离方法，并具有较高的定量准确度和分辨能力。

（二）多维气相色谱分离技术

虽然现代毛细管气相色谱是一种高效分离技术，但对于非常复杂的混合物，仅用一根色谱柱往往达不到完全分离的目的。于是有人提出用多根色谱柱的组合来实现完全分离。第二根色谱柱与第一根色谱柱具有不同的固定相或选择性。这样，混合物在第一根色谱柱上预分离后，将需要进一步分离的组分转移到第二根柱上进行更为有效的分离，这就是多维气相色谱（Multidimensional GC，MDGC）的基本思想。

多维气相色谱的定义应该强调分离过程，其中，样品组分要经过一系列的色谱分离过程，每一次分离可作用于前次色谱分离的部分或全部流分，并且其相对选择性或容量是不同的。

目前，多维气相色谱的模式大体上分为两类，即部分多维分离和全多维分离。前者指第一气相色谱上只有部分组分进入第二气相色谱进行二次分离，即“中心切割（Heart-Cutting）”技术。后者则是将第一气相色谱分离后的所有组分都送入第二气相色谱进行二次分离，即“完全（Comprehensive）GC-GC”。

［实例1］ 夜来香的香气成分分离

对于天然香精、香料，由于其属于挥发性含氧、含氮、含硫化合物，因此最好采用双柱——甲基硅氧烷柱+PEG-20M类柱子，利用双柱选择性差异来分离更多的组分，图10-9所示为夜来香头香在不同固定液上气相色谱图。

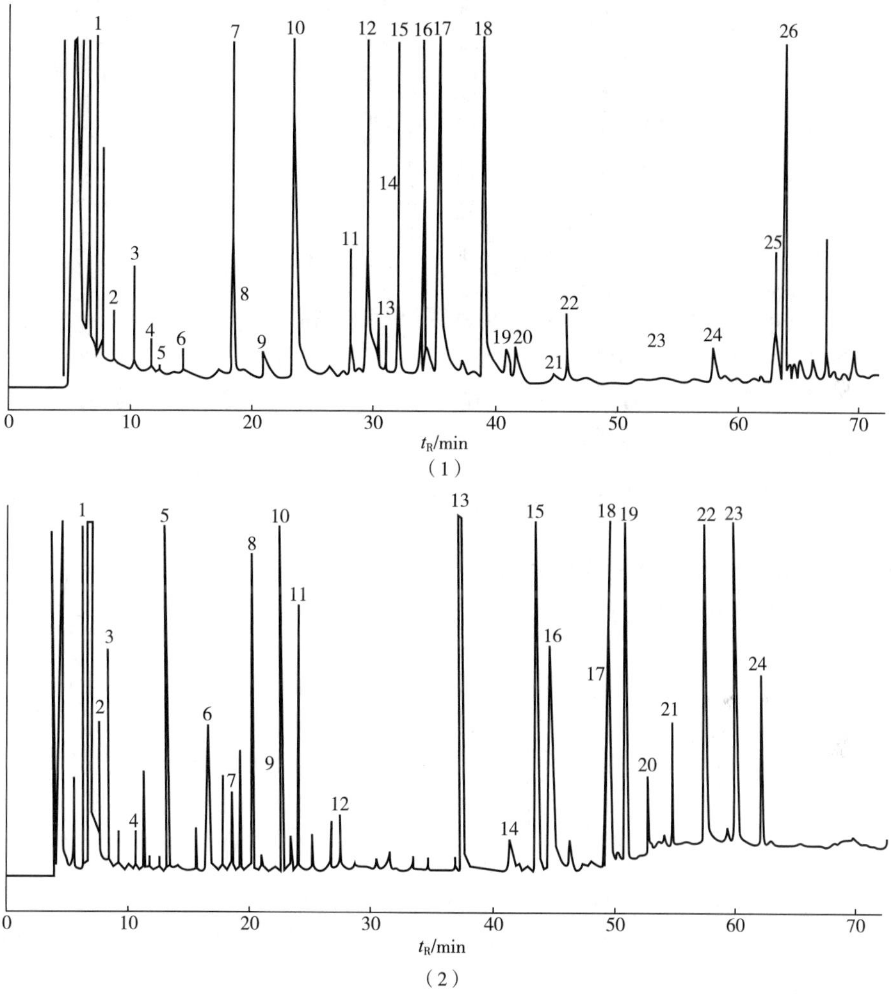

图10-9 夜来香头香在不同固定液上气相色谱图

（1）色谱峰 1—3-甲基丁醛 2—3-戊酮 3—1,1-二乙氧基乙烷 4—甲苯 5—2-甲基乙酸丙酯 6—乙酸乙酯 7—3-甲基乙酸丁酯 8—2-甲基丁酯 9—1-甲氧基-3-亚甲基-2-戊酮 10—苯甲醛 11—3-乙酸乙烯酯 12—苯乙醛 13—顺罗勒烯 14—反罗勒烯 15—4,7-二甲基-4-辛醇 16—苯甲酸甲酯 17—芳樟醇 18—乙酸卞酯 19—萘 20—水杨酸甲酯 21—甲氧基-苯乙酯 22—乙酸苯乙酯 23—丁子香酚 24—檀香醇 25—（*Z,E*）-α-金合欢烯 26—α-金合欢烯

色谱柱：OV-101，35m×0.28mm；柱温：50℃$\xrightarrow{2℃/min}$200℃

（2）色谱峰 1—1,1-二乙氧基乙烷 2—3-甲基丁醛 3—3-戊酮 4—甲苯 5—3-甲基乙酸丁酯 6—3-甲基丁醇 7—3-顺罗勒烯 8—反罗勒烯 9—乙酸戊酯 10—4,7-二甲基-4-辛醇 11—3-乙酸乙烯酯 12—（*Z*）-3-3乙烯醇 13—苯甲醛 14—芳樟醇 15—苯甲酸甲酯 16—苯乙醛 17—（*Z,E*）-α-金合欢烯 18—乙酸卞酯 19—α-金合欢烯 20—水杨酸甲酯 21—乙酸苯乙酯 22—苯甲醇 23—苯乙醇 24—（*E*）-3-（4,8-二甲基-3,7-壬二烯）呋喃

色谱柱：PEG-20M，32m×0.27mm；柱温：50℃$\xrightarrow{2℃/min}$200℃

[实例 2] 肉桂油的香气成分分离

肉桂油的气相色谱图如图 10-10 所示。

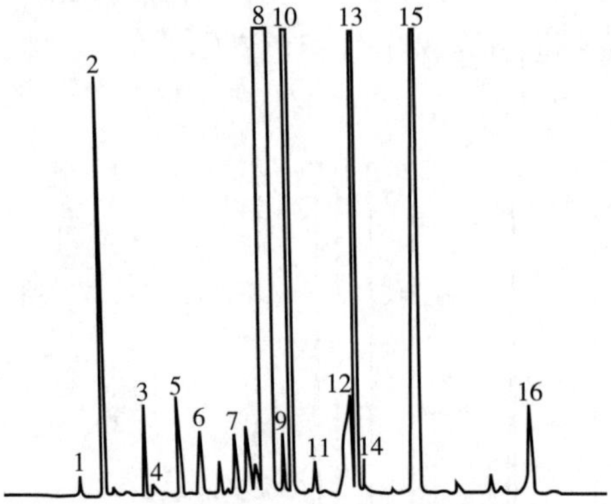

图 10-10 肉桂油的气相色谱图

1—苏合香烯 2—苯甲醛 3—水杨醛 4—苯乙酮 5—苯乙醇 6—苯乙醛 7—顺肉桂醛 8—反肉桂醛 9—肉桂醇 10—十三烷 11—丁香酚 12—香豆素 13—乙酸桂肉酯 14—顺邻甲氧基肉桂醛 15—反邻甲氧基肉桂醛 16—邻甲氧基乙酸肉桂酯

色谱柱：OV-101，50m×0.2mm；载气：N_2；柱温：100℃ $\xrightarrow{3℃/min}$ 200℃

[实例 3] 香精样品的香气成分分离

香精样品的气相色谱图如图 10-11 所示。

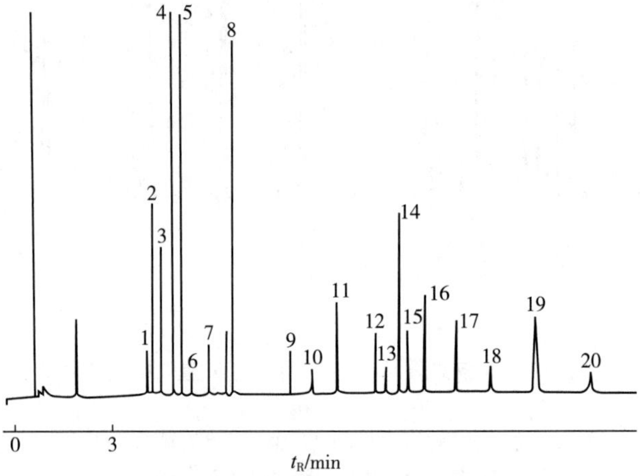

图 10-11 香精样品的气相色谱图

1—苯甲醛 2—乙基-α-羟基异戊酸 3—β-新醛 4—己酸乙酯 5—乙酸己酯 6—苯甲醇 7—1-苯乙醇 8—里那醇 9—水杨酸甲酯 10—橙花醇 11—肉桂醛 12—氨茴酸甲酯 13—丁子香酚 14—肉桂酸甲酯 15—香草醛 16—α-紫罗酮 17—肉桂醇 18—甲基-N-甲酰氨茴酸酯 19—姜油酮 20—苯甲酸苯酯

色谱柱：SE-52，25m×0.32mm；载气：He；柱温：50℃ $\xrightarrow{6℃/min}$ 200℃

（三）高效液相色谱技术

对于分子质量较大的物质、天然提取物中挥发性小的组分及热不稳定的物质，气相色谱不适用，而高效液相色谱则特别有效，其优点是：①与许多低效能的经典柱色谱法相比较，它是快速的；②用作定量分析效果理想；③这个技术可以自动化，从而提高工作效率，故在香精油的分析研究中被广泛应用。

选择合适的固定相-溶剂配方，可用于正相（极性固定相，极性较小的溶剂）或反相（非极性固定相，极性较大的溶剂）色谱法。C_8 或 C_{18} 填充物及甲醇或乙腈-水溶剂系统的反相方式是应用最广泛的。由于快速和可再现的特性，梯度洗脱（增加有机溶剂的量）一般用于反相色谱法。

［实例 1］ 芳基取代醇的分离

图 10-12 所示为芳基取代醇的正相吸附色谱分离谱图。色谱柱为 5~6μm 全多孔硅胶柱，涂渍 30%（质量分数）β,β'-氧丙二腈（BOP），如 ϕ3. 2mm×250mm；流动相为用 BOP 饱和的正己烷，流量 1mL/min，柱前压 42. 2MPa，柱温 27℃，进样为 4μL 己烷溶液。

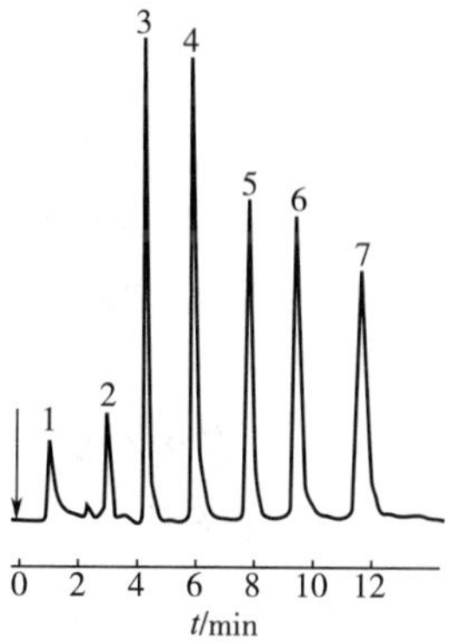

图 10-12 芳基取代醇的正相吸附色谱分离谱图

1、2—杂质 3—2-苯基-1-丙醇 4—2,6-二甲基苯酚 5—1-苯基-1-乙醇
6—3-苯基-1-丙醇 7—2-苯基-1-丙醇

［实例 2］ 芳草醛类香料萃取液的分离

图 10-13 所示为芳草醛类香料萃取液的反相色谱图。色谱柱为 Hypersil BDS（3μm，4mm×100mm），柱温 30℃。流动相 A 为 pH=2. 3 的 H_2SO_4，流动相 B 为乙腈。梯度洗脱程序见表 10-5。流量 0. 8mL/min。用二极管阵列紫外吸收检测器（DAD）检测，检测波长为 280nm/80nm，参比波长为 360nm/100nm。

表 10-5 芳草醛类香料萃取液的梯度洗脱程序 单位：%（质量分数）

时间/min	0	3	4	6	7
B 用量	10	40	40	80	90
A 用量	90	60	60	20	10

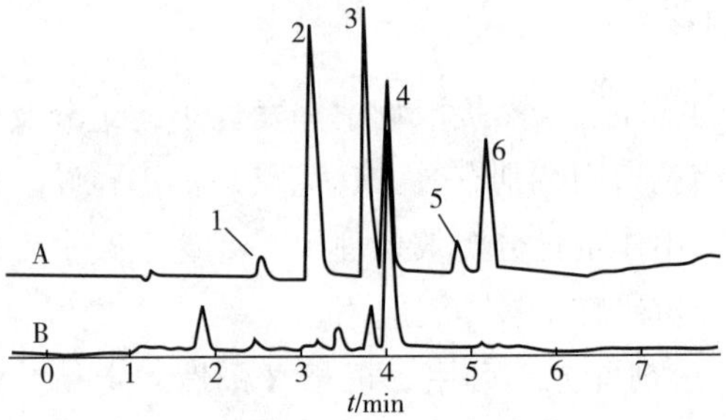

图 10-13 香草醛类香料萃取液的反相色谱图

1—香草醇 2—羟基苯甲酸 3—香草醛 4—4-羟基苯甲醛 5—乙基香草醛 6—香豆素

A—标样 B—香草醛萃取液

(四) 鉴定技术

色谱分析是一种分离技术，具有很高的分离效能，特别是近代气相色谱仪的发展使得极其复杂的混合物在短时间内得到分离。而分离不是最终目的，我们要对所分析样品得出定性和定量的结果。

1. 气相色谱鉴定技术

（1）利用色谱数据定性 ①利用已知物直接对照定性：用已知物直接和未知样品对照定性，是气相色谱定性分析中最简便、可靠的定性方法，只有当没有纯物质时才用其他方法。②利用加入已知物增加峰高法定性：当样品比较复杂，色谱峰间距离太小，操作条件又不易控制，准确测定保留值有一定困难时，可用增加峰高法定性，即先作出未知样品的色谱图，对其中无法确认的色谱峰可以用已知物进行核对，即在未知样品中加入已知物，再得一色谱图，若待定性组分的峰比原来的峰增大，则表示待定性组分就是加入的已知物。③利用相对保留值定性：由于保留值受柱温、流速、固定液等多种因素的影响，要准确测定其绝对值，必须严格控制操作条件，否则重现性差。目前使用最广泛的定性指标是相对保留值 r_{21}。r_{21} 是某组分 2（待测物）与另一组分 1（基准物）的调整保留值之比，它只受柱温和固定液的影响，与其他操作条件无关，所以用 r_{21} 定性可以消除某些操作条件的影响。只要实验测出 $t'_{R(2)}$ 和 $t'_{R(1)}$ 就可以方便地求出已知纯物质和待测物质的 r_{21} 以进行比较，若 r_{21} 相同，则可认为它们为同一物质。在选择基准物时应注意，基准物必须是容易得到的纯品，而且其保留值应在各待测组分的保留值之间。④双柱（多柱）定性：有时不同物质在同一色谱柱上可能有相同的保留值，用同一根柱难以对组分定性。为了确认，可用极性相差较大的双柱（多柱）进行定性，若在两柱（多柱）上待测组分和纯物质的保留值都相同，则可确认为是同一物质。

（2）利用文献保留数据定性 在实际工作中，分析样品往往是各种各样的，而一个实验室不可能备有各种标准纯物质，此时可利用文献发表的保留数据定性。其中最常用的是相对保留值 r_{21} 和保留指数 I，只要严格按照文献所规定的条件（固定相和柱温）进行实验，结果还是相当可靠的。

（3）与其他分析方法结合定性 ①与化学方法结合进行定性：将试样经过一些特殊试剂处理，发生物理变化或化学反应后，其色谱峰将会提前、移后或完全消失。比较处理前后色谱图的差异，以及在柱后用化学试剂鉴定流出物，就可初步定性鉴别试样中含有哪些官能团。②与其他仪器结合进行定性：虽然气相色谱仪一般配有热导检测器（TCD）、氢火焰离子化检测器（FID）、氮磷检测器（NPD）、火焰光度检测器（FPD）、电子捕获检测器（ECD）等多种检测器，但只能确定所分离的各种成分大致属于什么种类的物质，不能确定是什么物质。利用已知标样保留值定性也常因难以找到众多标样而遇到困难。气相色谱仪与鉴定仪器结合，使准确鉴定气相色谱分离的各种成分成为可能，如与质谱仪或红外光谱仪联用，此时质谱仪和红外光谱仪实际上起着气相色谱仪检测器的作用。现在应用最广泛的是气相色谱-质谱（GC-MS）联用仪，它可以对气相色谱分离的每一种成分进行鉴定，通过在谱库检索就能给出化合物的结构信息，一个复杂混合物在较短的时间内就可以得到分离鉴定。另外红外光谱具有很高的特征性，通过对被色谱分离出组分的红外光谱图与标准谱库中的谱图进行比较，也就是利用色谱-红外（GC-IR）联用仪，可以得出组分的定性结果。

2. 液相色谱鉴定技术

液相色谱法重要的功能之一是洗脱的组分容易按馏分收集，继而可以分批对这些组分进行离机鉴定。鉴定时必须除去溶剂。操作的难度随溶剂的性质以及用于分析的方法要求的条件而异。现对操作中用作辅助的主要检测方法如下。

（1）可见-紫外检测法 对于能表现出显著紫外光吸收的任何试样成分，非选择性检测器远不如各种紫外吸收检测器，如折射率检测器。固定波长、双波长或可变波长的各种类型紫外检测器是可以采用的。现在利用二极管阵列检测器快速扫描（1.0s）光谱的可见-紫外分光光度计已应用于液相色谱检测。这种类型的装置能够提供许多定性信息。

（2）荧光检测法及红外光谱检测法 对于某些用紫外光照射发荧光的物质，荧光检测是相当灵敏和高选择的技术。从液相色谱分析的一些例子看，不同荧光性质有助于柑橘油中许多天然存在的香豆素衍生物的分类。

可变波长红外检测器使用流通试样池，但在红外区，强的溶剂吸收会造成溶剂干扰。若在溶剂蒸干后的 KBr 粉末上采用扩散反射的傅里叶变换红外光谱仪（FT-IR）方法，溶剂的干扰就可被克服。这个方法改善了灵敏度，但是设备比较复杂。FT-IR 技术优于单波长检测，因为可得到较完整的光谱，并且数学处理还可以用来提高光谱质量。由于溶剂的干扰吸收信号或可应用于液相色谱溶剂的一些限制，至今，已被广泛应用的液相色谱检测方法还没有实现和红外吸收联用。

（3）液相色谱-质谱联用 液相色谱-质谱联用（LC-MS）要比气相色谱-质谱联用困难得多，主要是因为液相色谱的流动相是液体，如果让液相色谱的流动相直接进入质谱，将严重破坏质谱系统的真空，也将干扰被测样品的质谱分析。因此液相色谱-质谱联用技术的发展较慢，出现过各种各样的接口，但直到电喷雾电离（ESI）接口和大气压电离（API）接口出现，才有了成熟的商品液相色谱-质谱联用仪。由于80%的有机化合物不能汽化，只能用液相色谱分离，特别是近年来发展迅速的生命科学中的分离和纯化也都使用了液相色谱，加之液相色谱-质谱联用的接口问题得到了解决，液相色谱-质谱联用技术在近年有了飞速发展。

重点与难点

1. 烟用香料香精的主要检测内容。
2. 香料香精的主要检测物理指标内容。
3. 香料香精的主要检测化学指标内容。

思考题

1. 简述折射率的定义及测定方法。
2. 简述熔点的定义及测定方法。
3. 简述凝固点的定义及测定方法。
4. 简述闪点的定义及测定方法。
5. 简述酸值的定义及测定原理。
6. 简述酯值的定义及测定原理。
7. 简述醛、酮的测定方法。

第十一章
智能化卷烟调香技术

课程思政点

【本章简介】

本章主要介绍了智能化卷烟调香技术的关键内容，即构建完善的数据库和计算机功能模块。进而，利用现代分析检测技术和信息化技术，促进香料香精产业的创新与发展。

常用的香料香精包括精油、酊剂以及浸膏等，大多是既能被人类嗅觉（或味觉）所感知，又是多种化合物组成的复杂混合体系。因此，有关香料香精信息来源是十分复杂的。构建一个科学完善的智能化卷烟调香系统，往往需要考虑以下几个关键因素：①必须有逻辑清晰、结构完整、数据全面的数据库；②要具有方法科学、计量准确、方便快速的化学计算学算法；③具有功能齐全、界面清晰、运行稳定的计算机功能模块。基于上述因素，并随着现代分析检测技术和信息化技术的日益融合与广泛运用，加强卷烟智能化调香平台构建与关键调香技术研发应用变得十分迫切且意义重大。

第一节　卷烟调香数据库的构建

智能化卷烟调香系统的构建常用的数据库有两类：一类是香料香精特征图谱信息数据库；另一类是香料香精气味属性描述指标数据库。这两类数据库既有区别又紧密相连。香料香精的色谱指纹图谱数据解析、化合物的质谱定性检索、色谱指纹图谱的定性检索与质量控制等工作都以香料香精特征图谱信息数据库为基础。而香料香精的气味信息匹配、气味属性结合、香韵信息比较、相生相克信息整理等则需要在香料香精气味属性描述指标数据库的基础上进行。可以说，没有这两类数据库，每个功能模块的功能都难以实现。

随着科学技术的不断进步和对嗅觉理论的深入探索，越来越多的分析分离新技术已经进入香料香精的研究领域，如分子蒸馏、超临界流体萃取、气相色谱-嗅觉检测、电子感官分析、计算机辅助调香技术等。这些技术的出现极大改变了香料香精的研究方向和产业格局。新的分析分离技术的使用使得越来越多的香料分子被发现，迄今为止已经从天然产物中分离提取或者人工合成了5000多种单体香料分子，这极大丰富了香料的物质种类。同时，越来越多复杂的天然香料（精油、浸膏、香膏等）的化学成分被精确地解析出来，香料化学成分的结构被不断揭示，使得人们对于混合香料中化学组成与气味特征关系的认识日益清晰。因此，如何将这些经验和数据组织成便于使用的数据库非常重要。

全球香料公司之间的激烈竞争和消费者对产品质量要求的提高，使得香料香精行业对于现代先进技术的依赖度越来越高。一些国际性组织，如美国食用香料与提取物制造者协会（the Flavor and Extract Manufacturers Association，FEMA）、国际日用香料香精协会（International Fragrance Association，IFRA）和美国食品药品监督管理局（FDA）等，对香料香精的生产管理规格、质量指标、产品安全性等方面均提出了一系列严格标准。现代科学技术包括香料香精的分析技术和计算机信息技术，已成为香料企业开发新型产品、提高核心竞争力必不可少的条件。在这方面，数据库技术是一个必不可少的综合平台和基础。

一、数据库技术概述

数据库是一种现代信息技术，它将数据以一定方式储存在一起，能为多个用户共享，并具有尽可能小的冗余度，与应用程序彼此独立。通过对文件的管理，即可对文件中的数据进行新增、截取、更新、删除等操作，以实现对数据的有效管理。简而言之，数据库是一个能储存和管理数据的集合。

数据库是一个可依照某种数据模型组织起来的数据集合，存放在二级存储器中。这种数据集合具有以下特点：尽可能不重复，以最优方式为某个特定组织的多种应用服务，其数据结构独立于使用它的应用程序，对数据的增、删、改和检索由统一软件进行管理和控制。从历史上看，数据库是数据管理的高级阶段，它是由文件管理系统发展起来的。

数据库的历史可以追溯到20世纪50年代，当时的数据管理非常简单，主要是通过对穿孔卡片进行物理的储存和处理。1956年，国际商业机器公司（IBM）生产出第一个磁盘驱动器，该驱动器有50个盘片，可以储存5Mb的数据。最大的好处是可以随机地存取数据，而穿孔卡片只能顺序存取数据。因此，使用磁盘驱动器可以极大提高数据存取的效率，为数据库的发展奠定了基础。

数据模型是数据库系统的核心和基础，各种数据库软件都是基于某种数据模型的。

所以通常也按照数据模型的特点将传统数据库系统分成网状数据库、层次数据库和关系数据库三类。

最早出现的是网状数据库。1964 年，美国通用电气公司（General Electric Co.）的查理士·巴赫曼（Charles Bachman）成功开发出了世界上第一个网状数据库管理系统——集成数据存储（Integrated data store，IDS），奠定了网状数据库的基础，并在当时得到了广泛的发行和应用。IDS 具有数据模式和日志的特征。但它只能在通用电气公司主机上运行，并且数据库只有一个文件，数据库所有的表格必须通过手工编码来生成。层次型数据库管理系统（DBMS）是紧随网络型数据库而出现的，最著名最典型的层次数据库系统是 IBM 公司在 1968 年开发的信息管理系统（Information Management System，IMS）是一种适合其主机的层次数据库。这是 IBM 公司研制的最早的大型数据库系统程序产品。从 20 世纪 60 年代末诞生起，至今已经发展到 IMSV6，提供群集、*N* 路数据共享、消息队列共享等先进特性的支持。网状数据库和层次数据库已经很好地解决了数据的集中和共享问题，但是在数据独立性和抽象级别上仍有很大欠缺。用户在对这两种数据库进行存取时，仍然需要明确数据的存储结构，指出存取路径。而后来出现的关系数据库较好地解决了这些问题。1970 年，IBM 的研究员埃德加·弗兰克·科德（E. F. Codd）博士在刊物《ACM 通讯》（*Communication of the ACM*）上发表了一篇名为《大型共享数据库数据的关系模型》（*A Relational Model of Data for Large Shared Data Banks*）的论文，提出了关系模型的概念，奠定了关系模型的理论基础。尽管之前在 1968 年，蔡尔兹（Childs）已经提出了面向集合的模型，然而，这篇论文才被普遍认为是数据库系统历史上具有划时代意义的里程碑。Codd 的心愿是为数据库建立一个优美的数据模型。后来 Codd 又陆续发表多篇文章，论述了范式理论和衡量关系系统的 12 条标准，用数学理论奠定了关系数据库的基础。关系模型有严格的数学基础，抽象级别比较高，而且简单清晰，便于理解和使用。1974 年，IBM 的雷·博伊斯（Ray Boyce）和唐·钱伯林（Don Chamberlin）将 Codd 关系数据库 12 条准则的数学定义以简单的关键字语法表现出来，里程碑式地提出了结构化查询语言（Structured query language，SQL）语言。SQL 语言的功能包括查询、操纵、定义和控制，是一个综合的、通用的关系数据库语言，同时又是一种高度非过程化的语言，只要求用户指出做什么而不需要指出怎么做。SQL 集成实现了数据库生命周期中的全部操作。SQL 提供了与关系数据库进行交互的方法，它可以与标准的编程语言一起工作。自产生之日起，SQL 语言便成了检验关系数据库的试金石，而 SQL 语言标准的每一次变更都指导着关系数据库产品的发展方向。然而，直到 20 世纪 70 年代中期，关系理论才通过 SQL 在商业数据库 Oracle 和 DB2 中使用。1986 年，美国国家标准学会（ANSI）把国际标准化组织（SQL）作为关系数据库语言的美国标准，同年公布了标准 SQL 文本。SQL 标准有 3 个版本。基本 SQL 定义是 ANSIX3135-89，“Database Language-SQL with Integrity Enhancement”［ANS89］，一般叫做 SQL-89。SQL-89 定义了模式定义、数据操作和事务处理。SQL-89 和随后的 ANSlX3168-1989，“Database Language-Embedded SQL”构成了第一代 SQL 标准。ANSIX3135-1992［ANS92］描述了一种增强功能的 SQL，称为 SQL-92 标准。SQL-92 包括模式操作、动态创建和 SQL 语句动态执行、网络环境支持等增强特性。在完成 SQL-92 标准后，ANSI 和国际标准化组织（ISO）即开始合作开发 SQL3 标准。SQL3 的主要特点在于抽象数据类型的支持，为新一代对象关系数据库提供了标准。

香料香精特征图谱信息数据库和香料香精气味属性描述指标数据库，均是建立于 SQL 对象关系数据库基础之上。

二、香料香精数据库指标体系

香料工业是一项与人们日常生产生活密切相关、不可或缺的行业，香料是食品工业、日化工业、烟酒行业、医药卫生工业等行业的重要原料之一。随着经济的发展，香料香精的产品数量和种类都有了巨大增长。随着现代科技的不断进步，香料香精的使用已经从传统的经验性手工技术发展成为一门系统的科技含量极高的全球化现代工业。信息时代的到来，使得越来越多的香料香精信息被收集并编制成手册和数据库，包括物理化学性质、香韵轮廓、分析信号（光谱、色谱、质谱等信息）、合成方法、毒副作用、应用范围、天然存在、性状特征等。这些数据的积累已成为香料工业发展的重要基础，同时也是各个国家香料行业之间制定行业标准、进行产品质量控制和科学研究的重要信息来源。

目前，香料香精数据主要有化学数据、感官数据和行业数据 3 种类别（表 11-1）。其中，化学数据常用于香料香精的定性定量分析测试、质量控制和调香工作中，化学数据的特征是经实验测得，具有很高的准确性，能全面地反映香料化合物物理化学性质的各个方面。感官数据是调香工作者通过嗅觉系统对香料香精气味特征的描述，最能反映香料香精的气味属性，如气味类别、气味强度等。感官数据往往具有较大的主观性，对于一些相似的气味特征无法准确表达，且不同的资料对同一香料的描述还经常存在差异。行业数据是由权威机构如 FDA 和 FEMA 等所制定的行业标准，规范了香料香精在注册、生产和使用中的重要问题。

表 11-1　香料香精数据指标体系

数据类别	数据指标	实例（以乙酸苄酯为例）
化学数据	沸点、熔点、溶解性、折射率、密度、色谱特征（保留时间、保留指数、指纹图谱等）、质谱特征、光谱特征、化学式、分子结构信息、化学组成、配方信息等	分子式 $C_9H_{10}O_2$；熔点 -51℃；折光率 1.501~1.503；外观为无色液体；相对密度 1.055；微溶于水，溶于乙醇
感官数据	香韵、留香值、香比强值、香品值、气味 ABC 值等	嗅香：茉莉花带水果香型；香韵：花香韵；留香值 12；香比强值 120
行业数据	FDA 编号、FEMA 编号、CAS 编号、COE 编号等	FEMA 编号 2135；CAS 编号 140-11-4

注：气味 ABC 值含义见 P323。

目前发现的天然单体香料化合物和人工合成香料已经超过5000种，由单体香料组成的混合香料，如精油、浸膏等也有2000多种，由这些香料按不同配方生产的香精更是不计其数。因此，香料工业所面临的数据信息量极大且又极为复杂。如何有效利用数据库技术来整合利用这些数据资源，是香料化学领域中一个值得关注的问题。

三、数据库在仿香创香中的应用

香料香精行业由于公司之间的激烈竞争以及消费者对产品质量要求的提高，越来越依赖于现代先进技术。因此，如何有效利用现代仪器分析技术并结合信息技术，将成为香料香精行业参与竞争的核心问题。在创香与创香的实际设计中，人们必须进行“调配-调整-再调配-再调整”的不断实践。对于从事香料香精分析检测的工作者而言，他们需要从“物质基础探索-香气品质评价-物质基础再探索-香气品质再评价”的不断实践活动中，分析样本的化学成分，考虑样本的自身属性。由于香精样本兼具了复杂的化学属性和模糊的气味属性，这为香精的功能解析带来了挑战和机会。

对于一位分析化学家来说，一个香精样本可以看作是由含量各异的香料化合物组合而成的。通过对每个香料化合物的准确定量，可以精确地解析和复制香精组成。然而，对于调香师而言，香精样本不仅仅是香料化合物的简单组合，更是不同香韵之间的有机协调。调香师需要确定主体香韵后，再根据气味特征与调香经验，通过合适的香料化合物进行修饰完善，从而达到理想的调香效果。因此，无论是从调香师的角度还是从香料分析化学家的角度，香料香精特征图谱信息数据库和香料香精气味属性描述指标数据库都是必不可少的工具。这些数据库将成为他们在不断实践的过程中频繁使用的有用工具，因为它们是解析和复制香精的关键基础工具。

实际上，从产品开发的观点来看，人们更看重的是产品的品质属性，对于香料香精而言，则是某种能满足产品消费者需要的气味特征。因此，仿香和创香的根本目的并不是完全重现香精的化学组成，而应是重现其气味特征。尽管香精的化学组成对气味特征具有不言而喻的重要性，但是，基于不同化合物可能表现出相似的气味特征这一特点，以及香精化学组成的高度复杂性，使得彻底的化学剖析既不可能也无必要。因此，有必要提出一种新的思路，即将仿香的思想从仿物质转变到仿香味。为此，引入烟草行业经常用到的一种香韵分类法，即将香韵大致分为以下20类，包括酒香韵、花香韵、果香韵、柑橘香韵、辛香韵、药草香韵、薄荷香韵、青香韵、苔香韵、木香韵、干草香韵、烟草香韵、烟熏香韵、焦糖香韵、烘烤香韵、坚果香韵、奶油香韵、膏香韵、动物及琥珀香韵、甜香韵。并基于以上思想，提出一种仿香气的方法，即首先对待分析香精进行GC-MS分析，同时结合美国国家标准技术研究所（NIST）质谱数据库和香原料色谱指纹图谱数据库，确定待测香精中部分的香原料，然后根据已建立的香原料香味数据库，对已确定的部分香原料进行香味分析（主要包括香韵分析、香原料香气理化性质的具体描述分析等）。最后依据香原料的香韵分析，可大致反推出待测香精的整个香韵组成，同时结合调香师对待测香精嗅感得到的香韵特征和经验信息进行对比和分析，最终确定出更为可靠的香韵组成。

待测香精的香韵精准分析是后续仿香步骤的关键，因此需要加以重视。一旦获得较为准确的香韵组成以及已确定的部分物质和它们的香气理化参数，就可以通过反复的调试以及一些气味活性关系所提供的信息，大致上定出待测香精中其他未通过 GC-MS 分析出但具有重要气味特征的香味化学成分。在此过程中，可能需要用到诸多信息来对这些化学成分进行准确标定。例如调香师在长期调香过程中积累的宝贵经验（可以首选那些常用或者有代表性的具有此种香韵的化学物质来尝试），依据待测香精整体上的圆滑丰满程度，来确定加何种物质及其气味等。一旦确定了待测香精中具有香气贡献的香原料单体组成，就可以对待测香精进行更加细致的分析，诸如头香、体香、基香组成等问题，也可以结合已有的信息调配出一些具有类似香气的香精。在“物质基础探索-香气品质评价-物质基础再探索-香气品质再评价”的不断实践活动中，不断强化现代分析技术与调香经验相结合，仿香调香与数据库技术相结合是十分必要的。从这个角度来讲，数据库就成了香料香精行业的一个关键性基础工具。

四、重要香料香精数据库

香料香精数据库在香料工业发展中起着十分重要的作用，在国际上得到了广泛关注。为此，各国的政府管理机构和香料香精公司都在建立和发展自己的香料香精数据库。因此，有必要对目前国际流行的数据库和香料香精数据手册进行简要介绍。

Flavor-Base 是由 Leffingwell & Associates 公司开发的一款香味物质与食品添加剂的数据库，为香料、食品、饮料和烟草等相关企业提供香料指标及监管数据。截至 2012 年，该数据库共包含了来自美国食品药品监督管理局与联邦应急管理局安全可靠物质清单（FDA & FEMA GRAS Lists）和欧盟注册列表（EC Register List）上的约 4230 种香味化学物质。用户可以通过 FEMA 号、COE 号、CAS 号、物质名称等对香味化合物进行搜索，Flavor-Base 除了给出物质的闪点、物质来源、分子式、相对分子质量、密度、在水及乙醇中的溶解度、香味阈值、香气强度等性质，还提供了部分香味物质的香气感官描述。第 10 版的 Flavor-Base 数据库在原有数据库基础上还新添加了 1000 多种物质的香味感官描述。此外，数据库还包含了美国食品药品监督管理局与欧共体注册列表允许使用的添加剂名录、天然化合物来源、香味物质市场供应等信息。用户还可在“你的数据库”（“Your Database”）模块建立和管理自己的数据库。图 11-1 所示为 Flavor-Base 10.0 的界面。

LRI & Odour Database 是一个免费的香料香精网络数据库，该数据库收录了 9000 多个线性保留指数数据以及 5000 多个不同化合物的气味信息，包括香气特征描述以及气味阈值。数据库分为线性保留指数和气味信息两个独立的部分，以香料化合物为媒介可以实现二者信息的交互调用，所有数据来源于文献与手册报道，数据库内容也一直保持更新。

此外，其他香料香精网络数据库包括：香精知识系统（Flavor Knowledge System），

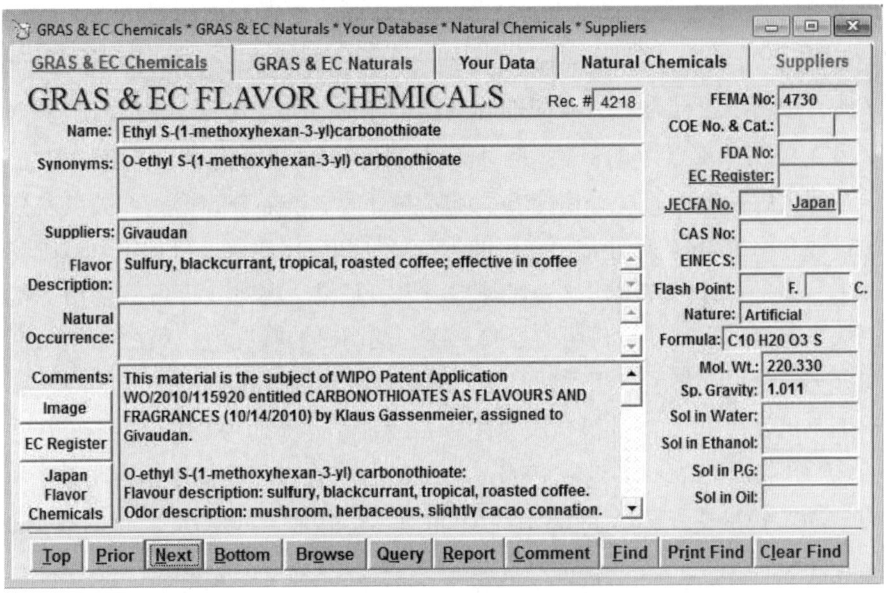

图 11-1 Flavor-Base 10.0 的界面

一个研究香料香精、食品添加剂以及香精配方化学组成的商业数据库，该数据库还提供调香工作学习资料；香味分子数据库（OdorDB），提供了数百种香料化合物的分子式、CAS 号，尤其重要的是该数据库包含了部分香料化合物的嗅觉受体信息；气味数据库提供了香料化合物的天然存在信息、香韵特征以及化合物的三维（3D）模型等。

除网络数据库与商业化的香料香精数据库软件外，香料香精数据手册也是重要的信息资源。例如，化学工业出版社出版的《调香术（第二版）》中共列出了 4000 多种常用香料的“三值”和“气味 ABC 值”。“三值”表中依次列出了香料的香比强值、香品值、留香值和综合分。“气味 ABC 值”是一套香气描述值，将各种香气归纳为 26 种香型并按英文字母从 A 到 Z 排列。《调香术》的作者在此基础上又加了 6 个气味，总共 32 个字母表示自然界“最基本”的 32 种气味。此书中按 C（橘）、F（果）、I（鸢）、R（玫）、M（铃）、J（茉）、O（兰）、G（青）、B（冰）、N（麻）、Ca（樟）、K（松）、W（木）、L（芳）、S（辛）、H（药）、T（焦）、P（酚）、Y（土）、Br（苔）、Mo（霉）、D（乳）、Ac（酸）、E（食）、Ve（菜）、Z（溶）、Fi（腥）、U（膘）、X（麝）、Q（膏）、A（脂）、V（豆）对各种香料的气味进行了“量化”描述。《调香术》还列出了一些常用香料于特定实验条件下在不同色谱柱上的保留时间或保留指数。此外该书还提供了多种天然香料的色谱指纹图谱，以供读者参考。

化学工业出版社出版的《香料香精辞典》共收集了有关香料香精方面的词目 5200 余条。概念性条目着重解释其含义。例如：非洲薄荷花油（African peppermint flower oil），天然香料，由非洲薄荷花蒸馏而得，主要用于日化香精的配制；“巴黎”（Paris）是一款名牌香水的商品名，现已成为一种经典香型，头香为含羞草、天竺葵、山楂、金合欢；体香为玫瑰、紫罗兰、鸢尾花；基香为檀香、琥珀、麝香。性质性条目介绍了中文名、英文名、分子式、结构式、香气、味道、性质、制法和应用等内容。例如：氨基苯甲酸环己酯（Cyclohexyl anthranilate）又名2-氨基苯甲酸环己酯，FEMA编号2350，苍黄色液体，微弱橙花样香气，有甜的葡萄样的水果味道，分子式为 $C_{13}H_{17}O_2N$，相对分子质量为219.28，沸点为318°C，相对密度 d_{20}^{20} 1.018，不溶于水，溶于乙醇。

化学工业出版社出版的《香精配方手册》共分为3个部分，第一部分以表格的形式集中、简要地介绍了1630余种常用香料的香味特性和应用建议。例如甲氧基吡嗪，香味特征为咖啡、坚果香味，应用建议为烤香、水果、坚果、咖啡、可可等食用香精。结合编者多年从事香料、香精教学科研的经验，在广泛调研的基础上，第二部分和第三部分根据香型分类，分别汇集了日用香精和实用香精配方共约2300个。

化学工业出版社出版的《新合成食用香料手册》收录了FEMA专家组1975—2002年公布的GRAS物质FEMA 3445 ~ FEMA 4023的合成香料和其他单体物质572个，2003年公布的FEMA 4024 ~ FEMA 4068作为附录收入。作者以FEMA公布的数据为基础，并以美国《Fenaroli's食用香料手册（第四版）》（*Fenaroli's Handbook of Flavor ingredients*），美国杰拉德·莫斯西亚诺（Gerard Mosciano）等4位调香师发表在*Perfume & Flavorist*上的《食用香料的感官特征》和荷兰应用科学研究组织（TNO）营养和食品研究部门编辑的《食品中的挥发物（定性和定量数据）》为主要参考资料，广泛收集了世界许多香料公司的产品规格和其他资料，介绍了这些化合物的理化规格、香气特征、味觉特征、天然存在、应用范围、安全用量和其他相关信息。

2006年，化学工业出版社出版的《香精概论——生产、配方与应用》一书对1600多种常用香料的名称、香味特征、应用建议和安全管理情况进行列表。例如1,1-二甲基苯丙醇，香味特征为清甜花香，应用建议为花香型香精协调剂，风信子、铃兰、茉莉、紫丁香等日用香精；乙酸月桂烯醇酯，香味特征为甜的、柑橘、花香、药草香气，应用建议为柑橘、花香、古龙、薰衣草等日用香精。书中还列出了GB 2760—1996《食品添加剂　使用卫生标准》允许使用的食品用香料品种名单共574种（其中包括天然香料140种和合成香料434种）和暂时允许使用的香料163种，以及1997—2005年依次新增允许使用的食品用香料共705种。列表包括序号、中文名称和FEMA号。此外，此书还收录了286种香料在水中的香气/香味阈值。列表包括FEMA号、中文名称、香气阈值和香味阈值（μg/kg）。例如：FEMA 2127，中文名称为苯甲酸，香气阈值为350~3500μg/kg，香味阈值为1500μg/kg。

第二节　基于数据库的香料分子结构与气味关系模型构建

数据库是一个储存和管理数据的集合。其中卷烟调香数据库中的一系列物理参数是由香料香精的特性转化来的，特别强调，卷烟调香数据库中保存的信息都是进行下一步数据挖掘的对象。在智能化卷烟调香这一背景下，以数据库为基础建立能够使计算机读懂的一系列模型就显得尤为重要。本节进一步探讨如何高效地从这个已建立的数据库中挖掘所需信息，以完成特定的研究目标。香料化学家们的一个主要目标是利用电子计算机，深入研究香料分子结构中的物理参数，以及这些物理参数与香气之间的潜在关联。为此，他们会计算香料分子的空间结构参数，例如键长、键角、二面角、氢键等，并努力发现这些分子结构物理参数与各自香气之间的潜在规律。基于这些规律，他们可以设计出具有相似分子结构物理参数的化合物，从而寻找具有类似香气特征的新香料。通过这样的方法，香料化学家们不仅能够更好地理解香料的性质和组成，也能够预测新化合物的香气特性，从而为卷烟调香提供有力支持。

香料分子的结构-气味关系（Structure odor relationship，SOR）研究是定量结构与活性关系（Quantitative structure activity relationship，QSAR）研究的分支之一。它使用数学模型来描述分子结构和气味特征之间的相互关系。该研究的基本假设是，化合物的基本结构包含了决定其物理、化学和生物等方面的性质信息，这些信息进一步决定了化合物的某些特性，如气味特征。目前还没有系统的理论可以精确预测香料的SOR。科学家在大量经验基础上，尝试使用QSAR思想来研究SOR问题，通过数理统计的方法挖掘分子结构和气味之间的内在关联。机器学习是实现这一目标的有效方法。

一、分子结构描述符

香料分子SOR研究的第一步是将香味化合物的化学结构转化为能被计算机识别的数字信息，同时这些数字信息能够在一定程度上反映化合物的物理化学、生物活性等。这些数字信息被称为分子结构描述符，简称为描述符。它们可以通过基于一定规则的数学计算或模拟得到，例如相对分子质量、分子体积、极性、电负性等，也可以通过一定的实验测试得到，例如介电常数、溶解性、折射率、蒸气压等。到目前为止，一个分子的结构可以通过数千个描述符来表达，但其中很多都具有高度的关联性。例如，介电常数与折射率之间可以通过克劳修斯-莫索提（Clausius-Mossotti）方程相互推导转化。

分子拓扑指数理论是建立在图的不变量基础之上的。它试图用这个拓扑不变量与分子的理化性质和生物分子的活性建立某种对应关系。分子拓扑指数在一定程度上表达了分子的本性，它以原子和键合方式为研究对象，认为这两个方面决定了分子的结构和功能。拓扑指数法在数学处理上相对于量子化学更具有简单性，因此在化学、生物学、药物学、医学、物理学甚至社会科学中都具有重要的应用价值。与其他的结构描述符，如与几何或是量子描述符相比，拓扑描述符具有独特优势，它能由化合物的化学分子图通过简单计算而得到，并能直接给出分子的枝杈、形状和大小等信息。某种香料化合物拓扑指数的获取一般需要经历如下过程：①香料化合物化学结构的图形化；②化学分子图的矩阵化；③分子图矩阵的数值化。在这拓扑连接矩阵的基础上，化学家们提出了多种分子拓扑指数，其中，应用比较广泛的有维纳（Wiener）指数、Randic 指数、Balaban 指数和 Kier-Hall 指数等。

1947 年，Wiener 的开创性工作引发了分子拓扑学的迅速发展，Wiener 指数也作为第一种拓扑指数被引入到化学研究中。Wiener 指数的定义为：分子中任何两个通过 C–C 键连接的 C 原子之间的距离之和。后来该定义被拓展至分子中所有不同非氢原子之间的距离之和。值得注意的是，该定义只适用于非环类的有机化合物。该定义最初并不是基于分子图矩阵提出的，其计算方法是将分子图中每一个边的两端所有顶点之和相乘，其和为 Wiener 指数，如式（11–1）：

$$W = \sum_{e_{ij} \in E} n_i n_j \tag{11-1}$$

式中 e_{ij} ——分子图的每条边；

n_i——边 e_{ij} 一侧的所有顶点数之和；

n_j——边 e_{ij} 另一侧的所有顶点数之和。

以正丁烷为例解释式（11–1），图 11–2 所示为正丁烷结构式。正丁烷中有三对相距一的顶点，两对相距二，一对相距三，所以它的 Wiener 指数为：$W = 3\times1+2\times2+1\times3 = 10$。此外，量子化学描述符、几何描述符、分子性质描述符、分子指纹描述符等大量的结构描述符被提出，能反映出诸如分子生物活性、色谱保留能力、熔点、沸点和生物降解能力等性质。表 11–2 中列出了 4 种常用分子拓扑指数的优缺点，可以根据具体研究问题选用最为恰当的描述符。

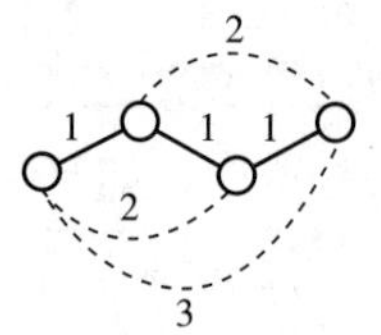

图 11–2　正丁烷结构式

表 11–2　　4 种常用分子拓扑指数的优缺点

指数	优点	缺点
Wiener 指数	计算量较小，计算速率较快； 适合用于比较不同分子大小的分子	无法考虑分子中原子之间的距离变化； 对于相同大小的分子，无法比较它们之间的结构差异
Randic 指数	可以考虑分子中原子之间的距离变化； 可以比较不同大小的分子之间的结构差异	计算量较大，计算速率较慢； 对于复杂分子结构，难以计算
Balaban 指数	计算量较小，计算速率较快； 可以用于比较不同大小的分子之间的结构差异，适用于复杂分子结构	对于相同大小的分子，无法比较它们之间的结构差异； 对于具有相同结构的分子，无法区分它们之间的细微差别
Kier–Hall 指数	可以考虑分子中所有原子之间的距离； 可以用于比较不同大小的分子之间的结构差异	计算量较大，计算速率较慢； 对于复杂分子结构，难以计算

自 SOR 研究开展以来，人们试图从各个角度去挖掘与分子气味特征相关的结构信息，先后采用了元素或官能团组成及位置信息、分子连接数信息、分子拓扑信息、分子的物理化学性质、3D 结构信息、电荷分布、量子化学信息等多种类型描述符。例

如，雷娜塔（Renata）等利用拓扑指数研究了脂肪酯类化合物的 SOR，发现电荷拓扑状态指数、羰基官能团以及分子最高占据轨道（HOMO）等因素对化合物气味有重要影响。到目前为止，尽管还没有建立起一套完整的 SOR 理论，即不能通过分子结构完全准确地预测其气味特征。但是，通过对 SOR 的研究，研究者已经发现了一些规律，特别是对一些特定类型的香味或结构（如麝香类香料化合物）的研究取得了较大进展。

二、建模方法

在化学研究中，需要将分子结构信息转化为结构描述符并获得香料分子的香味特征指标。为了建立结构描述符与化合物气味特征之间的关系模型，需要使用模型学习算法。化学家已经成功应用各种统计学建模算法于 QSAR/SOR 研究领域。构效关系模型的基本假设是，相似的分子结构具有相似的化学性质或生物活性。统计学方法的引入则是为了揭示因变量和自变量之间的内在函数关系。目前应用于 SOR 研究领域的统计学方法主要包括线性方法、非线性方法和集成学习方法三类。这些模型方法的应用极大地推动了 SOR 研究，但在实际应用中，模型之间的拟合精度、预测准确性以及运行效率还具有差异性。

由于大多数构效关系模型都比较复杂，属于广义上的灰色体系，因此模型的维度、线性与非线性、适用范围等关键因素都预先未知，除了模型目的参数，即理化性质或生物活性参数是明确定义的。因此，在实践中，常常需要采用多种统计学建模方法进行对比和验证，以尽可能接近真实的构效关系特征，并对化合物的理化性质或生物活性进行较为准确的预测。

其中，线性方法包括多元回归、主成分回归和偏最小二乘法等；非线性方法包括 k 最近邻方法、分类回归树、支持向量机和人工神经网络等；集成学习方法包括随机森林、自助（Bootstrap）集合法和助推（Boosting）法等。这些模型方法的应用极大地推动了 SOR 研究。虽然不同的模型方法都经过了一定阶段的发展，具备了较为完善的理论体系，但在实际应用中，模型之间的拟合精度、预测准确性以及运行效率还具有差异性。

（一）线性方法

（1）多元回归　这是最常用的线性回归方法，它试图找出一个线性组合，这个组合能最好地预测目标变量。

（2）主成分回归　这种方法通过找到一组新的变量（主成分），这些变量能最大程度地解释原始数据的方差，然后在这个新的空间中进行线性回归。

（3）偏最小二乘法　也是一种线性回归方法，但与主成分回归不同的是，偏最小二乘法试图同时最小化预测误差和新变量的方差。

（二）非线性方法

（1）k 最近邻方法　这是一种基于实例的学习方法，它根据目标值与测试样本在特征空间中的距离对样本进行分类或回归预测。

（2）分类回归树　这种方法通过构建一棵决策树来进行分类或回归预测。决策树的每个节点都对应一个特征测试，这个测试将数据分成两部分，这两部分分别走向树的下一层。

（3）支持向量机　是一种基于间隔最大化的分类方法。它试图找到一个超平面，这个超平面能最大程度地分隔两个类别。对于回归问题，支持向量机也可以通过一种称为“支持向量回归”的方式进行处理。

（4）人工神经网络　是一种模拟人脑神经元网络结构的计算模型，由多个层和节点组成，可以用于解决复杂的非线性问题。

（三）集成学习方法

（1）随机森林　是通过构建多棵决策树（森林）并对它们的预测结果进行平均来工作的。每棵树都是在不同的训练样本上训练的，这样就可以捕捉到数据中的复杂模式。

（2）自助（Bootstrap）集合法　这种方法通过从原始数据集中随机抽取样本（有放回）来创建多个子数据集，然后在每个子数据集上训练一个模型。所有模型的预测结果最后被平均来得到最终的预测结果。

（3）助推（Boosting）法　这种方法通过将一系列弱分类器组合在一起，形成一个强分类器。每个新的弱分类器都会对之前分类错误的样本给予更大权重，这样就可以逐步优化模型的预测性能。

在进行 SOR 研究时，上述 3 类方法既有相同之处，又有各自的使用场景。以构建分子结构-气味模型为例，它们的共同之处在于：①三种方法都需要首先对分子的结构进行描述，通常使用一系列描述符来表示分子的结构特征；②三种方法都需要对数据进行预处理，包括数据清理、标准化等步骤，以确保数据的质量和准确性；③三种方法都试图通过学习已知数据来建立模型，并利用该模型对未知数据进行预测。不同之处在于：①线性方法（以多元线性回归为例）假设分子结构与气味之间存在线性关系，通常需要较大的样本量和准确的统计推断来避免过拟合和欠拟合问题，在处理复杂非线性关系时可能表现不佳；②非线性方法（以支持向量机为例）能够捕捉到分子结构与气味之间的复杂非线性关系，通过使用核函数来将数据映射到高维空间中，从而更好地表示数据的复杂性，在处理小样本量和高维数据时表现较好；③集成学习方法（以随机森林为例）通过构建多个决策树并取其平均值来进行预测，可以提高模型的泛化能力和鲁棒性，在处理具有大量特征的数据集时表现较好，因为它可以自动进行特征选择和降维，可以处理不完整和噪声数据，具有较好的稳健性。

以一个具体的例子来说明：假设我们有一个数据库包含1000个分子的结构描述符和对应的气味评分，我们希望通过这些分子的结构描述符来预测未知分子的气味评分。使用多元回归方法，可以建立一个模型来拟合训练数据，并使用这个模型来预测未知分子的气味评分。然而，如果分子结构与气味之间存在复杂的非线性关系，多元回归可能无法很好地捕捉到这些关系，导致预测精度下降。如果我们改用支持向量机方法，可能会得到一个更好的结果。支持向量机能够捕捉到分子结构与气味之间的复杂非线性关系，并通过对数据进行映射到高维空间中来处理这些复杂关系。通过使用合适的核函数，支持向量机可以将数据点之间的相似度转换为向量空间中的距离，从而更好地表示数据的复杂性。最后，如果我们使用随机森林算法，可能会得到一个更加精确的预测模型。随机森林算法可以首先对分子的结构描述符进行重要性评估，确定哪些描述符对分子气味性质的影响最大。然后，利用这些重要的描述符作为输入特征，构建多个决策树。每个决策树都是基于一个随机的子集进行训练的。最后，通过所有决策树的平均预测结果来对未知分子的气味性质进行预测。这种方法能够提高模型的泛化能力和鲁棒性，并且可以降低单个决策树的误差，提高整体预测的精度。

三、香料分子的结构-气味关系（SOR）研究案例

（一）脂肪族酯类的结构与气味关系

脂肪族酯类是一类重要的水果味香味化合物，同时也是分子结构气味关系研究的主要对象。1983年，博伦斯（Boelens）就将106种酯类化合物根据其对苯代环氧丙酸乙酯的水果味强度进行了排序，并利用多元分析方法尝试将分子结构与水果味特征的排序结果相关联。随后，在1986年，赛尔（Sell）考察了位阻效应以及不饱和性对脂肪族酯类化合物气味特征的影响。到1996年，罗斯特（Rossiter）通过回归分析、主成分分析和比较分子场分析三种手段再次进行了研究。

关于脂肪族酯类化合物的结构气味关系最近的研究是雷娜塔（Renata）等利用拓扑指数、物理化学性质以及量子化学指数来进行预测。研究发现，就单个描述符而言，27个脂肪族酯类化合物的最低分子轨道能量与其水果味特征强度相关性达0.712，此外，反映官能团位置和数目的电子拓扑指数和反映分子枝权程度的拓扑指数对水果味气味特征也有影响。在回归方程式（11-2）中：

$$F_{score}=14.45K-150.54\ S_{C=O}-109.41\ E_{HOMO}-1252 \qquad (11-2)$$

式中 F_{score}——脂肪族类酯类化合物的水果味特征强度；

E_{HOMO}——最高电子占据轨道能量；

K——分子枝权描述符，分子枝权度越低水果味特征强度越小；

$S_{C=O}$—— C=O 基团数，对水果味特征强度起负作用。

因此一般情况下对于相同碳原子数的脂肪族酯类化合物，当酯基接近于分子结构中

心时，分子的水果味相对较弱。

（二）茶香单体酮的香味阈值与结构关系

丁瑞等基于分子形状指数（^mK）表征了 7 个茶香单体酮的分子结构，并据此建立了茶香单体酮的香味阈值与结构关系模型。茶叶香气是决定茶叶品质的因素之一，不同种类的茶叶均有其特有的香气。茶叶的鲜叶中含有酚、酮、酸、酯、酸、萜等十多种芳香物质，其中单体酮对茶叶香气有重要影响。单体酮的香气阈值被定义为在与空白试验比较时，能用嗅觉辨别出该物质存在的最低浓度。7 种茶香单体酮的香气阈值 X_T 与分子结构信息^mK 拟合得到的回归模型如式（11-3）：

$$X_T = 1.187(\pm 0.381) + 1.165(\pm 0.201) \times {}^1K - 0.634(\pm 0.179) \times {}^2K \quad (11-3)$$

该模型的回归系数为 0.952，说明该模型揭示了分子结构中影响香气阈值的 95.2%的因素，只有 4.8%的因素未被引入。表 11-3 所示为香味阈值-结构模型预测结果。

表 11-3　　香味阈值-结构模型预测结果

序号	单体酮	^1K	^2K	X_T（观测值）	X_T（计算值）	误差
1	2-丁酮	3.0370	2.0911	4.097	4.098	-0.001
2	2-戊酮	4.0015	3.0370	4.523	4.621	-0.098
3	3-甲基丁酮	4.0015	2.0845	5.222	5.225	-0.003
4	2-己酮	4.9764	4.0015	5.398	5.145	0.253
5	2,3-己二酮	4.5305	3.6362	4.824	4.857	-0.033
6	2-庚酮	5.9577	4.9764	5.699	5.670	0.029
7	3-庚酮	5.9577	4.9764	5.523	5.670	-0.147

其他的 SOR 研究包括：孙宝国对目前允许使用的肉香味含硫香料分子结构与气味特征进行了总结，发现有机含硫化合物中对于肉香味形成起关键作用的是与碳原子以 σ 键相连的二价硫原子，如果在其相邻碳原子上连有氧或硫，则它们的协同作用必定导致分子产生肉香味，并且发现它们都含有相同的分子骨架；伊丽莎白·古沙尔（Elisabeth Guichard）综述了蛋白质-风味束缚和释放与风味感觉之间的主要成果，其中关于β-乳球蛋白的风味束缚性质的研究最为广泛，分子模型和定量结构关系研究结果证实在β-乳球蛋白上存在两个不同的风味物质束缚位点；查斯特雷特（M. Chastrette）等从吡嗪和吡啶出发，采用神经网络方法研究了柿子椒结构与其气味之间的关系。

第三节 智能化卷烟调香系统研究

到此，我们大概了解了如何将香料香精分子的物理特性转化为数学模型来揭示结构与气味的关系。但在实际进行卷烟调香的过程中，往往不仅要考虑卷烟与香精的香气不协调等问题，还需要注意香精本身配方的复杂性。本节对智能化卷烟调香系统进行整体论述，从中发现并提出一系列解决问题的理论方法。

香料行业的核心技术是香料香精及其配方。香精是一种由多种化学成分组成的产品，具有特殊风味。由于它们具有高度复杂的分析体系，一直以来都受到分析化学家与调香师的重视。解析香料香精不仅能够为企业带来极高的经济效益，而且对于深入研究化学组成与风味特征之间的基础关系也具有很高的学术价值。

从分析化学的角度来看，对于香料香精的化学组成分析，最常用的方法是气相色谱-质谱（GC-MS）联用仪等，因为香料香精中的化学组成大多数都是挥发性气味化合物。但由于香料香精化学组成的高度复杂性和仪器分析方法本身的局限性，以及气味的化学本质尚未完全清楚等原因，现代仪器分析方法还不能完全解决复杂烟用香料香精解析的所有问题。但是，从调香的角度来看，调香是一项已经存在很久的生产实践活动，尽管尚未形成理论性、系统性的调香知识体系，但在某些方面已经能够较好地指导调香工作。调香师已经针对香精配方解析的问题，从调香的角度提出了一些经验性方法，例如根据对香精主题香韵的嗅辨，把握其主题香韵特征并对其进行修饰，从而达到预期效果。因此，将化学组成信息与调香经验相结合，并结合化学计量学和数据库的方法，从两个方向同时对未知香精进行双向渐进交互模拟，可能逐渐成为香料香精研究的一种新思路。

烟草制品中通常加入烟用香料香精，不仅可以起到加香矫味的作用，而且可以使卷烟形成独特的风味，达到协调、掩盖和冲淡杂气的作用，使不同等级和类型的烟草香气有机组合。同时，加香也能够增加卷烟的甜润度，减少烟气刺激性，减弱杂气，改善卷烟的吸味。目前，大多数烟厂使用的烟用香精基本上都是委托香料厂家调配或是直接从国外进口的成品香精，自主研发调配的烟用香精很少。因此，自主解析和仿配成品香精配方、研发具有特色的烟用香料香精是迫切需要的。加强烟用香料香精的深入研究应用，或许能够为整个香料香精行业带来新的研究思路。

一、烟用香料香精解析的技术难点

（一）化学组成高度复杂

根据国家烟草专卖局最新制定的《烟用香精允许添加的香料及添加剂产品目录》，包括醇类、醛类、酮类、有机酸类、酯类、醚类以及辅助性添加剂共799种化学物质可以加入烟用香精。但是，由于大量的天然香料在提取过程中引入的其他物质以及合成香料在合成过程中产生的中间产物、副产物等的存在，实际烟用香精的化学组成必然更加复杂。同时，由于能产生香味的化学物质都是挥发性或半挥发性化合物，它们的沸点都集中在一定范围内，而且许多香料化合物在结构上具有较高的相似性，因此，在烟用香精的色谱分离过程中谱峰重叠是普遍存在的问题，这为香精中香料化合物的准确鉴定也带来了很大障碍。现以 4711 古龙水香精为例，其配方见表 11-4。

表 11-4　　4711 古龙水香精配方　　单位:‰（质量分数）

香料名称	比例	香料名称	比例
柠檬油	100	香柠檬油	325
芳樟醇	30	橙叶油	55
橙叶油（无萜）	60	薰衣草油	60
甜橙油（无萜）	10	乙酸苄酯	40
乙酸芳樟酯	40	香叶油	25
柠檬醛	15	香叶醇	25
丁香油	10	桂酸乙酯	25
洋茉莉醛	10	羟基香茅醛	25
甲基萘酮	10	葵子麝香	10
酮麝香	25	麝香 T	10
苦橙花香基	60	邻苯二甲酸二乙酯	30

从表 11-4 可以看出，这种由 22 种香料配制而成的古龙水香精在分析化学领域是一个非常复杂的未知混合物体系，让分析化学家们将其逐一解析出来并非易事。这是因为这 22 种香料既包括柠檬醛、香叶醇、桂酸乙酯等单一化合物香料，同时也包括香叶油、橙叶油、薰衣草油等天然混合物香料。而且，这些天然精油的相对含量还很低，最低的丁香油只有 0.1%（质量分数）。因此，古龙水香精实际上含有上百甚至数百种香料化合物，而且很多的香料化合物含量还相当低，一般都可能低于目前 GC-MS 的检测下限。也就是说，简单采用目前的分析手段，如 GC-MS 做色谱指纹分析，想对每个化合物都彻底解析是不可能的，其中很多含量极低但是气味特征显著的成分在分析过程中很容易被遗漏。

（二）香精基质影响严重

除了具有明显风味特征的致香成分外，烟用香精中还包含大量的基质，如提取物、酊剂和浸膏。这些基质通常不具有明显的风味特征，也不一定是易挥发性化合物，但它们能够对香精产品起到柔和香气、定香以及保持香精稳定性等方面的作用。通常情况下，这些天然香料中的基质主要是多糖类、树脂类化合物，它们具有较高的沸点，在气相色谱中难以检测。由于基质的存在，含致香成分较少的烟用香精受到较大的背景干扰，难以准确地定性定量。对这类香料的前处理方法也需要用固相微萃取、热脱附等特殊前处理方法，而不能依靠传统的萃取、蒸馏等方法。

（三）化学组成与风味特征的不确定关系

烟用香精与中药复方非常相似，都是复杂混合物体系，具有特殊功能。中药复方是由不同的活性化合物协同作用产生一定的药效，而烟用香精则是由不同的致香成分协同作用产生一定的风味特征。因此，研究烟用香精的关键在于如何分析和重现某种风味特征。由于烟用香精的化学组成是其风味特征的物质基础，因此任何一种独特的风味特征都需要通过某种特定的化学组成来表现。

研究表明，香料化合物的浓度对其气味强度和性质都有影响。例如，吲哚在低浓度时有花香味，但在高浓度时会变成粪便味；反式-2-壬烯酸在不同浓度下表现出不同的气味。从嗅觉生理机制的角度来看，这种不确定性可以得到解释。因此，研究烟用香精的化学组成不仅需要定性分析，还需要了解各个组分的配比。即使是完全相同的若干香料化合物，其配比的改变也会导致整个香精气味特征的根本变化。

不同的香料具有不同的香比强值，有些香料即使在很低的浓度下也能表现出明显香味，例如 1-对孟烯-8-硫醇在葡萄果汁中的阈值低至 0.0001μg/L，当其含量为 10ng/L 时就能表现出明显气味。在气相色谱-嗅觉测量法分析中，即使没有任何色谱信号产生，也能感知到明显的气味，这说明很多香料化合物能被人的嗅觉所感知，但远低于现代分析仪器的检测限。因此，对于这类香料化合物的分析需要结合调香实际经验，不能单从分析化学的角度来解决问题。例如，在气相色谱分析中，一些沸点极低的香料化合物容易被溶剂峰掩埋，需要特别重视。

香精样本具有复杂的化学性和模糊的气味性的双重属性，这为香精的解析带来了机会和挑战。从化学家的角度出发，香精样本可以看作是含有不同香料化合物组合的系列，通过对每个香料化合物的准确定量可以精确地解析和复制该香精。但从调香师的角度出发，香精样本不仅是香料化合物的简单组合，更是不同香韵之间的有机协调。因此，调香师解析和复制香精时，不需要列出所有香料化合物的清单，而是先确定主体香韵，再通过合适的香料化合物根据气味特征和调香经验进行修饰，以达到理想的效果。因此，解析烟用香精的首要问题是弄清其化学组成与风味特征之间的关系特点。

香精配方解析的根本目的并不是要求精确的化学组成模拟，而是要求气味特征模拟。从产品开发的观点来看，更看重的是产品的功能属性。对于烟用香精而言，就是某种能满足产品需要的气味特征。因此，仿香的根本目的并不是完全地重现香精的化学组成，而是重现其气味特征。尽管香精的化学组成对气味特征具有不言而喻的重要性，但是，基于不同化合物可能表现出相似的气味特征这一特点，以及香精化学组成的高度复杂性，使得彻底的化学剖析既不可能也无必要。因而可以提出一种新的思路，即将仿香的思想从“仿物质”转变到“仿香气”。“仿物质”是手段，“仿香气”是目的。目前，调香工作被普遍认为是一门兼具技术与艺术的创造性活动，一个显著的特征就是对于同一款风味特征的香精，可以通过不同的化合物组成调配而成。从一些已经使用的配方清单可以看出，尽管清单上的香料化合物存在差异，但是表达主题香韵的化合物基本相似，其他香料化合物起到修饰、调和的作用。因此，调香工作的基本方法是利用分析化学找到其物质基础的主体，然后运用调香经验以及香料信息进行尝试修正的过程。

二、化学气味空间双向交互渐进调香策略的理论基础

香料香精样本同时具有复杂的化学性和模糊的气味性，这既是解析香精产品的挑战，也是机遇。调香已经积累了大量的实践经验，可以根据对香精主题香韵的嗅辨，把握其主题香韵特征并进行修改。然后结合化学组成信息与调香经验，采用化学计量学和数据库的方法，从两个方向对未知香精进行双向渐进交互模拟，这可能成为一种新的研究思路。

从前面的讨论可见，如果要完全依赖现有的仪器分析技术对香料香精中的化合物进行全面剖析，目前仍然存在许多技术难题。因此，可从香精产品的功能出发，首先确定主体香韵，然后使用合适的香料化合物的气味特征和调香经验，结合香精产品的色谱指纹图谱进行解析。通过对香精产品的色谱指纹图谱进行定性和定量分析，利用调香经验和文献知识，如香韵环渡理论和三值理论等，继续解析香精的香韵分布，头香、基香和体香组成等。其次，可以组织专业的评香专家进行嗅辨评香，根据两方面的综合分析不断调整仿制香精的化学组成。通过多次的实践、理论数据分析、再实践、再理论数据分析等调配过程，可以构建所谓的化学气味空间双向交互渐进调香策略。

需要注意的是，任何科学方法都是根据时间、地点和条件的变化而变化的。化学气味空间双向交互渐进调香策略也不例外。它只是现代分析化学和香料化学进步的产物，旨在充分利用现代计算机信息技术，并引入调香经验。通过调香工程师的经验，结合数据库的优势，这种策略已经取得了逼近解析的效果。

此外，还需要认识到从机械还原的角度去复配香精与调香实践本身存在矛盾。从调香的角度来看，一些精油类天然香料如柠檬油、香叶油等，都是具有某种特殊风味特征的整体。然而，这种整体性在化合物层面很难定义。如何从一个香精化合物中识别出一些香料化合物是一个难题。因此，烟用香精组成的特殊性就在于其组成存在着两面性。从调香功能上看，它是多种具有不同风味特征的香料（单体化合物香料或天然混合物香料）的协调。从化学本质上看，它是上百种甚至数百种化学物质的集合。这种两面性对于如何建立合适的香精解析方法有着重要启示。

对于分析化学工作者来说，他们所面对的样本不仅仅是单一的化学物质或多种化学

物质的混合物，还需要考虑样本自身的属性，例如它是环境样本、药物样本还是香精样本。因为不同的样本属性需要满足不同的分析目的，对分析方法也有不同的要求，而样本属性本身也是建立分析测试方法和提出解决问题方案的重要信息。对于香精样本而言，它兼具复杂的化学属性和模糊的气味属性的双重性质，这是解析香精所面临的挑战。从化学家的角度出发，任何一个香精样本都可以看作是一系列含量不同的香料化合物的组合，通过对每个香料化合物的准确定性分析，可以精确地解析并复制该香精。相反，从调香师的角度出发，香精样本不仅仅是香料化合物的简单组合，更是不同香味之间的有机协调。因此，调香师在解析和复制香精时，不需要列出所有香料化合物的清单，而是确定主要香味之后，通过合适的香料化合物根据气味特征和调香经验进行修饰，以达到理想的效果。

第四节　智能化卷烟调香系统实例

通过前边章节的系统性学习，我们已经掌握了从数据库中挖掘并构建出香料分子结构与气味的关系模型，且对实际智能化卷烟调香系统搭建问题进行了研究，并介绍了一些理论解决方法。这些技术方法都是服务于烟草行业而开发的，且在各自领域都有良好的进展。本节从原料查询系统、香料分子结构气味关系模型（气味分子图谱）和烟用香精智能辅助调香系统 3 个方面分别举例介绍相关领域研究进展。

一、广西中烟烟用天然香原料查询系统

目前，该系统以中华（软）、利群（阳光）、玉溪、云烟（软珍）、红塔山（1956）、芙蓉王（硬）、白沙、黄鹤楼（软蓝）、黄金叶（大金圆）、苏烟（软金砂）等中式卷烟为研究对象，构建了自身数据库，具体剖析了 110 种天然油类香料、68 种酊剂类香原料和 43 种浸膏类天然香原料。该系统可根据香料名称或香味成分进行信息查询：由已知香料名称可输出香料的基本信息（中英名称、管理状况、性状描述、感官特征、物理性质、制备提取、主要产地、作用描述等）和主要成分（气质图谱、主要成分、化学成分明细表）；由香味成分可检索包含此成分的香料及其中香味成分的含量。可见，该系统主要实现的是一种烟用天然香原料数据库构建的功能。

二、谷歌公司 50 万种气味分子图谱

谷歌公司研究人员提出了一种由数据驱动的人类嗅觉高维图谱（POM）。这个图谱逼真地再现了由单一分子诱发的气味感知类别的结构和关系。亚历克斯·威尔奇科（Alex Wiltschko）博士及其团队创建了一个机器学习模型，即消息传递神经网络（MP-NN）。这是一种特定的图神经网络，用于学习如何将分子气味的形象化描述与气味的分子结构相匹配。为了绘制分子结构如何与分子气味相对应图谱，研究人员使用了5000 种

已知化合物的数据集来训练模型。这些化合物与它们相应嗅觉标签配对，如果味、花香、芝士味、薄荷味等。研究人员结合了 Good Scents and Leffingwell & Associates（GS-LF）香料香精数据库，建立了一个包含约 5000 个分子的参考数据集，每个分子都有多个气味标签（如奶油味、青草味）。在这个数据集中，数据输入是分子的形状，输出是对哪些气味词最能描述其气味的预测。为了训练模型，研究人员使用 Adam 优化了模型参数。此外，GS-LF 数据集被拆分为 80/20 训练/测试集，其中 80%的训练集进一步细分为 5 个交叉验证集。有了这些交叉验证集，就可以使用 Vizier（一种贝叶斯优化算法），通过调整 1000 次试验，来优化超参数。当正确调整超参数时，其性能在许多模型体系结构中都是稳健的。该模型完美地模拟了经验感知空间，直观地表示了感知距离（例如闻起来有茉莉花香味的两个分子之间的距离应该比闻起来有牛肉味的两个分子之间的距离近）和层次（例如茉莉花和薰衣草是花香气味家族的子类型）。可见，该模型利用特定数据库和机器学习算法成功构建了香料分子结构和气味关系模型。

三、湖南中烟烟用香精智能辅助调香系统

该系统收录了 804 种香原料 GC-MS 指纹图谱数据，其中包括单体香原料 498 种、精油 134 种、净油 17 种、提取物 76 种、酊剂 29 种、浸膏 50 种。烟用香精智能辅助调香系统包括的功能模块分别为：数据库管理模块、谱图分析模块、多元分辨模块、定性模块和定量模块等。其中数据库管理模块又包含两个大的数据库，分别为香精香料特征图谱信息数据库和香精香料气味属性描述指标数据库。这两个数据库构成了烟用香精智能辅助调香系统的基础，二者在烟用香精成分解析及仿香研究中发挥着非常重要的作用。香精香料特征图谱信息数据库主要管理分析获得的标准香原料样品的色谱和质谱图谱信息，并能够在未知样品的定性和定量方面起到关键的解析和计算作用。该系统对未知香精成分分析的流程为：①测定未知香精的 GC-MS 图谱；②人为根据一些香精或香原料标准 GC-MS 图谱，初步判定该香精中可能存在的成分；③将这些成分信息输入系统中；④系统根据滋生的标准 GC-MS 图谱库判定人为判断的成分是否存在。该系统一个难点在于利用化学计量学方法（如直观推导式演进特征投影算法等）对 GC-MS 重叠峰进行标定的拆分解析。可见，该系统是集数据库和算法于一身的完善智能化卷烟调香系统。

重点与难点

1. 分子结构描述的定义与应用。
2. 建模方法的种类与应用领域。
3. 数据库技术与香料香精数据库的概念。
4. 智能化仿香和创香系统的建立方法与难点。

思考题

1. 什么是数据库？简要描述数据库的基本概念和作用。
2. 数据库的类型有哪些？举例说明不同类型数据库的特点和应用场景。
3. 香料香精特征图谱信息数据库和气味属性描述指标数据库在卷烟调香系统中扮演何种角色？
4. 举例说明分析分离技术在香料香精领域中的应用。
5. 简述分析分离技术和计算机信息技术对香料企业的重要意义。

参考文献

[1] Chacko R, Jain D, Patwardhan M, et al. Data based predictive models for odor perception [J]. Scientific reports, 2020, 10 (1): 17136.

[2] Lee B K, Mayhew E J, Sanchez-Lengeling B, et al. A principal odor map unifies diverse tasks in olfactory perception [J]. Science, 2023, 381 (6661): 999-1006.

[3] Nozaki Y, Nakamoto T. Predictive modeling for odor character of a chemical using machine learning combined with natural language processing [J]. PloS one, 2018, 13 (6): e0198475.

[4] Shang L, Liu C, Tomiura Y, et al. Machine-learning-based olfactometer: prediction of odor perception from physicochemical features of odorant molecules [J]. Analytical chemistry, 2017, 89 (22): 11999-12005.

[5] 白杨. 柠檬醛合成龙涎香型香料工艺研究 [D]. 北京: 北京林业大学, 2009.

[6] 毕薇, 师建全, 杨蕾, 等. 雪茶提取物在卷烟增香降害中的应用研究 [J]. 河南农业科学, 2013, 9: 146-151.

[7] 蔡佳, 卢红兵, 李燕春, 等. 基于数字化调香技术的烟用表香香精开发与应用 [J]. Tobacco Science & Technology, 2023, 56 (10): 61-69.

[8] 蔡贤坤, 及晓东, 吴国琛. 一种新鲜草莓香精的制备 [J]. 香料香精化妆品, 2017 (3): 1-4.

[9] 蔡云升. 香料香精的历史、现状和发展趋势 [J]. 冷饮与速冻食品工业, 2001, (4): 34-36.

[10] 操晓亮, 张峰, 柴国璧, 等. 基于感官导向的铁观音茶叶特征香气的分析、重构及在卷烟加香中的应用 [J]. 中国烟草学报, 2021, 27 (4): 10-19.

[11] 曹琳, 秦利霞, 康诗钊, 等. 香精香料的常见检测方法综述 [J]. 广州化工, 2017, 45 (21): 17-20.

[12] 陈建国, 沈福民. 味觉的生理学研究进展 [J]. 生理学研究进展, 1998, 29 (2): 183-190.

[13] 陈娟, 尹学琼. 香料香精的安全性及防范措施与评价标准 [J]. 日用化学工业, 2019, 44 (2): 100-104.

[14] 陈守良. 动物生理学 [M]. 北京: 高等教育出版社, 1985.

[15] 陈伟华, 王晓如, 戴亚, 等. 超临界 CO_2 萃取条件对烟草香料香味成分的影响 [J]. 现代化工, 2022, 42 (S2): 269-273.

[16] 陈兴明, 徐春晓, 倪道凤. 人嗅性诱发电位 [J]. 中华耳鼻咽喉头颈外科杂

志，2003，35：70-72.

［17］陈仲娜．积木式调香技术调配乌梅香精［J］．香料香精化妆品，2020，(3)：4-8.

［18］程利平，诸颖，何慧红．降龙涎香醚或其同系物定量构香关系的研究［J］．计算机与应用化学，2011，28（1）：57-60.

［19］崔凯，屈展，马骥，等．感知标示量度卷烟感官评价方法的建立及应用［J］．烟草科技，2015，48（3）：74-78.

［20］崔岳．调香技巧之六——烟草知识及烟草调香用的原料［J］．香料香精化妆品，2005（6）：38-39.

［21］丁瑞．食品香味物质的构效关系研究［J］．分子科学学报，2011，27（5）：367-340.

［22］樊蕾，王志刚，邢翠萍，等．β—紫罗兰酮的合成工艺研究［J］．精细化工，2002，19（3）：133-136.

［23］傅京亮．中国香文化［M］．济南：山东齐鲁书社，2018.

［24］高海有，刘秀明，高莉，等．烟用香精香料研究现状与发展趋势［J］．香料香精化妆品．2019（2）：70-73.

［25］顾梓培，李琼．分子结构与香气关系研究与Turin新振动理论［C］//2006年中国香料香精学术研讨会，2006：240-248.

［26］郭靖．加强烟用香精香料质量控制的探讨［J］．中国测试，2012（S1）：50-52.

［27］郝学财，刘娜，邓莉，等．基于仪器分析与调香技术的香精解析及模拟［J］．食品科学，2014，35（24）：141-144.

［28］何洛强．日化香精调配技巧［J］．香料香精化妆品，2014（1）：52-54.

［29］何洛强．日化香精调配技巧［J］．香料香精化妆品，2014，(1)：222-237.

［30］何瑞华，卢红兵，李艳春，等．基于化学组成及香韵特征双向渐近模拟烟用香精解析及还原方法研究［J］．分析试验室，2013（3）.

［31］胡丽莎，戴怡凤，邱树毅．感官分析在白酒风味物质研究中的应用进展［J］．食品与发酵科技，2022，58（5）：101-106.

［32］胡永华，徐迎波，王程辉，等．龙涎香类化合物中基团的空间可接近性与其香气的关系［J］．烟草科技，2010（9）：25-29.

［33］黄璐，贡献，佟硕秋，等．枯草芽孢杆菌pckA影响四甲基吡嗪合成的研究［J］．食品与发酵工业，2023，49（12）：47-53.

［34］黄明泉，孙宝国，田红玉，等．龙涎香分子结构与香气关系规律研究进展［C］//中国香料香精化妆品工业协会．2006年中国香料香精学术研讨会论文集，2006：26-31.

［35］黄文．食品添加剂［M］．北京：中国计量出版社，2006.

［36］黄喜根，赵爱军，刁运群，等．甲基紫罗兰酮的合成［J］．精细化工，2003，20（10）：605-608.

［37］黄小凤，李中林. 有机化合物的气味与分子结构关系的进展［J］．香料与香精，1983（2）：1-23，70.

［38］黄致喜．萜类香料化学［M］．北京：中国轻工业出版社，1999.

［39］纪荣明，周晓平，许家军，等．嗅神经、嗅球和嗅束的应用解剖［J］．解剖学杂志，2001，24：179-181.

［40］姜芳，段艳萍，姜亚欣，等．用附温比重瓶检测香精相对密度的实验研究［J］．轻工科技，2013（5）：125-125.

［41］金琦．香料生产工艺学［M］．哈尔滨：东北林业大学出版社，1996.

［42］赖军丽．中国香精香料行业出口竞争力与发展对策研究［D］．杭州：浙江工业大学，2013.

［43］雷海洪．香料紫罗兰酮系列化合物的合成工艺研究［D］．济南：山东大学，2017.

［44］李芳浩．固体催化剂制备及其在食用香料缩醛（酮）合成中的应用研究［D］．杭州：浙江工商大学，2019.

［45］李惠莉，杨涓，王晶，等．自动电位滴定法测定烟用香精香料的酸值［J］．烟草科技，2020，53（1）：59-64.

［46］李明，王培义，田怀香．香精香料应用基础［M］．北京：中国纺织出版社，2010.

［47］李小兰，张峻松．天然香料主成分手册［M］．北京：化学工业出版社，2018.

［48］李燕，刘清君，徐莹，等．味觉传导机理及味觉芯片技术研究进展［J］．科学通报，2005，50（14）：1425-1433.

［49］李玉邯．天然香料迷迭香及其提取物开发应用的研究进展［J］．中国调味品，2017，42（12）：178-180.

［50］林翔云，王丽萍，林君如，等．自然界气味关系图［J］．香料香精化妆品，2015，（1）：66-73.

［51］林翔云．辨香术［M］．北京：化学工业出版社，2018.

［52］林翔云．调香术［M］．3 版．北京：化学工业出版社，2023.

［53］林翔云．调香术［M］．2 版．北京：化学工业出版社，2008.

［54］林翔云．闻香说味——漫谈奇妙的香味世界［M］．上海：上海科学普及出版社，1999.

［55］林翔云．香精香料辞典［M］．北京：化学工业出版社，2006.

［56］林翔云．香料学［M］．北京：化学工业出版社，2023.

［57］林翔云．香味世界［M］．北京：化学工业出版社，2020.

［58］林旭辉，刘平，李楠，等．食品香精香料及加香技术［M］．北京：中国轻工业出版社，2010.

［59］刘六军，何静，陈素文，等．龙涎香型香料分子结构与香气关系的应用研究［J］．北京林业大学学报，2002，24（4）：113-118.

［60］刘绍华，曲利利，白家峰，等．鸢尾根提取物膜分离组分分析及卷烟加香研究［J］．云南大学学报（自然科学版），2020，42（6）：1181-1189.

［61］刘树文．多环麝香的分子结构和香气关系的研究［J］．香料香精化妆品，2004（6）：24-29.

［62］刘新伟．仪器分析在合成香料香气分析中的应用［D］．济南：山东大学，2019.

［63］龙湛祥，王朝东．铃兰花香型的调配及其在调香和日化产品中的应用［J］．香料香精化妆品，2019，（1）：17-23.

［64］毛多斌，马宇平，梅业安．卷烟配方和香精香料［M］．北京：化学工业出版社，2001.

［65］毛多斌．卷烟配方和香精香料［M］．北京：化学工业出版社，2001.

［66］毛海舫，李琼．天然香料加工工艺学［M］．北京：中国轻工业出版社，2006.

［67］毛悦，汪薇，白卫东，等．手性萜类香料化合物制备的研究进展［J］．中国调味品，2023，48（5）：208-213.

［68］穆旻，冯春华．植物性天然香料提取新技术研究进展［J］．香料香精化妆品，2008（5）：40-44.

［69］潘利君．我国香精香料行业的发展与对策［D］．杭州：浙江工业大学，2007.

［70］钱建华．精细化学品化学［M］．沈阳：东北大学出版社，2010.

［71］邱启杨，王家俊．ATR-FTIR 光谱法同时测定香精的相对密度和折光指数［J］．光谱实验室，2005，22（2）：382-385.

［72］施璐，李佳薇，曹晓琴，等．不同产地甘草浸膏 GC-MS 分析及质量控制［J］．食品工业，2023，44（11）：137-141.

［73］史宏志，刘国顺．烟草香味学［M］．北京：中国农业出版社，2011.

［74］舒宏福．新合成食用香料手册［M］．北京：化学工业出版社，2005.

［75］孙宝国，丁富新，郑福平，等．含硫香料分子结构与肉香味的关系研究［J］．精细化工，2001，18（8）：456-460.

［76］孙宝国，何坚．香精概论［M］．北京：化学工业出版社，2008.

［77］孙宝国，何坚．香精概论——生产配方与应用［M］．北京：化学工业出版社，2008.

［78］孙宝国，何坚．香料化学与工艺学［M］．2 版．北京：化学工业出版

社，2004.

［79］孙宝国．食用调香术［M］．北京：化学工业出版社，2003.

［80］孙保国，刘玉平．食用香料手册［M］．北京：中国石化出版社，2004.

［81］孙保国，郑福平，刘玉平．香料与香精［M］．北京：中国石化出版社，2000.

［82］孙崇鲁．粉檀麝香合成工艺的研究［D］．长沙：中南林业科技大学，2007.

［83］汪薇，王靖宇，辛璇，等．手性内酯类化合物的来源及其制备方法研究进展［J］．食品科学，2023，44（17）：341.

［84］汪竹琴．烟用香精香料挥发性成分总量检测条件的探究［J］．南方农机，2017，48（18）：72-74.

［85］王飞生，叶荣飞．分子结构对香味影响的研究［J］．中国调味品，2009，34（4）：39-42.

［86］王明，王翠红，姜雪峰．含硫香精香料的合成进展［J］．有机化学，2019，39（8）：2139.

［87］武怡，廖头根，王明锋，等．中式卷烟消费体验感官评价方法的建立与应用［J］．烟草科技，2015，48（5）：80-84.

［88］武怡，曾晓鹰，朱保昆，等．中式卷烟风格感官评价方法区域适应性分析［J］．烟草科技，2012（9）：5-9.

［89］武怡，张虹，赵震毅，等．中式卷烟风格感官评价方法的建立与应用［J］．中国烟草，2008（2）：69-71.

［90］夏云．香料科学［M］．北京：中国轻工业出版社，1987.

［91］谢安国，王金水，渠巧玲，等．电子鼻在食品风味分析中的应用研究进展［J］．农产品加工·学刊，2011（1）：71-73.

［92］谢剑平，宗永立，屈展，等．单体香料在卷烟中作用评价方法的建立及应用［J］．烟草科技，2008（4）：5-8.

［93］谢剑平．烟草香原料［M］．北京：化学工业出版社，2009.

［94］徐春梅，姚映芷，李肖涛．明代以前中药气味理论的源流与成就［J］．国医论坛，2007（22）：41-44.

［95］徐邵东，陈海明，付建龙．茉莉家族化学品的研究［J］．沈阳化工，26（3）：51-55.

［96］徐易．檀香木油国际标准（ISO 3518：2002）［J］．香料香精化妆品，2003（1）：37-38.

［97］许建营，屈展，姬凌波，等．混合溶剂对烟用香精闪点的影响［J］．烟草科技，2022，55（10）：70-78.

［98］许建营．烟草工艺与调香技术［M］．北京：中国纺织出版社，2007.

［99］杨培丽，杨小利，薛远征，等．原发性高血压患者盐味觉阈值与高血压肾病

的相关性［J］．中华高血压杂志，2022，30（1）：58-64.

［100］杨蕊，卢红兵，李燕春，等．基于 GC-MS 和计算机智能系统的烟草香精剖析及复配方法初探［J］．分析测试学报．2013，32：314-319.

［101］叶云芳，田清尹，施婷婷，等．植物中β-紫罗兰酮生物合成及调控研究进展［J］．生物技术通报，2023，39（8）：91.

［102］易封萍，毛海舫．合成香料工艺学［M］.2 版．北京：中国轻工业出版社，2016.

［103］易封萍，毛海舫．合成香料工艺学［M］．北京：中国轻工业出版社，2007.

［104］易封萍，盛君益，邵子懿．香料香精概论［M］．北京：化学工业出版社，2022.

［105］尹宝星．味觉的基本特性与在实践中的运用［J］．烹调知识，2005（3）：51-55.

［106］印藤元一．香料实用知识［M］．轻工业部香料工业科学研究所，译．北京：中国轻工业出版社，1975.

［107］于建军．卷烟工艺学［M］．北京：中国农业出版社，2009.

［108］于明芳，李荣，雷樟泉，等．烟用香精香料中重金属和砷的控制［J］．烟草科技，1998（6）：28-30.

［109］曾宪斌．气味的理论实质及其特性［J］．中国中医基础医学杂志，2002，8（2）：21-22.

［110］张承曾，汪清如．日用调香术［M］．北京：中国轻工业出版社，1989.

［111］张富县，李娜，李妙清，等．三种红枣香气成分的分析及模块香精的调配［J］．食品工业科技，2018，（12）：222-237.

［112］张根华，邓少平．味觉受体第一家族与味觉识别［J］．生命的化学，2005，25（3）：179-180.

［113］张丽燕．帕金森病与嗅觉障碍［J］．临床和实验医学杂志，2004，3（2）：101-103.

［114］张瑞．*l*-薄荷醇制备的研究［D］．合肥：合肥工业大学，2021.

［115］张晓龙，黄旺生，胡建良，等．合成麝香及两款线性麝香合成路线的研究进展［J］．香料香精化妆品，2021（5）：110-114.

［116］张一纯，陈艳红，李利君，等．味觉受体研究热点分析［J］．食品科学，2022，43（17）：332-343.

［117］张永涛，赵净沙，蒋雁冰，等．代谢工程改造酵母生产香料的研究进展［J］．日用化学工业，2022，52（6）：645-655.

［118］张悠金，金闻博．烟用香料香精［M］．合肥：中国科学技术大学出版社，1996.

［119］章雪锋，陈群，洪祖灿，等．香精调配的均匀性研究［J］．轻工科技，2019

(4)：14-15.

［120］钟科军，梁逸，卢红兵，等．计算机辅助调香——研究与应用［M］．北京：化学工业出版社，2015.

［121］周静．日用化学品用合成麝香［J］．日用化学工业，2016，46（9）：530-538.

［122］周耀华，肖作兵．食用香精制备技术［M］．北京：中国纺织出版社，2007.

［123］庄以彬，吴凤礼，殷华，等．芳香族香料化合物生物合成研究进展［J］．生物工程学报，2021，37（6）：1998-2009.